省级电网电力监控员培训教材

国网浙江省电力有限公司　组编

中国电力出版社
CHINA ELECTRIC POWER PRESS

内 容 提 要

本书围绕省级电网监控运行岗位相关业务知识、岗位技能及规程规范，系统阐述了电网监控岗位职责和业务流程，500kV常规及智能变电站一、二次设备，电网调控的技术与管理手段，监控信息处置原则与要点，倒闸操作相关知识与新模式，并结合典型故障案例，详解监控故障处置的全过程。

本书可作为省级电网监控运行岗位人员及相关技术人员的参考书。

图书在版编目（CIP）数据

省级电网电力监控员培训教材/国网浙江省电力有限公司组编．—北京：中国电力出版社，2022.4
ISBN 978-7-5198-6426-2

Ⅰ. ①省… Ⅱ. ①国… Ⅲ. ①地区电网－电力监控系统－技术培训－教材 Ⅳ. ①TM727.2

中国版本图书馆 CIP 数据核字（2022）第 013279 号

出版发行：中国电力出版社
地　　址：北京市东城区北京站西街 19 号（邮政编码 100005）
网　　址：http://www.cepp.sgcc.com.cn
责任编辑：刘丽平　马雪倩
责任校对：黄　蓓　常燕昆
装帧设计：张俊霞
责任印制：石　雷

印　　刷：三河市百盛印装有限公司
版　　次：2022 年 4 月第一版
印　　次：2022 年 4 月北京第一次印刷
开　　本：787 毫米×1092 毫米　16 开本
印　　张：18.5
字　　数：333 千字
印　　数：0001—1000 册
定　　价：75.00 元

编 委 会

主　　编：徐奇锋

副 主 编：吴华华

委　　员：倪秋龙　谷　炜　郑　翔　吴利锋

编 写 组

组　　长：陈　翰

副 组 长：陈于佶

成　　员：周　豪　杨　巍　刘　东　吴雯雯　徐丹露　来　俊

鹿　杰　丁月强　项　瑛　许　勇　高宇航　黄　磊

王海杰　何　爽　罗　伟　黄琮桦　王亦昌　赵　良

金啸虎　董　立　张小聪　沈　曦　吴　烨　陈益渊

马　翔　施正钗　李跃华　蔡振华　李　祥　严　勇

莫莉晖　张有鑫　郑闻成　钟　苑　袁楚楚　叶宣甫

闻煜峰　徐　峰　黄成思　程兴民　何文哲　邵　颖

前 言

随着电网进入特高压交直流混联运行的阶段，电网运行特性发生巨大变化，电网运行难度和安全风险的增加对电网监控运行提出了更高的要求。为进一步落实国家电网有限公司变电设备主人制度，实现“设备管理更精益、运行维护更智能、运检指挥更精准、应急协同更高效”的管控目标，电网监控业务步入发展和转型的关键时期。为全方位提升变电运维监控强度、设备管理细度和生产信息化程度，组织编写电网监控业务专业培训教材的需求变得日趋迫切。

本书由国网浙江省电力有限公司组织编写，分为 14 章：第 1、2 章主要介绍浙江电网发展情况及电网监控岗位职责、工作模式和业务流程；第 3～6 章以 500kV 变电站设备为着眼点，讲授变电站主接线，调度范围划分，电气一、二次设备及智能站设备等方面知识；第 7～10 章围绕电网调控的技术与管理手段，介绍调度自动化系统基础知识，智能调度技术支持系统及其功能应用，保护信息、在线监测、视频监控等辅助技术支持手段，以及调度生产管理系统中的监控业务功能模块；第 11、12 章以监控信息处置为核心，阐明信息处置总体原则，逐一介绍各类信息典型释义、回路原理、潜在风险点及处置要点；第 13 章讲解倒闸操作相关知识，并对线路状态令许可操作、变电站顺控操作等新模式做了介绍；第 14 章结合设备实际，选取了三个具有代表性的故障案例，对监控事故处置进行全过程讲解。

本书在编写过程中得到了各地市公司调控中心及超高压公司等单位专家的高度重视和大力支持，在此表示衷心感谢。

由于编者水平有限，本书可能存在疏漏之处，恳请各位读者批评指正。

编　者

2022 年 1 月

目 录

第1章　电力系统概述

1.1　电力系统基本概念

电力是以电能为动力的能源。电力发明于19世纪70年代，它的发明和应用带领人类走进了“电气时代”，掀起了第二次工业革命高潮。电力的广泛应用成为18世纪以来世界发生的三次科技革命之一，20世纪出现的大规模电力系统更是人类工程科学史上最重要的成就之一。

电力系统是由发电、输电、变电、配电、用电设备（一次设备）以及为保证其安全、经济运行所需的继电保护、安全自动装置、计量装置、调度自动化、通信等设施（二次设备）组成的电能生产、变换、输送、分配、使用的统一整体，如图1-1所示。电力系统将自然界的一次能源通过发电动力装置转化成电能，再经输电、变电、配电系统将电能供应到各负荷中心，通过各种电气设备再转换成机械能、热能、光能等其他形式的能量，为地方经济和人民生活服务。电力系统各环节的基本概念及分类见表1-1。

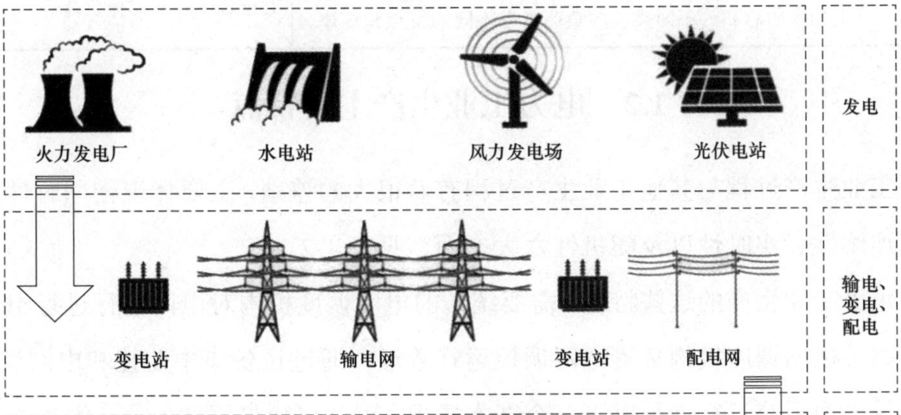

图1-1　电力系统示意图

电力系统中输电、变电、配电三大部分组成的有机整体称为电力网络，简称电网，任务是输送、分配电能和改变电压。电网中输电设备主要有电缆、导线、线路杆塔、绝缘子串等；变电设备主要有变压器、电抗器、电容器、断路器、隔离开关、避雷器、电压互感器、电流互感器以及电力保护、监视、控制、通信系统等；配电设备主要有架空线路、电缆、杆塔、配电变压器、断路器、隔离开关、无功补偿装置及一些附属设施等。

表 1-1　　电力系统各环节的基本概念及分类

环节	基本概念	分类
发电	发电是指发电动力装置将一次能源转换成电能的过程。发电在电力工业中处于中心地位，决定着电力工业的规模，也影响到电力系统中输电、变电、配电等各个环节的发展	水力发电、火力发电、核能发电、风力发电、太阳能发电、潮汐能发电等
输电	输电网是将发电厂、变电站之间连接起来的送电网络，主要承担输送交、直流电能的任务	高压输电网：220kV； 超高压输电网：330～750kV； 特高压输电网：交流 1000kV 及直流±800、±1100kV
变电	变电是指通过一定设备将电压由低等级转变为高等级（升压）或由高等级转变为低等级（降压）的过程，将电力系统中不同电压等级部分连接起来，形成一个统一整体	升压变电站、降压变电站
配电	配电网是指从输电网或地区发电厂接受电能，通过配电设施就地分配或按电压逐级分配给各类用户的电力网	高压配电网：110、66、35kV； 中压配电网：20、10、6、3kV； 低压配电网：380/220V
用电	用电是指电力系统中用电设备消耗电能的过程。用电负荷是指电力用户的用电设备在某一时刻消耗电力系统的电功率的总和，不同类型的负荷具有不同的特点和规律	城市民用负荷、商业负荷、农村负荷、工业负荷以及其他负荷等

1.2　电力工业生产主要特点

电力工业生产过程与其他工业生产过程有着很大的差别，主要体现在同时性、整体性、快速性、连续性、实时性以及随机性六大方面，见表 1-2。

鉴于电力工业生产的这些特性，需要统一的电网调度机构对电网运行进行组织、指挥、指导和协调。电网调度机构负责电网调控运行管理，通过设备集中监控和电网调度运行等手段来确保电力系统运行满足以下三个基本要求，因此保障电网的安全、优质、经济运行。

表 1-2　　电力工业生产主要特点

特点	内　　容
同时性	电能不能大规模存储，必须用多少、发多少。因此，电能的生产、变换、输送、分配和使用是同时进行的

续表

特点	内　容
整体性	发电厂、变压器、高压输电线路、配电线路和用电设备在电网中形成一个不可分割的整体，缺少任一环节，电力生产都不可能完成；反之，任何设备脱离电网都将失去意义
快速性	电能输送过程迅速，其传输速度与光速相同，达到 3×10^8m/s，即使相距万里，发、供、用电都是在瞬间实现
连续性	电能的质量需要实时、连续的监视与调整
实时性	电力事故发展迅速，涉及面大，需要实时开展安全监视和调控
随机性	由于负荷变化、异常情况及事故发生的随机性，电能质量的变化是随机的。因此，在电力生产过程中，需要实时调度，并需要实时安全监控系统随时跟踪随机事件，以保证电能质量及电网安全运行

（1）保证可靠地持续供电。供电的中断将导致生产停顿、生活混乱，甚至危及人身和设备安全，产生十分严重的后果。停电给国民经济造成的损失远远超过电力系统本身的损失。因此，电力系统运行首先要满足可靠、持续供电的要求。

（2）保证良好的电能质量。电能质量包括电压质量、频率质量和波形质量三个方面。电压质量和频率质量通常都以偏移是否超过给定值来衡量，一般情况下电压偏移不超过额定值的±5%，频率偏移不超过±（0.2～0.5）Hz 等；波形质量则以畸变率是否超过给定值来衡量，给定的允许畸变率常因供电电压等级而异。

（3）保证系统运行的经济性。电能生产的规模很大，消耗的一次能源在国民经济一次能源总消耗中占的比重约为 1/3，而且电能再变换、输送、分配时的损耗绝对值也相当可观，因此降低每生产 1kWh 电量所消耗的能源和降低变换、输送、分配时的损耗，有极其重要的意义。考量电力系统运行经济性的重要指标包括煤耗率和线损率。

第2章 电网监控业务概述

2.1 设备监控模式的发展历程

变电站是电力系统的重要组成部分，是电网的枢纽，是联系电厂和用户的中间环节，起着变换调整电压、接受分配电能、控制电力功率流向的作用。电网设备监控主要就是对受控变电站运行状态进行的设备集中监视。

2002年之前，浙江地区主要采用变电站有人值班现场监控，以后随着变电站综合自动化改造的完成以及远程设备监视及遥控技术的推广，开始逐步发展成为变电站无人值班远程设备监控。得益于计算机技术的飞速发展、信息技术的大量应用以及监控系统、远动工作站运行可靠性的提高，变电站远程设备监控也得到了迅速发展，设备监控逐步趋于规模化、集中化、人性化。在实施“大运行”体系建设后，全面实现了调控一体化，变电站几乎全部实现无人值班远程设备集中监控。变电站设备监控发展的时间节点及发展历程见表2-1。

表2-1　　变电站设备监控发展的时间节点及发展历程

时间节点	发展历程
2002年之前	变电站主要采用电话调度和变电站现场监控及操作，设备监控模式为变电站有人值班现场监控模式（1987年浙江第一座500kV瓶窑变电站投入运行，即采用这种模式）
2002年底	浙江第一个220kV集控站“嘉兴集控站”成立，标志着浙江开始实行少人值班，设备监控实行集控站远程监控为主、变电站现场少人监控为辅的模式；随着集控站业务的逐步完善，变电站全部撤人，实行无人值班、保卫值守，设备监控模式完全进入集控站端远程监控模式；500kV变电站仍为变电站有人值班现场监控模式
2009年底	形成监控中心＋操作站格局，变电站全部撤人，实行无人值班、保卫值守
2011年底	开展“大运行”体系建设，全面实施调控一体化，形成“调控中心＋运维站”格局，500kV及以下变电站设备监控模式全部实现调控中心集中监控模式

在电网发展的过程中，变电站的运行管理主要经历了四种典型模式：传统变电站模式、集控站模式、监控中心＋操作站模式、调控中心＋运维站模式，四种运行管理模式下的设备监控也各有特点，见表2-2。

表 2-2 设备监控模式特点

运行模式	设备监控模式特点
传统变电站	以变电站为单元设置，分站监控、分站操作，变电站24h有人值班，人员轮换值班，负责变电站站内设备巡视、监视、消缺、操作、状态评价等工作。调度预令、正令直接下达到变电站（各地区根据实际情况略有不同）。现场值班员既承担监控职责也承担现场操作职责，监控与现场操作一体化
集控站	变电站实现无人值班，按照作业半径设立，分区监控、分区操作，集控站值班员承担监视、操作、巡视、事故处理、评价等业务，岗位具有一定的互换性，设备监控模式仍为监控与操作一体化模式。调度预令下达到集控站，正令下达到变电站（各地区根据实际情况略有不同）。这种模式适合于少量变电站的集中监控，当变电站数量多时，需分别设置多座集控站，需要的监控人员数量较多
监控中心＋操作站	设置统一的监控中心，集中监控、分区操作，监控和操作分属两个班组，调度与监控分离，负责对受控变电站实行远程实时监控，并承担一定的遥控操作、转发操作预令以及与调度、操作站之间的业务联系职能。操作站分区域配置，就近负责各自管辖变电站的现场操作、巡视、事故处理、工作许可验收等其他运行管理工作。调度预令下到操作站，正令下到变电站（各地区根据实际情况略有不同）。这种模式在变电站大量增加时，不需要同步增加监控人员的数量；变电站数量达一定规模时，减人增效尤为显著
调控中心＋运维站	将监控职能设立在调度端，集中监控、分区操作，监控与操作分离，调度与监控合一，一个地区集中建设一个调控中心，按作业半径分设多个运维站。调度人员和监控人员在同一场所值班，都属于调控部门。调控人员负责调度和设备监控、远方遥控操作、状态评价等工作；运维人员负责状态巡视、消缺、现场操作以及应急处置等。调度预令下达到运维站，正令下到变电站（各地区根据实际情况略有不同）。设备监控模式为集中监控、分区操作的延伸。这种模式将调控合一，缩短了调度命令的传达时间和过程，减少了事故、异常处理的时间，有利于人力资源的合理优化配置，保证了调度、监控的和谐统一

2.2 电网监控模式

2011年底浙江电网全面实施调控一体化，形成调控中心＋运维站的设备监控模式。监控专业在调控处的统一领导下，采用值长负责制，值内人员各司其职，分工协作，与调度人员共同完成当值电网调度、运行、监控业务。

各级调控机构值班监控员负责监控范围内的设备监视、远方操作、监控信息处置以及输变电设备状态在线监测和分析等，协助值班调度员指挥和协调运维站值班员进行故障处置，运维站值班员在进行监控运行业务联系时服从值班监控员的指挥和协调。实施调控合一后监控专业与变电运维单位的职责分工见表2-3。

表 2-3 实施调控合一后的职责分工

项目	调控机构监控专业	变电运维单位
运行管理	负责与各级调度、现场运维人员之间的业务联系，设备运行集中监控	负责站内一次设备及保护、自动化等二次设备运维管理
设备操作	负责变电设备远方操作	负责变电设备现场操作
信息监控	负责影响电网运行的设备紧急告警信息监视，主要包括事故、异常、越限、变位信息	负责告知信息的分析处理和报告

浙江省调监控范围为：省域内 500kV 交流变电站，以及上级调度机构或有关部门指定的其他输变电设备。监控范围仅限于监控信息符合调控运行接入标准，并纳入调度集中监控的输变电设备；未纳入调度集中监控的输变电设备，由设备运维单位负责监控。监控员设有监控值班长、监控正值和监控副值岗位，其职责分工见表 2-4。

表 2-4　　监控员的岗位与职责分工

岗位	职　责　分　工
监控值班长	（1）服从处长、副处长及当值主值调度员工作安排，保质保量完成各项工作任务。 （2）组织当值监控人员进行受控站日常巡视和运行监视工作。 （3）组织填写、审核、转发各级调度的操作指令，完成受控站遥控、遥调工作。 （4）负责本值期间管辖范围内电网运行监控、异常及事故处理工作。 （5）主持监控交接班工作，合理安排本值内各项工作。 （6）负责管辖范围内电网无功电压调整工作。 （7）组织管辖范围内新（扩）建、技改等工程的生产准备及“四遥”（遥测、遥信、遥控、遥调）验收工作。 （8）负责审查、落实本值内重大操作、危险源点分析及预控。 （9）负责对本值监控值班员进行监护、培训及工作安排。 （10）完成上级领导临时布置的各项工作
监控正值	（1）服从处长、副处长及当值主值调度员、监控值班长工作安排，保质保量完成各项工作任务。 （2）负责受控站日常巡视和运行监视工作。 （3）填写、审核、转发各级调度的操作指令，协助值班长完成管辖范围内变电站遥控、遥调工作。 （4）协助值班长完成本值期间管辖范围内电网运行监控、异常及事故处理工作。 （5）配合值班长进行交接班工作。 （6）进行受控站无功电压调整工作。 （7）对所辖变电站新扩建、技改等工程进行“四遥”验收工作。 （8）在值班长监护下完成本值内重大操作、危险源点分析及预防控制。 （9）协助值班长对副值、实习监控值班员进行监护、培训。 （10）完成上级领导临时布置的各项工作
监控副值	（1）服从处长、副处长及当值主值调度员、监控值班长工作安排，保质保量完成各项工作任务。 （2）完成受控站日常巡视和运行监视工作。 （3）填写、转发各级调度的操作指令，在值班长监护下完成受控站遥控、遥调工作。 （4）协助值班长完成本值期间管辖范围内电网运行监控、异常及事故处理工作。 （5）进行受控站无功电压调整工作。 （6）对所辖变电站新扩建、技改等工程进行“四遥”验收工作。 （7）在值班长监护下完成本值内重大操作、危险源点分析及预控。 （8）完成上级领导临时布置的各项工作

2.3　电网监控日常业务

浙江电网监控日常业务主要由常规工作、计划工作和应急工作三部分构成，每类业务工作具体内容如图 2-1 所示。

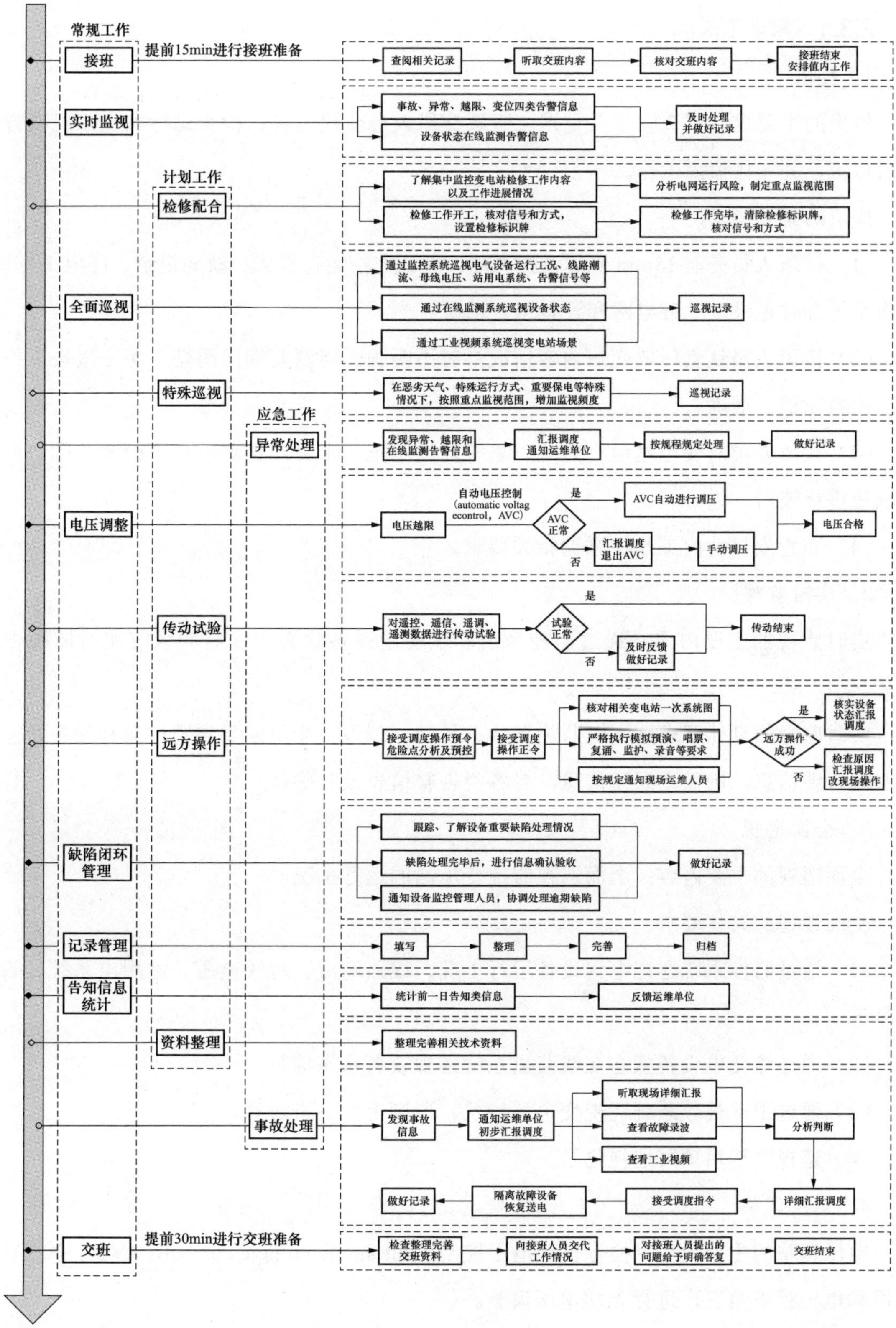
常规工作
接班
提前15min进行接班准备
查阅相关记录
听取交班内容
核对交班内容
接班结束
安排值内工作
实时监视
事故、异常、越限、变位四类告警信息
设备状态在线监测告警信息
及时处理
并做好记录
计划工作
检修配合
了解集中监控变电站检修工作内容
以及工作进展情况
分析电网运行风险，制定重点监视范围
检修工作开工，核对信号和方式，
设置检修标识牌
检修工作完毕，清除检修标识牌，
核对信号和方式
全面巡视
通过监控系统巡视电气设备运行工况、线路潮流、母线电压、站用电系统、告警信号等
通过在线监测系统巡视设备状态
通过工业视频系统巡视变电站场景
巡视记录
特殊巡视
在恶劣天气、特殊运行方式、重要保电等特殊情况下，按照重点监视范围，增加监视频度
巡视记录
应急工作
异常处理
发现异常、越限和
在线监测告警信息
汇报调度
通知运维单位
按规程规定处理
做好记录
电压调整
电压越限
自动电压控制
(automatic voltag
econtrol，AVC)
AVC
正常
是
否
AVC自动进行调压
汇报调度
退出AVC
手动调压
电压合格
传动试验
对遥控、遥信、遥调、
遥测数据进行传动试验
试验
正常
是
否
传动结束
及时反馈
做好记录
远方操作
接受调度操作预令
危险点分析及预控
接受调度
操作正令
核对相关变电站一次系统图
严格执行模拟预演、唱票、
复诵、监护、录音等要求
按规定通知现场运维人员
远方操作
成功
是
否
核实设备
状态汇报
调度
检查原因
汇报调度
改现场操作
缺陷闭环
管理
跟踪、了解设备重要缺陷处理情况
缺陷处理完毕后，进行信息确认验收
通知设备监控管理人员，协调处理逾期缺陷
做好记录
记录管理
填写
整理
完善
归档
告知信息
统计
统计前一日告知类信息
反馈运维单位
资料整理
整理完善相关技术资料
事故处理
发现事故
信息
通知运维单位
初步汇报调度
听取现场详细汇报
查看故障录波
查看工业视频
分析判断
详细汇报调度
接受调度指令
隔离故障设备
恢复送电
做好记录
交班
提前30min进行交班准备
检查整理完善
交班资料
向接班人员交代
工作情况
对接班人员提出的
问题给予明确答复
交班结束

图 2-1　监控日常业务

2.3.1 常规工作

1. 接班

接班的主要内容：查阅相关记录，听取交班人员交代内容，检查运行状况，经双方确认后接班，并安排值内工作。

接班的具体要求：

（1）接班人员提前15min到达调控大厅，阅读监控运行日志、缺陷记录、停电工作票、操作票等各种记录，了解电网和设备运行情况。

（2）接班人员认真听取交班内容情况，对不明确的问题要询问清楚，保证接班工作连贯，内容完整、准确。

（3）接班人员对变电站运行方式、系统通道工况、未复归告警信息、检修置牌、信息封锁等进行核对。

（4）布置安排值内工作，强调相关要求。

2. 实时监视

实时监视的主要内容：通过监控系统和输变电设备状态在线监测系统实时监视告警信息。

实时监视的具体要求：实时监视事故、异常、越限、变位四类告警信息和设备状态在线监测告警信息，确保不漏监信息，对各类告警信息及时确认。

3. 全面巡视

全面巡视的主要内容：全面巡视监控变电站的运行工况。

全面巡视的具体要求：

（1）通过监控系统巡视电气设备运行工况、线路潮流、母线电压、站用电系统、告警信号等。

（2）通过输变电设备状态在线监测系统巡视设备状态信息。

（3）通过工业视频系统巡视变电站场景，原则上在白班进行。

（4）巡视完毕后填写巡视记录。

4. 电压调整

电压调整的主要内容：检查自动电压控制（automatic voltage control，AVC）系统功能投退和电压越限情况，进行无功电压调整。

电压调整的具体要求：

（1）当 AVC 异常，应汇报值班调度员，按规定退出相应 AVC 功能，通知相关人员，做好记录。

（2）当 AVC 退出后，根据电压曲线进行无功电压调整，并做好记录。

5. 缺陷闭环管理

缺陷闭环管理的主要内容：跟踪、掌握重要缺陷处理情况，实施缺陷闭环管理。

缺陷闭环管理的具体要求：

（1）跟踪、了解设备重要缺陷处理情况，并做好相关记录。

（2）缺陷处理完毕后，进行信息确认验收，并做好记录。

（3）对于逾期缺陷，及时通知设备监控管理人员协调处理。

6. 记录管理

记录管理的主要内容：填写相关记录，并进行整理、完善和归档。

记录管理的具体要求：按照记录填写相关规定、要求及时填写相关记录，监控记录主要包括运行日志、调度指令记录、缺陷记录、巡视记录、检修置牌记录、信息封锁记录、故障跳闸记录等。

7. 告知信息统计

告知信息统计的主要内容：统计每日告知信息。

告知信息统计具体要求：统计前一日告知类信息，并反馈运维单位，做好记录。

8. 交班

交班的主要内容：检查整理完善交班资料，向接班人员交代工作情况。

交班的具体要求：

（1）交班前 30min，统计计划检修、远方操作、设备缺陷、事故处理等情况，检查整理完善监控运行日志、缺陷记录等交班资料。

（2）对交班人员交代值内工作情况，重点交代计划检修、设备缺陷以及其他需强调说明的事项，并对接班人员提出的问题给予明确答复。

2.3.2　计划工作

1. 检修配合

检修配合的主要内容：了解检修工作计划安排，设置或清除检修标识牌。

检修配合的具体要求：

（1）了解监控变电站检修工作内容以及工作进展情况，分析电网运行风险，制定重点监视范围。

（2）检修工作开工后，核对信号和方式，设置检修标识牌，并做好记录。

（3）检修工作完毕后，清除检修标识牌，核对信号和方式，并做好记录。

2. 远方操作

远方操作的主要内容：根据工作计划和操作范围，执行远方操作。

远方操作的具体要求：

（1）操作前，监控员应考虑操作过程中的危险点及预控措施。

（2）操作时，监控员应核对相关变电站一次系统图，严格执行模拟预演、唱票、复诵、监护、录音等要求，并按规定通知相关单位和人员。

（3）操作时，若发现电网或现场设备发生事故及异常，影响操作安全时，监控员应立即终止操作并报告调度员，必要时通知运维单位；若监控系统异常或遥控失灵，监控员应停止操作并汇报调度员，通知相关人员处理。

（4）操作完毕后核对电流、电压、光字牌及方式，并做好记录。如对操作结果有疑问，应查明原因，必要时通知运维单位核对设备状态。

3. 传动试验

传动试验的主要内容：对遥控、遥信、遥调、遥测数据进行传动试验。

传动试验的具体要求：

（1）根据传动工作计划安排及设备传动作业指导书，进行传动试验，传动中与现场密切配合，并做好相关记录。

（2）传动中发现问题及时反馈，并做好记录。

4. 特殊巡视

特殊巡视的主要内容：根据相关规定要求，对重载元件、缺陷设备等进行特殊巡视。

特殊巡视的具体要求：

（1）在恶劣天气、特殊运行方式、重要保电等特殊情况下，按照重点监视范围，增加监视频度。

（2）将特殊巡视范围、时间、人员及巡视情况记入巡视记录。

5. 资料整理

资料整理的主要内容：整理完善相关技术资料。

资料整理的具体要求：根据设备变更等情况，将相关技术资料进行整理、归档，主要包括启动方案、一次系统图、最小载流元件、调度范围划分、监控信息表、现场运行规程、典型倒闸操作票、事故预案等。

2.3.3 应急工作

1. 异常处理

异常处理的主要内容：按照规程、规定处置异常、越限信息和设备状态在线监测告警信息。

异常处理的具体要求：

（1）发现告警信息后，应迅速收集相关信息，按照规程、规定进行处理并及时汇报调度，通知运维单位。输变电设备状态在线监测告警信息还需及时通知相应技术支持单位。

（2）如定性为缺陷的，应按照缺陷流程进行处置，并做好记录；对于重要缺陷，应做好相应的风险防控预案。

（3）处置结束后，应与运维人员进行信息状态核对，并做好记录。

2. 事故处理

事故处理的主要内容：事故发生后进行事故汇报及处理。

事故处理的具体要求：

（1）故障跳闸后，监控员迅速、准确记录故障时间和断路器变位、保护动作等情况，分析、判断故障原因，并及时上报，按规定通知相关单位和人员，做好记录。

（2）根据调度指令做好事故处理和恢复送电准备，执行远方操作，做好记录。

第 3 章　变电站接线方式

3.1　主 接 线 方 式

电气主接线是指一次设备按照生产流程连成的电路，表明了电能生产、汇集、转换、分配关系和运行方式，是运行操作、电路切换的依据。目前在电力系统中较为常见的接线方式主要有单母线（包括单母线分段）、双母线（包括双母线分段、双母线带旁路、双母线分段带旁路）、3/2 断路器接线、桥型接线（内桥、外桥接线）以及线路变压器组，其接线示意图及运行特点见表 3-1。

500kV 变电站高压侧常用接线方式有 3/2 断路器接线、双母线、双母线带旁路，双母线分段带旁路；中压侧一般采用双母线、双母线带旁路，双母线分段、双母线分段带旁路接线；低压侧大多采用单母线分段接线。

表 3-1　　变电站运行特点及接线示意图

接线方式	运行特点		接线示意图	适用电压等级
	优点	缺点		
3/2 断路器接线	具有较高的供电可靠性和运行灵活性；运行操作及设备检修方便	该接线设备较多，尤其是断路器和电流互感器，投资较大；二次控制接线和继电保护都比较复杂；限制短路电流困难	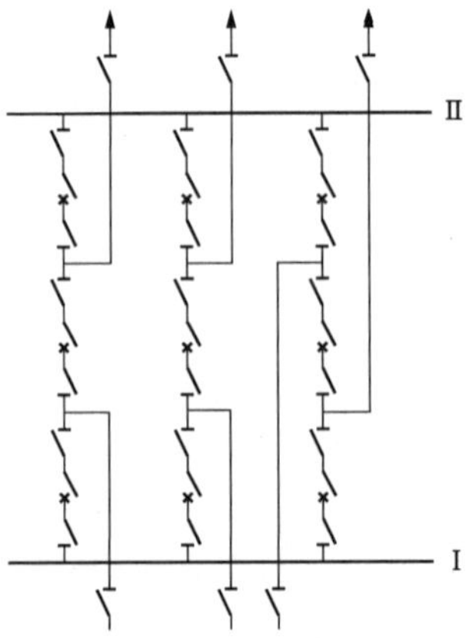	330kV 及以上

续表

接线方式		运行特点		接线示意图	适用电压等级
		优点	缺点		
单母线接线	普通方式	接线简单清晰；占地少，设备少，投资小；运行操作方便，便于扩建和采用成套配电装置	可靠性差：母线或母线隔离开关检修或故障时，所有回路都要停止工作，即全接线停电；调度不方便，设备只能并列运行，且线路侧发生短路时短路电流较大	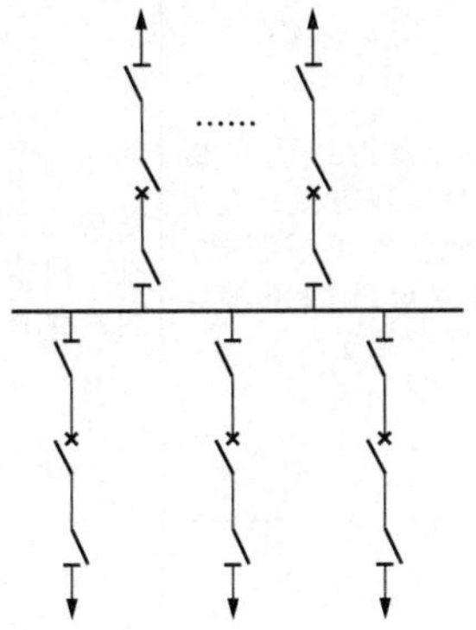	6～110kV
	分段方式	母线分段后，对重要用户可以从不同段母线供电，可靠性提升。某一段母线故障后，分段断路器能够自动将故障切除，保证正常段母线不间断供电	当母线及母线隔离开关故障或检修时，该母线上所有回路都要停电；出线断路器检修时线路需陪停；扩建时需向两个方向均衡扩建	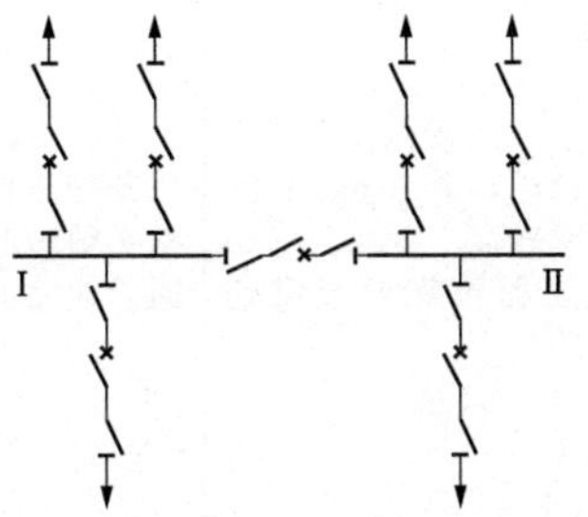	6～110kV
	分段带旁路方式	供电可靠性进一步提升，避免检修断路器时造成线路停电	旁路断路器代入操作比较复杂，尤其转代主变压器断路器时，需要切换保护电流回路，对操作顺序和技巧要求很高，存在误操作风险	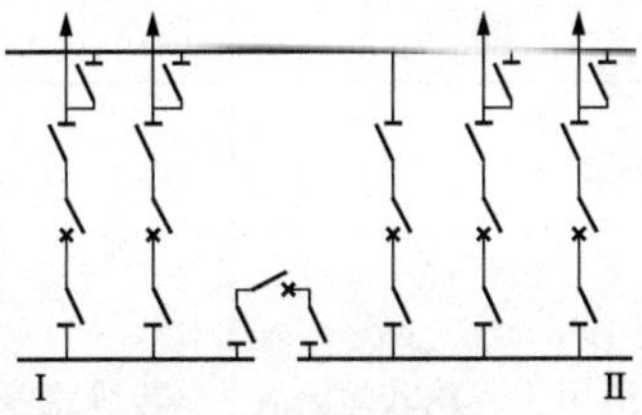	6～110kV
双母线接线	普通方式	供电可靠性高，运行方式灵活，设计、扩建方便，便于异常及事故处理	增加了一组母线，每一回路增加一组母线隔离开关，增加了投资且设备结构复杂，占地面积增加，倒闸操作复杂；任一回路断路器检修，该回路需陪停	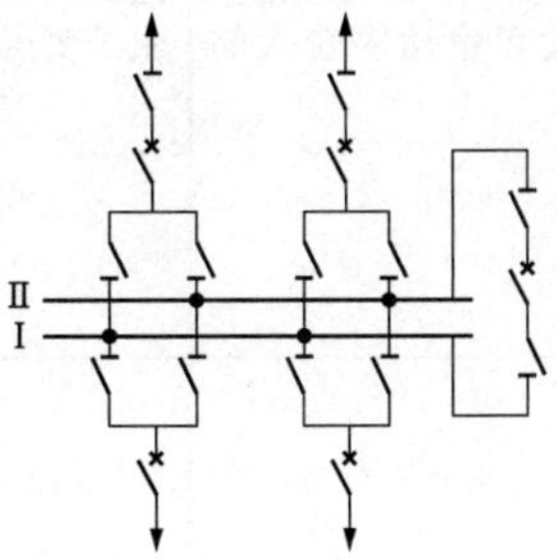	110～500kV
	分段方式	具有双母接线的所有优点，比双母接线有更高的可靠性与灵活性	电气设备投资大；其他缺点与双母线接线相同	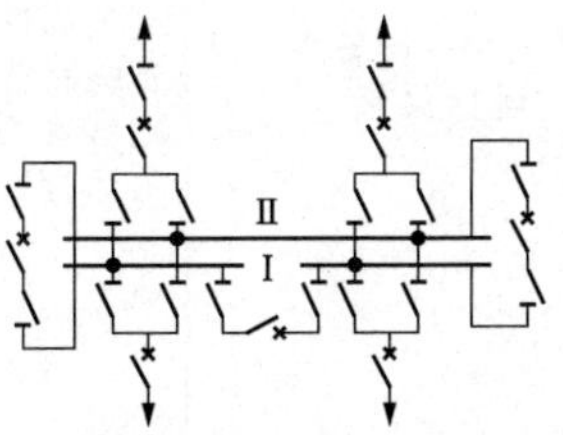	110～500kV

续表

接线方式		运行特点		接线示意图	适用电压等级
		优点	缺点		
双母线接线	带旁路方式	供电可靠性进一步提升；运行操作方便；避免检修断路器时造成停电，不影响双母线的正常运行	母线隔离开关配置数量较多，配电装置结构复杂；投资增加，经济性较差；倒闸操作复杂	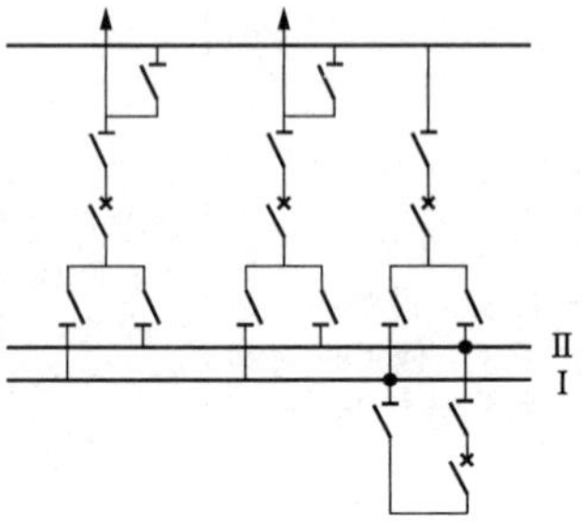	110～500kV
无母线接线	内桥接线	便于线路投停操作；适用于输电线路较长、线路故障率较高、穿越功率小和变压器不需要经常切换的情况	若变压器停役，则线路也必须短时退出运行，增加了线路的操作	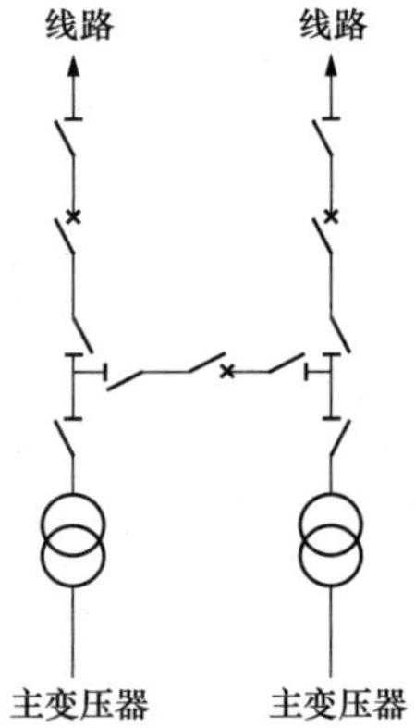	35～110kV
	外桥接线	便于主变压器停役操作；适用于线路较短、故障率较低、变压器经常停役以及穿越功率较大的情况	若线路停役，则变压器也必须短时退出运行，增加了变压器的操作	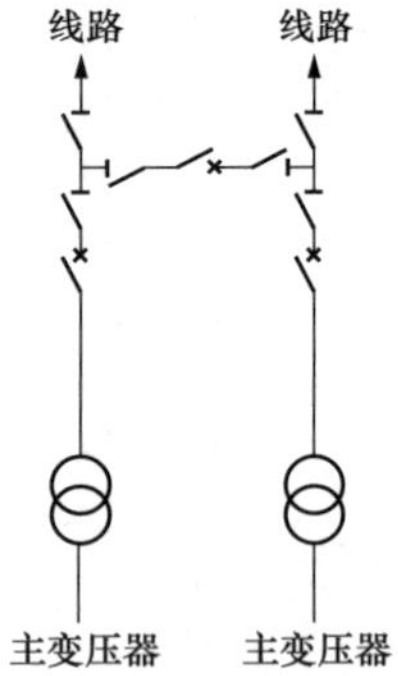	35～110kV
	线路变压器组接线	接线简单，设备少，投资省，运行灵活，宜于扩建	灵活性和可靠性较低，若线路或主变压器停役，则线路变压器组一起退出运行，降低供电能力		35～110kV

220kV 变电站高压侧常用接线方式有双母线、双母线带旁路、双母线分段、双母线分段带旁路、3/2 断路器接线，部分终端站采用桥型或单母线分段接线；中压侧一般单母线分段、采用双母线、双母线带旁路，双母线分段、双母线分段带旁路接线；低压侧大多采用单母线分段接线。

110kV 及以下变电站高压侧常用接线方式有单母线、单母线带旁路、单母线分段、单母线分段带旁路、桥型接线、线路变压器组；中低压侧大多采用单母线分段接线。

3.2　500kV 变电站接线方式

浙江电网 500kV 变电站高压侧接线方式采用 3/2 断路器接线，中压侧一般采用双母双分段接线，低压侧采用单母线接线且不设分段断路器，部分主变压器低压侧不设总断路器，如图 3-1 所示。

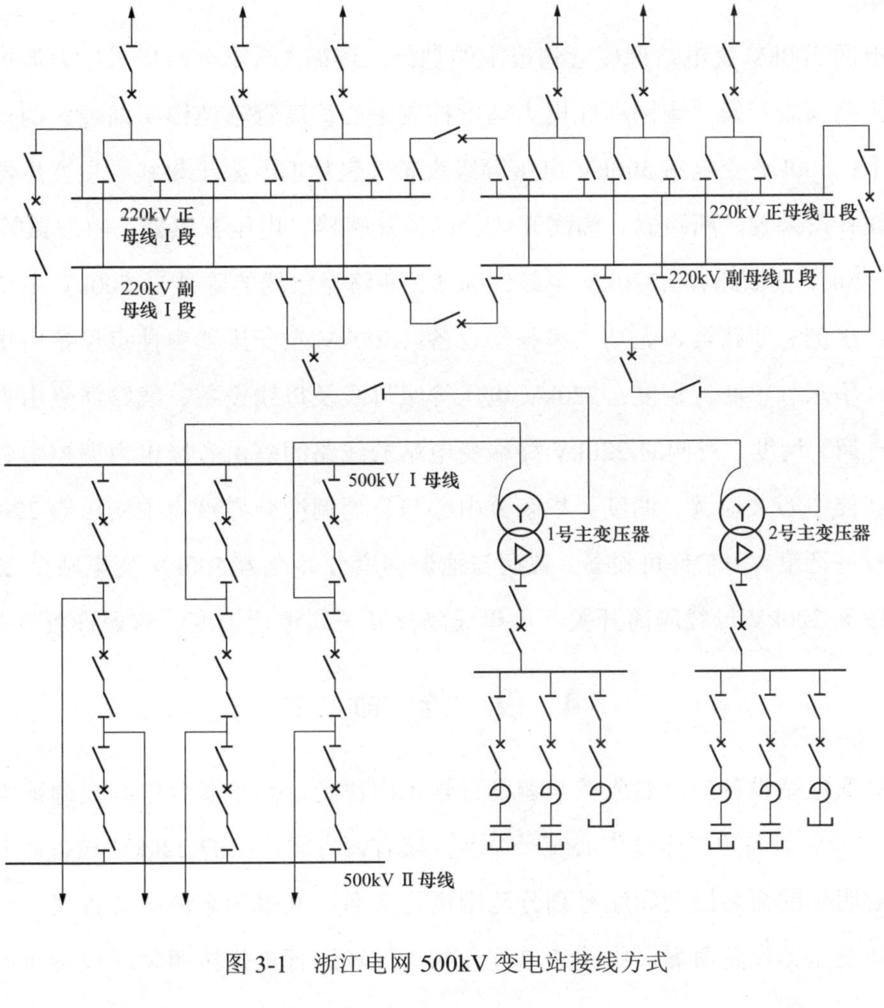

图 3-1　浙江电网 500kV 变电站接线方式

3.3 调度管辖范围

调度管辖范围指调度机构行使调度指挥权的范围，监控范围指调度机构负责输变电设备监控业务的范围。调管设备分为直接调度设备、授权调度设备、许可调度设备。直接调度设备指由调度机构直接行使调度指挥权的发电、输电、变电等一次设备及相关的继电保护、安全自动装置等二次设备，简称直调设备。授权调度设备指由上级调度机构授权下级调度机构直接调度的发电、输电、变电等一次设备及相关的继电保护、安全自动装置等二次设备。授权调度设备的调度安全责任主体为被授权的调度机构。许可调度设备指运行状态变化对上级调度机构直调系统运行影响较大的下级调度机构直调设备，应纳入上级调度机构许可调度，简称许可设备。许可设备范围的确定和调整由上级调度机构确定。许可设备状态计划性变更前，应申请上级调度机构许可；许可设备状态发生改变，应及时汇报上级调度机构。

浙江电网 500kV 变电站调度管辖范围的划分应遵循《国家电网华东电力调控分中心调度管辖范围明细表》及《国网浙江电力调度控制中心调度管辖范围明细表》的规定，其主要原则如下：500kV 变电站 500kV 电压等级设备（包括但不限于母线、主变压器、高压电抗器、串联补偿装置、断路器、隔离开关、电流互感器、电压互感器、阻波器等），500kV 主变压器 220kV 侧断路器（220kV 主接线为 3/2 断路器接线的除外），500kV 主变压器低压侧母线、低压侧总断路器、无功功率补偿设备，500kV 主变压器中性点设备由华东电力调控分中心（华东分中心）调度；220kV 电压等级母线及母线设备、线路间隔由省级电力调控中心（省调）调度；对侧的 220kV 终端变电站的线路间隔由省级电力调控中心授权所属地区电力调控中心（地调）调度。华东分中心与省调调度分界点为主变压器 220kV 母线，该母线属省调调度、华东许可设备；省调与地调调度分界点为 500kV 变电站至 220kV 终端变线路送端侧 220kV 母线隔离开关，该母线隔离开关属地调调度、省调许可设备。

3.4 设备命名

500kV 变电站设备的命名应按其调度管辖范围决定。属华东分中心直调范围的 500kV 和有关的 220kV 设备由华东分中心统一命名；属省调直调范围的 220kV 设备命名由省调按华东分中心明确的命名原则和编号划分范围进行命名，并报华东分中心备案。

500kV 变压器设备命名，由基建单位和相关现场运行单位按照现场设备布局等情况，初拟调度命名，报华东分中心审批并正式命名。其一般命名形式为 X 号主变压器，X 为主变压器编号。

线路命名采用双重编号。第一和第二位是汉字名称，分别取自线路两端变电站名；第三至第六位是代码编号。每一条线路代码编号唯一，汉字名称尽可能避免重复。220kV 线路的线路名称和代码编号的选择还需要参考线路正常接排方式，一般应以“逢单接正、逢双接副”的原则确定线路代码编号。

500kV 母线编号一般用罗马数Ⅰ、Ⅱ、Ⅲ、Ⅳ、Ⅴ数字编号。单母线为Ⅰ号母线；单母线分段为Ⅰ、Ⅲ号母线；双母线为Ⅰ、Ⅱ号母线；双母线双分段为Ⅰ、Ⅱ、Ⅲ、Ⅳ号母线。旁路母线为Ⅴ号母线。3/2 断路器接线方式使用双母线编号形式。

220kV 单母线的一般命名为 220kV 副母线；220kV 双母线一般按照Ⅰ、Ⅱ母线的顺序分别命名为 220kV 正母线、220kV 副母线；220kV 双母线双分段按照Ⅰ、Ⅱ、Ⅲ、Ⅳ母线的顺序分别命名为 220kV 正母线Ⅰ段、220kV 副母线Ⅰ段、220kV 正母线Ⅱ段、220kV 副母线Ⅱ段。

500kV 断路器编号采用名称加代码双重编号形式，其中代码为 50××共 4 位数字。3/2 断路器接线方式代码使用矩阵排列编号，例如第 2 串为 5021 断路器、5022 断路器、5023 断路器。3/2 断路器接线方式完整串靠母线侧断路器在代码编号前加紧临的出线元件名；中间断路器在代码编号前加两侧出线元件名，靠Ⅰ母线元件名在前，靠Ⅱ母线元件名在后，中间由“/”符号分隔。3/2 断路器接线方式不完整串两个断路器在代码编号前均加出线元件名。3/2 断路器接线方式出线元件仅由一个断路器直接接在 500kV 母线上时，则直接在断路器代码编号前加出线元件名。3/2 断路器接线断路器两侧隔离开关编号，用断路器编号和所向母线号五位数字组成；接地开关编号一般按照隶属关系，由“隔离开关编号＋7”组成。

500kV 主变压器中压侧（220kV）断路器命名为×号主变压器 220kV 断路器。

220kV 双母线接线方式，连接正、副母线的断路器命名为 220kV 母线联络断路器；断路器两侧隔离开关、接地开关相应命名为 220kV 母线联络断路器正（副）母隔离开关，220kV 母线联络断路器正（副）母侧接地开关。

220kV 双母线双分段接线方式，连接 220kV 正、副母线Ⅰ（Ⅱ）段的断路器命名为 220kV 1（2）号母线联络断路器；断路器两侧隔离开关、接地开关相应命名为 220kV 1（2）号母线联络断路器正、副母隔离开关，220kV 1（2）号母线联络断路器正、副母侧接地开关。连接 200kV Ⅰ、Ⅱ段正（副）母线的断路器间隔命名为 220kV 正（副）母线分段断路器；断路器两侧隔离开关、接地开关相应命名为 220kV 正（副）母线分段断路器Ⅰ（Ⅱ）母隔离开关，220kV 正（副）母线分段断路器Ⅰ（Ⅱ）母侧接地开关。

500kV 主变压器低压侧装设总断路器的，其命名为×号主变压器 AAX0 断路器。×为主变压器编号，AA 为电压等级（35 表示 35kV，15 表示 15.75kV）。

500kV 主变压器低压侧无功功率补偿设备命名为×号主变压器 B 号低压电抗器（电容器），×为主变压器编号，B 为无功功率补偿设备序号。其断路器命名为×号主变压器 B 号低压电抗器（电容器）A×B 断路器，×为主变压器编号，A 为电压等级（3 表示 35kV，1 表示 15.75kV），B 为无功功率补偿设备序号。

第4章　一次设备

4.1 概　　述

一次设备是指直接用于生产、变换、输送、分配和使用电能的电气设备，主要包括变压器、母线、输电线路、断路器、隔离开关、电流互感器、电压互感器、高压电抗器、串联补偿装置、无功功率补偿装置等。

4.2 变　压　器

变压器是变电站中最重要的电气设备之一。变压器是根据电磁感应原理将一个电压等级的电能变换为另一个（或多个）不同电压等级电能的电功率传输转换设备，其主要作用是将交流电压由低压变为高压或由高压变为低压，以利于功率的传输。变压器分类见表4-1。

表4-1　　变压器分类

分类方式	具体类别
按相数	单相变压器、三相变压器和多相变压器
按绕组形式	双绕组变压器、三绕组变压器、多绕组变压器、自耦绕组变压器
按冷却方式	干式、油浸自冷式、油浸风冷式、强迫油循环风冷式、强迫油循环水冷式、强迫导向油循环风冷式、强迫导向油循环水冷式
按用途	电力变压器、仪用变压器（如电压互感器、电流互感器等）、试验变压器、特种变压器（如电炉变压器、整流变压器等）
按调压方式	无载调压变压器、有载调压变压器
按中性点绝缘水平	全绝缘变压器、半绝缘（分级绝缘）变压器
按冷却介质	干式、液（油）浸式和充气变压器等

变压器的铁芯和绕组是变压器的主要部件，称为变压器器身。为了解决绝缘、散热、密封和安全等问题，还需要油箱、绝缘套管、调压装置、储油柜、冷却装置、压力释放阀、温度计和气体继电器等附件，变压器结构如图4-1所示。

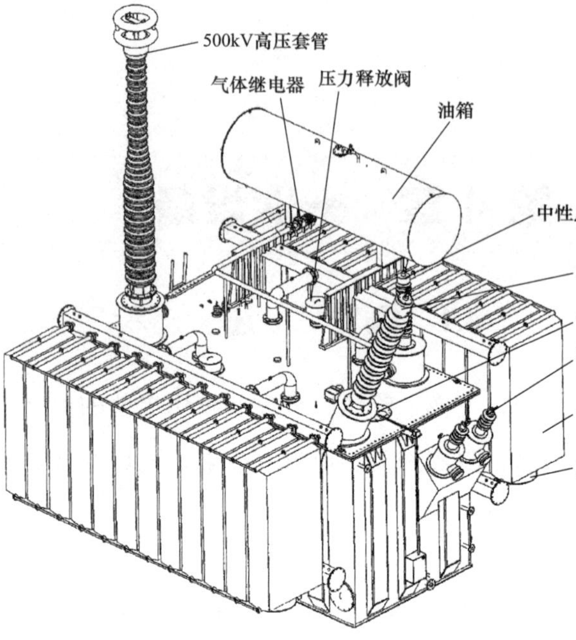

图 4-1　变压器结构示意图

4.2.1　铁芯

铁芯是变压器最基本的组成部件之一，是变压器的磁路部分，铁芯把一次电路的电能转为磁能，又由自身的磁能转变为二次电路的电能，是能量转换的媒介。在结构上，铁芯上支撑了器身、引线等变压器内部的所有部件，变压器的一、二次绕组都缠绕在铁芯上，其结构如图 4-2 所示。为减少铁芯的磁滞和涡流损耗，提高导磁性能，铁芯通常用厚度 0.35mm 左右表面绝缘的硅钢片制成。铁芯分铁芯柱和铁轭两部分，铁芯柱上套绕组，铁轭将铁芯连接起来，使之形成闭合磁路。

图 4-2　变压器铁芯

变压器铁芯正常时需一点接地，不允许有两点或多点接地。运行中变压器的铁芯及其他附件都处于绕组周围的电场内，如不接地，在外加电压的作用下，铁芯及其他附件必然感应一定的电压。当感应电压超过对地放电电压时，就会产生放电现象，为了避免变压器的内部放电，所以要将铁芯接地。如果有两点或两点以上的接地，在接地点之间便形成了闭合回路，当变压器运行时，其主磁通穿过此闭合回路时，就会产生环流，将会造成铁芯的局部过热，烧损部件及绝缘，造成事故。

4.2.2 绕组

绕组也是变压器的最基本的部件之一，结构如图 4-3 所示。绕组是变压器的电路部分，主要作用是产生磁通和感应电动势，一般用绝缘纸包裹的铜线或者铝线绕成。接到高压电网的绕组为高压绕组，接到低压电网的绕组为低压绕组。

图 4-3 变压器绕组

大型电力变压器采用同心式绕组，同心式绕组是将高、低压绕组同心地套在铁芯柱上。通常低压绕组靠近铁芯，高压绕组在外侧，这主要是从容易满足绝缘要求和便于引出高压分接开关来考虑的；变压器高压绕组常采用连续式结构，绕组的盘（饼）和盘（饼）之间有横向油道，起绝缘、冷却、散热作用。

4.2.3 分接开关

变压器分接开关是连接以及切换变压器分接头的装置，用来调节变压器输出电压，保证电网电压在合理范围内变动。因高压绕组在最外层，引出分接头方便，分接开关一般从高压绕组上抽出适当分接头。另外高压侧电流小，引线截面积及分接开关的接触面可以减小，因此减少了分接开关的体积。

变压器的调压方式分为有载调压和无载调压两种，二者不同点在于：前者装有带负荷调压装置，可以带负荷调压，后者只能在停电的情况下改变分接头位置，调整电压。有载调压变压器用于电压质量要求较严的地方，加装有自动调压检测控制部分，在电压超出规定范围时自动调整电压。有载调压变压器主要优点是：能在额定容量范围内带负荷调整电压，且调整范围大，可以减少或避免电压大幅度波动，母线电压质量高，但其体积大，结构复杂，造价高，检修维护要求高。无载调压变压器改变分接头位置时必须停电，且调整的幅度较小，输出电压质量差，但比较便宜，体积较小。

有载分接开关由分接选择器、切换开关及操动机构等部分组成，供变压器在带负荷情况下调整电压，其结构如图 4-4 所示。变换分接头时，分接选择器的触头是在没有电流通过的情况下动作，通过单、双数触头组轮流选择分接头；切换开关的触头是在通过电流下动作，经过渡电阻过渡，从一个挡位转换至另一个挡位，过渡电阻主要用于限制变压器级间的循环电流。

采用双电阻过渡电路的有载分接开关其典型接线图如图 4-5 所示，切换开关的电弧触头变换程序为“1-2-1”程序，即动弧触头先接触 1 个定弧触头，然后再同时接触 2 个定弧触头，交替动作直到切换完毕，如图 4-6 所示为有载分接开关从 2 挡调到 3 挡的一个切换过程。

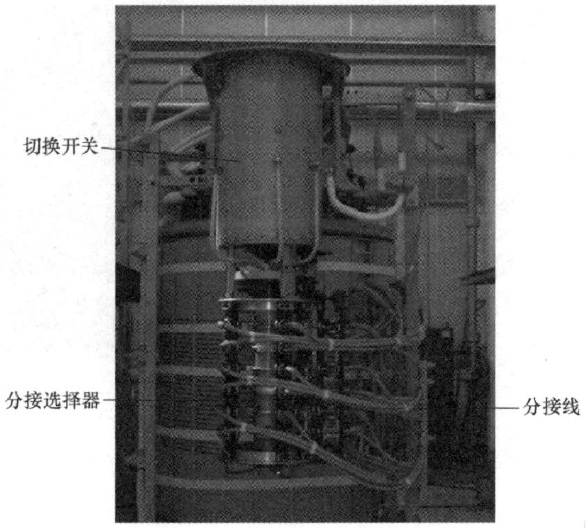

图 4-4　有载分接开关

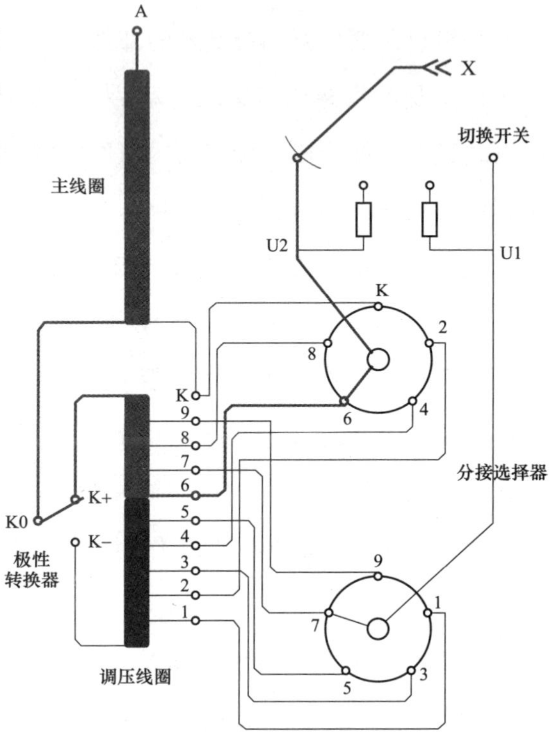

图 4-5　有载分接开关接线图

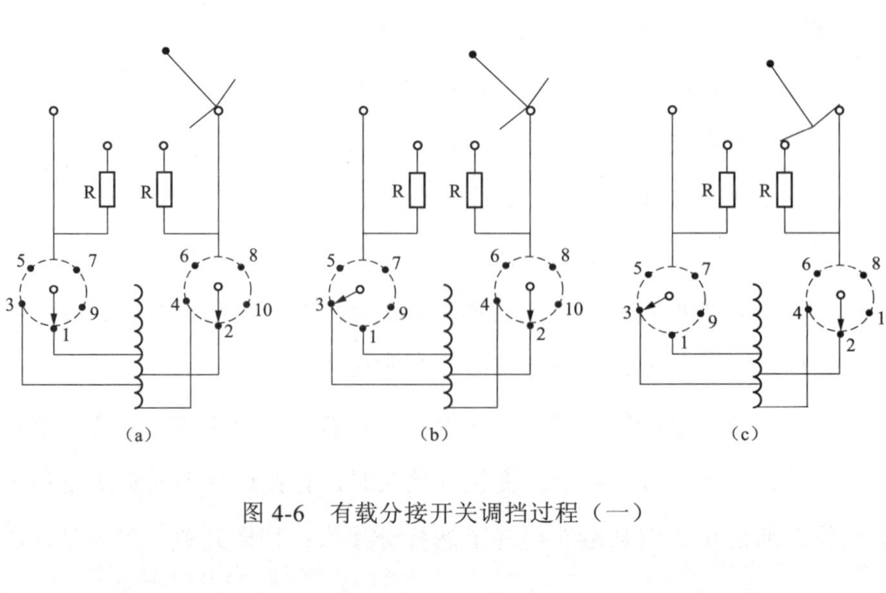

图 4-6　有载分接开关调挡过程（一）

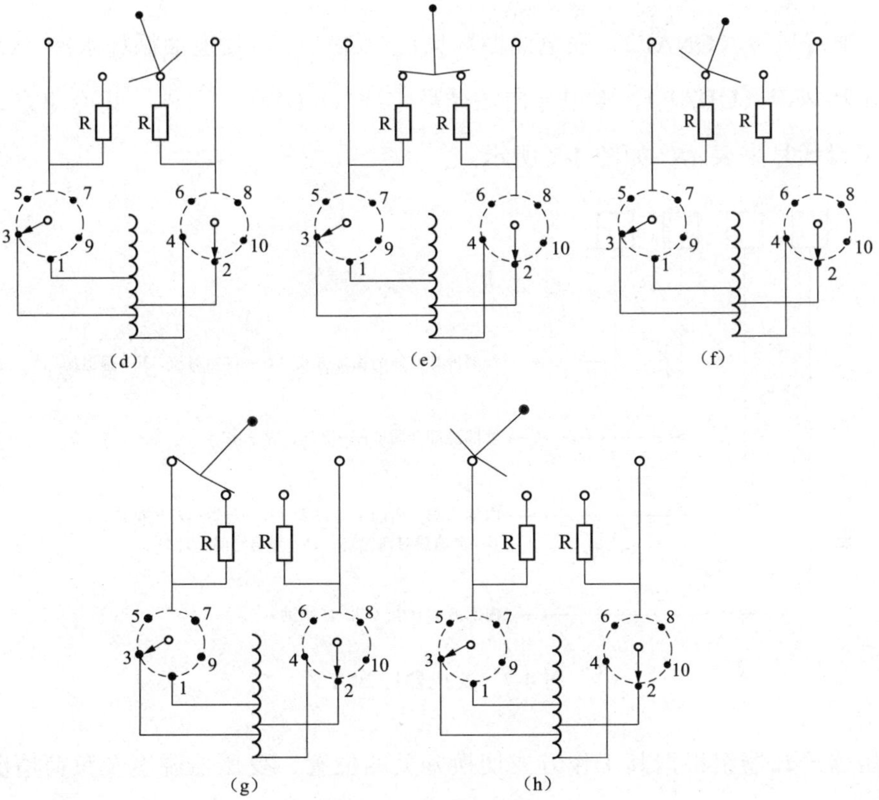

图 4-6 有载分接开关调挡过程（二）

4.2.4 油箱

油箱是变压器的外壳，铁芯和绕组装在里面并充满变压器油，使铁芯和绕组浸在油内，变压器油起绝缘和散热作用。变压器运行时产生的热量使油箱内部的油受热上升，热量通过油箱壁和箱体外侧的散热管（片）向周围空气中散发，目前一般采用扁管、片式散热管和波纹油箱结构。

大型变压器一般有两个油箱，一个为本体油箱，一个为有载调压油箱。因为有载调压油箱内的切换开关在进行操作过程中会产生电弧，若进行频繁操作会使得油的绝缘性能下降，因此设一个单独油箱将切换开关单独放置。

4.2.5 冷却器

变压器运行时产生的铜损、铁损等损耗都会转变成热量，使变压器的铁芯、绕组等部件温度升高，直接影响到变压器绝缘材料的寿命和机械强度、负荷能力及使用年限，为了使变压器各部分温升不超过规定的限值，应采取有效的冷却措施。

变压器的冷却方式是由冷却介质和循环方式决定的，冷却方式主要有油浸自冷（ONAN）、油浸风冷（ONAF）、强迫油循环风冷（OFAF）、强迫油循环水冷（OFWF）、强迫导向油循环风冷（ODAF）、强迫导向油循环水冷（ODWF）六种，其冷却方式通常是由以下四个字母代号来表示，如图 4-7 所示。

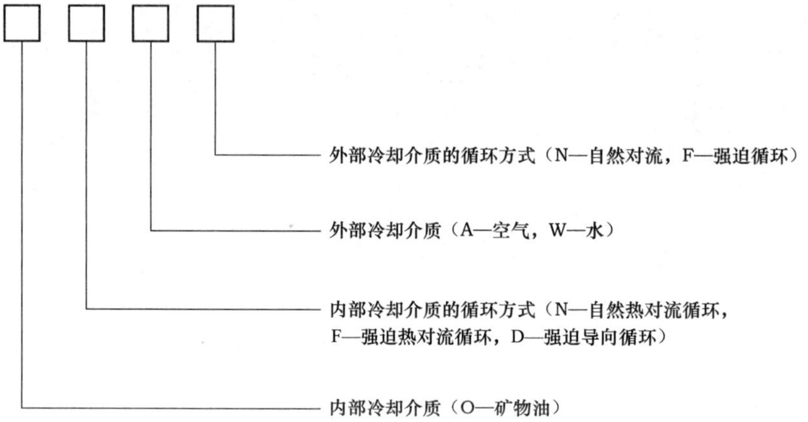

图 4-7　变压器冷却方式

主变压器冷却器组根据其工作方式切换开关的位置、变压器温度及负荷情况、运行状况等，通过冷却器控制回路实现自动投退，因此使变压器的运行温度控制在安全范围内。

（1）“手动”控制方式下冷却器系统的启停不受变压器油温、负荷电流影响，仅由独立的手动控制回路来实现对冷却器的启停控制，只有在风机和油泵手动控制开关切至“工作”位置时，风机和油泵才会投入。

（2）“自动”控制方式下，当油面温度、绕组温度以及负荷电流的设定值达到整定值时，辅助冷却器会自动投入运行，投入的冷却器组故障时，自动投入“备用”组冷却器。

冷却器的工作方式可分为工作（手动）、辅助（自动）、备用、停用四种，见表 4-2。

表 4-2　　冷却器工作方式

工作方式	定　　义
工作（手动）	冷却器长期运行
辅助（自动）	受油面温度、绕组温度以及负荷的设定值控制，根据运行工况自动运行
备用	运行的冷却器故障时，备用冷却器自动投入
停用	该组冷却器任何情况下不运行

冷却器系统采用两段独立电源供电，其中一个为工作电源，一个为备用电源。当工

作电源发生故障时，备用电源自动投入；工作电源恢复时，备用电源自动退出，工作或备用电源故障时均会发出告警信号。运行中的冷却器发生故障时也会发出故障信号，当冷却器两段电源全部失去时，经一定时间发出冷却器全停告警信号，此时应密切监视后台变压器绕组温度和油温温度情况，若冷却器全停故障短时间内无法排除，且不满足主变压器冷却器全停情况下持续运行要求，应立即汇报调度，申请调度转移负荷或做其他处理。

4.2.6 压力释放阀

如果油浸式变压器内部发生故障或短路，将产生电弧使变压器油发生分解，产生大量气体，使油箱承受巨大的压力，当油箱内压力增加到一定数值时，压力释放阀动作，排出部分变压器油，降低油箱内压力，当压力降到阀关闭压力值时，阀又可靠关闭，使油箱内永远保持正压，有效防止外部空气、水汽及其他杂质进入油箱。压力释放阀装于变压器的顶部，其结构如图 4-8 所示。

当变压器内部发生故障，变压器油会发生分解，产生大量气体，气体对动作盘产生一定的压力，当气体积聚到一定的量，达到压力释放阀的动作压力，顶开动作盘，气体被从变压器内部释放到外部，变压器内部压力迅速下降到正常值，弹簧的压紧力使动作盘迅速复位。在动作盘被顶开时，微动开关动作，发出报警信号，也可使其接通跳闸回路，跳开变压器各侧断路器，指示杆也同时上升，表明压力释放阀已经动作。

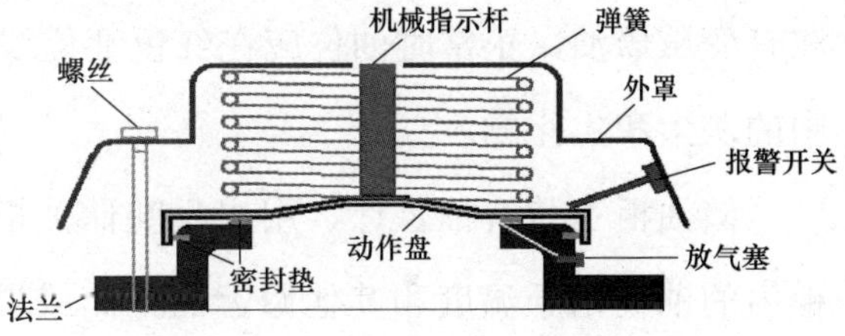

图 4-8 压力释放阀结构示意图

4.2.7 储油柜

储油柜也称作油枕，当变压器油的体积随油温的升降而膨胀或收缩时，储油柜就起着储油和补油的作用，以保证油箱内始终充满油。同时由于装了储油柜，使变压器与空气的接触面减小，减缓了油的劣化速度。储油柜的体积一般为变压器总油量的 8%～10%。

常规储油柜有敞开式、隔膜式和胶囊式三种形式。敞开式储油柜的油面通过吸湿器与大气直接相通，这样储油柜里的油容易被氧化，而且空气中的水分也容易进入到变压器的油中。大型变压器为了保证变压器油的性能，防止油的氧化受潮，一般采用胶囊式和隔膜式，以避免油与空气直接接触，浙江省 500kV 变电站主变压器普遍采用胶囊式储油柜，其结构如图 4-9 所示。

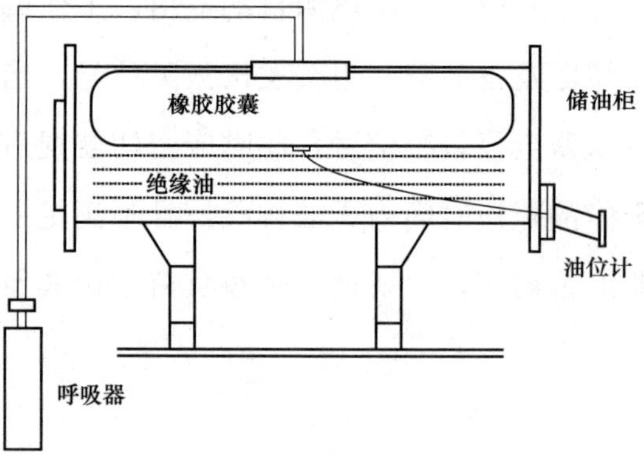

图 4-9　变压器储油柜结构示意图

胶囊式储油柜是在储油柜壳体内装设一个耐油复合橡胶的气囊，气囊内通过呼吸管及吸湿器与大气接触，气囊外和变压器油接触，当变压器油箱中油膨胀或收缩导致储油柜油面上升或下降时，气囊向外排气或自行吸气以平衡气囊内外侧的压力，起到呼吸作用，从而将变压器油与空气彻底隔开，并且随变压器油温的变化及时补偿油箱内的压力差。

吸湿器内部装有变色硅胶，与储油柜相通，其作用是吸附空气中进入储油柜胶囊的潮气，清除和干燥由于变压器油温的变化而进入变压器储油柜胶囊的空气中的杂物和潮气，防止变压器油受潮，引起绝缘强度降低。硅胶吸潮后，会改变颜色，当硅胶变色超过 2/3 时，应更换硅胶。吸湿器底部装有油杯，油杯中注有变压器油，正常时油位应在红色油位线附近。油杯中有颗粒状的吸附剂，用于吸附油中的灰尘和劣化物。

储油柜上装有油位计，用来反映储油柜中的油位，当储油柜内的油位由于温度和其他原因而升高或者降低时，油位表的浮球随油面升高或降低，浮球带动内部摆杆使传动机构转动，同时在表计上显示相应油位。由于储油柜和变压器本体中的油位是连通的，因此油位计可以监视变压器油位的变化。

4.2.8　温度计

变压器的温度计分油面温度计和绕组温度计，主要用于测量顶层油温和绕组温度，便于监视变压器运行情况，因为变压器里的绝缘材料的老化速度主要是由温度决定的。从测温方法来分主要有双金属片、压力式和热敏电阻，前两种主要用于油顶测温，后一种还用于绕组测温。温度计的另一个作用是作为控制回路的硬接点启动或退出冷却器，发出温度高或过负荷的告警信号。

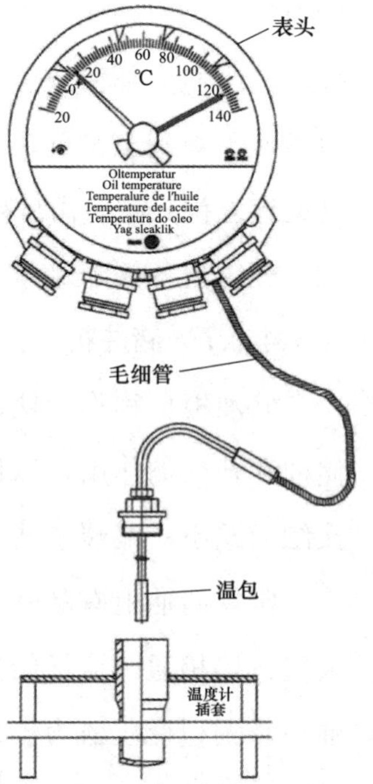

图 4-10　油温度计结构示意图

油温度计一般由温包、毛细管和表头组成，结构如图 4-10 所示，将温包插入箱盖上注有油的安装座中，使油的温度能均匀地传到温包，当被测温度发生变化时，由于“热胀冷缩”效应，温包中的感温介质体积也发生变化，产生压力，使表头中的压力计指针转动来指示温度，500kV主变压器一般配置2个油温度计，温度探测器分别位于变压器两侧顶层油中。

绕组温度计常采用热模拟法间接测量变压器绕组温度，结构如图4-11所示，将温度计的温包插入匹配器放置在变压器油箱上的测温槽里，电流互感器的二次电流通过匹配器变流，经电热丝的加热，使温包能感测到顶层油温和电热丝的附加温升，后者引起的温度增量近似于绕组最热点对油顶层的温差，所以绕组温度计能反映被测绕组最热部分的温度。

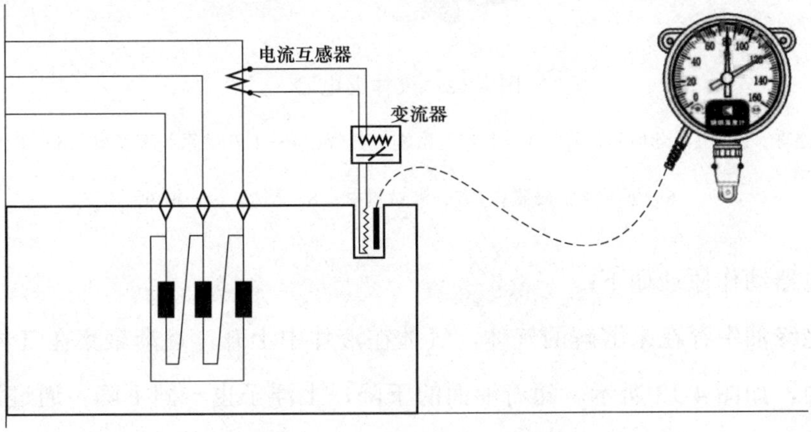

图4-11 绕组温度计结构示意图

4.2.9 气体继电器

气体继电器也称瓦斯继电器，它是变压器内部故障的主要保护装置，当变压器的内部发生故障时，短路电流产生的电弧将使油和其他绝缘材料分解并产生大量的气体，气体的积聚或油流的冲击使继电器的触点动作，从而给出轻瓦斯告警信号或重瓦斯动作跳开主变压器断路器。

正常工作情况下，气体继电器内部充满了变压器油，其安装在变压器的油箱与储油柜之间的管道中，变压器箱顶盖沿气体继电器气流方向有1%～1.5%的倾斜角度，方便气体流动到气体继电器内。

常见的双浮子气体继电器结构如图4-12所示，两个浮子借助浮力处于浮子的最高位置，磁铁和浮球固定在一起，并作为一个整体可活动地安装在框架上，磁铁随浮球移动。当浮球的位置发生变化时，带动磁铁转动，磁铁随之靠近干簧管，导致触点接通，以此来控制外接电路的接通，发出报警信号或切断电源。

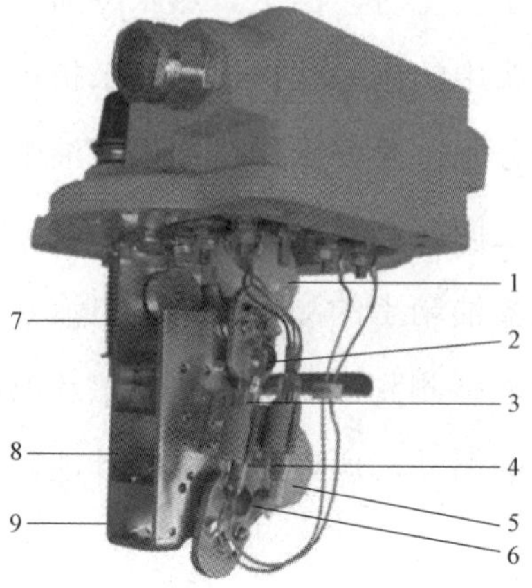

图 4-12　气体继电器

1—上浮球；2—上浮球恒磁磁铁；3—上开关系统干簧管；4—下开关系统干簧管；5—下浮球；6—下浮球恒磁磁铁；7—测试机械；8—挡板；9—框架

气体继电器动作原理如下：

（1）当绝缘油中存在未溶解的气体，气体在液体中上升，逐渐聚集在气体继电器内并挤压绝缘油面，如图 4-13 所示。随着油面的下降，上浮子也一同下降。通过浮子的运动，将启动一个开关触点（磁触点式干簧管），由此发出报警信号；但下浮子不受影响，因为达到一定的气体量后一部分可以通过管道向储油柜流出。

（2）由于渗漏造成变压器油流失，引起液面的下降，储油柜、管道以及气体继电器被排空，如图 4-14 所示。首先上浮子下沉，启动报警信号；当液体继续流失，下浮子下沉并启动一个开关触点，由此控制变压器跳闸。

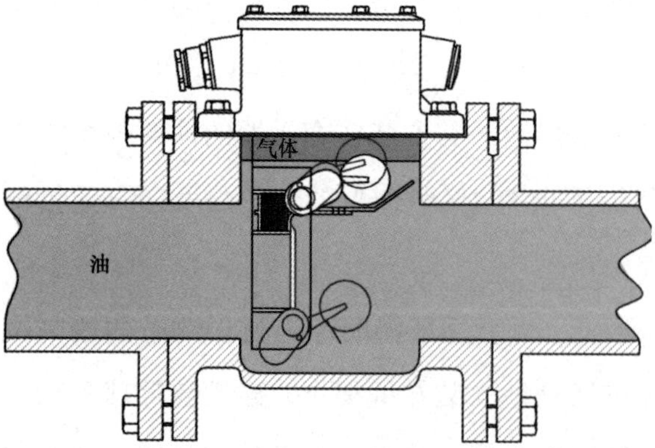

图 4-13　气体累积

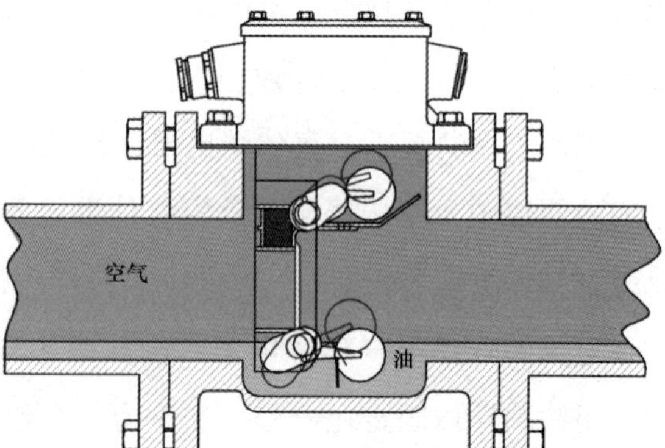

图 4-14　变压器油流失

（3）由于一个突发性/自发性事件而产生向储油柜方向运动的压力波流，冲击到安装在液流中的挡板，如图 4-15 所示。当波流的流速超过挡板的动作值时，挡板顺波流的方向运动，通过这一运动，启动开关触点，由此控制变压器跳闸；当压力波流消退后，下开关系统恢复原位。

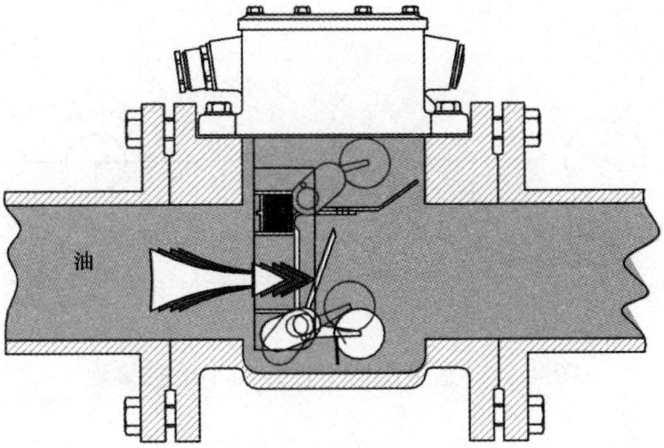

图 4-15 绝缘油快速流动

4.2.10 绝缘套管

变压器绕组的引出线从油箱内穿过油箱盖时，必须经过绝缘套管，以使带电的引出线与接地的油箱绝缘，同时起到固定引出线的作用。

绝缘套管一般是瓷制的，结构取决于绝缘套管的电压等级。绝缘套管按绝缘种类可分为纯瓷式套管、油纸电容式套管、环氧树脂式套管、硅橡胶式套管。

500kV 变电站一般采用全密封油浸纸绝缘电容式套管，其结构如图 4-16 所示。套管内注有变压器油，不与变压器本体相通。油纸电容式套管主要由储油柜、瓷套、法兰及电容芯子连接组成，套管头部储油柜上设有油位表可以指示油位变化，套管的中间设有供安装连接用的法兰，法兰上设有供变压器注油时放出变压器上部空气的放气塞及测量套管介质损耗的测量引线装置。

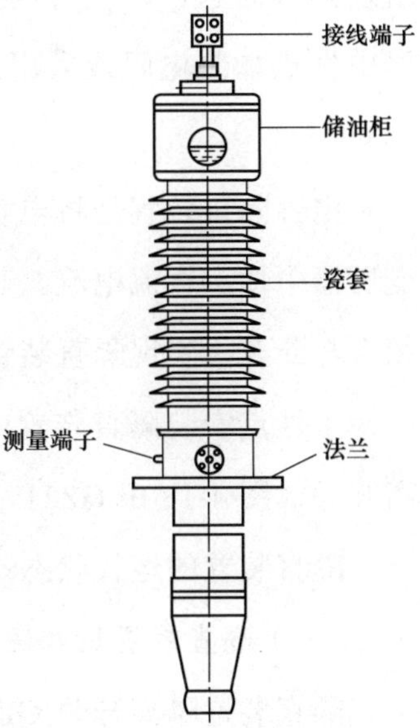

图 4-16 绝缘套管结构示意图

4.2.11 中性点设备

浙江电网 500kV 主变压器的中性点接地方式有直接接地、经小电抗接地、经小电阻接地、经小阻抗接地以及经电容器隔直装置接地。

主变压器中性点经小电抗接地如图 4-17 所示，中性点设备主要有由避雷器、接地开关、小电抗、接地点构成。避雷器用于限制主变压器中性点过电压，接地开关用于改变中性点接地方式的操作及小电抗试验检修时的保护接地，小电抗用于限制中压侧不对称接地短路电流。

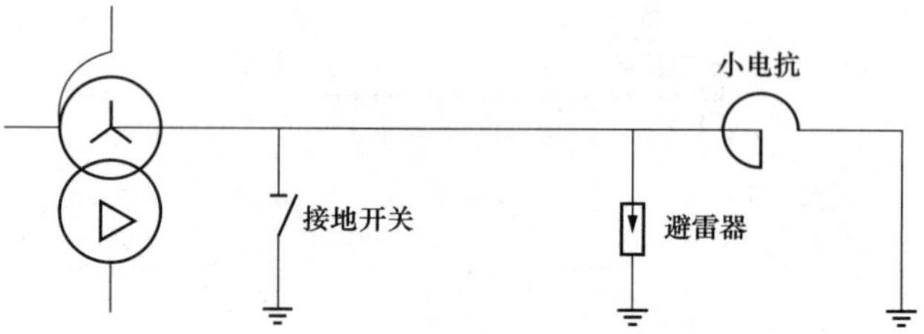

图 4-17　主变压器中性点经小电抗接地

随着我国特高压建设的规模越来越大，特高压直流输电线路也越来越多，而当直流输电系统发生单极闭锁以大地回流方式运行时，会在接地极附近的变压器中性点产生一个较大的直流电流，使得变压器产生直流偏磁现象，引起主变压器振动、发出异响、绕组发热等问题，严重时候甚至会损坏变压器，因此在一些经计算直流电流超标的主变压器中性点加装电阻或采用经电容器隔直装置接地方式，用于消除直流偏磁对主变压器的影响。

电容隔直装置是将电容器接入变压器中性点接地回路来隔断直流电流回路，从而抑制变压器中性点直流电流。其工作原理是在隔直电容上并联一台旁路开关，通过旁路开关的闭合与断开，实现隔直装置直接接地工作状态与电容接地工作状态的转换。

中性点安装隔直装置的变压器，典型运行接线如图 4-18 所示。隔直装置通过两组隔离开关（图 4-18 中 GZ11、GZ12）实现投入运行和退出运行。

隔直装置的运行状态：

（一）隔直装置投入运行状态

隔直装置隔离开关 GZ12 处于合闸状态，变压器中性点接地隔离开关 GZ11 处于分闸状态，隔直装置控制中性点隔直旁路开关（图 4-18 中 2）实现隔直电容投入与退出。

当主变压器中性点检测到越限的直流电流时，将中性点隔直旁路开关（图 4-18 中 2）断开；当主变压器中性点直流电流消失时，延时将中性点隔直旁路开关闭合。在电容接地运行状态下（中性点隔直旁路开关断开），当交流系统发生三相不平衡故障时，将有可能在电容器两端产生高电压。装置通过大功率晶闸管实现过电压快速旁路保护（见图4-18中3、4、5、6），并驱动中性点隔直旁路开关闭合，实现中性点金属性接地。

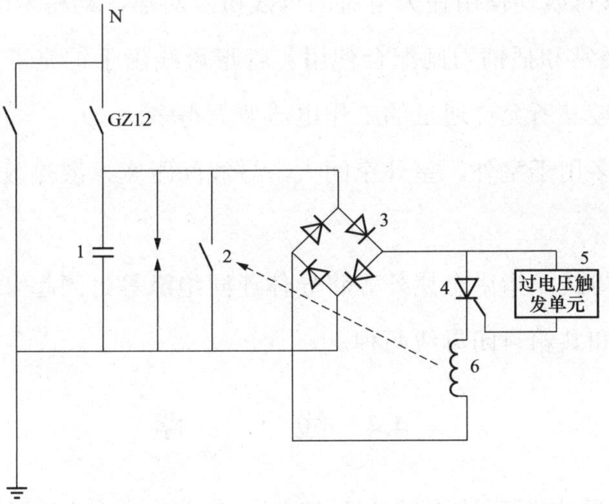

图4-18 中性点隔直装置

（二）隔直装置退出运行状态

变压器中性点接地隔离开关GZ11处于合闸状态，隔直装置隔离开关GZ12处于分闸状态。

（三）隔直装置检修状态

变压器中性点接地隔离开关GZ11处于合闸状态，隔直装置隔离开关GZ12处于分闸状态，隔离开关GZ12隔直装置侧加挂工作接地线。

4.3 母线

母线是指在变电站中各电压等级配电装置的连接部分，以及变压器等电气设备和相应配电装置的连接部分，用来传输、汇集和分配电能。因为施工安装时，不可能将很多回进出线安装在一点上，而是将每回进出线分别在母线的不同地点连接引出。一般具有四个分支以上时，就应设置母线。

母线分硬母线、软母线和金属封闭母线三种：

（1）硬母线，按其形状不同又可分为矩形母线、槽形母线、菱形母线、管形母线等多种。

1）矩形母线是最常用的母线，也称母线排。矩形母线按其材质又有铝母线（铝排）

和铜母线（排）之分。矩形母线的优点是施工安装方便，在运行中变化小，载流量大，但造价较高。

2）槽形和菱形母线均使用在大电流的母线桥及对热、动稳定配合要求较高的场合。

3）管形母线通常和插销刀闸配合使用。管形母线由于扩充了直径，所以电抗小，与相同直径母线相比较其所允许通过的工作电流要大得多。

（2）软母线，多用于室外。室外空间大，导线间距宽，散热效果好，施工方便，造价也较低。

（3）金属封闭母线，指用金属外壳将导体连同绝缘等封闭起来的组合体，按封闭形式分为离相封闭母线和共箱封闭母线两种。

4.4 线 路

电力线路是电网中不可缺少的主要部分，电力线路的用途除了可输送和分配电能外，还可将几个电网连接起来组成电力系统。输电线路可分为架空线路和电力电缆线路两大类。

架空线路是将导线、避雷线架设在杆塔上，架空线路是由导线、地线、杆塔、绝缘子、金具、基础等元件组成。一般输电线路每相采用一根导线，220kV 线路多采用 2 分裂导线，500kV 线路多采用 4 分裂导线，其作用是降低电晕损耗，增大输送容量。

电缆线路一般由导体、绝缘层、护层、屏蔽层、电缆附件（接头、终端）、电缆线路附属设备（电缆接地线、回流线、电缆支架等）、电缆线路构筑物（电缆沟、电缆隧道等）组成。电缆线路是传输和分配电能的一种特殊电线，可以直接埋在地下及敷设在隧道或沟道里，也可以敷设在水中或海底，具有防潮、防腐蚀和防损伤、节约空间、易敷设、运行简单方便等特点，但其价格昂贵，敷设、维护和检修较为复杂。

4.5 断 路 器

高压断路器（或称高压开关）是发电厂、变电站及电力系统中最重要的控制和保护设备之一，是能带电切合正常状态的空载设备和能开断、关合和承载正常的负荷电流，并且能在规定的时间内承载、开断和关合规定的异常电流（如短路电流）的电气设备。

按灭弧介质的不同，高压断路器可分为 SF_6 断路器、真空断路器、油断路器、磁吹断路器，见表 4-3。

表 4-3 高压断路器基本原理和特点

类别	原理	特点
SF_6断路器	采用 SF_6 气体作为灭弧和绝缘介质	开断能力强，电气寿命长，单断口电压高，结构简单，维护少
真空断路器	利用真空作为灭弧和绝缘介质	开距短，体积小，质量轻，电气寿命和机械寿命长，适用于频繁操作，维护少
油断路器	用变压器油（断路器油）作为灭弧和绝缘介质	少油断路器体积小、质量轻，便于维护检修
磁吹断路器	电弧电流通过吹弧线圈以产生磁束来吹弧及消弧	电气寿命长，但开断能力小

按照高压断路器所用操作能源能量形式的不同对操动机构的分类：

（1）手动机构：指用人力合闸的机构。

（2）直流电磁机构：指靠直流螺管电磁铁合闸的机构。

（3）弹簧机构：指用事先由人力或电动机储能的弹簧合闸的机构。

（4）液压机构：指以高压油推动活塞实现合闸与分闸的机构。

（5）液压弹簧机构：指用碟簧作为储能介质、液压油作为传动介质，实现合闸与分闸的机构。

（6）气动机构：指以压缩空气推动活塞使断路器分、合闸的机构。

（7）电动操动机构：用电子器件控制的电动机去直接操作断路器操动杆，实现合闸与分闸的机构。

高压断路器的主要结构：

（1）导流部分。主导流部分要包括动、静触头和主触头或中间触头以及各种形式的过渡连接等，其作用是通过工作电流和短路电流。

（2）灭弧部分。灭弧部分主要包括动、静触头、喷嘴以及压气缸等部件，其作用是提高熄灭电弧的能力，缩短燃弧时间。

（3）绝缘支撑部分。绝缘支撑部分主要包括 SF_6 气体、瓷套、绝缘拉杆等，其作用是保证导电部分对地之间、不同相之间、同相断口之间具有良好的绝缘状态。

（4）操动机构部分。操动机构部分主要指各种形式的操动机构和传动机构，作用是实现对断路器规定的操作程序。

（5）辅助部件。辅助部件主要指完成断路器各种辅助功能的部件，如辅助开关、各种继电器、加热器、表计等。

西门子 3AT2-EI 型高压断路器是 500kV 变电站比较常见的一种采用双断口带均压电容的高压断路器，断路器的双断口组件包括双断口灭弧室、均压电容、均压环、传动箱、传动装置、曲柄机构。曲柄机构箱的两侧与两个灭弧室组件相连，下部与绝缘支柱相连，曲柄机构箱中的曲柄机构将绝缘支柱中的绝缘杆传递的操作动能通过传动装置传递给灭弧室连杆，在双断口灭弧室中执行灭弧操作。双断口组件中充以 SF_6 气体作为灭弧和绝缘介质，其结构如图 4-19 所示。

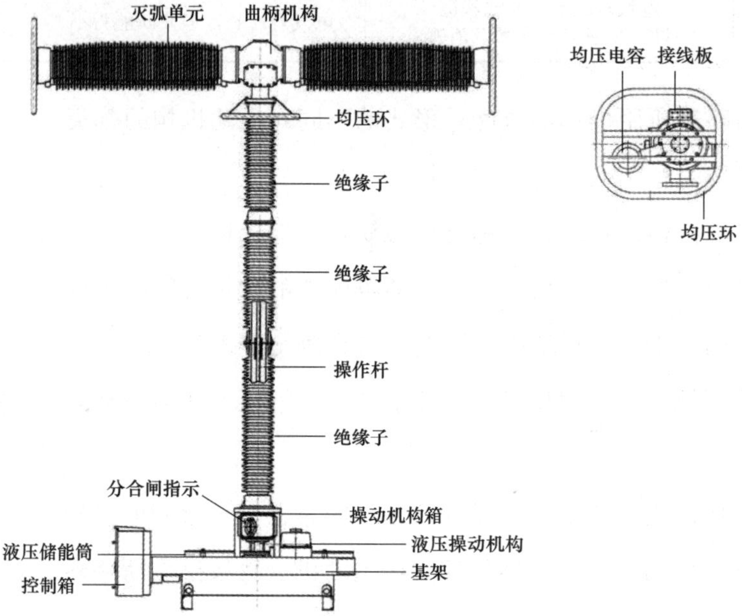

图 4-19　断路器结构示意图

灭弧室采用石墨双喷嘴结构的灭弧过程如图 4-20 所示。

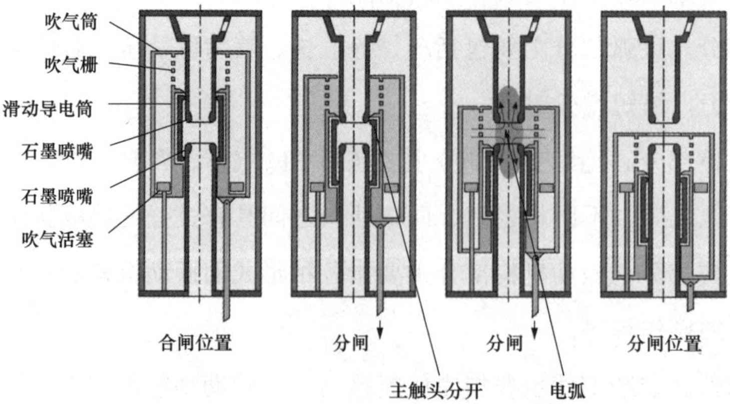

图 4-20　灭弧过程

3AT2-EI 型断路器采用液压操动机构，三相可以联动操作或分相操作，断路器每相装有操动机构、液压储能筒、储能油泵、控制单元，以使断路器适用于单相和三相自动重合闸，液压储能筒通过高压油管与断路器的操动机构相连，为断路器提供操作能源，低压油通过低压油管与油箱及油泵相连。

液压储能筒是一种活塞储能筒，可自由移动的活塞将氮气和液压油隔开。当断路器因操作、内部泄漏或环境温度变化，压力下降到起泵值 32MPa 时，液压监控器压力开关启动油泵将液压油从油箱打入液压储能筒，压缩氮气使油压上升，当油压达到 32MPa 时压力开关启动时间继电器，经 3s 延时后将油泵停止，使油压重新上升到正常值。当液压储能筒发生氮气泄漏时，会使单位时间内的打压次数增加。在发生氮气泄漏的后期，储能筒活塞移动到止挡管的位置，压力很快地下降到起泵值，再次打压时活塞碰到止挡管，使压力急剧上升，达到漏氮告警值 35.5MPa 时，压力开关动作发出氮气泄漏报警并停止油泵打压及闭锁断路器合闸、延时 3h 闭锁断路器分闸。

（1）液压机构合闸操作过程，如图 4-21 所示。当合闸电脉冲加在合闸电磁线圈 Y1 上，在电磁力的作用下打开钢球 H1，高压油通过 F2 进入到阀 Z1 底部，推动 Z1 向上运动，打开阀口 A，高压油进入到阀 Z2 左侧，推动阀 Z2 向右运动，关闭阀口 B，打开阀口 C，高

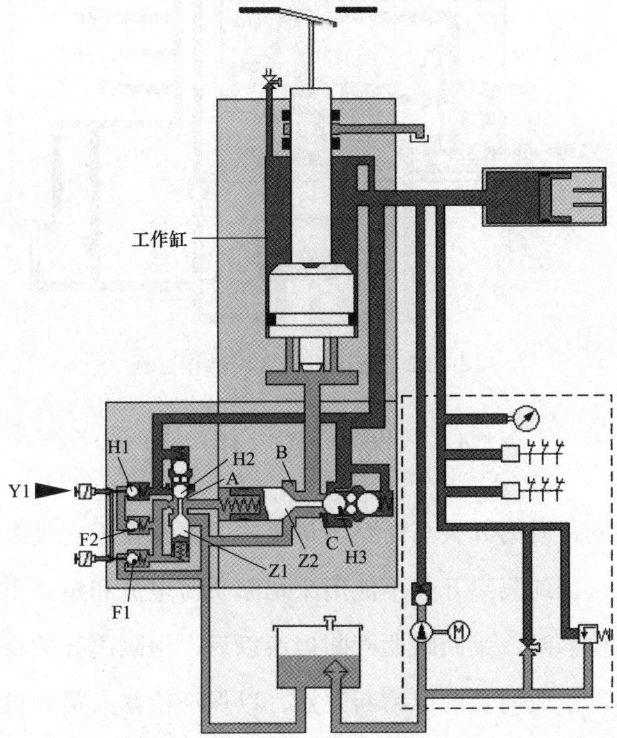

图 4-21　液压机构合闸操作过程

压油顺利进入工作缸底部（合闸侧），工作缸活塞的合闸一侧具有比分闸一侧更大的面积，所以推动差动活塞向上运动，使断路器合闸。钢球 H1 底部高压油通过钢球 H2 处阀口进入形成自保持，阀 Z1、阀 Z2 保持不动，断路器保持在合闸状态。

（2）液压机构分闸过程，如图 4-22 所示。当分闸电脉冲加在分闸电磁线圈 Y2 上，在电磁力的作用下打开钢球 F1，高压油通过 F1 泄回低压油箱，阀 Z1 失去了保持回路的高压油，在弹簧作用下阀 Z1 向下运动，关闭阀口 A，阀 Z2 也失去了保持回路的高压油而向左运动，关闭阀口 C，打开阀口 B，工作缸活塞合闸侧高压油通过阀口 B 泄回到低压油箱，在工作缸分闸侧常高压油作用下，活塞向下运动，使断路器分闸。

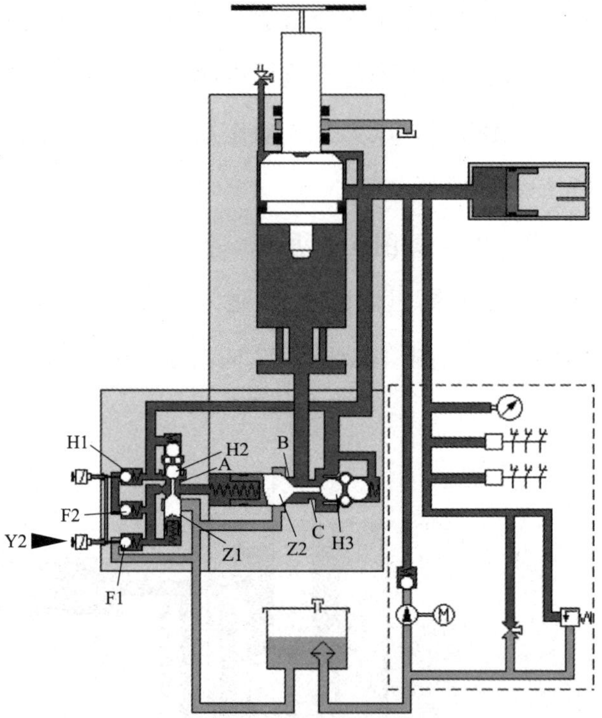

图 4-22　液压机构合闸操作过程

4.6 隔离开关

隔离开关又称刀闸，隔离开关与断路器最根本的区别在于它没有专用的灭弧装置，而是以空气为绝缘介质，因此隔离开关不能用来切断负荷电流和短路电流。隔离开关最主要的作用是在电气设备检修时，当断路器开断电流以后，用隔离开关将需要检修的电气设备与其他带电部分隔离，形成明显的电路断开点，以保证检修人员和设备的安全。隔离开关分类见表 4-4。

表 4-4　　隔 离 开 关 分 类

分类方式	具体类别
按使用环境	户内式、户外式
按每相支柱绝缘子数目	单柱式、双柱式、三柱式
按操动机构类型	手动、电动
按隔离开关运动方式	水平旋转式、垂直旋转式、剪刀式、插入式、摆动式
按有无接地开关	无接地开关、有接地开关
按极数分类	单极式、三极式

隔离开关的特点主要有：

（1）在分闸状态有明显可见的断口。

（2）隔离开关的断口在任何状态下都不能被击穿，因此隔离开关的断口耐压一般要比其对地绝缘的耐压高出 10%～15%。

（3）在合闸状态能可靠地通过正常工作电流和故障短路电流。

（4）必要时应在隔离开关上附设接地开关，供检修时接地用。

隔离开关主要由下列部分组成：

（1）绝缘结构部分。隔离开关的绝缘主要有两种：

1）对地绝缘。对地绝缘一般是由支柱绝缘子和操作绝缘子构成。

2）断口绝缘。断口绝缘是具有明显可见的间隙断口，绝缘必须稳定可靠，通常以空气为绝缘介质。

（2）导电系统部分，主要包括：触头，导电杆、接线座和接地开关。

500kV 变电站常见的 3 种隔离开关结构如图 4-23 所示。

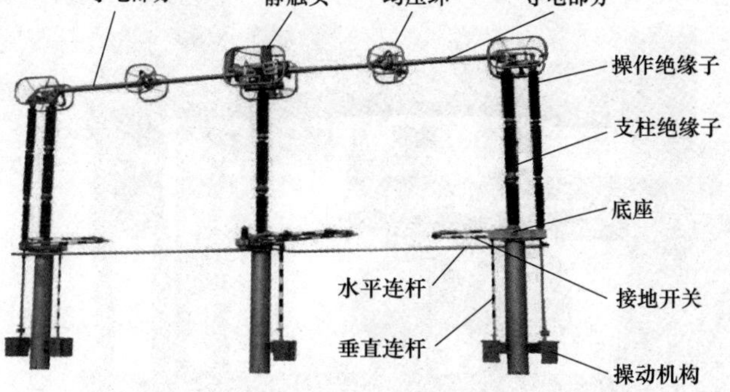

（a）

图 4-23　常见的 3 种隔离开关结构（一）

（a）水平折臂式

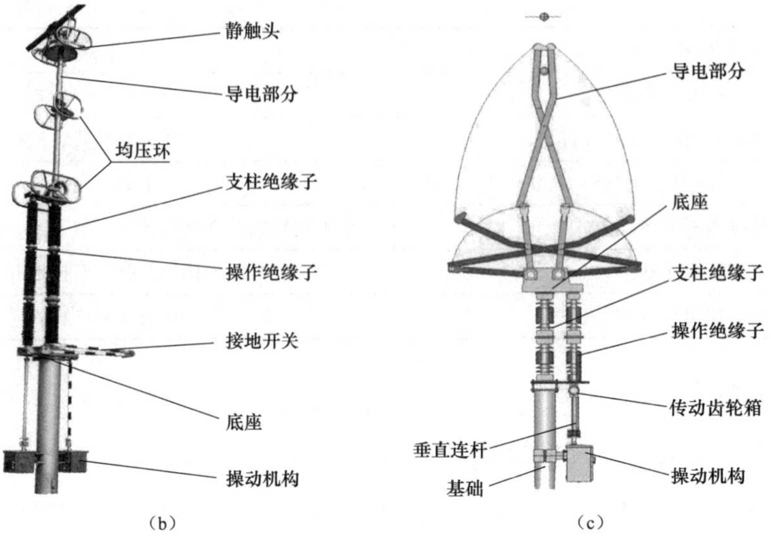

图 4-23 常见的 3 种隔离开关结构（二）

（b）垂直折臂式；（c）双臂垂直伸缩式

4.7 GIS/HGIS

气体绝缘组合电器（gas insulated switchgear，GIS）是指把除变压器以外的各种变电站电气元件组合在一封闭的金属壳体内，并充以 SF_6 气体作为主绝缘的电气设备。GIS 包括的组合电器元件有断路器、隔离开关、接地开关、电流互感器、电压互感器、避雷器、母线及电缆终端。一个典型的 GIS 设备间隔如图 4-24 所示。

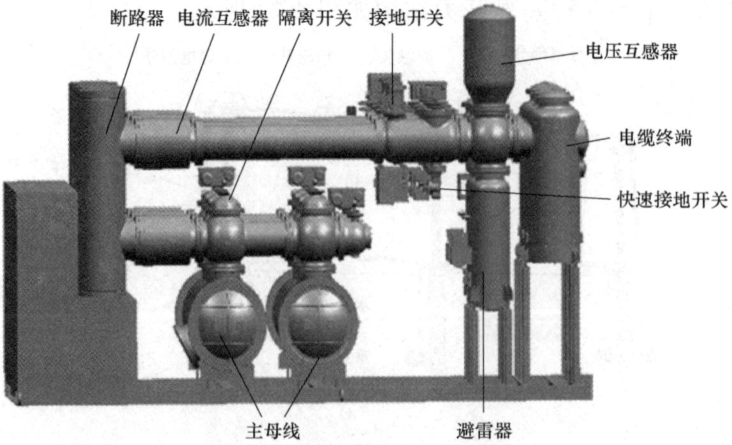

图 4-24 典型的 GIS 设备间隔

与常规敞开式高压电气设备相比，GIS 在结构性能上有以下特点：

（1）由于采用 SF_6 气体作为绝缘介质，导电体与金属地电位壳体之间的绝缘距离大大缩小，因此 GIS 的占地面积和安装空间与相同电压等级常规电器小很多。电压等级越高，占地面积比例越小。

（2）全部电器元件都被封闭在接地的金属壳内，带电体不暴露在空气中（除了采用架空引出线的部分），运行中不受自然条件影响，减少了设备事故概率，提高了电网及人身安全水平。

（3）SF_6 气体是不燃不爆的惰性气体，所以 GIS 属防爆设备，适合在城市中心地区和其他防爆场合安装使用。

（4）GIS 主要组装调试工作已在制造厂内完成，现场安装和调试工作量较小，因而可以缩短变电站安装周期。

（5）只要产品的制造和安装调试质量得到保证，在使用过程中除了断路器需要定期维修外，其他元件几乎无需检修，因而维修工作量大为降低。

（6）GIS 设备结构比较复杂，要求设计制造安装调试水平高。

（7）GIS 价格也比较贵，变电站建设一次性投资大。但选用 GIS 后，变电站的土地和年运行费用很低。

GIS 内部相同压力或不同压力的各电器元件的气室间设置的使气体互不相通的密封间隔称为气隔。设置气隔有以下好处：

（1）可以将 SF_6 气体压力不同的各电器元件分隔开。

（2）特殊要求的元件（如避雷器等）可以单独设立一个气隔。

（3）在检修时可以减少停电范围。

（4）可以减少检修时 SF_6 气体的回收和充放气工作量。

（5）有利于安装和扩建工作。

GIS 各气室单元均装有指针式压力表，用于监视气室 SF_6 气体压力，气体密度监视器通过内部的一个双金属片进行温度补偿，使指示器指示的压力值始终是折算到气体在 20℃ 状态下的压力值，当后台出现气室压力低告警时，应尽快通知现场检查。

500kV 设备通常采用三相分箱式、220kV 设备通常采用三相共箱式，两种结构形式的主要特点见表 4-5。

表 4-5　　GIS 两种结构形式的特点

结构形式	优点	缺点
三相分箱式	（1）相间影响小，不会出现相间短路故障。 （2）带电部分与接地外壳间采用同轴电场结构，电场分布均匀。 （3）制造方便	（1）外壳中感应电流引起的损耗大。 （2）制造成本及漏气概率较高。 （3）占地面积和体积较大
三相共箱式	（1）结构紧凑。 （2）外形尺寸和损耗较小	（1）内部电场不均匀。 （2）容易出现相间短路

复合式气体绝缘组合电器（hybrid gas insulated switchgear，HGIS）是一种介于 GIS 和 AIS 之间的新型高压开关设备。HGIS 的结构与 GIS 基本相同，但不包括母线设备，因此继承了 GIS 优点。由于母线不装于 SF_6 气室，是外露的，因而结线清晰、简洁、紧凑，安装及维护检修方便，运行可靠性高。

4.8 互　　感　　器

互感器是按比例变换电压或电流的设备，其功能主要是将高电压或大电流按比例变换成标准低电压或标准小电流，以便实现测量仪表、保护设备及自动控制设备的标准化、小型化；同时互感器还可用来隔开高电压系统，以保证人身和设备的安全。互感器根据测量类型分为电流互感器和电压互感器。

4.8.1 电流互感器

电流互感器是将一次系统的大电流变换为二次侧的小电流（1A 或 5A）的设备，提供给各种仪表、保护装置、自动装置使用，将二次设备与高压设备隔离，不仅保证了二次设备和人身的安全，也使得测量、计量仪表和继电保护等装置标准化、小型化，提高经济效益，其主要由铁芯、一次绕组、二次绕组、接线端子以及绝缘支持物组成，原理图及结构图分别如图 4-25 和图 4-26 所示。

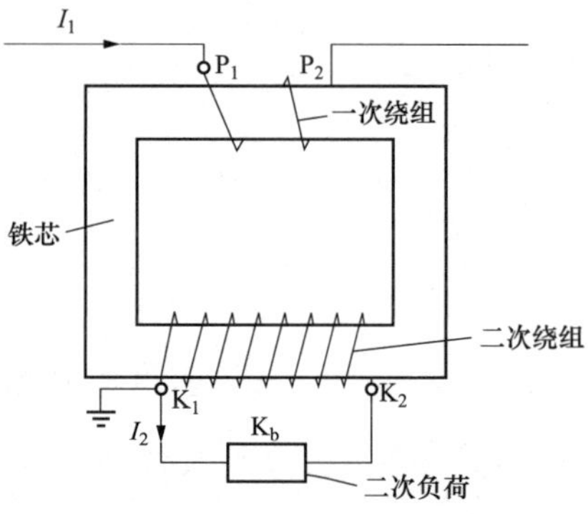

图 4-25　电流互感器原理图

电流互感器的主要特点：

（1）一次绕组与被测电路串联，匝数很少，流过的电流是被测电路的负荷电流，与二次侧电流无关。

（2）电流互感器二次绕组所接仪表和继电器电流绕组阻抗很小，所以在正常情况下接近于短路状态下运行。

（3）电流互感器多制成多个铁芯和多个副绕组的型式，分别接测量仪表和保护，满足测量仪表和继电保护的不同要求。电流互感器供测量用的铁芯在一次侧短路时应该容易饱和，以限制二次侧电流增长的倍数；供继电保护用的铁芯，在一次侧短路时不应饱和，使二次侧的电流与一次侧的电流成正比例增加。

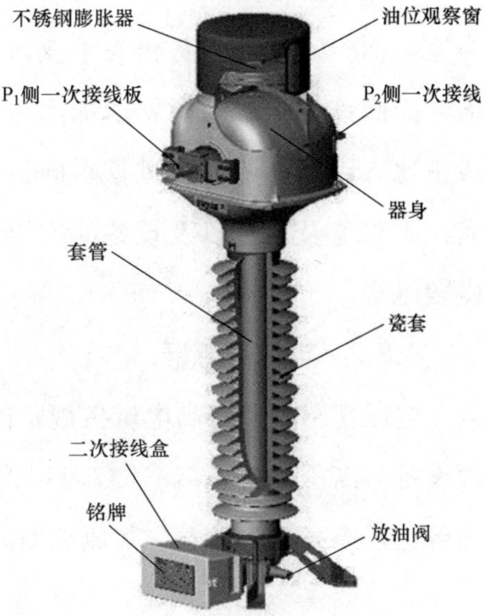

图 4-26 电流互感器结构图

电流互感器按绝缘介质可分为干式电流互感器、浇注绝缘电流互感器、油浸式电流互感器和气体绝缘电流互感器。

（1）干式电流互感器：由普通绝缘材料经浸漆处理作为绝缘。

（2）浇注绝缘电流互感器：用环氧树脂或其他树脂混合材料浇注成型的电流互感器。

（3）油浸式电流互感器：由绝缘纸和绝缘油作为绝缘介质。

（4）气体绝缘电流互感器：主绝缘由 SF_6 气体构成。

电流互感器按用途可分为测量用电流互感器和保护用电流互感器。

（1）测量用电流互感器：指专门用于测量电流和电能的电流互感器（如 0.2S、0.5 等）。

（2）保护用电流互感器：指专门用于继电器保护和自动控制装置的电流互感器（如 5P、10P、TPY 等）。

电流互感器按结构形式可分为贯穿式电流互感器、母线式电流互感器、套管式电流互感器、正立式电流互感器和倒立式电流互感器。

（1）贯穿式电流互感器：如单匝贯穿式电流互感器。

（2）母线式电流互感器：这种电流互感器适用于大电流的场合，直接套装在母线使用等一种电流互感器。

（3）套管式电流互感器：安装在变压器或断路器套管的中间法兰处，主绝缘是套管，一次绕组就是套管内的导电杆。这种互感器的一次绕组也只有一匝。

（4）正立式电流互感器：二次绕组装在产品下部，产品重心较低。

（5）倒立式电流互感器：二次绕组装在产品上部，重心较高，头部较大，但一次绕组导体较短，瓷套较细。

运行中的电流互感器二次侧不允许开路，如果二次侧开路，则二次侧的去磁磁通势为零，而一次侧磁通势仍为不变，它将全部用来励磁，励磁磁通势较正常的增大了许多倍，引起铁芯中磁通急剧增加而达到饱和状态。由于二次绕组感应电动势与磁通变化率成正比，因此在磁通值过零瞬间，二次绕组产生很高的电动势，可以达到数千伏甚至更高，不仅危及人身以及设备的安全，同时因铁损增加，造成互感器严重发热老化，甚至烧毁绝缘。

4.8.2 电压互感器

电压互感器是将高电压按规定比例转换成低电压，提供给仪表、保护装置使用，将二次设备与高压设备隔离，不仅可以保证设备和人身安全，还可以使仪表及二次装置标准化、简单化，提高经济效益，其原理图如图 4-27 所示。

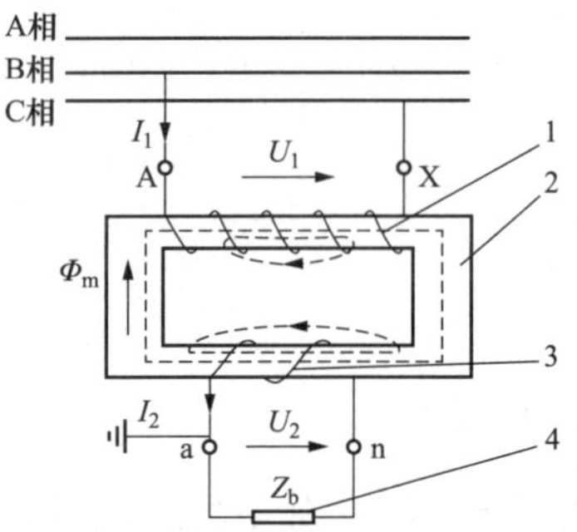

图 4-27 电压互感器原理图

1—一次绕组；2—铁芯；3—二次绕组；4—二次负荷

电压互感器基本构造和工作原理与普通变压器相似，实际上是一个降压变压器，其一次侧的匝数较多，二次侧的匝数较少，主要特点：

（1）电压互感器容量很小，其负载通常很微小，而且恒定，因此电压互感器一次侧可视为一个恒压源，它基本上不受二次负载的影响。而变压器则不同，它的一次电压受二次负载的影响较大。

（2）二次侧所接测量仪表和继电器的电压绕组阻抗很大，在正常运行时，电压互感器几乎是处于空载状态下运行。

电压互感器按绝缘介质可分为：干式电压互感器、浇注绝缘电压互感器、油浸式电压互感器和气体绝缘电压互感器。

（1）干式电压互感器：由普通绝缘材料经浸漆处理作为绝缘。

（2）浇注绝缘电压互感器：用环氧树脂或其他树脂混合材料浇注成型。

（3）油浸式电压互感器：由绝缘纸和绝缘油作为绝缘介质。

（4）气体绝缘电压互感器：主绝缘由 SF_6 气体构成。

电压互感器按电压变换原理可分为：电磁式电压互感器、电子式电压互感器和电容式电压互感器。

（1）电磁式电压互感器。电磁式电压互感器工作原理与变压器相同，二次绕组与一次绕组无电的耦合，是通过磁耦合，二次绕组通常接的是一些仪表、仪器，特点是容量很小且比较恒定，通常只有几十伏安或几百伏安，正常运行时接近于空载状态。结构简单，暂态响应特性较好，但因铁芯的非线性特性，容易产生铁磁谐振，引起测量不准确和造成电压互感器的损坏。

（2）电子式电压互感器。电子式电压互感器是利用光电子技术和光纤传感技术实现电压测量的新型互感器。电子式电压互感器没有因充油而产生的易燃，易爆等危险，体积小，质量轻。电子式电压互感器的高压侧与低压侧之间只存在光纤联系，高低压侧完全隔离，安全性高，具有优良的绝缘性能。电子式电压互感器由于不含铁芯，消除了磁饱和铁磁谐振现象，稳定性好，可靠性高。

（3）电容式电压互感器。与电磁式电压互感器相比，电容式电压互感器具有冲击绝缘强度高、制造简单、质量轻、体积小、成本低、运行可靠、维护方便并可兼做高频载波通信的耦合电容器等优点。浙江省内500kV变电站大量采用电容式电压互感器，220kV线路和500kV母线一般单相配置，500kV线路和220kV母线一般三相配置。电容式电压互感器主要由电容分压器和电磁单元两部分组成，其内部结构图和电气原理图分别如图4-28和图4-29所示。

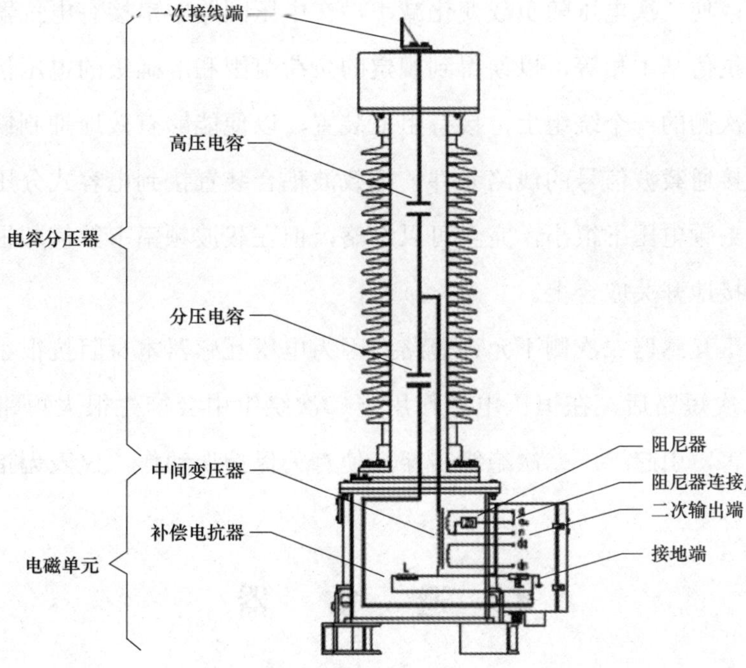

图4-28　电容式电压互感器内部结构图

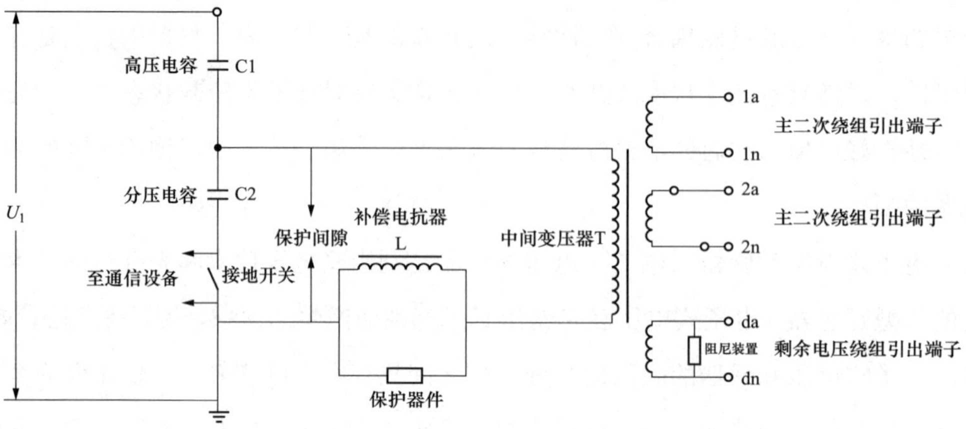

图 4-29 电容式电压互感器电气连接原理图

1）电容分压器。电容分压器主要包括高压电容（C1）和中压电容（C2），每节电容器单元顶部有一个可调节油量的金属膨胀器，由温度变化而引起的油量变化可通过金属膨胀器进行调节。

2）电磁单元。电磁单元主要由装在密封油箱内的中间电压变压器、补偿电抗器和抑制铁磁谐振的阻尼装置组成。电磁单元通过电容分压器的分压，将分压后得到的中间电压通过中间变压器变压作为测量及继电保护的电压源。为了补偿由于负载效应引起的电容分压器的容抗压降，使二次电压随负载变化减小，在中压回路中串接有电抗器，设计时使回路等效容抗和感抗值基本相等，以便得到规定的负荷范围和准确级的电压信号。电磁单元在中间变压器二次侧的一个绕组上，接有阻尼装置，以便能够有效地抑制铁磁谐振。载波耦合装置是一种接通载波信号的线路元件，把载波耦合装置接到电容式分压器接地端与地之间，其阻抗在工频电压下很小，完全可以忽略，但在载波频率下数值却很可观。不接载波耦合装置时，接地开关应合上。

运行中的电压互感器二次侧不允许短路，因为电压互感器本身阻抗很小，一次侧是恒压电源，如果二次短路后，在恒压电源作用下二次绕组中会产生很大短路电流，烧损互感器，使绝缘损害，引起一、二次绝缘击穿，使有关保护误动作，仪表无指示，影响系统安全。

4.9 避 雷 器

避雷器是一种能释放过电压能量，限制电压幅值的保护设备，主要用于防止过电压对其他设备绝缘损坏。电力系统的过电压主要包括：内部过电压和雷电过电压。

（1）内部过电压。内部过电压是由于电力系统内的断路器操作、发生故障或其他原因，使系统的工作状态突然改变，因此在系统内部出现电磁振荡而引起的过电压。内部过电压又分操作过电压和谐振过电压等形式。内部过电压一般不会超过系统正常运行时相电压的3～4倍，因此对电力线路和电气设备绝缘的威胁不是很大。

（2）雷电过电压。雷电过电压又称大气过电压或外部过电压，是由于电力系统内的设备或建筑物遭受来自大气中的雷击或雷电感应而引起的过电压。雷电过电压产生的雷电冲击波，其电压幅值可高达1亿V，其电流幅值可高达几十万安培，对供电系统的危害极大。

避雷器与被保护设备并联运行，当作用电压超过一定幅值后避雷器总是先动作，通过避雷器自身释放掉大量的能量，将过电压限制在一定水平，保护电气设备的绝缘。避雷器放电后，避雷器两端的过电压消失，系统正常运行电压又继续作用在避雷器两端。

避雷器按结构可分为保护间隙、管型避雷器、阀型避雷器、磁吹阀式避雷器和氧化锌避雷器。其中保护间隙、管型避雷器和阀型避雷器只能限制大气过电压，磁吹阀式避雷器和氧化锌避雷器既可限制大气过电压，也可限制内部过电压。

目前500kV变电站使用最多的为氧化锌避雷器，典型结构如图4-30所示。氧化锌避雷器的核心部件是氧化锌阀片，以氧化锌（ZnO）为主要材料，加入少量金属氧化物，在高温下烧结而成。氧化锌避雷器具有非常理想的伏安特性，其非线性极好，在电力系统正常运行电压下呈现为高电阻，流过的电流很小，可视为绝缘体；而在过电压作用下，电阻片呈低电阻，使有害的过电压能量迅速通过避雷器释放入大地，把过电压限制在与之并联的电气设备绝缘耐受水平以下，从而实现对电气设备的保护。

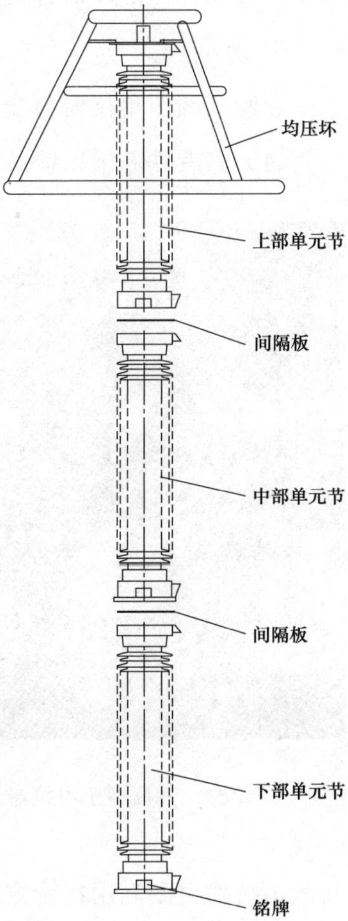

图4-30　避雷器结构图

4.10 高压电抗器

超高压电网由于线路的分布电容大，若线路处在空载或轻载状态下，线路末端由于电容效应而产生很高的过电压，同时造成大量功率损耗。采用并联电抗器可以补偿线路的电容效应，稳定系统电压，限制操作工频过电压。另外在线路发生单相接地故障时，中性点经小电抗接地的并联电抗器可用来补偿潜供电流，加快潜供电弧的熄灭，提高线路自动重合闸的成功率。

油浸式高压电抗器的结构与变压器类似，二者附件基本相同，均有铁芯、绕组、套管、油箱、温度计、冷却器等附件，具有可靠性高、设备尺寸小、布置紧凑等优点，其结构如图 4-31 所示。

油浸式高压电抗器与变压器的主要区别有：

（1）前者铁芯采用铁芯饼结构，有空气间隙；后者铁芯为铁芯柱结构。

图 4-31　并联高压电抗器

（2）前者很少有二次绕组，后者有初级和次级两个绕组。

（3）前者总是满负荷运行，所以振动大，易渗油，接头易发热。

（4）前者的铁损与铜损之和一般随系统运行情况变化不大。

（5）前者的损耗比变压器小一些，一般常用油浸自冷方式冷却。

（6）前者多用在 500kV 及以上电压等级，多采用单相的结构。

（7）普通变压器工作原理是利用电磁感应原理变换电压，而高压电抗器的作用主要是降低电压，大型并联高压电抗器主要利用在额定电压下感性的特点来吸收系统感性无功功率。

4.11　串联补偿器

串补装置是将电容器组串联于交流电路中，利用电容器容抗抵消部分输电线路感抗，从而减小线路的等值电抗，提高线路的稳定极限和输送能力。

目前在电力系统中应用的串联电容补偿装置按其过电压保护方式分为单间隙保护、双间隙保护、金属氧化物限压器（MOV）保护和带并联间隙的 MOV 保护四种串补装置，其各元件及含义见表 4-6。

表 4-6 补装置结构元件及含义

元件名称	含 义 说 明
电容器组	串补装置的基本元件，由多台电容器串联组成
金属氧化物限压器（MOV）	串补装置的主保护元件，限制电容器组上产生的过电压，并在故障电流终止时立即将电容器组重新投入
火花间隙（GAP）	MOV 的后备保护，当通过 MOV 的能量或电流超过设定值时，间隙保护动作触发间隙，旁路 MOV
旁路开关	为火花间隙灭弧及去游离提供必要条件，当火花间隙触发点火击穿后，为防止火花间隙燃弧时间过长而损坏
阻尼装置	在间隙和旁路开关动作时，限制电容器放电电流，防止电容器，火花间隙、旁路开关等设备在放电过程中损坏

4.12 无功功率补偿装置

在电力系统中，由于无功功率不足，会使系统电压及功率因数降低，因此损坏用电设备，严重时会造成电压崩溃，使系统瓦解，造成大面积停电。另外，功率因数和电压降低，还会使电气设备得不到充分利用，造成电能损耗增加，效率降低， 从而限制了线路的送电能力，影响电网的安全运行及用户的正常用电。

电网无功功率补偿基本上按分层、分区和就地平衡原则考虑，并应能随负荷或电压变化进行调整，保证系统各枢纽变电站的电压在正常和事故后均能满足规定的要求，避免经长线路或多级变压器传送无功功率。

在电力系统中除发电机是无功功率的电源外，线路的电容也产生部分无功功率。在上述两种无功功率电源不能满足电网无功功率的要求时，需要加装无功功率补偿设备。常见的无功功率补偿设备及特点见表 4-7。

表 4-7 常见补偿设备特点

补偿设备形式	优点	缺点
并联电抗器	结构和原理简单	补偿为固定值
并联电容器	结构和原理简单	补偿为固定值
串联电容器	原理简单，特性不受地点的影响	要求过电压保护和次谐波滤波器，限制过负荷能力
同步补偿器	具有有效过负荷容量，完全可控，谐波含量低	维修要求高，控制响应缓慢，特性对地点敏感，要求坚固基础
多相饱和电抗器	结构结实，有较大的过负荷能力，谐波分量小，对于事故等级不影响	基本上补偿为固定值，特性对地点敏感，有噪声

续表

补偿设备形式	优点	缺点
TCR（晶闸管控制电抗器）	快速响应，完全可控，对事故等级不影响，事故后能快速恢复	产生谐波，特性对地点敏感
TSC（晶闸管投切电容器）	事故后迅速恢复，无谐波分量	不具有为限制过电压所持有的吸收能力，母线工况和控制复杂，对系统有低频响应，特性对地点敏感

在 500kV 变电站内常用的无功功率补偿设备主要有并联电抗器和并联电容器，装设在低压母线上，实现无功功率的就地平衡。

（1）低压并联电抗器。低压并联电抗器的作用是吸收系统无功功率，降低系统电压。低压并联电抗器按有无铁芯分为空芯电抗器和铁芯电抗器，按绝缘结构分为干式电抗器和油浸式电抗器，见表 4-8。500kV 变电站并联电抗器一般采用油浸式铁芯电抗器和干式空芯电抗器，其典型结构如图 4-32 和图 4-33 所示。

表 4-8　　电抗器结构形式及特点

结构形式	特　点
空芯电抗器	只有线圈，没有铁芯和外壳，具有质量轻、体积小、维护工作量少等优点
铁芯式电抗器	线圈是缠绕在一个由铁磁材料制作的铁芯上，其电感值比空芯电抗器大得多
干式电抗器	线圈裸露在空气中，以纸板、木材、层压绝缘板、水泥等固体绝缘材料为对地绝缘和匝间绝缘
油浸式电抗器	线圈装在油箱中，以纸板和变压器油作为对地绝缘和匝间绝缘

图 4-32　油浸式电抗器

图 4-33　干式空芯电抗器

（2）低压并联电容器。低压并联电容器主要作用是补偿系统无功功率，提高功率因数，改善电压质量，降低线路损耗。低压并联电容器元件以膜纸复合或全膜作介质，用铝箔作极板卷绕而成。低压并联电容器内部中每个元件一般都串有熔丝，当某个元件击穿时，与其并联的完好元件即对其放电，使熔丝在毫秒级的时间内迅速熔断，将故障元件切除，从而使电容器能继续运行。500kV 变电站常布置集合式电容器装置和构架式电容器装置两种结构。

1）集合式电容器。集合式电容器是由适当数量的内部电容器单元集装于一个充满绝缘介质的大箱壳中构成的电容器，外形像一台变压器，主要由电容器芯子、外壳、油箱、出线套管等组成，结构如图 4-34 所示。集合式电容器外部接线简单，运维工作量小占地面积小，受环境影响小，但维修周期长，而且发生故障后，故障点不易查找。

2）构架式电容器。构架式电容器是将多台铁壳式电容器通过串并联放置在构架上，设备四周设置围栏，结构如图 4-35 所示。单台电容器由箱壳和芯子组成，箱壳用薄钢板密封焊接制成，箱壳盖上焊有出线瓷套。电容器芯子由若干个元件和绝缘件组合而成，芯子中的元件按一定的串并联方式连接，以满足不同电压和容量的要求。电容器单元为敞开结构，结构清晰，维修方便，出现故障后现场易处理，但运维工作量大，接线复杂，易受环境影响，占地面积大。

图 4-34 集合式电容器

图 4-35 构架式电容器

4.13 站用交直流系统

4.13.1 直流电源系统

直流电源系统是给变电站控制、保护、自动装置、事故照明、断路器分合闸等回路提供直流电源的电源设备，直流系统电压一般为110V或220V。500kV变电站直流系统一般采用“3+2”配置，即三台充电装置、两组蓄电池，其中蓄电池安装在蓄电池室，其余置于直流室。在外部电源中断情况下，由蓄电池组继续提供直流电源，保障系统设备正常运行。

直流系统装有直流绝缘在线检测仪，对直流母线Ⅰ段、Ⅱ段及支路进行监视。正常情况下直流母线Ⅰ段、Ⅱ段分列运行，当直流母线Ⅰ段（或直流母线Ⅱ段）系统接地时装置面板“接地Ⅰ”（或“接地Ⅱ”）指示灯亮，当有支路直流接地现象时，首先瞬时接地灯亮，然后会报出对应支路名称。

直流总母线采用单母线分段接线方式，直流Ⅰ段与Ⅱ段母线间设联络断路器。直流系统设三台充电机和两组蓄电池，典型直流系统接线图如图4-36所示，其中1号充电机带直流Ⅰ段负荷（1QF3在接通位置），2号充电机带直流Ⅱ段负荷（2QF3在接通位置），3号充电机可带直流Ⅰ、Ⅱ段负荷。正常运行时，1号、2号充电机运行，3号充电机备用。1号蓄电池接直流Ⅰ段（1QS在接通位置），正常由1号充电机对其充电（1QF5在接通位置）；2号蓄电池接直流Ⅱ段（2QS在接通位置），正常由2号充电机对其充电（2QF5在接通位置），3号充电机可对1号、2号蓄电池充电（3QF3、3QF5在断开位置），Ⅰ、Ⅱ段直流母线联络断路器QS在断开位置。

为使电池能在饱满的容量下处于备用状态，蓄电池采用与主馈电屏负荷并联，接于直流母线上，充电机除负担经常的直流负荷外，还给蓄电池适当的充电电流，以补充电池的自放电，蓄电池正常处于浮充电状态。

直流系统发生接地特别是两点接地时，可能会引起直流空气断路器跳开，造成继电保护和断路器误动或拒动，对安全运行有极大的危害性，所以当直流系统发生一点接地时就应高度重视，迅速查找，尽快消除，防止其发展成两点接地故障。

4.13.2 交流电源系统

交流电源系统是变电站一切设备供电的来源，也是直流系统的电源，一旦站用电全停，则除了蓄电池能提供一段时间的直流供电外，所有设备将不能运行，特别是对于采用强油循环风冷变压器的变电站，主变压器保护很快就会跳闸，因此要求变电站具有十分可靠的站用电源。

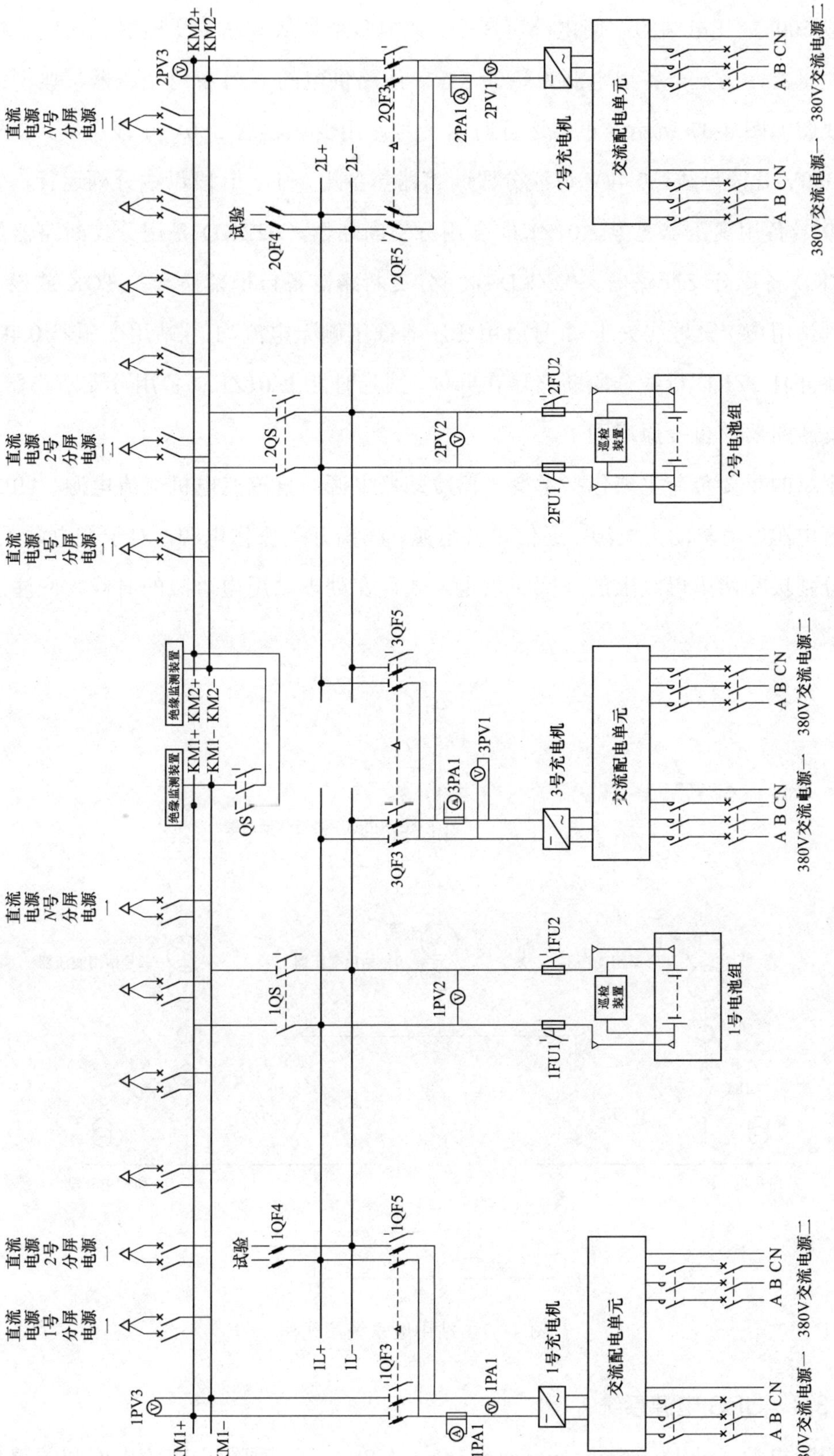

图 4-36 直流系统接线图

一般 500kV 变电站的站用电源有 3 个，其中两个是从本站主变压器低压侧引接的 1、2 号站用变压器，另一个备用电源为站外 35kV 线路供电的 0 号备用变压器，典型的站用电系统接线图如图 4-37 所示。正常运行时由 1 号站用变压器送 380V Ⅰ段母线，2 号站用变压器送 380V Ⅱ段母线，0.4kV 母线分段断路器热备用，Ⅰ、Ⅱ段母线分列运行，外接备用电源对 0 号备用变压器充电，01ZKD 备用分支断路器、02ZKD 备用分支断路器热备用状态，01ZKD 备用分支断路器、02ZKD 备用分支断路器备自投切换开关 TQK 放投入位置。当检测到站用电Ⅰ段母线失压，1 号所用变压器低压侧无电流，1 号站用变压器 0.4kV 1ZKD 断路器跳开且 3ZKD 母线分段断路器在分位，则延时合上 01ZKD 备用分支断路器；02ZKD 备用分支断路器的自投原理同上。

变电站的重要负荷主要包括主变压器冷却器电源、直流充电机交流电源、UPS 逆变电源用交流电源、消防动力电源、通信设备电源、隔离开关操作电源。对于变电站重要负荷，应采用分别接在两段母线上的双回路供电方式，在处理站用电事故的时候，应注意重要负荷运行情况。

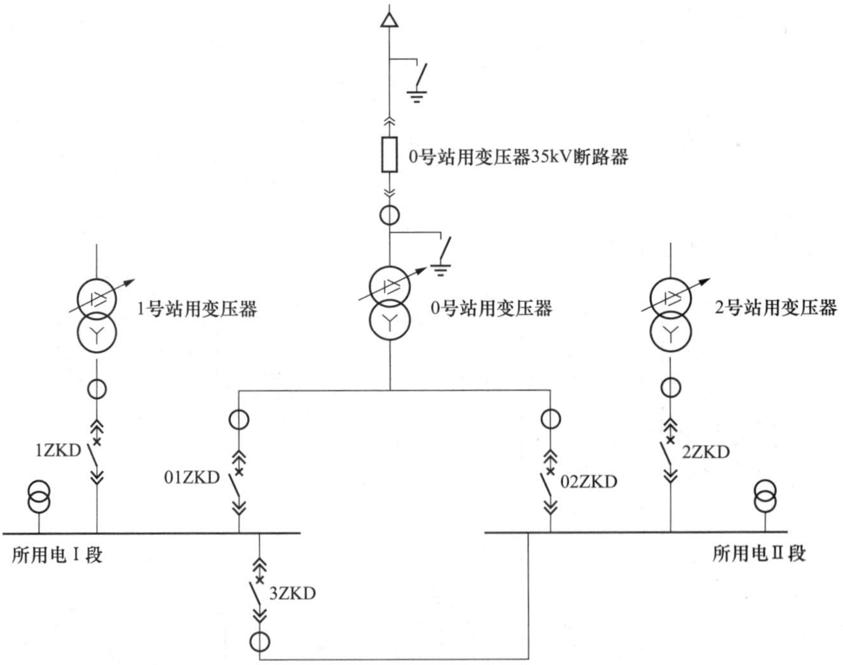

图 4-37　站用电系统接线图

4.13.3　UPS 电源系统

不间断电源（uninterrupted power supply，UPS）是一种置于交流电网和关键负载间的电力电子装置，其基本功能是当交流供电电源（市电）出现干扰或中断时，仍能保证对负载不间断地供电，确保关键负载连续正常运行。

如图4-38所示给出了一种常见的UPS的结构图，从图中可以看出一台完整的UPS一般都由蓄电池和静止逆变器两个主要组成部分。蓄电池把电能以直流的形式存储起来，逆变器负责把蓄电池存储的直流电转化为负载所需的交流电。在电网供电中断时，蓄电池释放的直流电经过逆变器转变成交流电，以实现对负载不间断供电。此外，不间断电源应该具备静态转换开关，以便迅速断开故障供电通道，接入正常供电通道。同时不间断电源还应该包括整流电路、充电电路、控制、监测、显示及保护电路等。

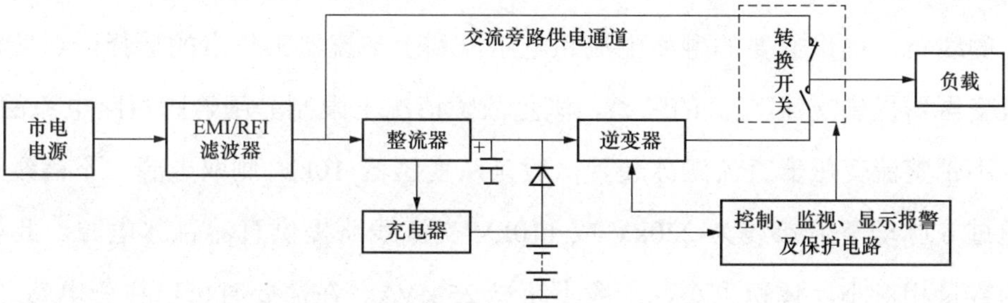

图4-38 不间断电源装置组成结构图

在变电站监控系统的实际应用中，广泛使用的是10kVA及以下功率的小型电力专用不间断电源，相较于传统的UPS，少了蓄电池与充电器，但增加了直流输入，在交流电断电时由变电站直流输入迅速供电给逆变器，经转换后送至用电设备。在超载、逆变器故障等情况下，小型电力专用不间断电源能切换至旁路供电，进一步提高了供电可靠性。常用的不间断电源原理图如图4-39所示。

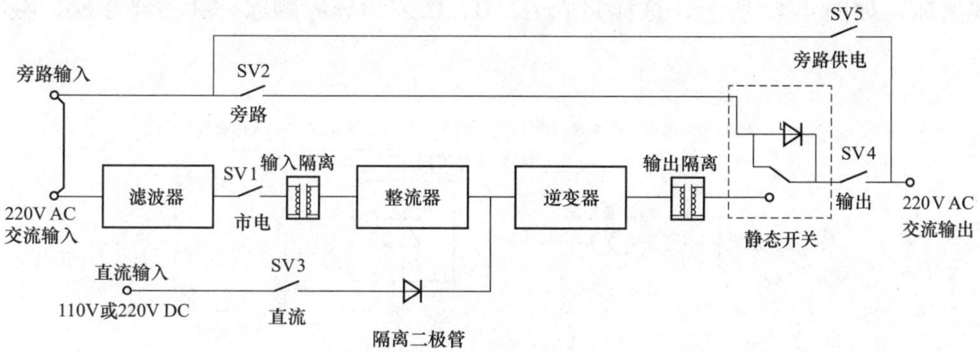

图4-39 小型电力专用不间断电源原理图

4.14 直流融冰装置

输电线路在冬季覆冰严重威胁电力系统安全运行，直流融冰就是通过直流融冰装置将从系统获得的交流电能转化为直流电能，将直流电能输入到待融冰线路导线中，在直流电流的作用下令导线发热、覆冰融化。

目前我国研制的直流融冰装置主要采用晶闸管整流方式，按其结构可分为：

（1）带整流变压器直流融冰装置一般是从变压器 35kV 侧取电源电压，采用整流变压器带 12 脉动融冰整流装置。此类直流融冰装置容量可以做得较大，输出电流相应也很大，可以满足 500kV 线路及大截面导线的融冰要求。带整流变压器直流融冰装置能针对不同类型和长度的线路，提供需要的融冰电流和电压，利于整流器工作点的选择，适应性较好；并且整流变压器提供交流/直流的隔离，满足故障情况下限制晶闸管阀短路电流的要求。

（2）不带整流变压器直流融冰装置一般是从变压器 10kV 侧取电源，不需经过整流变压器，通过 6 脉动整流接线为 220kV 或 110kV 交流线路提供直流融冰电源。此类直流融冰装置的容量相对小，体积也小，一般不超过 25MVA。在需要时可以在变电站之间移动，实现了融冰的灵活性，可完成架空线路中任意段的融冰。

直流融冰时，把线路三相导线分别接入三根直流融冰母线上，由装置自动切换实现不同相导线的融冰工作。可采用如下两种融冰工作方式进行：

（1）融冰方式 1。先在对站将 A、B 两相导线短接，在本站正、负极输出端分别接入 A、B 两相导线，实施 A、B 两相同时融冰，可以同时完成 A、B 两相导线融冰工作，如图 4-40 所示。然后在对站将 A、B、C 三相导线短接，在本站将 A、B 两相导线接入直流融冰电源的一个输出端，在本站将 C 相导线接入直流融冰电源的另外一个输出端，进行融 C 相导线融冰，如图 4-41 所示，这样完成 A、B、C 三相导线融冰一共需要 2 次，融冰效率较高。

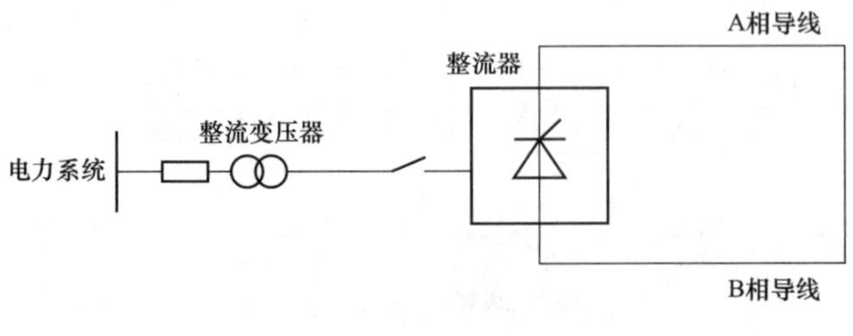

图 4-40　直流融冰接线方式

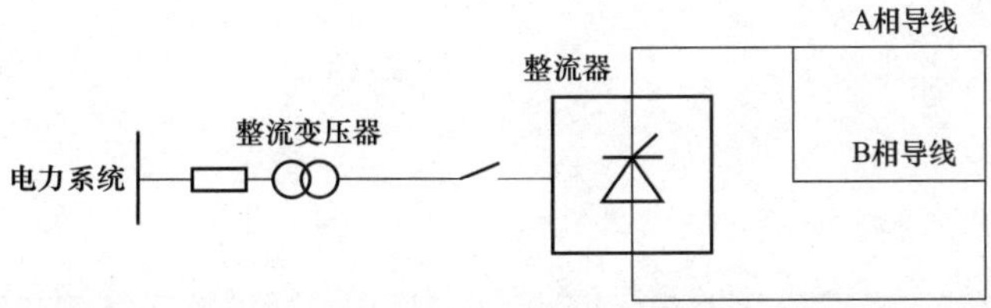

图 4-41 直流融冰接线方式

（2）融冰方式 2。如图 4-41 所示，在对站将 A、B、C 三相导线短接，将本站 A、B 两相导线并接后接入直流融冰电源的一个输出端，再将 C 相接入直流融冰电源的另一个输出端，完成 C 相导线融冰工作，通过三相线路的自动切换装置，依次分别完成 A、B 相导线融冰工作，这样完成 A、B、C 三相导线融冰一共需要三次，融冰效率较低。

相比较而言，融冰方式 2 虽然完成三相融冰所需改换接线的操作次数更多，但由于所需电源容量相对较小，对融冰电压要求较低。

第 5 章　二次设备

5.1　概　　述

电网运行中，可能发生各种故障和异常运行状态。电网故障是指局部电气设备（如主变压器、母线、线路等）发生可能严重影响电网正常运行的障碍，例如最常见同时也是最危险的各种类型的短路；电网异常运行状态是指电气设备的正常工作遭到破坏，但没有发生严重影响电网正常运行的故障，例如过负荷等。故障和异常运行状态的出现，都可能在电力系统中引起事故，导致电力系统崩溃或局部电气设备的正常工作遭到破坏。因此，电力系统中的电力设备和电力线路应装设继电保护装置，并根据系统稳定的需要，在电力系统的特定位置装设安全自动装置。配置电网继电保护和安全自动装置就是为了在合理的电网结构前提下，反映电力系统中电气设备发生的故障或异常运行状态，并动作于断路器跳闸或发出信号，保证电力系统和电力设备的安全运行。电网继电保护和安全自动装置的基本任务是：

（1）自动、迅速、有选择性地将故障设备从电网中切除，使故障设备免于继续遭到破坏，保证其他无故障部分迅速恢复正常运行。

（2）反映电气设备的不正常运行状态，并根据运行维护的条件而动作于发出信号、减负荷或跳闸。此时一般不要求保护迅速动作，而是根据对电网及其元件的危害程度规定一定的延时，以免不必要的动作和由于干扰而引起的误动作。

电网继电保护配置应满足“四性”（可靠性、选择性、灵敏性和速动性）的要求。

5.1.1　继电保护的分类

电力设备和电力线路的保护应设置主保护和后备保护，必要时可增设辅助保护。

所谓主保护是指满足系统稳定和设备安全要求，能以最快速度有选择地隔离故障设备的保护。比如对于 220kV 及以上的线路，一般要求配置双重化的主保护，即配置两套纵联保护（光纤电流差动、纵联方向等），无延时切除线路全长范围内的故障，以满足系统稳定的要求，同时简化保护的整定配合。

为了防止主保护或断路器拒动，需要配置后备保护，后备保护又分为近后备和远后备两种方式。比如对于220kV及以上的线路，一般要求配置双重化的近后备保护，即当线路主保护拒动时，由该线路的阶段式后备保护动作，或由另一套主保护动作；当断路器拒动时，由断路器失灵保护来实现的后备保护。

辅助保护是为补充主保护和后备保护的性能或当主保护和后备保护退出运行而增设的简单保护。

5.1.2 继电保护配置的考虑因素

电力系统是一个有机联系的整体，任一电力设备或电力线路的故障不能及时切除，都可能影响整个电力系统，影响程度的大小主要视电力设备或线路在电力系统中所处地位或重要性而定。因此，对于不同电压等级和不同网络结构的电力设备和线路由于其对"四性"的要求不同，其保护的配置也不相同。在选择和确定继电保护的配置方案时，应综合考虑以下几个方面，并结合具体情况处理好上述四性的关系：

1. 电网电压等级及中性点接地方式

电网的电压等级决定了电网的容量、供电负荷的大小及供电范围，因此电压等级是电网重要性的主要指标之一。同时，不同的电压等级的电网具有不同的机电和电磁特征，例如500kV及以上电网输送功率大，稳定问题严重，要求保护装置的可靠性高、动作快；系统的 次和二次回路的暂态过程及电压和电流传变的暂态过程所带来的影响对继电保护的暂态特性提出了严格要求。而110kV及以下电网，这类问题一般影响不大。

中性点接地方式主要影响电网中接地保护的选型与配置。中性点直接接地电网和中性点非直接接地电网的接地保护，因单相接地电流迥然不同而采用原理上完全不同的两类接地保护方式，一般前者反映单相接地短路电流与电压，动作于跳闸；后者仅反映单相接地电容电流或暂态电流，通常动作于信号。对中性点直接接地电网，反应相间故障的继电保护采用三相式，对中性点非直接接地电网，反应相间故障的继电保护可采用两相式。

不同电压等级的电网其采用的接地方式不同，其故障的表现形式也有所不同，目前我国电力系统中采用的接地方式有中性点直接接地方式、中性点经消弧线圈接地方式、中性点经小电阻接地方式、中性点不接地方式四种。

对于110kV及以上电网的中性点均采用第一种接地方式。在中性点直接接地方式的电力系统中，发生单相接地故障时，接地短路电流很大，故称其为大接地电流系统。在大接地电流系统中，发生单相接地故障的概率很高，最高可达90%以上。

2. 电网结构方式

在电网电压、中性点接地方式确定后，电网结构方式和运行方式是影响继电保护方案的主要因素。

例如同样是母线保护配置，对于220kV双母线接线由于母线保护误动对系统的影响较大，可造成大面积停电，母线保护需增加电压闭锁功能，而对于500kV的3/2断路器接线，由于其接线的特点，即使母线保护误动也不会造成停电事故，为了保证保护在母线故障时能可靠动作，母线保护却不需增加跳闸闭锁功能。再例如对于220kV内桥接线，如果内桥断路器存在并列运行的运行方式，则需要在内桥断路器上配置内桥断路器保护，当某一进线故障时，能快速跳开内桥断路器，防止扩大停电事故。

虽然目前已有许多适应性很强的性能完善的继电保护（如光纤差动保护、阶段式距离零序保护），但继电保护还不能保证任何结构形式的电网（包括厂站主接线、变压器接线方式和运行方式等）都能满足“四性”的要求。在进行电网规划、一次设备布置及电网运行方式选择时，要同时考虑电网继电保护与安全自动装置能够简单可靠、协调配合。

下列电网结构形式、厂站主接线形式、变压器接线方式和运行方式，一般要严重恶化继电保护性能，宜适当限制使用或辅以适当措施：

（1）短线路成串成环。

（2）大型电厂向电网送电的主干线上接入分支线，或在其电源侧附近破口接入变电站。

（3）220kV电网中，选用全星形变压器或过多使用自耦变压器。

（4）220kV电网中，采用多角形及外桥等母线接线方式。

（5）高、中压电磁环网。

（6）同杆并架多回线路。

此外，如下一些结构的电网可能引起继电保护复杂化或整定配合困难，设计时应慎重处理：

（1）长线与短线或短线群。

（2）非均一性线路。

（3）多分支线路。

（4）可变电源线路。

（5）具有析出电流的线路和厂站主接线。

3. 电网对有选择性切除故障时间的要求

电网切除故障时间主要由系统稳定性、电网电压等级及电网保护配合的要求等因素决定，这涉及是否装设全线速动保护，甚至双重化保护等问题。

4. 运行经验中总结出的故障类型的概率

在考虑保护配置方案时，对常见的运行方式或故障类型保护应具有选择性或灵敏性，对稀有故障可根据对电网影响程度和后果，采取相应措施，使保护装置能正确动作，同时还要考虑经济上的合理性，对两种稀有故障同时出现的情况可不考虑。但不允许电网内任何元件在无保护状态下运行。

电网的事故教训和运行经验是继电保护设计的重要参考因素，它是设计方案可靠性的依据之一。同时，也需要吸取国内外的运行经验等。

继电保护配置还受到通信、自动化、电气二次等相关专业的技术发展的制约，需要综合考虑相关因素，并有效利用相关专业的优势。

5. 电网运行方式变化对保护配置的影响

在一定的范围内，保护装置的配置尽可能统一，以利于运行管理，提高运行水平。

保护装置的配置要对电网的发展有一定的适应能力，不致因运行方式的变化或电网的发展而影响保护的性能。

5.1.3 继电保护的双重化原则

在继电保护配置时，往往要实行双套保护配置，即所谓双重化配置，在双重化配置时，除遵循保护装置相互独立的原则外，还应做到：

（1）每套完整、独立的保护装置应能处理可能发生的所有类型的故障。两套保护之间不应有任何电气的联系，当一套保护退出时不应影响另一套保护的运行。

（2）两套保护装置的交流电压宜分别接入电压互感器的不同二次绕组；交流电流应分别取自电流互感器互相独立的绕组，其保护范围应交叉重叠，避免死区。

（3）两套保护装置的直流电源应取自不同蓄电池组供电的直流母线段。

（4）两套保护装置的跳闸回路应分别作用于断路器的两个跳闸线圈。

（5）两套保护装置与其他保护、设备配合的回路应遵循相互独立的原则等。

5.2 变 压 器 保 护

电力变压器是电力系统中十分重要的电气设备，电力变压器如发生故障将给供电的可靠性和系统的正常运行带来严重的后果。为了保证变压器的安全运行、防止事故的扩大，按照变压器可能发生的故障来装设灵敏、快速、可靠和选择性好的保护装置是十分必要的。

变压器故障包括单相线圈的匝间短路、线圈的多相短路、线圈和铁芯间引起的接地短路、高压与低压线圈之间的击穿短路以及变压器油箱、套管等漏油和变压器引出线可能出现的故障等。

当变压器外部故障时，线圈中将流过较大短路电流，会使变压器温度上升。变压器长时间过负荷运行，也将引起线圈和铁芯的过热。因此，由外部短路引起的过电流和长时间过负荷都将影响变压器的正常运行。

500kV 变压器应配置两套主、后备保护一体的双重化电气量保护和一套非电量保护。两套电气量保护应分别组屏，其电流回路、电压回路、直流电源和跳闸回路应完全独立；500kV 变压器的非电量保护单独组屏。

1. 变压器主保护

变压器主保护有电流差动主保护、重瓦斯保护、压力释放保护等。

在电流差动保护中，为提高内部故障时的动作灵敏度及可靠躲过外部故障的不平衡电流，均采用具有比率制动特性的差动元件，此时差动保护装置应分别接入 500kV 侧和 220kV 侧断路器的分支电流。采用这种接线方式时，在变压器高压侧外部短路时流入差动保护的制动电流大，能有效地防止外部故障时差动保护误动作。

根据自耦变压器的结构特点，对超高压自耦变压器通常另配分侧差动保护。分侧差动保护有以下几个特点：

（1）高中压侧及中性点之间是电的联系，各侧电流综合以后，励磁涌流达到平衡，差动回路不受励磁涌流影响。

（2）在变压器过励磁时，也不需考虑过励磁电流引起差动保护误动作问题。

（3）当变压器调压而引起各侧之间变比变化时不会有不平衡电流流过，可以不考虑变压器调压的影响。

（4）但分侧差动保护不反映绕组中不接地的匝间短路故障。

2. 变压器后备保护

500kV 变压器后备保护采用近后备配置原则，作为变压器内部故障的近后备保护，以及相邻母线故障的远后备保护，同时也兼作线路高阻接地的远后备保护。一般包括相间故障的后备保护、接地故障的后备保护、过负荷保护、过励磁保护等。

500kV 变压器相间后备保护作为变压器引线和相邻母线相间故障的后备保护，对于三相式变压器还作为变压器内部相间故障的后备保护，不考虑作为线路保护的后备。接地后备保护是作为变压器绕组内部、引线、母线和线路接地故障的后备保护。

变压器用作相间故障的后备保护通常有：带偏移特性的相间阻抗保护、复压过电流保护等；用作接地故障的后备保护通常有：零序电流保护、零序方向过电流保护、公共绕组零序过电流保护等。

（1）高压侧后备保护。

1）高压侧配置带偏移特性的相间阻抗保护，正方向指向变压器，还作为变压器内部相间故障的后备保护，并对高中压侧母线故障有一定的灵敏度。一段式两个时限，第一时限跳本侧断路器；第二时限跳开变压器各侧断路器。

2）配置高压侧复压过电流保护，延时跳开变压器各侧断路器。动作时限与中低压侧复压过电流保护配合。

3）配置高压侧零序电流保护。动作时限与中压侧零序电流保护配合。

4）配置高压侧断路器失灵保护跳各侧断路器的功能。变压器高压侧断路器失灵保护动作触点开入后，应经灵敏的、不需整定的电流元件并带50ms延时后跳变压器各侧断路器。

5）配置高压侧过负荷保护，延时动作于信号。

（2）中压侧后备保护。

1）配置中压侧带偏移特性的相间阻抗保护，正方向指向220kV母线，一段式四时限，第一时限跳开220kV分段断路器，第二时限跳开220kV母线联络断路器，第三时限跳开变压器本侧断路器，第四时限跳开变压器各侧断路器。

2）配置中压侧复压过电流保护，延时跳开变压器各侧断路器。

3）配置中压侧零序电流保护，保护为两段式，一段带方向，方向指向本侧母线，第一时限跳开220kV分段断路器，第二时限跳开220kV母线联络断路器，第三时限跳开变压器本侧断路器；二段不带方向，一个时限跳开变压器各侧断路器。

4）配置变压器中压侧断路器失灵联跳各侧断路器的功能。变压器中压侧断路器失灵保护动作触点开入后，应经灵敏的、不需整定的电流元件并带50ms延时后跳变压器各侧断路器。

5）配置变压器中压侧过负荷保护，延时动作于信号。

（3）低压侧后备保护。

1）配置低压侧（复压）过电流保护，保护为两段式，第一段时限跳开变压器本侧断路器；第二段设两个时限，第一段时限跳开变压器本侧断路器，第二时限跳开变压器各侧断路器。

2）配置低压侧过负荷保护，延时动作于信号。

（4）公共绕组后备保护。

1）配置公共绕组零序过电流保护，可选择是否作用于跳闸。

2）配置公共绕组过负荷保护，延时动作于信号。

变压器过励磁运行时，铁芯饱和，励磁电流急剧增加，励磁电流波形发生畸变，产生高次谐波，因此使内部损耗增大，铁芯温度升高。另外，铁芯饱和后，漏磁通增大，在各种构件中产生涡流，引起局部过热，给变压器的安全运行带来危害。因此，大型超高压变压器均配置过励磁保护。

3. 500kV 变压器保护配置实例

图 5-1 和图 5-2 展示了一个 500kV 自耦变压器保护接线及配置，500kV 变压器配置两套主、后备保护一体的双重化电气量保护和一套非电量保护。

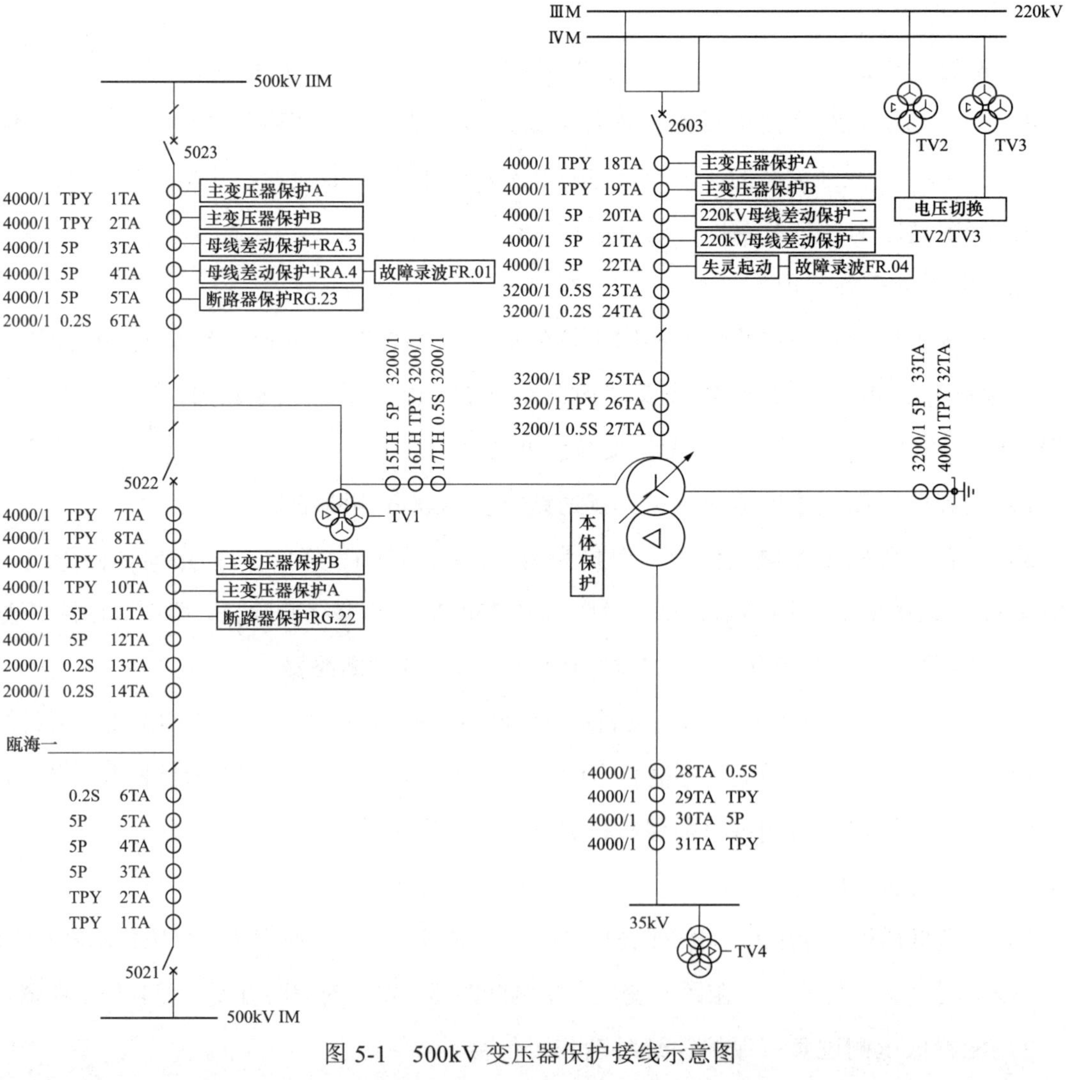

图 5-1　500kV 变压器保护接线示意图

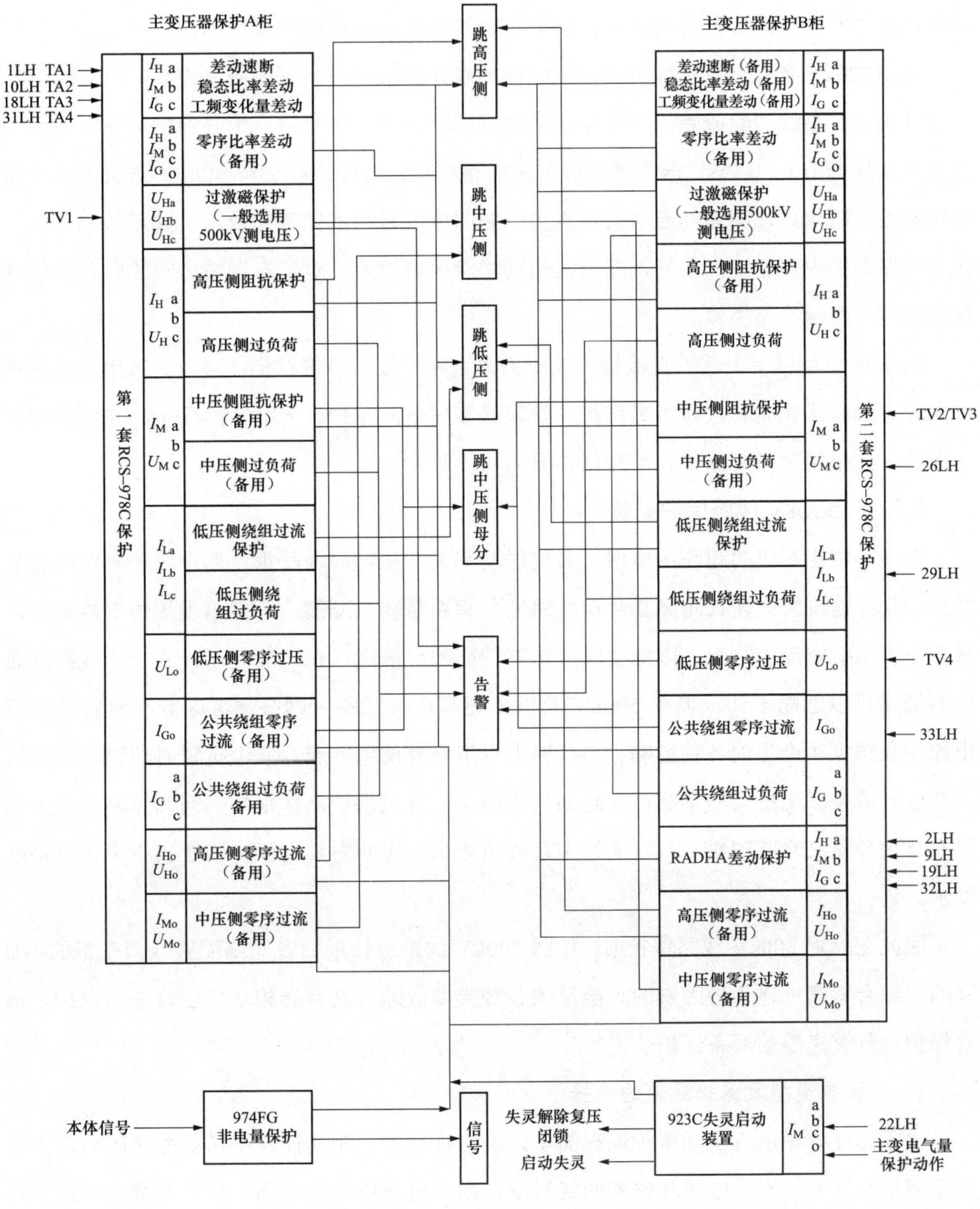

图 5-2　500kV 变压器保护配置示意图

5.3 线 路 保 护

在不同电压等级的电网中，各类电力设备和线路的重要性不同，故不同等级的电网对继电保护“四性”的要求有所区别，这是影响线路保护配置的主要原因。

对于220kV及以上电压等级的高压电网的线路要求保护装置的可靠性高，动作速度快，并能够无延时全线切除故障，一般要求线路近故障点侧与远故障点侧的保护切除时间分别不大于0.1s与0.1～0.15s，据此要求继电保护整组动作时间应在20～30ms。这就要求线路两端装设纵联保护，即通过通信通道将另一侧的电气量与本侧相比较，以判断故障是发生在本线路范围内还是范围之外，并全线速动切除区内故障。对于三端或多端线路，其纵联保护原理与两端线路类似。

在110kV及以上中性点直接接地的电力系统中，根据系统稳定的需求，常用的线路保护配置有阶段式相间和接地距离保护、阶段式零序电流保护、光纤距离保护、光纤分相差动保护、高频闭锁距离保护、高频闭锁方向保护等。

5.3.1 500kV线路保护配置

500kV电压等级的超高压电网，其输送功率大，稳定问题严重，要求保护装置的可靠性高，动作速度快；在长距离重负荷线路上，特别是弱电源侧，可能出现短路电流较小，甚至小于负荷电流的情况，因此要求保护有较高的灵敏度；在一般高压线路上，线路分布电容通常可以忽略不计，但在500kV及以上超高压长线路上则必须考虑分布电容及电容电流明显增大所产生的各种影响；当线路上有串联补偿电容或并联电抗器时还要考虑串联补偿电容或并联电抗器的影响；在超高压电网中，继电保护动作很快，而其短路电流中的暂态自由分量又衰减较慢，系统的暂态过程所带来的影响对继电保护装置也带来了严格的要求。

因此在配置500kV线路保护时，每回500kV线路应按近后备原则配置双套完整的、独立的、综合考虑上述各种因素的、能反映各种类型故障、具有选相功能全线速动保护，每套保护均具有完整的后备保护。

1. 主保护类型及保护通道的选择

由于光纤分相电流差动保护原理简单，具有优良的选相功能，不需要振荡闭锁，不需要考虑功率倒向，不受电压互感器断线影响，耐受过渡电阻能力强，自带弱馈保护，动作快速，能可靠地反映线路上的各种类型的故障，特别是对同杆并架双回线路上的跨线故障，能有选择性切除跨线故障，因此光纤分相电流差动保护被广泛采用。光纤分相电流差动保护特别适用于短线路、串补线路、T形接线和同杆并架双回线路。而高频保护因其通道受外界因素干扰（如气候环境、电磁干扰等）概率较大，其性能远不如光纤差动保护，一般较少采用。

为尽量减少由于通道的原因而引起的保护设备拒动、误动的情况，500kV 线路应优先考虑采用光纤复合架空线路（optical fiber composite overhead ground wire，OPGW）作为线路保护的通道，并应优先考虑采用分相电流差动保护作为线路主保护。同杆并架线路应尽量采用分相电流差动保护作为线路主保护。

对以 OPGW 作为保护通道的线路，保护设备可直接接光纤芯或复用通信的光端机设备。每套分相电流差动保护具备两个光纤通道接口，两个通道同时工作，可根据通道情况在保护装置内部自动切换。在任一个通道且仅一个通道故障时，不影响线路分相电流差动保护的运行。两个通道应采用两条不同的光纤通道路由，在复用通信光端机时应采用两套独立的光通信设备。

以电力线复用载波作为通道的线路保护，为了更好地具有选相功能、识别跨线故障，线路保护及载波通道均应能收发三个或四个快速命令，分别表示 A、B、C 相或 A、B、C 单相及多相故障。为了防止被保护线路故障时造成通道堵塞引起保护拒动，电力线复用载波通道在通道阻塞时载波机应能给出解除闭锁（UNBLOCKING）信号。保护装置在判断为相间故障时，UNBLOCKING 信号才有效。

2. 线路后备保护

作为线路主保护拒动或者断路器失灵时的后备保护，按其对不同类型故障的保护功能可分为相间短路和接地短路的后备保护，按其保护范围的远近又有近后备和远后备保护之分。对于超高压线路，主要采用近后备保护方式，用作本线路主保护或断路器拒动时的后备保护。同时，也要求有一定的远后备作用。

（1）相间短路的后备保护。相间短路是对系统影响严重的故障，除装设主保护外，必须有相间短路的后备保护。相间短路的后备保护一般采用三段式距离保护。

距离保护相比低压线路上常用的电流、电压保护，因其保护定值仅与线路阻抗有关，其瞬时段的保护范围固定，受系统运行方式的影响较小，还可以比较容易获得有较短延时和较高的灵敏度第二段接地保护，但距离保护在保护接地故障时受故障线路过渡电阻的影响较大。考虑到超高压线路上相间短路概率相对较小，另线路上配置有两套主保护及断路器失灵保护，可不考虑相间远后备保护的作用，对距离保护第三段的保护性能要求不宜苛求。

（2）接地短路的后备保护。在超高压线路上，接地故障的概率相对较高，因此，除主保护外，还必须有较完善的后备保护，其保护方式一般采用接地距离、阶段式及反时限零序方向电流保护作为后备保护。

零序电流保护构成原理简单，在电网零序网络基本保持稳定的情况下，保护范围比较稳定，由于线路接地故障零序电流变化曲线陡度大，其瞬时段保护范围较大，可与距离保护相近，而多数情况，其瞬时保护端尚有纵续动作的特性，即使在瞬时段保护范围以外的本线路故障，仍能靠对侧三相断路器跳闸后，本侧零序电流突然增大而促使瞬时段切除故障；零序保护反映零序电流的绝对值，受故障过渡电阻的影响较小，当线路发生对树放电故障，故障点过渡电阻高达 300Ω 时，零序电流保护尚能可靠动作，对接地故障的快速可靠切除起到了良好的效果。

3. 3/2 断路器接线线路保护对电压、电流回路的要求

据有关资料统计，500kV 一次主接线采用 3/2 断路器接线约占 80%以上。3/2 断路器接线方式在可靠性、灵活性方面较双母线接线有一定的优势，但也带来一定的问题。

（1）电流互感器的和电流接线。线路保护和测量的电流输入回路需采用两组电流互感器的和电流的接线方式，接线复杂，电流互感器特性不一致可能引起误差或误动，因此要求其电流互感器变比、型号和性能应严格一致。

（2）电流互感器、电压互感器的配置要求。500kV 输电线路故障时系统会出现较长时间的暂态过程，易引起电流互感器饱和，影响保护的正确工作；为减少暂态过程的影响，提高测量精度，线路保护接用 TPY 级次级。

对线路单元的母线侧，系统继电保护需 5 个次级，其中 2 个 TPY 级用于 2 套线路保护，2 个 TPY 级用于 2 套母线差动保护，1 个 P 级用于断路器失灵保护。

线路单元的中间侧，系统继电保护需 3 个次级，其中 2 个 TPY 级用于 2 套线路保护，1 个 P 级用于断路器失灵保护。

电流互感器次级绕组的分配应使保护范围相互覆盖而不出现保护死区，其二次电流推荐采用 1A。

500kV 超高压电网，其大多是长距离、跨地区输送，线路两侧的电流互感器变比有可能不同。因此线路分相电流差动保护应对电流互感器特性无特殊要求，并应允许使用两侧不同的电流互感器变比，应能应用于两侧电流互感器变比差不大于 4 的线路。线路分相电流差动保护在发生区内或区外故障电流互感器饱和时应能正确动作。

500kV 线路保护的电压输入回路不考虑回路的切换，皆用线路侧的电容式电压互感器，

2 套主保护需两个独立 Y 接线绕组供电，以实现交流电压回路的双重化。

根据国家电网有限公司典设，为了避免电压切换，提高保护装置的可靠性，不论 500kV 配电装置一次主接线为何种接线形式，线路保护都应采用独立的线路侧电压互感器。

4. 超长距离传输对线路保护的要求

对重负荷、长距离的联络线，为了补偿长线路感性或电容电流，提高系统运行的稳定性，保持正常的电压水平，减少电网的传输损耗，有时在线路上装设串联补偿电容或并联电抗器。在此种情况下，保护配置需考虑振荡、长线路充电电容效应和并联电抗器电磁暂态特性等因素的影响，应有分相式线路电容电流实时补偿功能，对装有串联补偿电容的线路，应考虑串补电容对保护的影响，对并联电抗器需装设专用的并联电抗器保护。

5. 线路工频过电压保护

对超过 150km、没有无功功率补偿的长线路，当线路在空载或一侧断路器断开的热备用状态时，由于线路的电容效应或系统操作、接地跳闸后的数百毫秒之内，可能产生工频过电压。根据有关规程规定，330～500kV 的网络的工频过电压水平，线路侧断路器的变电站侧及线路侧应分别不超过电网最高相电压（有效值）的 1.3 倍及 1.4 倍，一般情况下，经计算由电容效应引起的过电压倍数大于 $1.2U_{xg}$（U_{xg} 为最高工作相电压），则必须装设线路过电压保护，并按双套配置。过电压保护使用远方跳闸保护装置中的过电压功能，当本侧断路器已断开而线路过电压时，可通过发送远方跳闸信号跳线路对侧断路器。过电压保护启动远方跳闸可选择不经断路器开、闭状态控制。过电压保护远方跳闸信号的发送和接收，与失灵保护远方跳闸共用。

6. 远方跳闸保护

断路器失灵保护、过电压保护和不设独立电抗器断路器的 500kV 并联电抗器保护动作后均需启动远方跳闸，每回 500kV 线路应配置双套远方跳闸保护，远方跳闸保护宜采用一取一经就地判别方式以保证动作的可靠性。

7. 500kV 线路保护配置实例

如图 5-3 为 2 条 500kV 线路组成的 3/2 接线完整串的线路保护接线示意图。

图 5-3 中 500kV 线路 1、线路 2 组成一个完整串，500kV 线路 1 配置了双套线路保护 RD.31、RD.32，500kV 线路 2 配置了双套线路保护 RD.33、RD.34，线路保护根据通道类型可以选分相电流差动保护、光纤距离保护等，线路保护的电流输入采用和电流的方式，电流互感器回路相互覆盖，不留死区。RD.31、RD.32 的中间断路器的和电流采用 32 电流

互感器 4、32 电流互感器 5，而 RD.33、RD.34 的中间断路器的和电流采用 32 电流互感器 1、32 电流互感器 2，彼此形成相互交叉；同样，线路 1 的线路保护 RD.31、RD.32 的母线侧电流回路采用 31 电流互感器 1、31 电流互感器 2，与 500kV I 段母线的母线保护 RA1、RA2 的电流回路 31 电流互感器 4、31 电流互感器 5 形成相互交叉。

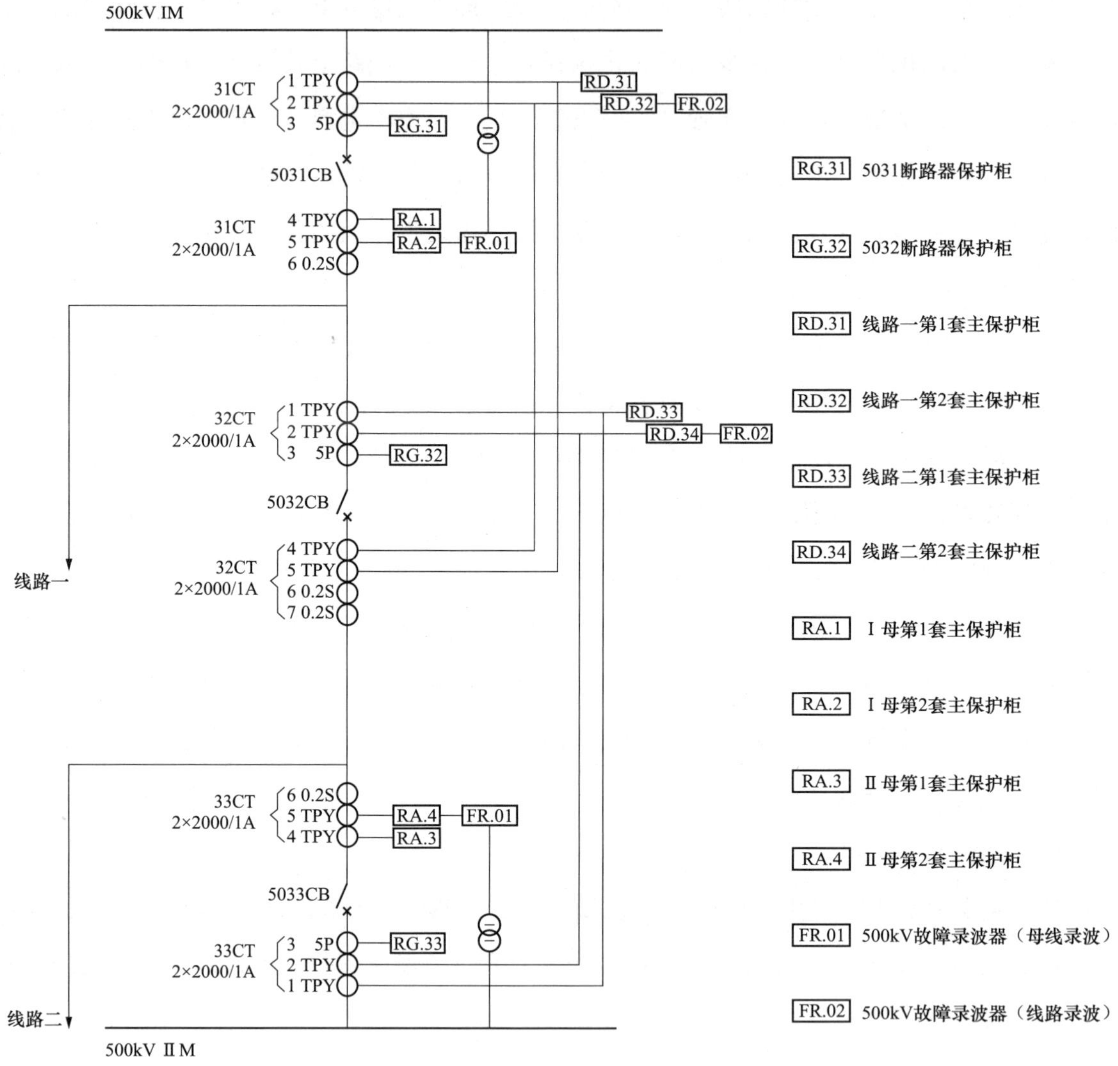

图 5-3 3/2 接线的 500kV 系统保护配置示意图（GIS 方案）

5.3.2 220kV 线路保护配置

浙江电网 220kV 线路按双重化配置两套完全独立的、全线速断的数字式主保护和完整阶段式距离以及防高阻接地故障的零序后备保护，两套保护由不同的保护动作原理、不同硬件结构构成。两套保护各自独立组屏，接于两组独立的电流互感器次级绕组，直流电源、通道设备、跳闸线圈等完全独立，使用独立的控制电缆。

图 5-4 所示为 220kV 双母线接线的线路保护配置示意图：

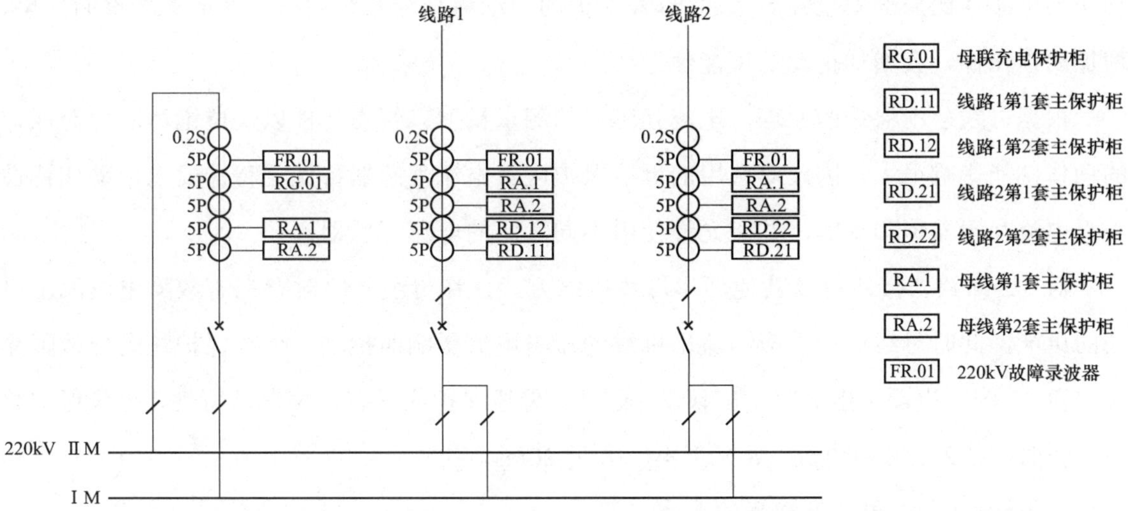

图 5-4 220kV 双母线接线的线路保护配置示意图

图 5-4 中 220kV 线路 1 配置了双套线路保护 RD.11、RD.12，220kV 线路 2 配置了双套线路保护 RD.21、RD.22，线路保护根据通道类型可以分为分相电流差动保护、光纤距离保护、高频保护等，线路保护 RD.11、RD.12 的电流输入与 220kV 母线保护 RA.1、RA.2 的电流回路形成相互交叉，避免电流互感器绕组间发生死区故障时无法快速切除。

5.4 母 线 保 护

由于母线绝缘子或断路器套管可能发生闪络，运行人员误操作等原因，发电厂或变电站的母线存在着发生单相接地故障和多相短路故障的可能。根据运行统计，发电厂或变电站的母线发生单相接地故障和多相短路故障的概率虽然较少，年故障率在 5 次/百条，但在高压、特高压系统中，母线故障对系统冲击大，影响范围广，可能破坏系统的稳定运行，造成大面积的停电事故。配置专门的母线保护来消除和减轻故障所造成的后果，是十分必要的。

装设母线保护其可靠性尤为重要，并尽可能有选择地快速动作切除故障，因此，差动保护在母线保护中被广泛采用。

5.4.1 500kV 母线保护配置

500kV 母线一般采用 3/2 断路器接线方式，每条母线配置双套母线保护。因母线改造的难度较大，母线保护接线单元均按满足远景规划要求配置。

1. 3/2 断路器接线方式母线保护的特点和要求

对 500kV 的 3/2 断路器接线方式，母线保护不设电压闭锁元件，3/2 接线方式下保护动作的可靠性比局部安全性更重要，母线保护的拒动将会给系统的稳定性造成严重的后果，增加闭锁元件，会增加拒动的可能性。

根据母线差动保护的原理，电流互感器的测量精度、暂态特性以及抗饱和能力对保护的动作性能影响很大，因此对选用的母线保护应对电流互感器特性无特殊要求，动作特性不受电流互感器饱和影响，并应允许使用不同变比的电流互感器。

对 3/2 断路器接线以及其他环形母线接线方式，在母线故障时存在着故障电流流出母线的可能，此时母线保护不应因流出母线的短路电流影响而拒动。母线保护在区外故障穿越电流 30 倍一次额定电流时不应误动。因此，母线保护应具有比率制动特性，母线保护整组动作时间，2 倍额定电流（I_N）下不应大于 20ms。

2. 母线保护对电流互感器的要求

母线保护应接在专用的电流互感器二次回路中，在该回路中不能接入其他设备的保护装置和测量表计。

母线电流互感器在电气上的安装位置，应尽量靠近线路或变压器一侧，使母线保护和线路保护或变压器保护有重叠保护区。

电流互感器的测量精度、暂态特性以及抗饱和能力均应满足设计要求。

3. 失灵保护对母线保护的要求

失灵保护需跳母线侧断路器时，通过启动母线差动保护实现。

为了提高边断路器失灵保护动作后经母线保护跳闸的可靠性，3/2 断路器接线的母线保护应设置灵敏的、不需整定的电流元件并带 50ms 的固定延时。

5.4.2 220kV 母线保护配置

220kV 母线配置双套母线保护。

1. 220kV 母线形式

220kV 配电装置常用的母线形式有双母线、双母单分段、双母双分段等，此类母线需配置专用的母线保护。还有一种内桥或扩大内桥接线、线路变压器组接线，其电气设备间的连线的保护是靠线路保护和变压器保护之间的保护范围的交叉来实现的。

2. 220kV 母线保护技术要求

双母线接线的母线保护的安全性要求较高，要求母线保护应具有比率制动特性，母线差动保护由分相式比率差动元件构成，分为大差比率差动和小差比率差动。大差比率差动是指除母联断路器和分段断路器外所有支路电流所构成的差动回路。小差比率差动按段配置，接入该段母线上所连接的所有支路（包括母联断路器和分段断路器）电流构成的差动回路。母线大差比率差动用于判别母线区内和区外故障，小差比率差动用于故障母线的选择。同时，还要求母线和失灵保护均装设电压闭锁元件，在动作于故障母线跳闸时必须经相应的母线电压闭锁元件闭锁，但由于其重要性，母联断路器和分段断路器不经电压闭锁。

母线保护在母线相继故障时应能经较短延时可靠切除故障。在母线上各元件进行倒闸时（包括母线互联等情况），需保证母线保护动作的正确性。

3. 220kV 母线断路器失灵与母联死区保护

220kV 母线按远景配置双套失灵保护，双套失灵保护功能分别含在双套母线差动保护中，每套线路（或主变压器）保护动作各启动一套失灵保护。母线差动和失灵保护应能分别停用。

双母线接线的失灵保护应与母线保护共用出口回路，双重化配置的母线保护（含失灵保护功能）每套保护只作用于断路器的一组跳闸线圈。

对主变压器单元，220kV 母线故障且本侧主变压器单元断路器失灵时，除应跳开失灵断路器相邻的全部断路器外，还应跳开本变压器连接其他电源侧的断路器。一般主变压器单元断路器失灵启动后，为了使失灵保护能可靠动作，需解除失灵保护的电压闭锁回路。

若母线联络断路器和电流互感器之间发生故障，断路器侧母线跳开后故障仍然存在，正好处于电流互感器侧母线小差的死区，为提高保护动作速度，设置母联死区保护，经延时（时间应可整定）跳开另一条母线。

220kV 母线保护对电流互感器特性、保护动作时间及远景规划等要求与 500kV 母线保护基本相同。

5.5 断 路 器 保 护

对 3/2 断路器接线 500kV 配电装置，按断路器单元单独配置断路器保护，而不是像 220kV 及以下的配电装置将有关功能在线路保护屏中实现。500kV 配电装置每台断路器配置一面断路器保护屏。通常为了各种触点引接的方便，在断路器保护屏上配置一台分相操作箱。

对 220kV 双母线接线，为了实现双重化的原则，每条线路配置两套分相操作箱（含电压切换回路），分别配置在两套线路保护屏柜上。

220kV 母线联络断路器、母线分段断路器应按断路器配置专用的、具备瞬时和延时跳闸功能的过电流保护。

5.5.1 500kV 断路器保护

500kV 断路器保护可包含自动重合闸、断路器失灵保护、短引线保护等。

1. 自动重合闸

考虑线路故障中绝大多数为瞬时性故障，需装设自动重合闸装置，以提高供电可靠性。

500kV 变电站，普遍采用 3/2 接线方式，完整串是指每个间隔 3 组断路器，2 回进出线。间隔内靠近母线侧的断路器称为边断路器，中间的为中间断路器。自动重合闸装置按断路器装设，并应能适应 3/2 断路器接线的要求。

为减少重合于永久性故障断路器拒跳的概率，考虑先重合靠近母线侧边断路器，后重合中断路器。重合闸安装于与线路相连的两台断路器保护屏内，能方便地整定为一台断路器先重合，另一台断路器待第一台断路器重合成功后再重合；先重合的一台合于故障，断路器三相跳闸，后合的不再进行重合，即两台均三跳；重合闸沟通三跳回路在断路器保护中实现。考虑交流故障后对特高压直流输电线路换相失败的影响，中间断路器的重合闸一般退出。

线路重合闸一般采用时间上的配合以满足重合闸先后次序动作：

（1）对于非完整串线路断路器。

1）串内两个断路器均运行时，若两个断路器的重合闸时间存在级差，则两个断路器的重合闸均可以投用；若两个断路器的重合闸时间不存在级差，则靠近Ⅰ母线或Ⅱ母线侧边断路器重合闸可以投用，另一个断路器的重合闸停用（若靠近Ⅰ母线或Ⅱ母线侧边断路器重合闸因故停用，则另一个断路器的重合闸可以投用）。

2）串内仅剩单断路器运行时，该断路器的重合闸可以投用。

（2）对于线-线式完整串断路器。

1）串内三个断路器均运行时，若中断路器与两个边断路器的重合闸时间均存在级差，三个断路器的重合闸均可以投用；若中断路器与任一个边断路器的重合闸时间不存在级差，则中断路器重合闸停用，两个边断路器重合闸可以投用（当边断路器重合闸因故停用时，若中断路器重合闸时间与另一个边断路器重合闸时间存在级差，则该中断路器重合闸可以投用；若中断路器重合闸时间与另一个边断路器重合闸时间不存在级差，则该中断路器重合闸停用）。

2）串内仅边断路器停役时，若剩余两个断路器的重合闸时间存在级差，则两个断路器的重合闸均可以投用；若剩余两个断路器的重合闸时间不存在级差，则边断路器重合闸可以投用，中断路器重合闸停用（若边断路器重合闸因故停用，则中断路器重合闸可以投用）。

3）串内仅中断路器停役或仅剩单断路器运行时，则剩余断路器的重合闸可以投用。

（3）对于线-变式完整串断路器。

1）串内三个断路器均运行时，若线路中断路器与线路边断路器的重合闸时间存在级差，则线路边断路器与线路中断路器的重合闸均可以投用；若线路中断路器与线路断路器的重合闸时间不存在级差，则线路边断路器重合闸可以投用，线路中断路器重合闸停用（若线路边断路器重合闸因故停用，则线路中断路器重合闸可以投用）。

2）串内仅线路边断路器停役时，则线路中断路器重合闸可以投用。

3）串内仅线路中断路器停役或仅线路边断路器运行时，则线路边断路器重合闸可以投用。

4）串内仅主变压器边断路器停役时，线路边断路器重合闸可以投用，线路中断路器重合闸停用。

5）串内仅中断路器运行时，该断路器重合闸停用。

华东电网内的500kV断路器重合闸配合典型如下：

（1）对于线路-变压器串或非完整串的断路器重合闸：

如果线路重合闸时间为0.7s，则中间断路器重合闸时间为1.0s；

如果线路重合闸时间为1.0s，则中间断路器重合闸时间为1.2s（或1.3s）；

如果线路重合闸时间为1.2s（或1.3s），则中间断路器重合闸时间也为1.2s（或1.3s），但正常情况下中间断路器重合闸停用，仅当边断路器停役时，才投入该重合闸。

（2）对于线路-线路串的断路器重合闸：

如果对应两回线路重合闸时间都为0.7s，则中间断路器重合闸时间为1.0s；

如果对应两回线路重合闸时间分别为0.7s和1.0s，则中间断路器重合闸时间为1.2s（或1.3s）；

如果对应两回线路重合闸时间都为1.0s，则中间断路器重合闸时间为1.2s；

如果对应两回线路重合闸时间分别为0.7s和1.2s（或1.3s）或1.0s和1.2s（或1.3s）或1.2s（或1.3s）和1.2s（或1.3s），中间断路器时间为1.2s（或1.3s），但正常情况下中间断路器重合闸停用。

在进行串内断路器重合闸转换（如停用边断路器重合闸、投用中断路器重合闸）时，操作上应遵循“先停后投”的原则。

重合闸装置启动后应能延时自动复归，在此时间内应沟通本断路器的三跳回路。当重合闸停用或被闭锁时（断路器低气压、重合闸装置故障、重合闸被其他保护闭锁、断路器多相跳闸的辅助触点闭锁等），该断路器屏上的保护应准备好三跳回路，在线路保护发出单跳命令时，断路器三跳，而另一个断路器仍能单跳单重。

闭锁重合闸的保护为变压器、失灵、母线、远方跳闸、高压电抗器、短引线保护等。

2. 断路器失灵保护

为提高500kV系统故障切除的可靠性，降低断路器失灵对系统的影响，须装设断路器失灵保护。断路器失灵保护按断路器装设。

断路器失灵保护的动作原则为：瞬时分相重跳本断路器的两个跳闸线圈；经延时三相跳本断路器及相邻断路器的两个跳闸线圈和相关断路器（启动两套远方跳闸保护或母线差动保护、变压器保护），并闭锁重合闸。

失灵保护应采用分相和三相启动回路。每相启动回路，应由能瞬时复归的保护出口触点（包括与本断路器有关的所有保护触点）与电流元件串联组成。

启动失灵的保护为线路、母线、短线、变压器（高压电抗器）的电气量保护。

断路器失灵保护应经电流元件控制实现单相和三相跳闸，单相跳闸经本相电流控制，三相跳闸经任一相电流控制。

断路器失灵保护电流判别元件的动作时间和返回时间均不应大于20ms。

3. 短引线保护

对采用3/2断路器接线的500kV配电装置，在工程建设初期，断路器串数小于3串的情况下，为了保持线路或变压器停役时两段母线之间的正常联系，以维持任一断路器断开时不影响其他回路供电，有时需要在出线侧装设出线隔离开关。对线路或主变压器的短引线部分，需装设短引线保护。短引线保护按双重化配置。

短引线保护可采用和电流过电流保护方式，也可采用差动电流保护方式。短引线保护在系统稳态和暂态引起的谐波分量和直流分量影响下不应误动作。

5.5.2 220kV母联断路器、母分断路器保护

220kV的母联断路器、母分断路器应按断路器配置专用的、具备瞬时和延时跳闸功能的过电流、零序过电流保护功能，分为充电保护和过电流解列保护。正常运行时，充电保

护和过电流解列保护投信号。

当用母联断路器、母分断路器向母线充电合闸时，将母联断路器、母分断路器充电保护短时投入，若母线故障，则跳开本断路器，充电结束后退出充电保护。当母联断路器、母分断路器与相邻元件串接作为相邻元件后备保护时，投入母联过电流、母分过电流解列保护，一般带 0.3s 时限跳闸，并控制对应母联断路器、母分断路器电流。当采用母联断路器、母分断路器向母线设备冲击时，应投入母联断路器、母分断路器过电流解列保护，瞬时跳闸，若带变压器冲击需带一定时限跳闸。

5.6 高压电抗器保护

超高压远距离输电线路的对地电容电流很大，为吸收该容性无功功率、限制系统的操作过电压；对使用单相重合闸的线路，为限制潜供电流、提高重合闸成功率，都应在线路两端或一端变电站内装设三相对地的高压并联电抗器。

高压电抗器保护一般配置比率差动保护、匝间短路保护、过电流、零序过电流、中性点过电流保护及非电量保护，典型配置如图 5-5 所示。

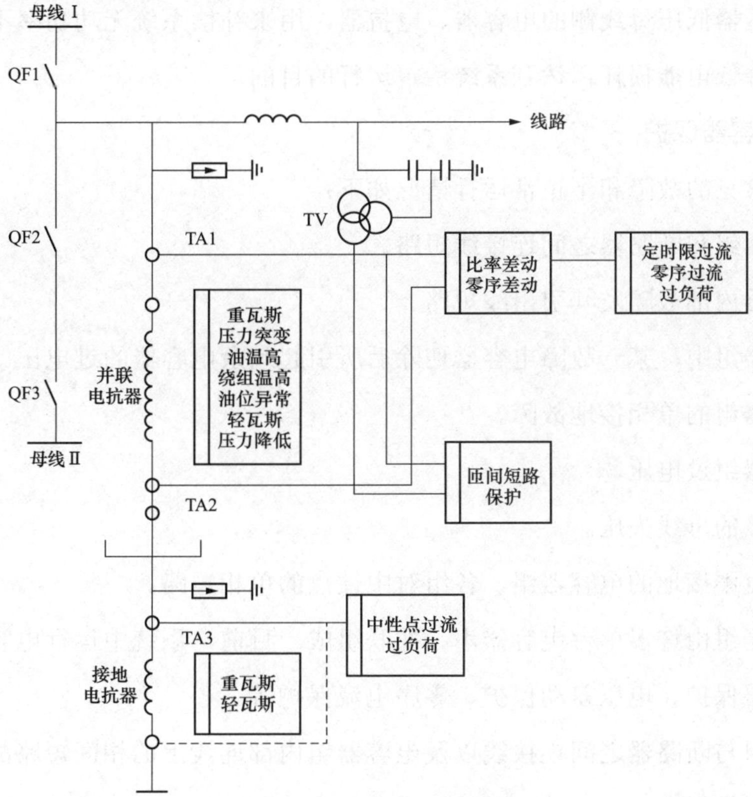

图 5-5　高压电抗器保护配置示意图

（1）差动保护不仅能保护相间短路，还能保护单相接地短路。差动保护最小动作电流一般满足可靠躲过电抗器额定负载时的最大不平衡电流即可，具有很高的灵敏度，作为高压电抗器的主保护。

（2）作为差动保护与匝间短路保护的后备保护，并联电抗器应装设过电流保护。延时段的过电流保护应躲过在暂态过程中电抗器可能产生的过电流。

（3）作为匝间短路保护的后备保护，并联电抗器还装设有零序过电流保护。保护按躲过正常运行中出现的零序电流来整定，也可近似按电抗器中性点连接的接地电抗器的额定电流整定，其时限一般与线路接地保护的后备段相配合。

（4）对于三相不对称等原因引起接地电抗器的过电流，应装设过电流保护。接地电抗器过电流保护的定值应可靠躲负荷电流，延时时间应可靠躲过线路非全相运行时间。

线路高压电抗器保护动作跳线路本侧断路器，并经远方跳闸回路跳对侧断路器，同时闭锁线路重合闸。

5.7　电容器保护及电抗器保护

并联在变压器低压母线侧的电容器、电抗器，用来补偿系统无功功率不足，以提高母线电压质量，降低电能损耗，达到系统稳定运行的目的。

5.7.1　电容器保护

电容器组常见的故障和不正常运行情况如下：

（1）电容器组和断路器之间连接线短路。

（2）电容器内部故障及其引出线短路。

（3）电容器组中，某一故障电容器切除后所引起剩余电容器的过电压。

（4）电容器组的单相接地故障。

（5）电容器组过电压。

（6）所连接的母线失压。

（7）中性点不接地的电容器组，各组对中性点的单相短路。

并联电容器组由许多单台电容器串、并联组成。目前，系统中运行电容器组常用的保护为：零序电压保护、电压差动保护、零序电流保护等。

对电容器组与断路器之间连接线以及电容器组内部连线上的相间短路故障，通过带短时限的过电流保护切除。

对于单台电容器，由于内部绝缘损坏而发生极间短路时，由专用的熔断器进行保护。由于电容器具有一定的过负荷能力，一台电容器故障由专门的熔断器切除后对整个电容器组并无多大的影响。

当多台电容器内部故障由专用熔断器切除后，继续运行的电容器将出现不允许的过负荷或过电压。

当供电电压消失时，电容器组失去电源开始放电，电容器组上的电压逐渐降低。若残余电压未放电到 0.1 倍额定电压就恢复供电，则电容器组上将承受高于 1.1 倍额定电压的合闸过电压，导致电容器组受损，因而需要装设低电压保护。

5.7.2 电抗器保护

对安装在变压器低压侧的油浸式并联电抗器，常见的故障和不正常运行情况如下：

（1）线圈的单相接地和匝间短路及其引出线的相间短路和单相接地短路。

（2）油面降低。

（3）油温度升高和冷却系统故障。

（4）过负荷。

对低压并联电抗器，一般只装设限时电流速断保护，当电抗器端部引出线发生故障时，应有不小于 2.0 的灵敏度动作于跳闸，定值应躲过电抗器投入时的励磁涌流和电抗器的额定电流。

当并联电抗器油箱内部产生大量瓦斯气体时，瓦斯保护动作于跳闸，当产生轻微瓦斯或油面下降时，瓦斯保护动作于信号。

5.8 安全自动装置

处于正常状态的电力系统受到较严重的扰动时，会造成系统稳定破坏或事故扩大，和重要用户的供电长时间中断。为了防止此类情况的发生，需要装设安全自动装置。

安全自动装置是指在电网中发生故障或出现异常运行时，为确保电网安全与稳定运行，起控制作用的自动装置。除了前述的重合闸之外，电网中常用的安全自动装置还有备用电源自动投入、过载联切、低频和低压自动减载、故障解列、失步解列等。

5.8.1 电源备自投

发电厂厂用电源、变电站站用电源等一般都是双电源供电系统，其中一个电源经常断开作为备用电源。采用分列运行方式的降压变电站，为了提高供电可靠性均设置有电源备自投装置。一些重要的工矿企业用户为了保证供电可靠性，也设置有电源备自投装置。电源备自投装置主要有母线分段断路器（内桥接线）备自投方式、线路进线备自投方式等备自投方案。

在工作电源因故障被断开以后，通过电源备自投装置自动而迅速地将备用电源投入工作，保证用户连续供电。

5.8.2 过载联切装置

过载联切装置是提高线路或主变压器负载能力的自动装置，可分为线路过载联切装置和主变压器过载联切装置。

在电力系统中多条线路或多台主变压器并列运行时，必须考虑 $N-1$ 的问题。以两台主变压器并列运行为例，如果其中一台主变压器故障跳闸，那么负荷就转移到另外一台主变压器，在 $N-1$ 的情况下要防止主变压器过载，每台主变压器的运行负载必须限制在主变压器最大允许负载的一半以下。为充分挖掘主变压器的负载能力，同时要防止 $N-1$ 的情况下主变压器过载就需要装设过载联切装置。正常运行时，两台主变压器都可以运行至最大允许负载，当一台主变压器故障跳闸后，过载联切装置切除部分负荷，使一台继续运行的主变压器负载控制在最大允许范围以内。

5.8.3 低频、低压减负荷装置

低频、低压减负荷装置的任务是当系统发生严重的有功功率（无功功率）缺额时，迅速断开相应数量的用户负荷，使系统频率（系统电压）在不低于某一允许值的情况下，达到有功功率（无功功率）的平衡。在 35kV 及以下电网，低频、低压减负荷功能一般已包含在线路保护装置中。在电网的各个可能独立运行的地区网络，都应设置限制频率降低或电压崩溃的控制装置，以确保电力系统安全运行，防止事故的扩大。

GB/T 15945—2008《电能质量电力系统频率允许偏差》规定，正常运行时电力系统的频率应保持在 50Hz±0.2Hz 的范围内。GB/T 12325—2003《电能质量供电电压允许偏差》规定，35kV 及以上供电电压正、副偏差绝对值之和不超过标称电压的 10%。

当电力系统发生联络线跳闸，大机组切除等严重故障，有功功率和无功功率出现严重缺额时，超出了系统的正常调节能力，如果不及时采取措施，不仅影响供电质量，而且会给电力系统安全运行带来严重的后果。在这种情况下，必须借助低频、低压减载装置来切除一部分不重要的负荷，才能保证系统的安全稳定运行。

5.8.4 故障解列装置

故障解列装置是在低压系统故障时自动切除小电源联络线的安全自动装置。为了提高

重合闸动作的成功率，一般在220kV或110kV变电站小电源的接入端安装故障解列装置。

由于110kV及以下系统往往会有地区小电源接入，为防止非同期并网对地区小电源造成冲击，110kV线路重合闸采用检无压方式，当判断有电压时采用检同期方式。在实际运行过程中由于地区小电源的存在，检无压条件无法满足，重合不能成功，降低了系统供电可靠性。为提高线路重合成功率，要求在110kV系统故障时地区小电源能够自动解列，待110kV线路重合成功后，小电源再并网。

5.8.5 失步解列装置

失步解列装置是当电网失步时在预先安排的适当地点将系统解列为两个部分以消除失步状态的安全自动装置，一般安装在区域电网联络线的一侧。失步解列是保证电力系统安全运行的重要措施，失步解列装置是保证整个电网不致完全崩溃的最后一道防线之一。

电力系统正常运行时，联络线两侧的等效机组功角都维持在比较接近的水平，即同步运行。随着联络线输送功率的增大，两侧等效电源的功角也随之增大。当输送功率超过联络线的稳定限额时，电力系统将会失去同步（或称稳定破坏）。一般情况下电气联系比较松散的电网联络线比较容易发生失步现象。失步时联络线两侧的等效电源功角在0～180° 周期性变化，导致系统各节点电压和支路电流呈周期性波动。如不及时处理，将引起灾难性后果。为防止事故范围扩大，在适当的系统断面上进行解列能使系统重新回归稳定态。

5.8.6 低压电抗器及电容器自动投切装置

为提高电网电压质量和加强电网安全稳定运行，500kV系统设置了低压电抗器及电容器的自动投切装置，装置按以下原则执行自动投切：

（1）对仅装设低压电抗器的500kV变电站的自动投切要求为：

1）低压电抗器自动投切装置的输入电压为所在变压器500kV侧的线电压。

2）低压电抗器自动切除的电压定值分为二阶段，第一阶段为350kV瞬时切除所有低压电抗器；第二阶段为450kV，经0.5s延时切除所有低压电抗器。

3）低压电抗器自动投入的电压定值分为一阶段，定值为550kV，经1s延时投入所有低压电抗器。

4）低压电抗器自动投切装置应有压板可投入、停用自动投切功能。

（2）对仅装设低压电容器的500kV变电站的自动投切要求为：

1）低压电容器自动投切装置的输入电压为所在变压器500kV侧的线电压。

2）低压电容器自动切除的电压定值分为一阶段，定值为550kV，经0.5s延时切除所有电容器。

3）低压电抗器自动投入的电压定值分为一阶段，定值为350kV瞬时投入所有电容器。

4）低压电容器自动投切装置应有压板可投入、停用自动投切功能。

（3）对既装设低压电抗器，又装设低压电容器的500kV变电站的自动投切要求为：

1）低压电抗器和电容器自动投切装置的输入电压为所在变压器500kV侧的线电压。

2）当自动投切装置的输入电压为350kV时，经瞬时切除所有低压电抗器（不投电容器）。

3）当自动投切装置的输入电压为450kV时，经0.5s延时切除所有低压电抗器，同一电压定值下，再经0.8s投入所有电容器。

4）当自动投切装置的输入电压为550kV时，经0.5s延时切除所有电容器，同一电压定值下，再经0.8s投入所有低压电抗器。

5）低压电抗器、电容器自动投切装置应有压板可投入、停用自动投切功能。

5.9 故障录波器

电力系统故障录波及分析装置广泛地应用于电力系统，记录发电机、变压器、电力输送线路、电站、电厂的瞬态、稳态模拟量与事件量信息，监视电力系统运行，保存试验数据，记录和捕捉故障信息，为研究运行方式及评价保护装置的性能提供依据。为便于分析电力系统事故及继电保护装置的动作情况，500kV变电站内应配置故障录波装置，分别记录线路电流、电压、保护装置动作及保护通道的运行情况等。

在分散布置的500kV变电站内，宜按电压等级配置故障录波装置，不跨小室接线，建设初期可适当考虑远景要求；在集中布置的500kV变电站内，宜按电压等级配置故障录波装置。

母线故障录波器：220MW及以上容量发电机变压器组应配置专用故障录波器，不允许与其他录波器合用。

故障录波装置应具备单独组网，完善的分析和通信管理功能，通过以太网口与保护和故障信息管理子站系统通信，录波信息可经子站远传至各级调度部门进行事故分析处理。

5.10 测控装置

电力系统测控及其他辅助设备，是监视电网安全运行的“天眼”，如果失去测控及其他辅助设备，电网运行情况将不可见、不可知、不可控，调度将不能进行正确的决策，因此，保障测控及其他辅助设备装置健康安全尤为重要。

测控装置采集一次设备、二次设备、辅助设备等的运行状态数据，并实现数据存储、处理、上传功能，支撑电网调度和设备运维业务。其中一次设备数据包括电压、电流、功率等稳态量测、动态相量量测、宽频量测及时域连续录波，断路器、隔离开关位置信号和电能计量数据；二次设备数据包括保护、安控、低频低压减载、自动化、通信等设备运行状态数据；辅助设备数据包括消防、安防、环境、照明、在线监测等运行状态数据。系统结构如图 5-6 所示。

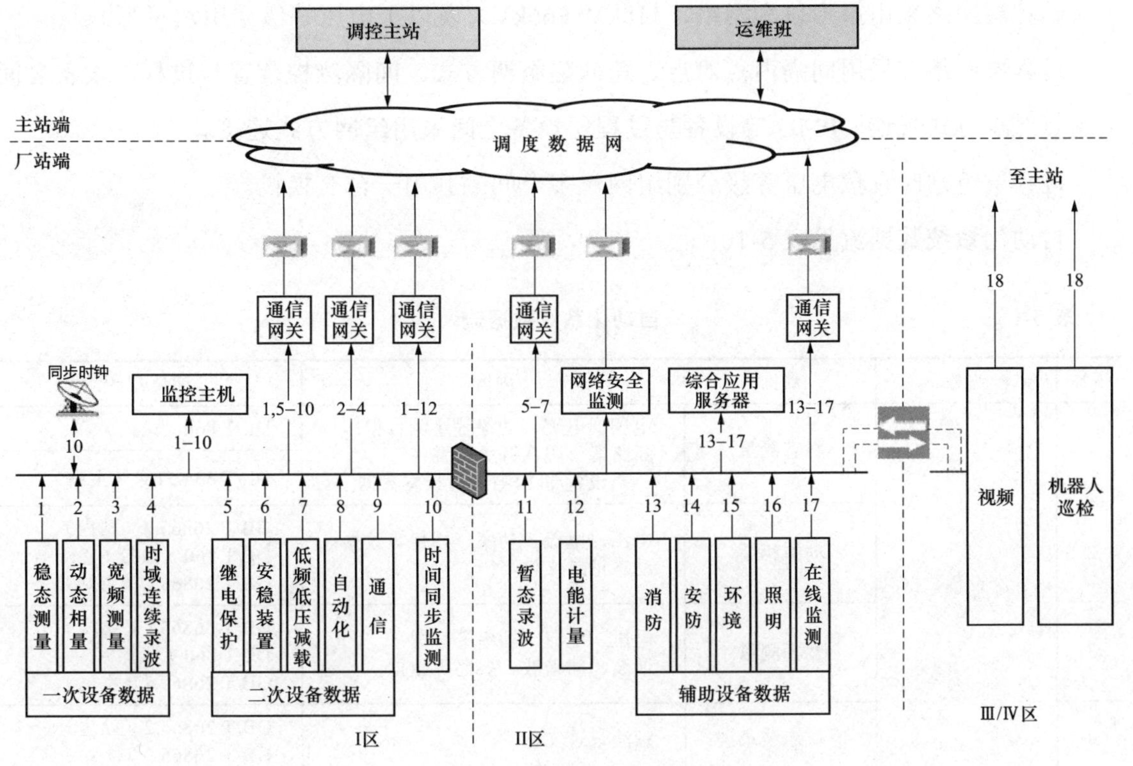

图 5-6　变电站自动化系统示意图

1. 系统组成

系统采用开放式分层分布式网络结构，从上到下分为站控层、间隔层、过程层，各层之间通过通信网络相连，实现数据采集、传输、处理的数字化和共享化。

站控层由监控主机、数据通信网关机、综合应用服务器和其他各类应用服务器组成，提供站内操作的人机界面，实现主设备和辅助设备监控功能，并为远方调控中心提供数据和服务。

间隔层由测控、保护、安稳、计量、故障录波、相量测量、辅助监控等设备或子系统组成，实现单个或多个间隔的采集和控制功能。在站控层及网络失效的情况下，应仍能独立完成本间隔的大部分功能。

过程层由合并单元、智能终端组成，包括实时运行电气量的采集、设备运行状态的监测、控制命令的执行等。

2. 网络结构

控制区（安全区Ⅰ）与非控制区（安全区Ⅱ）之间应采用硬件防火墙实现逻辑隔离；生产控制大区与管理信息大区之间通信应采用正反向安全隔离装置。

站控层网络采用星形以太网络，110kV（66kV）及以上电压等级采用双星形。

过程层网络宜采用间隔内点对点、跨间隔组网方式。间隔测控装置与过程层设备之间采用点对点方式直连，PMU 等设备与过程层设备之间采用组网方式连接。

过程层组网时宜按电压等级分别组网，多个间隔共用一台交换机。

自动化系统数据流见表 5-1。

表 5-1　　自动化系统数据流

序号	业务	数据	内容	通信规约
1	一次设备数据	稳态测量	电压、电流、功率等量测数据； 断路器、隔离开关位置； 一次设备/机构测量与状态数据	DL/T 860（站内） DL/T 634.5104（主站）
2		动态相量	电压、电流、功率、相角等数据； 动态记录文件	GB/T 26865.2（站内） DL/T 860（监控） GB/T 26865.2（主站）
3		宽频测量	电压、电流、功率等数据； 谐波、间谐波、振荡等数据	GB/T 26865.2（站内） DL/T 860（监控） GB/T 26865.2（主站）
4		时域连续录波	录波记录文件	GB/T 26865.2（站内） GB/T 26865.2（主站）
5	二次设备数据	继电保护	动作事件； 装置状态与监测数据； 硬压板、软压板； 定值、定值区	DL/T 860（站内） DL/T 634.5104（调控） DL/T 667（保信）
6		安稳装置	动作事件； 装置状态与监测数据； 装置压板与功能压板； 定值和策略文件	DL/T 860（站内） DL/T 634.5104（调控） DL/T 667（保信）
7		低频低压减载	动作事件； 装置状态与监测数据； 装置压板与功能压板； 定值	DL/T 860（站内） DL/T 634.5104（调控） DL/T 667（保信）

续表

序号	业务	数据	内容	通信规约
8	二次设备数据	自动化	设备状态与监测数据	DL/T 860（站内） DL/T 634.5104（调控）
9		通信	设备通信状态、网络状态	DL/T 860（站内） DL/T 634.5104（调控）
10		时间同步监测	时间同步状态； 经纬度数据	SNTP/IRIG-B（站内） DL/T 860（站内） DL/T 634.5104（调控）
11	录波数据	暂态录波	故障录波文件	DL/T 860（站内） DL/T 667（主站）
12	计量数据	电能计量	电度量数据	DL/T 719
13	辅助设备数据	消防	火灾故障、火灾告警等数据	DL/T 860（站内） DL/T 634.5104（调控）
14		安防	安防故障、安防告警等数据	DL/T 860（站内） DL/T 634.5104（调控）
15		环境	风力、光照等数据	DL/T 860（站内） DL/T 634.5104（调控）
16		照明	灯光等数据	DL/T 860（站内） DL/T 634.5104（调控）
17		在线监测	变压器状态监测数据、断路器状态监测数据、电容/电抗状态监测数据	I1（站内） I2（主站）
18	视频数据	视频/机器人巡检	流数据； 机器人数据	H.264

第6章　智能变电站

6.1　智能变电站概述

6.1.1　智能变电站特点

智能变电站具有信息数字化、功能集成化、结构紧凑化、状态可视化等重要特征，能够为智能变电站安全运行和故障诊断提供多源多维的数据支撑，其具体技术特点如下：

（1）一次设备智能化：随着基于光学或电子学原理的电压互感器、电流互感器和智能断路器的使用，常规模拟信号和控制电缆将逐步被数字信号和光纤代替，测控、保护装置的输入输出均为数字通信信号，变电站通信网络进一步向现场延伸，现场的采样数据、断路器状态信息能在全站甚至广域范围内共享。

（2）全站信息数字化：实现一次、二次设备的灵活控制，且具备双向通信功能，能够通过信息网进行管理，满足全站信息采集、传输、处理、输出过程完全数字化。

（3）通信平台网络化：变电站内采用高速光纤以太网互联，实现标准化的网络通信体系。

（4）信息共享标准化：基于 IEC 61850 的标准统一标准化信息模型，实现站内外信息共享。数字化变电站将统一、简化变电站的数据源，形成基于同一断面的唯一性、一致性基础信息，通过统一标准、统一建模来实现变电站内外的信息交互和信息共享，可以将传统变电站内多套孤立系统集成为基于信息共享基础上的业务应用。

（5）高级应用互动化：实现变电站内各种互动化的高级应用，全面满足智能电网运行、控制要求。

6.1.2　智能变电站术语介绍

（1）系统配置文件（substation configuration description，SCD）：智能变电站通过 SCD 来确保变电站安全稳定运行，其描述了所有智能电子设备的实例配置和通信参数、智能电子设备之间的通信配置以及变电站一次系统结构，由系统集成厂商完成，SCD 包含版本修改信息，明确描述修改时间、修改版本号等内容。

（2）面向通用对象的变电站事件（generic object oriented substation event，GOOSE）：GOOSE 是一种通信服务机制，主要用于实现在多智能电子设备之间的信息传递，包括一次设备的操控及二次设备间的闭锁与联动等。

（3）采样数据（sampled value，SV）：SV 是过程层与间隔层设备之间通信的重要组成部分，通过 GB 20840《电流互感器》、IEC 61850-9-2《变电站通信网络和系统　第 9-2 部分：特定通信服务映射 SCSM 映射》等相关标准规范 SV 信息通信过程，合并单元将电流电压采样值封装成 SV 数据包，并发送出去提供给间隔层装置使用。

（4）制造报文规范（MMS）：MMS 是 ISO/IEC 9506 标准所定义的一套用于工业控制系统的通信协议；实现站控层与间隔层设备的信息传递。

（5）智能电子设备（IED）：智能电子设备，包含一个或多个处理器，可接收来自外部源的数据，或向外部发送数据，或进行控制的装置，主要包括合并单元、智能终端、保护、测控等装置。

（6）直接采样：智能电子设备间不经过以太网交换机以 SV 点对点连接方式直接进行采样值传输。

（7）网络采样：智能电子设备间经过交换机的方式进行采样值传输共享。

（8）直接跳闸：智能电子设备间不经过以太网交换机以点对点连接方式直接进行跳合闸信号的传输。

（9）网络跳闸：智能电子设备间经过交换机的方式进行跳合闸信号的传输。

（10）软压板：通过装置的软件实现保护功能或自动功能等投退的压板。与常规站相比，智能站保护测控装置仅保留远方操作、装置检修两块硬压板，软压板可实现远程监测及远方投退功能。

（11）GOOSE 检修机制：当装置检修压板投入时，装置发送的 GOOSE 报文中的 test 应置为 TRUE；GOOSE 接收端装置应将接收的 GOOSE 报文中的 test 位与装置自身的检修压板状态进行比较，只有两者一致时才将信号作为有效进行处理或动作，不一致时宜保持一致前状态；当发送方 GOOSE 报文中 test 置位时发生 GOOSE 中断，接收装置应报具体的 GOOSE 中断告警，但不应报“装置告警（异常）”信号，不应点“装置告警（异常）”灯。

（12）SV 检修机制：当合并单元装置检修压板投入时，发送采样值报文中采样值数据的品质 q 的 test 位应置 True；SV 接收端装置应将接收的 SV 报文中的 test 位与装置自身的检修压板状态进行比较，只有两者一致时才将该信号用于保护逻辑，否则应按相关通道采样异常进行处理；对于多路 SV 输入的保护装置，一个 SV 接收软压板退出时应退出该路采样值，该 SV 中断或检修均不影响本装置运行。

6.2 智能变电站的结构设计

根据 IEC 61850 系列标准，智能变电站分为三层两网结构，即“过程层、间隔层、站控层”三层和“过程层网络，站控层网络”两网。智能变电站典型网络架构如图 6-1 所示。

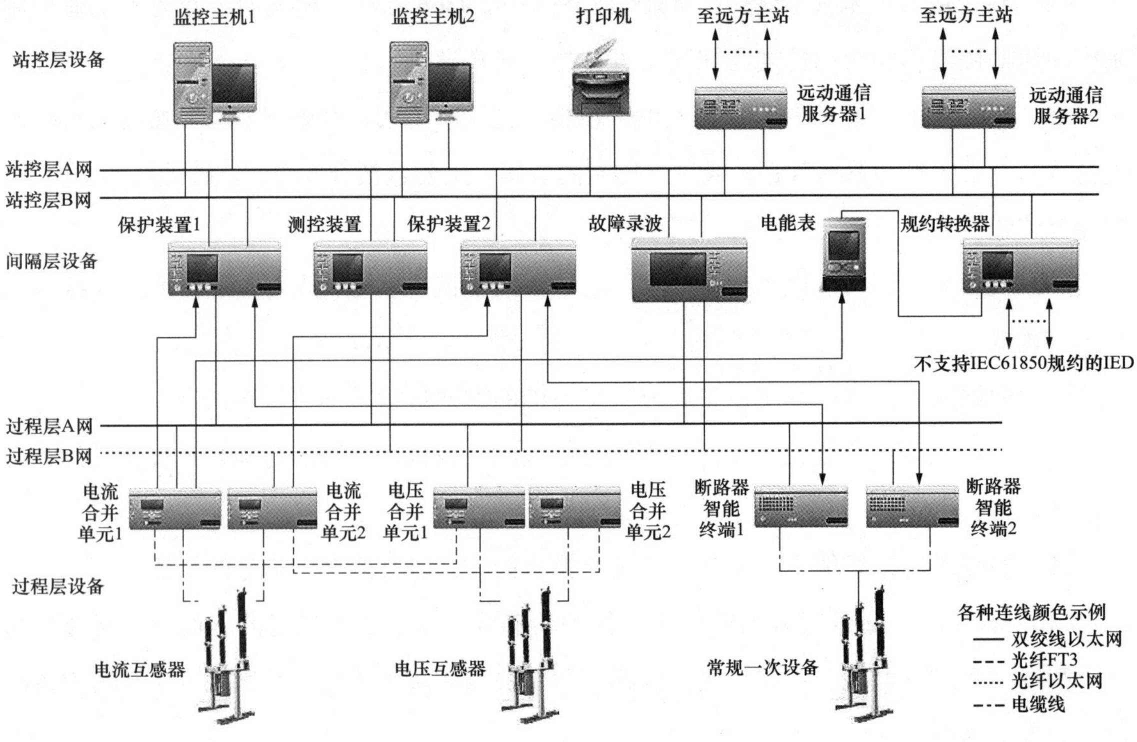

图 6-1 智能变电站典型网络架构

（1）过程层包括变压器、断路器、隔离开关、电流/电压互感器等一次设备及其所属的智能组件以及独立的智能电子装置。

（2）间隔层包括继电保护装置、系统测控装置、监测功能组主 IED 等二次设备，实现使用一个间隔的数据并且作用于该间隔一次设备的功能，即与各种远方输入/输出、传感器和控制器通信。

（3）站控层包括自动化站级监视控制系统、站域控制、通信系统、对时系统等，实现面向全站设备的监视、控制、告警及信息交互功能，完成数据采集和监视控制（SCADA）、操作闭锁以及同步相量采集、电能量采集、保护信息管理等相关功能。

（4）站控层网络通过 MMS 报文传输远方分合闸命令、闭锁逻辑、遥测、遥信等信息。

（5）过程层网络通过 SV 报文传递电流、电压采样值，GOOSE 报文传递保护跳合闸命令、闭重、一次设备状态等信息。

与常规变电站相比，智能变电站能够完成范围更宽、层次更深、结构更复杂的信息采集和信息处理，变电站内、站与调度、站与站之间、站与大用户和分布式能源的互动能力更强，信息的交换和融合更方便快捷，控制手段更灵活可靠，符合易扩展、易升级、易改造、易维护的工业化应用要求。

与常规变电站相比，智能变电站具有一次设备智能化、二次设备网络化等特点。其中，一次设备智能化体现在智能断路器、智能变压器和光电式互感器等方面；二次设备网络化体现在保护、测控、远动、故障录波器等装置全部基于标准化、模块化的微处理机设计制造，设备之间的连接全部采用高速的网络通信，真正实现了数据与资源共享。

6.2.1 典型 500kV 智能变电站的组网形式

参照 500kV 智能变电站为两台主变压器，500kV 3/2 接线，220kV 双母线双分段接线，35kV 单母线接线，500kV 及 220kV 采用 GIS（HGIS）设备，35kV 采用常规设备。

各间隔配置合并单元，通过合并单元完成电流、电压量的采集，并对电流、电压信号进行同步，将测量数据按规定的协议输出供二次设备使用。智能终端完成断路器、隔离开关等设备的跳/合闸、位置信号采集等功能。

站内分别设置 GOOSE 网、SV 网和 MMS 网，均双重化配置，其中 500kV GOOSE 网络和 SV 网络分开组网；220kV GOOSE 网络和 SV 网络共同组网，同时传输 GOOSE 和 SV 两种信息流。保护装置遥测量采用 SV 点对点直采传送，测控、计量装置遥测量则通过 SV 组网传送；保护系统采用直跳模式，各保护设备间的联闭锁命令及测控功能采用网络方式实现。其中，500kV 继电保护设备双重化配置分别接入 GOOSE A 网、GOOSE B 网、SV A 网、SV B 网；220kV 继电保护设备双重化配置接入 GOOSE/SV A 网、GOOSE/SV B 网，间隔测控单元均接入 GOOSE A 网；公用测控单元均接入 GOOSE B 网。测控装置间的联闭锁信息以 GOOSE 报文的形式通过 MMS 网传输。

500kV 线路、主变压器保护采用本间隔合并单元进行电流、电压输入。

220kV 线路保护采用母线电压输入，保护装置电压切换通过合并单元实现，母设合并单元 SV 网级联至线路、主变压器等各间隔，同时母线隔离开关位置触点通过电缆开入至合并单元，合并单元输出的电压信号经过隔离开关重动切换后通过 SV 网（点对点及组网）传送至保护及测控装置。

500kV 智能变电站典型组网示意图如图 6-2 所示。

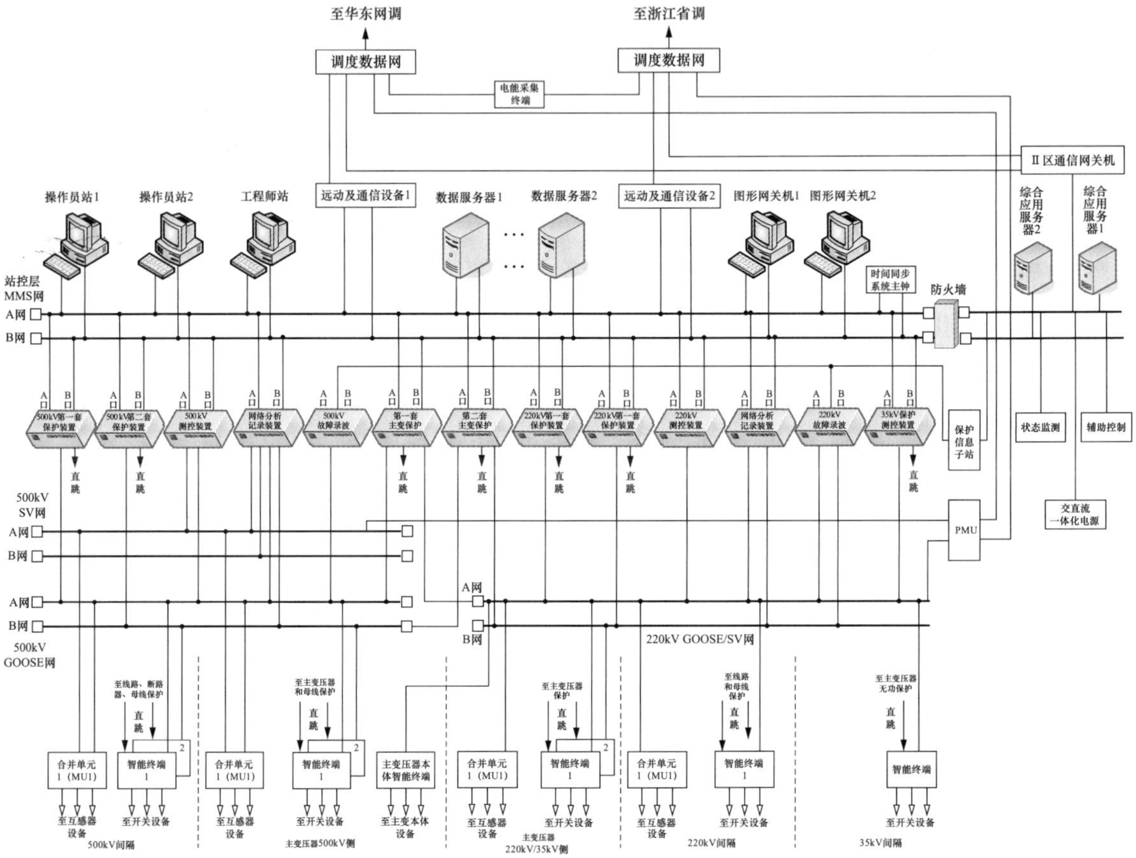

图 6-2　500kV 智能变电站典型组网示意图

6.2.2　典型 220kV 智能变电站的组网形式

参照 220kV 智能变电站为两台主变压器，220kV 双母接线，110、35kV 均单母线分段接线，220kV 及 110kV 采用 GIS 设备，35kV 采用常规设备。

各间隔配置合并单元，通过合并单元完成电流、电压量的采集，并对电流、电压信号进行同步，将测量数据按规定的协议输出供二次设备使用。智能终端实现断路器、隔离开关等设备的跳合闸、位置信号采集等功能。

站内分别设置 GOOSE 网、SV 网和 MMS 网，其中 GOOSE 网络交换机和 SV 网络交换机公用，同时传输 GOOSE 和 SV 两种信息流。保护装置遥测量采用 SV 点对点传送，测控、计量装置遥测量则通过 SV 组网传送；继电保护系统采用“直采直跳”模式，各保护设备间的联闭锁命令及测控功能采用网络方式实现。其中，220kV 继电保护设备双重化配置分别接入 GOOSE（SV）A 网和 GOOSE（SV）B 网，110kV 继电保护设备单重化配置接入 GOOSE A 网，间隔测控单元均接入 GOOSE A 网，公用测控单元均接入 GOOSE B 网。测控装置间的联闭锁信息以 GOOSE 报文的形式通过 MMS 网传输。

220kV 线路、主变压器保护采用母线电压输入，保护装置电压切换通过合并单元实现。母设合并单元 SV 网级联至线路、主变压器等各间隔，同时母线隔离开关位置触点通过电缆开入至合并单元，合并单元输出的电压信号经过隔离开关重动切换后通过 SV 网（点对点及组网）传送至保护及测控装置。

220kV 智能变电站典型组网示意图如图 6-3 所示。

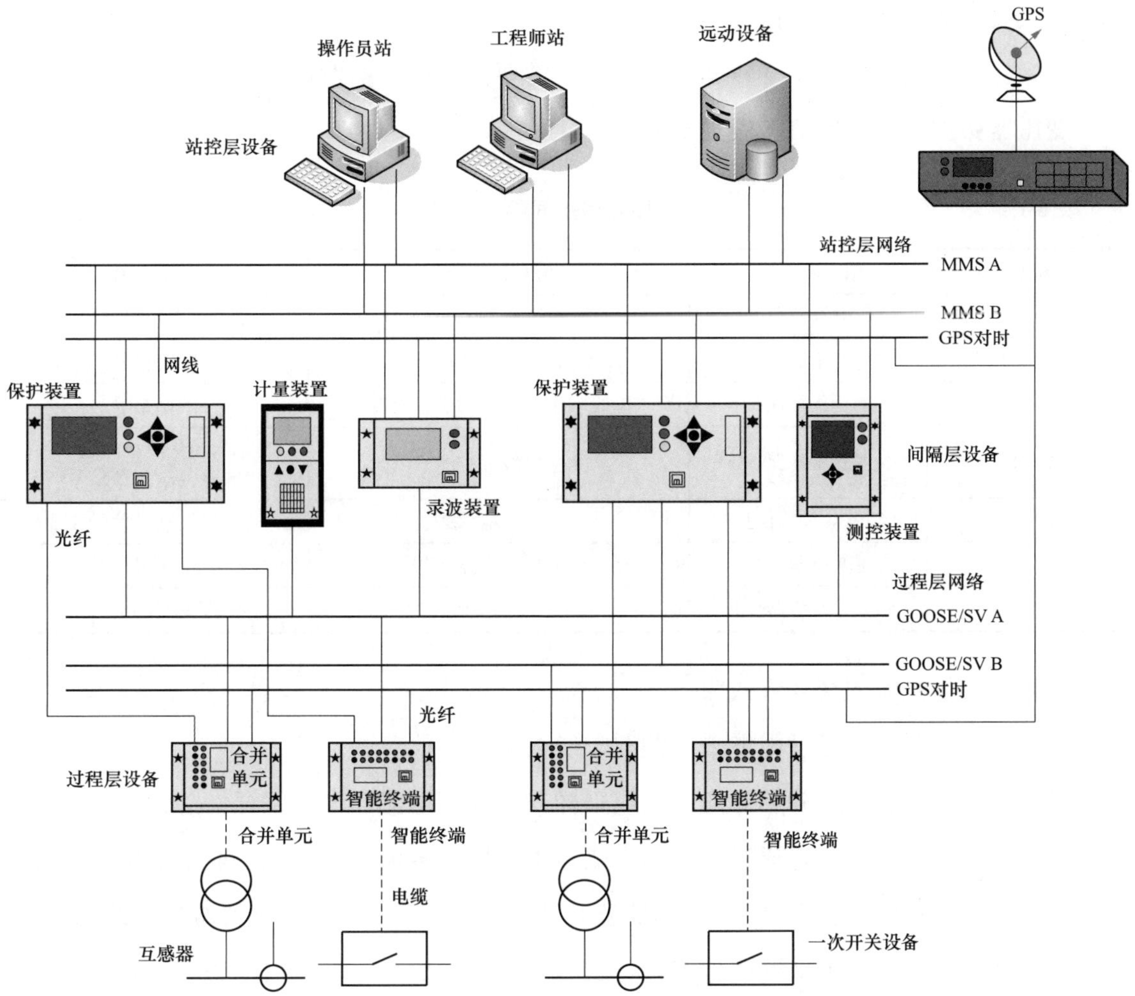

图 6-3　220kV 智能变电站典型组网示意图

6.3 智能变电站保护典型配置

6.3.1 500kV 主变压器保护典型配置

主变压器保护装置的功能包括差动保护功能、后备保护功能和启动失灵及失灵联跳功能等。非电量保护采取就地电缆直接跳闸的方式，动作信息经本体智能终端上送。以500kV变压器保护装置为例，完成各类保护功能，所需采集的GOOSE及SV信息如下：

（1）完成保护功能，通过三侧合并单元采集电流模拟量，进行逻辑计算。

（2）完成失灵联跳功能需要从母线保护、断路器保护接收失灵联跳信息并采集电流模拟量信息判断是否满足出口判据。

（3）启动失灵功能需要向500kV断路器保护发送启动失灵信号，向220kV母线保护发送启动失灵及解除复压闭锁信号。

（4）完成跳闸功能，主变压器保护装置还需要向智能终端发出跳闸命令。

变压器保护典型配置信息流见表6-1。

表 6-1　主变压器保护间隔信息流

信息流类型	信息发送方	信息接收方	传输信息
SV	各侧合并单元	主变压器保护	电流、电压采样信息
GOOSE	主变压器保护	各侧智能终端	跳闸信号
GOOSE	主变压器保护	母线联络（分段）智能终端	跳闸信号
GOOSE	主变压器保护	母线保护	启动失灵信号及 解除复压闭锁信号
GOOSE	220kV 母线保护	主变压器保护	失灵联跳信号
GOOSE	主变压器保护	500kV 断路器保护	启动失灵信号
GOOSE	500kV 断路器保护	主变压器保护	失灵联跳信号

保护各类信息流的交互方式为：

（1）母线合并单元通过电缆采样获取母线电压采样信息。

（2）主变压器各侧合并单元通过电缆采样获取各侧电流、电压采样信息。

（3）主变压器保护装置通过直采的方式从主变压器各侧合并单元获取电压电流采样信息；通过GOOSE点对点直接向各侧断路器智能终端、母联断路器智能终端发送跳闸信号；通过GOOSE网络向500kV断路器保护、220kV母线保护装置发送启动失灵信号（目前智能变电站中，启动失灵信号与解除复压闭锁信号合成为同一个信号）；通过GOOSE网络从

500kV 断路器保护、220kV 母线保护装置接收失灵联跳信号。

6.3.2 220kV 线路保护典型配置

线路保护装置的功能包括差动保护功能、距离保护功能（接地距离及相间距离）、零序保护功能、重合闸功能、手合加速功能、启动失灵功能和远方跳闸功能等。

以 220kV 线路保护为例，采集的 GOOSE 及 SV 信息如下：

（1）差动保护，需要采集断路器位置信息，用作向对侧发差动动作允许信号，各相差动元件需要采集电流模拟量信息以进行差动电流计算。

（2）距离保护，需要采集断路器位置信息以判断是否手合于故障，此外还需要采集各相的电压和电流模拟量以进行距离保护计算。

（3）零序保护，需要采集断路器位置信息以判断是否手合与故障，此外还需要采集各相的电压和电流模拟量以进行故障量计算。

（4）重合闸，需要采集断路器位置信息，线路电压及母线电压模拟量，电流模拟量，还需要采集低气压闭锁重合闸信号，共同进行重合闸逻辑判断。

（5）手合加速，除采集采样信息外还需要采集断路器位置信息。

（6）启动失灵功能需要向母线保护装置发送启动失灵信号。

（7）远方跳闸功能需要从母线保护保护装置接收远方跳闸信号。

（8）跳合闸功能，线路保护装置需要向智能终端发出跳合闸命令。

线路保护典型配置信息流见表 6-2。

表 6-2　　线路保护间隔信息流

信息流类型	信息发送方	信息接收方	传输信息
SV	线路合并单元	线路保护	电流、电压采样信息
GOOSE	线路保护	线路智能终端	跳闸信号
GOOSE	线路保护	线路智能终端	重合闸信号
GOOSE	线路智能终端	线路保护	断路器位置
GOOSE	线路智能终端	线路保护	闭锁重合闸信号
GOOSE	线路保护	母线保护	启动失灵信号
GOOSE	母线保护	线路保护	闭锁重合闸信号
GOOSE	母线保护	线路保护	远方跳闸信号

目前 220kV 智能变电站线路保护典型配置中：

（1）母线合并单元通过电缆采样获取母线电压采样信息。

（2）线路合并单元与母线合并单元级联，从母线合并单元获取电压 SV 采样信息，通过电缆采样获取间隔电流采样信息及线路同期电压。

（3）线路保护装置通过直采的方式从线路合并单元获取电压电流采样信息；通过 GOOSE 网络，从智能终端获取断路器位置、低气压闭锁重合闸等信号，同时向智能终端发送跳闸信号、重合闸信号及闭锁重合闸等信号；通过 GOOSE 网络，向母线保护装置发送分相启动失灵信号，并接收母线保护装置远方跳闸及闭重信号。

上述信号中，采样与跳闸信号采用直采直跳的形式，不经过交换机，而线路保护装置与母线保护装置之间的 GOOSE 信号采用网络形式，通过交换机进行传输。

以上信息流为 220kV 线路保护间隔信息流，110kV 线路保护与 220kV 线路保护信息流的差别主要在于：

（1）110kV 线路装置保护跳闸、断路器位置信号不分相，而 220kV 线路保护跳闸、断路器位置信号分相。

（2）110kV 线路保护装置不向母线保护装置发送启动失灵信号，而 220kV 线路保护装置具备启动失灵的功能。

（3）110kV 线路保护装置无需接收母线保护装置发送的远方跳闸信号。

6.4 智能电子设备

6.4.1 合并单元

1. 合并单元的定义

Q/GDW 441—2010《智能变电站继电保护技术规范》对合并单元（MU）做了如下定义：用以对来自二次转换器的电流和/或电压数据进行时间相关组合的物理单元（合并、同步）。MU 既适用于常规互感器，也适用于电子式互感器。

MU 作为互感器与二次设备的接口装置，AD 采样环节从保护或测控装置前移，输入模拟量或数字量，输出 SV 报文，如图 6-4 所示。

2. 合并单元的主要功能

（1）数据收集。数据收集指根据 GPS 秒脉冲来控制采样时刻，然后将数据收集组合成帧。数据收集有可能 A/D 采集在电子式互感器里面完成，然后通过光纤或电缆组帧送到合并单元，也可能送来的是 V/F 脉冲信号，也可能是模拟信号直接与合并单元相连。

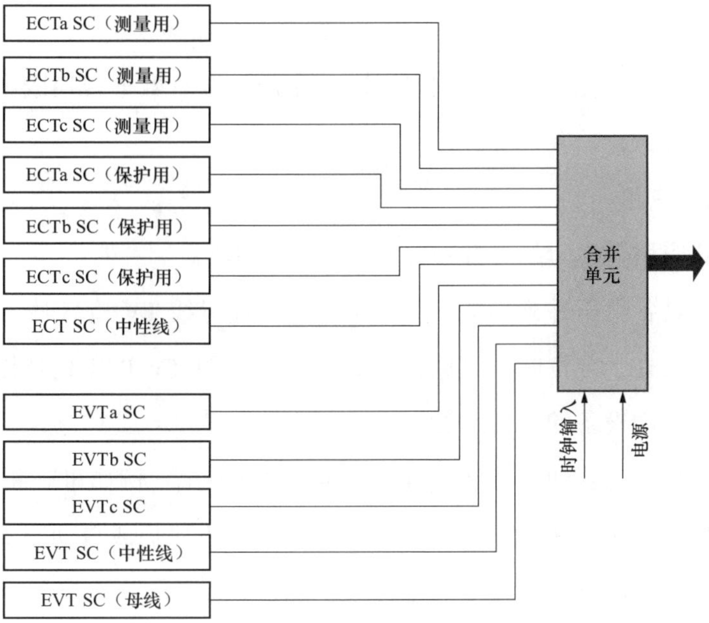

图 6-4　电子式互感器数字接口框图

ECTa—电子式电流互感器 a 相；EVTa—电子式电压互感器 a 相；SC—二次转换器

合并单元装置实景图如图 6-5 所示。

图 6-5　合并单元装置实景图

（2）数据合并。数据合并指合并单元同时接受并处理电流互感器和电压互感器的输出信号，并按 IEC 60044-8 或 IEC 61850-9-2 的要求输出信号。

（3）数据同步。数据同步指电流互感器和电压互感器相互独立，其同步的实现由合并单元完成。

（4）同步源异常警告。同步源异常警告指当外部时钟丢失时，能够警告二次保护设备，并且自身利用锁相环保持 A/D 采样时间间隔短期内不会漂移太远。

（5）串行数据发送功能。串行数据发送功能指能将并行数据转换成串行数据并进行同步发送。

3. 合并单元的应用

合并单元按其应用分为母线合并单元和间隔合并单元。

母线合并单元具备电压并列功能，主要考虑当一段母线 TV 检修时，该 TV 退出运行，而此时母联断路器又处于合位时，可以采用另一段母线的 TV 电压代替检修的 TV 电压，这样可以保证相关二次设备的正常运行。

间隔合并单元具备电压切换功能，两组母线分列运行时（例如母联断路器断开），为了保证其一次系统和二次系统在电压上保持对应，以免发生保护或自动装置误动、拒动，要求保护及自动装置的二次电压回路随同主接线一起进行切换。

由于合并单元为公用设备，所以其需要满足多种应用场合的要求。比如需要给保护、故障录波器、网络分析仪等使用。

6.4.2 智能终端

1. 智能终端的定义

Q/GDW441—2010《智能变电站继电保护技术规范》对智能终端做了如下定义：一种智能组件，与一次设备采用电缆连接，与保护、测控等二次设备采用光纤连接，实现对一次设备（如：断路器、隔离开关、主变压器等）的测量、控制等功能。

智能终端从功能角度是一种继电保护装置，也是一种执行元件，与间隔层保护控制器、负责数据采样的合并单元（MU）共同组成智能变电站集成保护平台。智能终端的控制对象可以是断路器、隔离开关、主变压器等一次设备。

如图 6-6、图 6-7 所示分别为智能终端装置和 110kV 线路间隔智能终端柜实景。

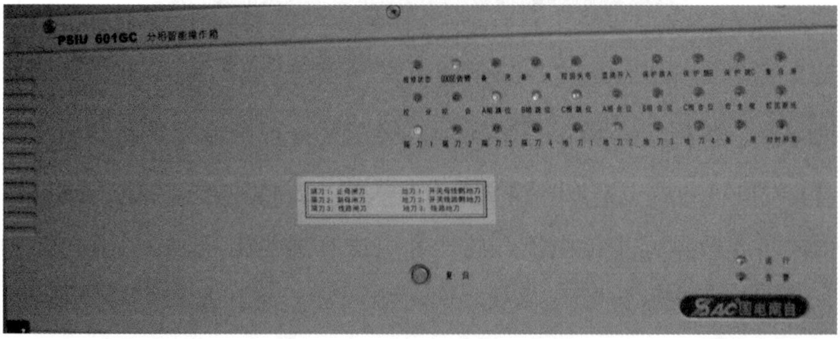

图 6-6　智能终端装置

图 6-7 线路间隔智能终端柜实景图

2. 智能终端的主要功能

常见智能终端适用电压等级为 110～500kV 的变电站，智能终端需满足如下功能：

（1）信号采集功能。智能终端具有开关量（DI）和模拟量（AI）采集功能。

（2）控制输出功能。智能终端具有开关量（DO）输出功能以及断路器等一次设备的控制功能。

（3）信息转换和通信功能。接收来自间隔层保护测控装置的 GOOSE 下行控制命令，通过报文解析实现对一次设备的实时控制；将一次设备的模拟量及多种开关量，例如各种位置、告警信号等，转换为数字信号经 GOOSE 网络送至间隔层保护测控装置。

（4）具备断路器操作箱功能。包含分合闸回路、合后监视、重合闸、操作电源监视和控制回路断线监视等功能。

（5）GOOSE 命令记录功能，即具有简单的事件顺序记录功能（SOE）。

（6）完善的闭锁告警功能。包括电源中断、通信中断、通信异常、GOOSE 断链、装置内部异常等信号。闭锁告警信号可通过网络上传至后台显示。

（7）自诊断功能。自检的内容包括：出口继电器线圈自检、开入光口自检、控制回路断线自检、断路器位置不对应自检、定值自检、程序 CRC 自检等。

（8）同步对时功能。

3. 智能终端的应用

智能终端采用就地安装并全面采用 GOOSE 技术，大大节省了全站控制及信号电缆，缩小了电缆沟尺寸，节约了土地，减轻了现场安装调试维护工作量。

智能终端按使用对象分为三相智能终端、分相智能终端和本体智能终端。

三相智能终端一般是用于 110kV 及以下电压等级数字化变电站的断路器。

分相智能终端一般用于 220kV 及以上电压等级数字化变电站的断路器，和分相及双跳圈机构进行配合使用。

本体智能终端一般配置了非电量保护功能和变压器本体测控功能，适用于 35kV 及以上电压等级的变压器。

6.4.3 电子互感器

1. 电子互感器的定义

Q/GDW 441—2010《智能变电站继电保护技术规范》对电子互感器作了如下定义：一种装置，由连接到传输系统和二次转换器的一个或多个电流或电压传感器组成，用于传输正比于被测量的量，以供给测量仪器、仪表和继电保护或控制装置。

具体电子式互感器分为电子式电流互感器、电子式电压互感器和电子式电流、电压互感器：

（1）电子式电流互感器。一种电子式互感器，在正常适用条件下，其二次转换器的输出实质上正比于一次电流，且相位差在联结方向正确时接近于已知相位角。

（2）电子式电压互感器。一种电子式互感器，在正常适用条件下，其二次电压实质上正比于一次电压，且相位差在联结方向正确时接近于已知相位角。电子式电流互感器实景图如图 6-8 所示。

图 6-8　电子式电流互感器实景图

（3）电子式电流、电压互感器。一种电子式互感器，由电子式电流互感器和电子式电压互感器组合而成。

2. 电子式互感器的工作原理

根据传感方式的不同，电子式电流互感器（TA）、电压互感器（TV）可分为无源光电式电流互感器、电压互感器和有源电子式电流互感器、电压互感器两类。

（1）无源光电式电流、电压互感器。如图 6-9 所示，光学电流传感器是利用 Faraday 磁光效应测量电流的。如图 6-10 所示，LED（发光二极管）发出的光经起偏器后为一线偏振兴，线偏振兴在磁光材料（如重火石玻璃）中绕载流导体一周后其偏振面将发生旋转。

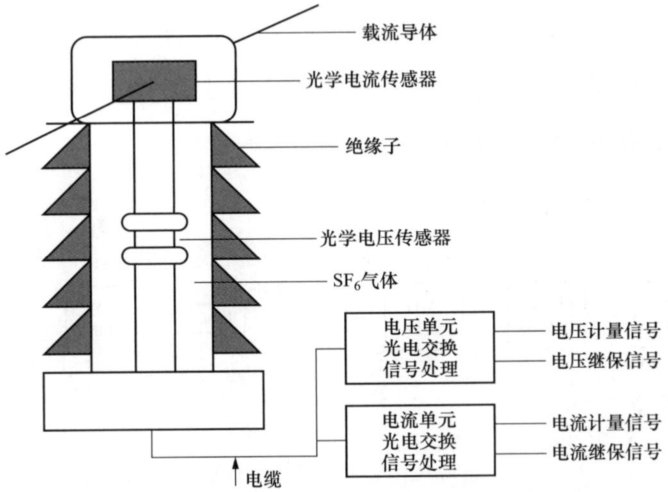

图 6-9　无源组合式电压、电流互感器的结构框图

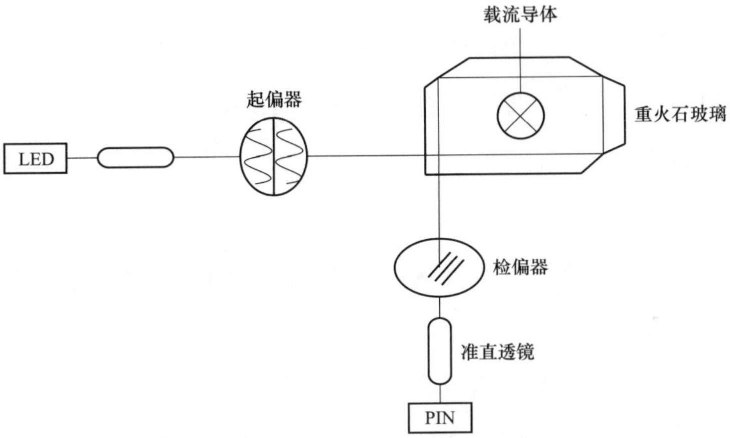

图 6-10　光学传感器原理图

（2）有源电子式电流、电压互感器。如图 6-11 所示，感应被测电流的线圈通常采用罗氏（Rogowski）线圈，Rogowski 线圈的骨架为非磁性材料。

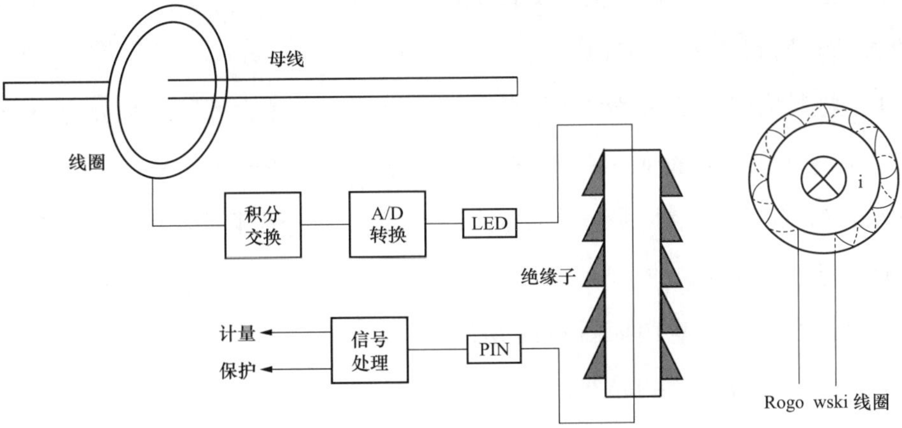

图 6-11　有源电子式电流互感器的结构示意图

如图 6-12 所示，被测高压经分压器分压后，经信号预处理、A/D 变换及 LED 转换，以数字光信号的形式送至控制室，控制室的 PIN 及信号处理电路对其进行光电变换及相应的信号处理，便可输出供微机保护和计量用的电信号。

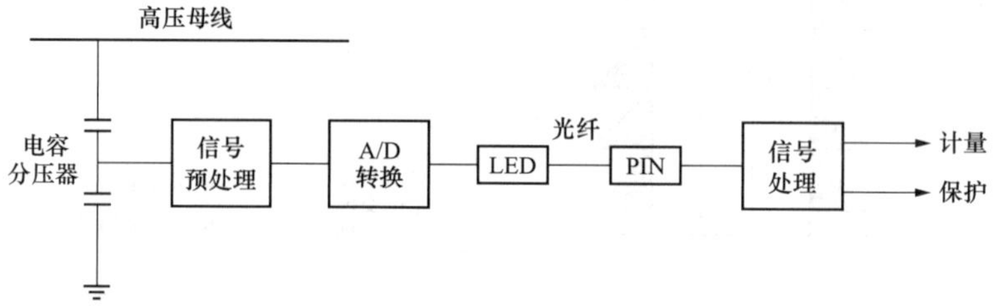

图 6-12　有源电子式电压互感器的结构示意图

有源电子式 TA、TV 的一次高压侧有电子电路，其电源的供给方式主要有两类，一类是光供电，即控制室内 LED 发出的光由光纤送至高压侧，再经光电变换转换为电能供电路工作；另一类是利用一小 TA 从高压线路上获取电能供电路工作。

6.4.4　交换机网络

1. 交换机的定义

交换机是一种有源的网络元件，连接两个或多个子网，子网本身可由数个网段通过转发器连接而成。

在以太网介质中，当网络数量迅速膨胀，远大于正常时的流量，直到交换机端口过于繁忙或链路无法承受数据包丢失而失去稳定，这种导致网络无法正常通信的情况称之为网络风暴。

交换机是智能变电站数据传输的重要组成部分，智能电子设备之间的远方遥控、失灵及闭锁信号、位置信号等传输均依赖交换机。

2. 虚拟局域网划分（VLAN）

VLAN 是将局域网设备从逻辑上划分为一个个网段，将大型网络划分为多个虚拟小网络。VLAN 划分主要解决交换机局域网广播问题，可以把一个 LAN 划分成多个逻辑的 LAN——VLAN，每个 VLAN 是一个广播域，相关装置通信可限制在一个 VLAN 内，而 VLAN 间则不能直接互通。

交换机 VLAN 划分示意图如图 6-13 所示。

（1）交换机 VLAN 配置的必要性。

1）减轻交换机和装置的负载；SV 网络实时性要求高、数据流量大、数据流向单一，采用 VLAN 技术，有效隔离网络流量，可减轻交换机和装置负担，提高网络可靠性、实时性。

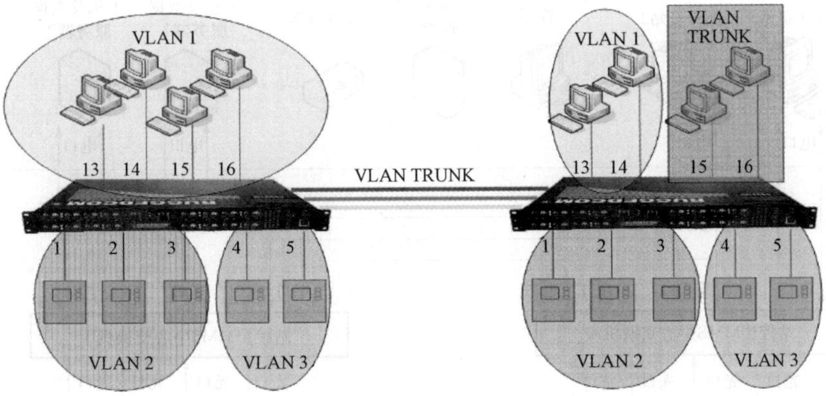

图 6-13 交换机 VLAN 划分示意图

2）安全隔离；GOOSE 报文相对 SV 报文，其流量小、数据流向复杂、装置配置变动大（改扩建），GOOSE 采用 VLAN 进行划分，可有效限定 GOOSE 传输范围，到每个端口只收所需报文，避免无关信号干扰，提高 GOOSE 网络的安全性和可靠性。

（2）VLAN 的配置原则。

1）采用装置 VID（装置发送的报文中带 802.1Q 字段，交换机根据 VLAN 配置表中的规则，决定数据流向，可简化交换机的配置），采用交换机的端口 PVID 方式（装置发送的报文中无 802.1Q 字段，交换机收到报文后打上本端口的 VLAN 标号，再根据 VLAN 配置表中的规则，决定数据流向）。

2）GOOSE 网络宜按间隔配置 VLAN。主要是考虑划清数据流向，保证间隔数据不混淆。

3）SV 网络按装置配置 VLAN。MU 的 SV 报文流量大，每台 MU 分配不同的 VID。

3. 典型变电站交换机配置情况

智能变电站交换机按网络分为站控层交换机和过程层交换机，站内所有交换机均应采用双电源供电方式。站控层交换机组成 MMS 网，过程层交换机组成 GOOSE/SV 网。

（1）站控层交换机配置。站控层 MMS 网中心交换机通常布置于主控通信楼，负责汇集各继保小室交换机及计算机室的自动化设备；MMS 网子交换机按继保小室配置布置于各继保小室内。

站控层网络结构示意图如图 6-14 所示。

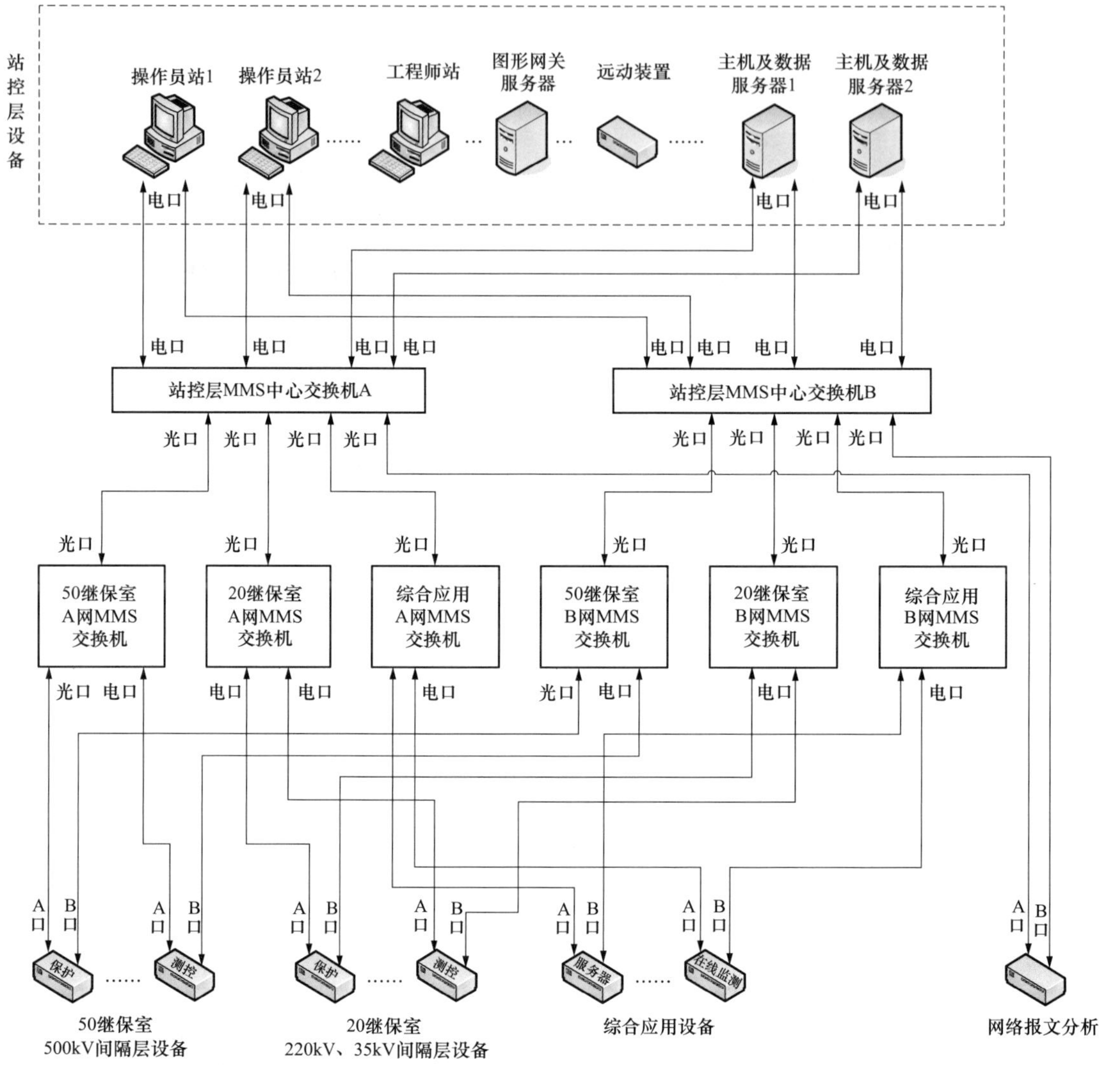

图 6-14　站控层网络结构示意图

（2）过程层交换机配置。500kV 过程层子交换机按串双重化配置，500kV 过程层中心交换机按继保小室配置；220kV 过程层子交换机按间隔双重化配置，220kV 过程层中心交换机双重化配置于母线保护屏上；110kV 过程层交换机单网配置；主变压器低压侧 35kV 不配置独立的过程层网络，接入中压侧过程层网络。

500kV 过程层网络拓扑如图 6-15 所示。

220kV 过程层网络拓扑如图 6-16 所示。

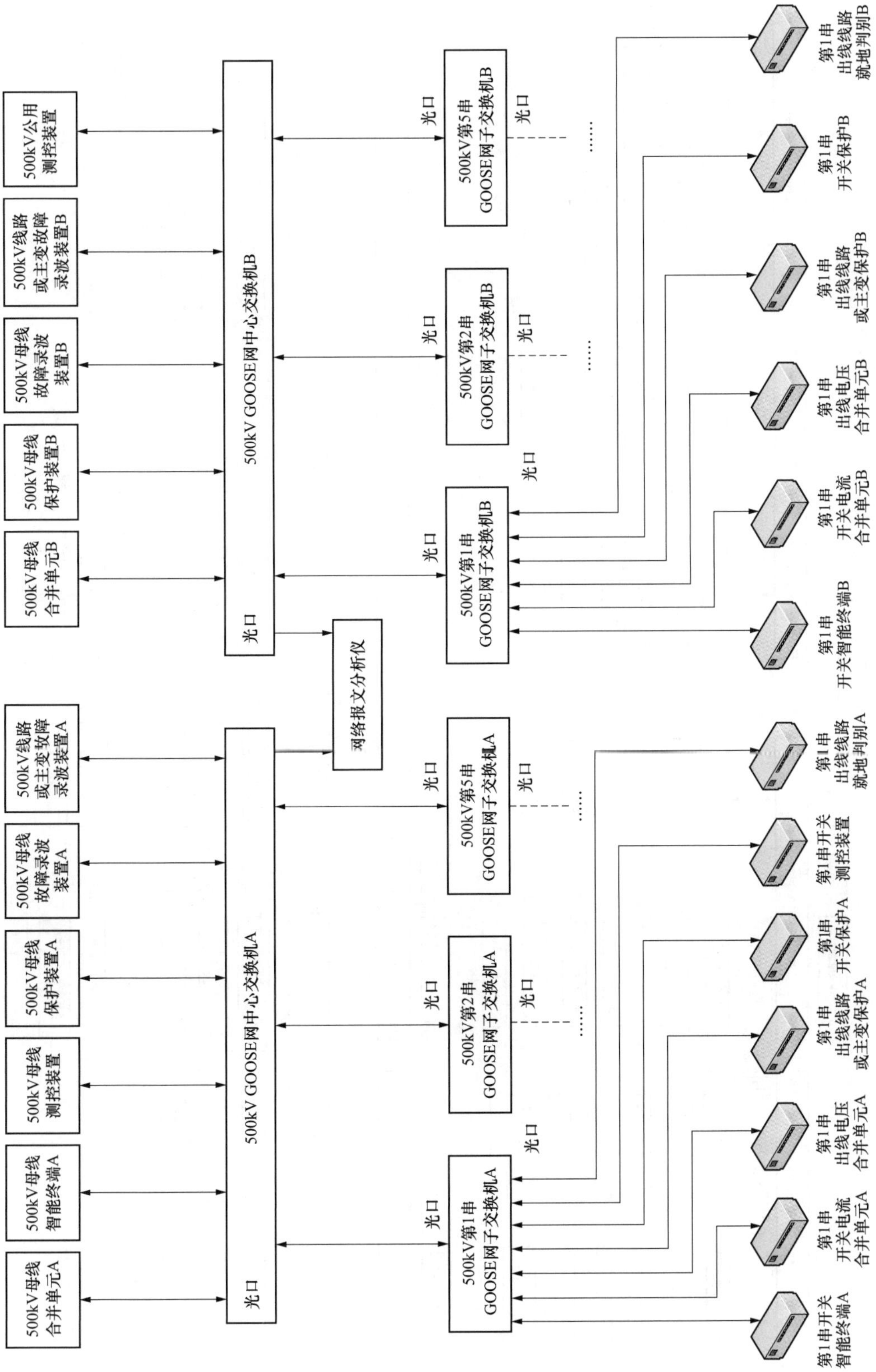

图6-15 500kV过程层网络结构示意图

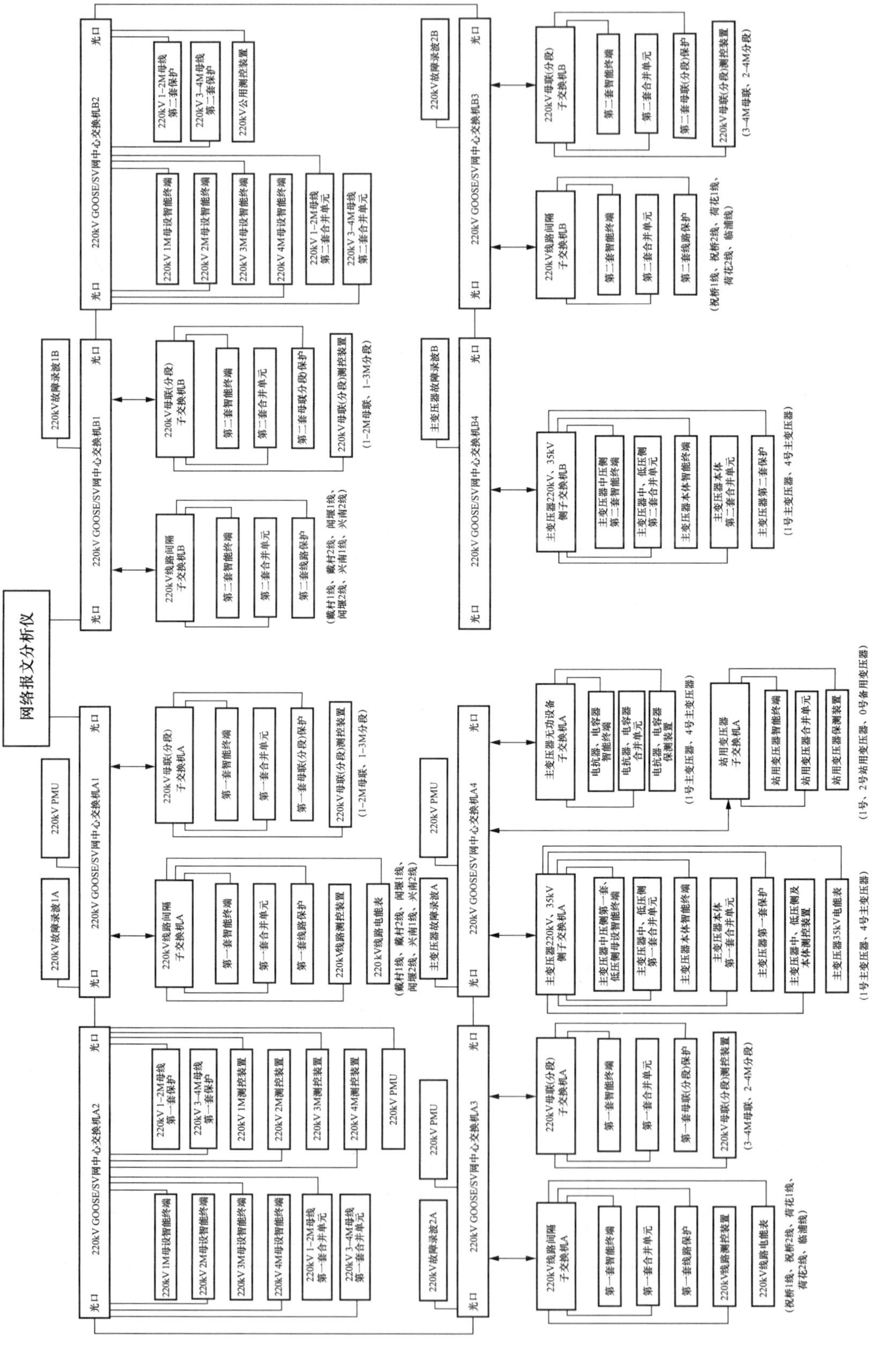

图 6-16 220kV 过程层网络结构示意图

6.5 辅助设备

6.5.1 时间同步系统

1. 概述

在变电站计算机监控系统中，断路器的跳闸顺序、继电保护动作顺序，需要精确统一的时间来辨识，为事故分析提供带有时间顺序的信息依据，因此建立统一的时间同步系统非常必要。

智能变电站应配置1套全站公用的时间同步系统，为变电站用时设备提供全站统一的时间基准。

时钟同步系统应同时支持北斗卫星和GPS双源授时，优先采用北斗对时。

2. 时间同步系统结构

智能站时钟同步系统采用主时钟和扩展时钟的方式，主时钟采用双配置冗余结构。主时钟装置1和主时钟装置2都可接收GPS或北斗发出的时间信号和同步信号，同步时钟主时钟装置1和同步时钟主时钟装置2通过IRIG-B码互为备用。智能站典型时钟同步系统结构图如图6-17所示。

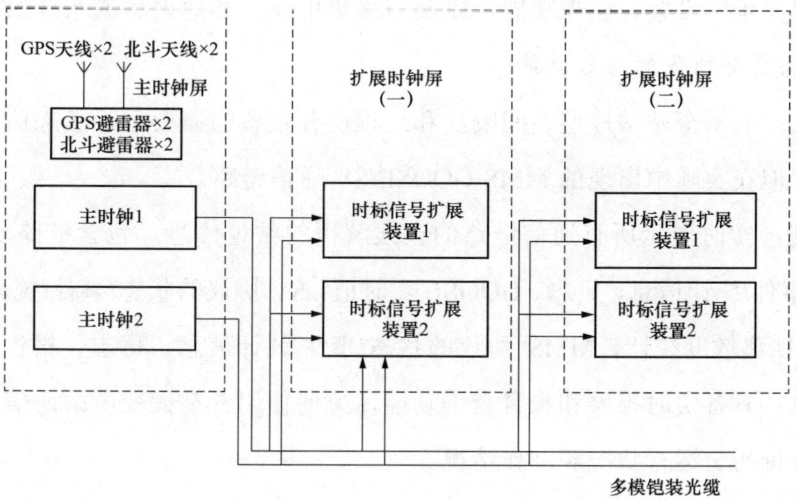

图6-17 智能站典型时钟同步系统结构图

3. 对时方式

时间信号输出方式有：脉冲方式（1PPS、1PPM、1PPH）、报文方式（RS232）、IRIG-B码（AC码、DC码）、网络方式（TVP，NTP/SNTP协议）和DCF77等以适应不同的设备需要。智能站同步对时装置同时接入 MMS 的 A 网和 B 网，实现计算机类设备的 SNTP（简单网络时间协议）对时。同时采用光纤或 RS485 电缆实现间隔层、过程层设备的 IRIG-B（DC）码对时。

数据服务器、综合应用服务器、通信网关服务器、操作员工作站等站控层设备以及交直流系统的监控模块均通过 MMS 网实现 SNTP 网络对时。

过程层设备如合并单元、智能终端等均采用专用多模 4 芯（备用 2 芯）光纤实现 IRIG-B（DC）码对时；智能终端对时误差不应大于 1ms，合并单元同步精度不应低于 1μs。

间隔层设备如保护装置、测控装置、故障录波器、PMU 装置等采用 RS485 电缆实现 IRIG-B（DC）码对时。

6.5.2 网络报文分析仪

1. 设备概况

网络报文分析仪通过在线分析对数字化变电站通信系统、GOOSE 数据以及 SV 数据的运行状态进行监视，并对异常现象、异常涉及的设备以及位置进行报告。

网络报文记录分析装置由两部分组成：一部分称为数据采集单元，主要实现数据采集、处理、存储等功能；另一部分称为管理单元，主要由一台工控机和显示器、键盘、鼠标组成，实现装置显示、设置、监视功能，以及与采集单元、其他设备或系统的通信功能。

2. 网络报文分析仪的主要功能

全站工况：展示全站站控层、间隔层和过程层各设备的概要运行状态信息，以及模型文件中未配置但在实际中出现的 MMS/GOOSE/SV 通信链路。

实时监视：实时展示所有通信链路的在线解析的结论信息，包含链路状况；GOOSE 协议的状态/事件/统计信息、日志、GOOSE 实时值；SV 协议的状态/事件/统计信息、日志、MU 波形、MU 离散度统计、MMS 协议的状态/事件/统计信息、日志、报告控制块。

告警信息：具备实时报警和报警查询功能，方便使用者掌握变电站通信系统的实时运行状态以及查询历史运行状况和动作情况。

文件查询与下载：进行记录文件的查询和下载。

第 7 章　调度自动化系统

7.1　概　　述

调度自动化系统是计算机技术、远动技术、控制技术、网络技术、信息通信技术在电力系统的综合应用，贯穿了发、输、变、配等电力系统各个环节，其主要任务是保证电网的安全、优质、经济运行，保证电能质量。

调度自动化系统按照结构体系可分为厂站自动化系统、信息传输系统和主站自动化系统。按功能可分为信息采集和命令执行子系统、信息传输子系统、信息处理和分析控制子系统、人机联系子系统四个子系统，调度自动化系统组成框架图如图 7-1 所示。

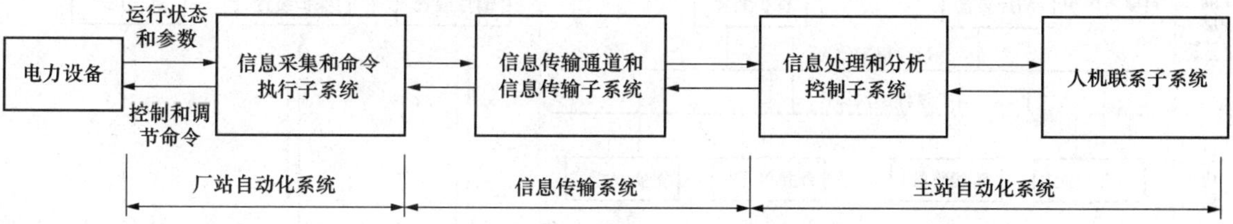

图 7-1　调度自动化系统组成框架图

7.2　变电站自动化系统

7.2.1　系统简介

变电站自动化系统是一个以计算机技术为基础，采用微处理器及嵌入式 CPU 和大规模集成电路构建节点设备，利用现场总线、快速以太网、光纤网络等通信技术组网构成的分层分布式的自动化系统。其基本任务是通过采集、处理、传输等技术手段，为电力调度、电力生产等主站系统提供完整、正确的电网运行信息和电网设备运行信息，为变电站设备的远方操作控制提供可靠的技术手段支撑，以实现调度自动化系统对电网的监视和控制。

变电站监控系统架构可分为集中式与分层分布式。其中集中式架构系统集中采集变电站的模拟量、开关量和脉冲量等信息，集中进行计算和处理；另一种是分层分布式，这是目前主流的体系架构模式，一般采用 2～3 层的分层式结构设计，并采用面向间隔的分布式结构以保证各设备相互协调、独立工作。分层分布式架构具有如下优点：各设备独立完成部分功能，系统故障影响小，可靠性高，且不同间隔的二次设备软硬件相似，便于批量生产和组态，系统扩展方便。

分层分布式架构主要包括站控层设备、间隔层设备和过程层设备，一般情况下通过网络实现各层间设备的互联，变电站典型自动化系统组成框架如图 7-2 所示，其中虚线框内为智能变电站自动化系统的组成框图。

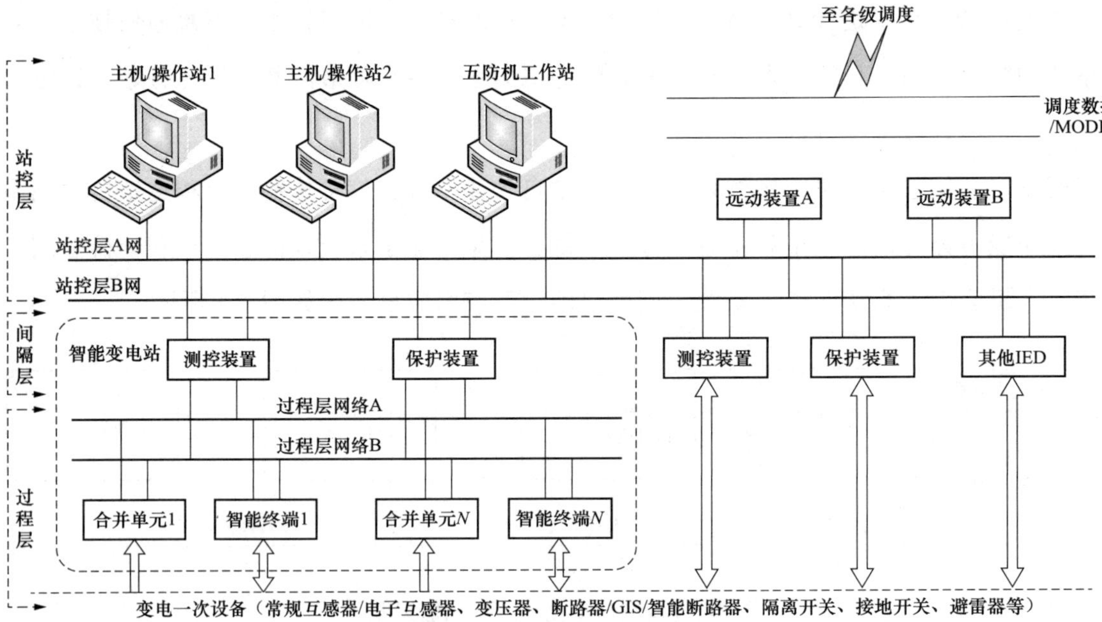

图 7-2　变电站自动化系统

站控层设备主要包括监控主机、操作员站、工程师站、远动装置等，通过站内数据交换网络获取间隔层设备内的数据，并在操作员工作台上进行数据组合与整理，完成对一次设备的监视与控制，并根据各级调度的不同要求通过远程通信工作站转发站内一次、二次设备相关信息。

间隔层设备主要包括测控装置、继电保护装置、故障录波装置等，通过电缆或者光纤完成对一次设备运行状态的采集和控制，也可以直接从过程层读取设备运行状态和相关数据，且通过网络或现场总线与站控层设备间实现数据通信。

过程层设备主要包括合并单元、智能组件、智能终端等，主要实现现场一次设备（如断路器、隔离开关、接地开关等）实时模拟量上送、电压和电流量的采集转换、状态参数在线检测与统计、远程控制和操作命令执行与驱动等功能。

7.2.2 自动化信息流

自动化信息主要可分为遥测数据、遥信数据和遥控数据。遥测数据主要包括变电站内各个间隔的有功功率、无功功率、电压、电流、频率、温度等；遥信数据主要包括全站事故总信号、间隔事故总信号、继电保护动作信号、重合闸信号、断路器、隔离开关位置信号、断路器机构告警信号、二次装置告警和故障信号、交直流电源告警信号等；遥控数据主要包含拉合断路器的单一操作、主变压器挡位升降、电容器和电抗器投切等。

1. 遥测数据流

变电站电流互感器、电压互感器将采集到的量测值引入到测控装置，测控装置经过处理后，通过网络采用广播方式或者 104 等规约直接发送到主机、人机工作站、远动主机等站控层设备中。远动主机接收到遥测数据后，实时更新本机的实时数据库，按照各主站的转发信息表和通信规约组装通信报文，将遥测数据发送到相应主站，变电站自动化系统遥测数据流如图 7-3 所示。

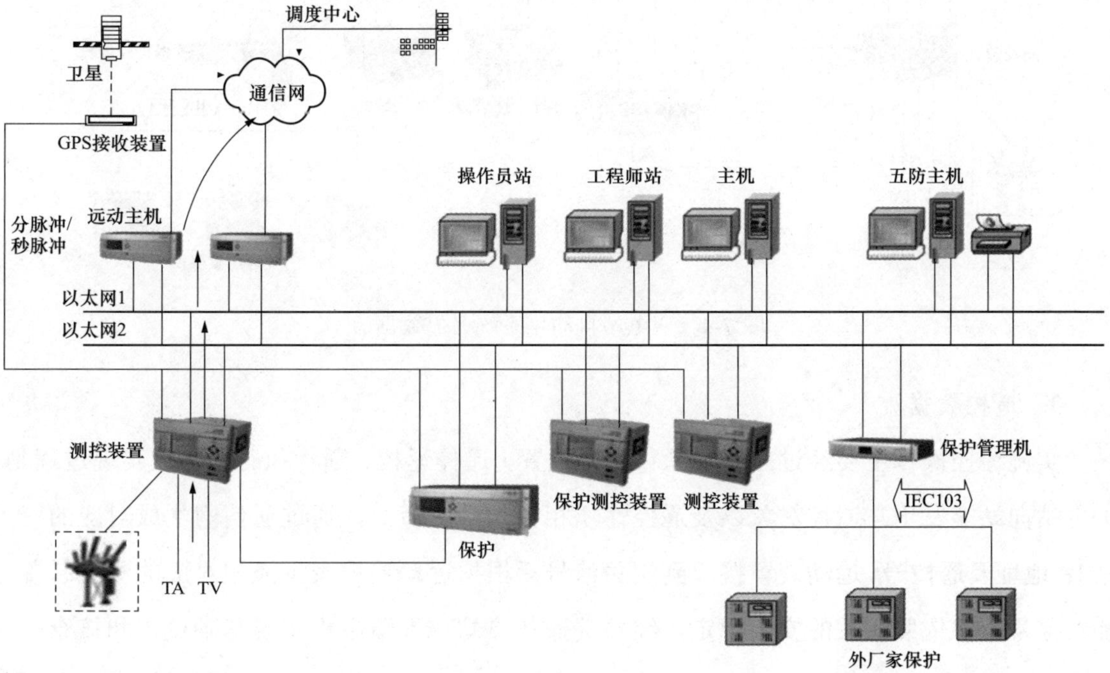

图 7-3　变电站自动化系统遥测数据流

2. 遥信数据流

遥信数据即状态量，分为硬接点信号和软接点信号。硬接点信号包括断路器、隔离开关位置的辅助触点信号、继电保护装置的跳闸信号及其他非电气量触点信号等，通过各间隔测控装置开入量接入；软信号主要有通过通信方式获取的被监控设备运行状况的各种IED设备的事件信息和自检信息等，以及自动化系统嵌入应用功能模块产生的运行信息，通过网络直接发送到主机、人机工作站、远动主机等站控层设备中。远动主机接收到遥信数据后，实时更新本机的实时数据库，按照各主站的转发信息表和通信规约组装通信报文，将遥信数据发送到相应主站，变电站自动化系统遥信数据流如图7-4所示。

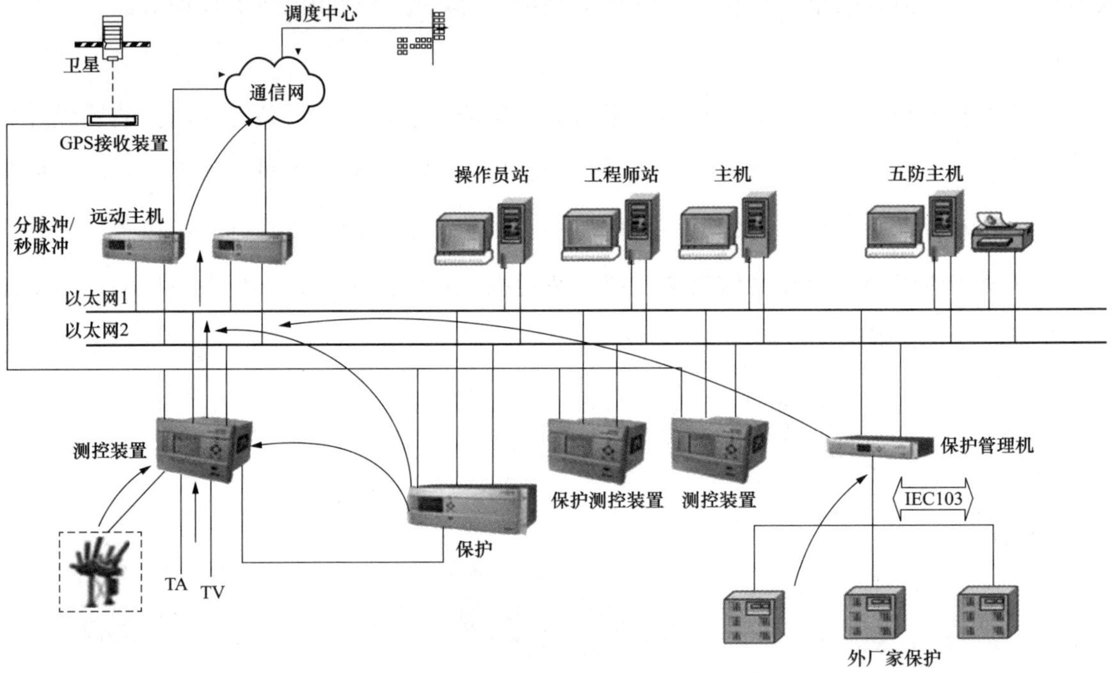

图7-4　变电站自动化系统遥信数据流

3．遥控数据流

实施遥控操作主要经过三个步骤：遥控预置、遥控返校、遥控执行。遥控实现过程是：①主站向站端发出与遥控对象以及遥控性质相关的预置命令，通过通信网生成对应的变电站IP地址及遥控号，远动装置接收到相关信号后根据远动遥控表生成相对应的测控装置地址对象号，并依照相关的安全规定，经站端操作员站与五防主机实现基础校正和核查，并核查该间隔测控装置的工作，一一映射正确后显示“预置成功”；②其后再将校核后所确定的结果反馈到主站端，主站端接收到校核信号后，与下发的预置命令比较，在校核无误的条件下显示“返校成功”，即可进入下一遥控执行程序；③此时调控人员向站端发送遥控执行命令，站端遥控对象的间隔测控装置向操作对象二次回路发出执行命令，遥控执行后，站端自动化系统发送断路器变位信息，主站端在规定时间接收到该遥控对象的变位信号后，则显示遥控成功，否则显示遥控失败。变电站自动化系统遥信数据流如图 7-5 所示。

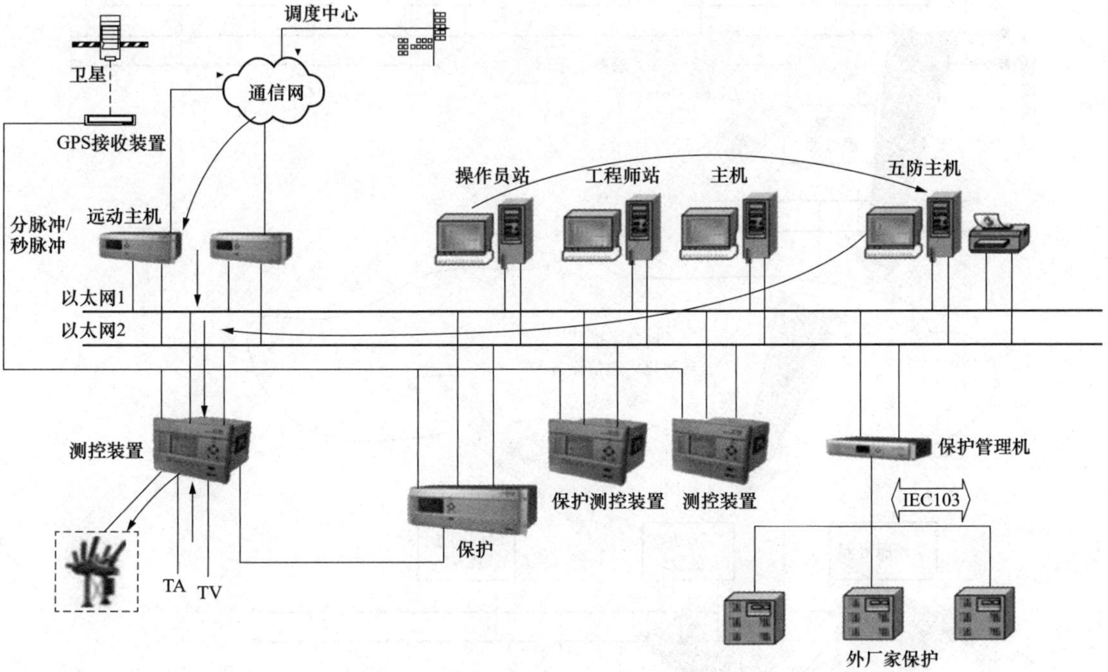

图 7-5 变电站自动化系统遥控数据流

整个自动化系统信息流如图 7-6 所示。

根据组网模式不同，变电站监控系统主要可分为星形拓扑结构系统、现场总线结构系统、快速以太网结构系统和智能变电站系统等。

7.2.3 星形拓扑结构系统

星形拓扑结构系统在物理上以主控单元为星形结构核心，所有变电站监控系统设备都连接到该主控单元，它同时还负责与远方调度中心进行通信，其结构系统如图 7-7 所示。

整个变电站的信息流起始于间隔设备，间隔设备负责采集本间隔的电流互感器、电压互感器数据并将遥测遥信数据采集上送主控单元，同时接收主控单元的下行遥控指令等信息，通过二次回路出口进行一次设备分合操作。主控单元作为星型拓扑结构的枢纽节点，承担着上下行信息的接收、解析、转换、发送职能，一方面将间隔设备上送的遥信遥测数据发送到监控服务器等设备，同时也通过远动通道实时发送给远方调度中心；另一方面接收来自远方调度中心或监控服务器的遥控指令、状态查询指令等，并将其发送到对应间隔的测控装置。监控服务器等其他设备以及远方调度中心只与主控单元交互数据。

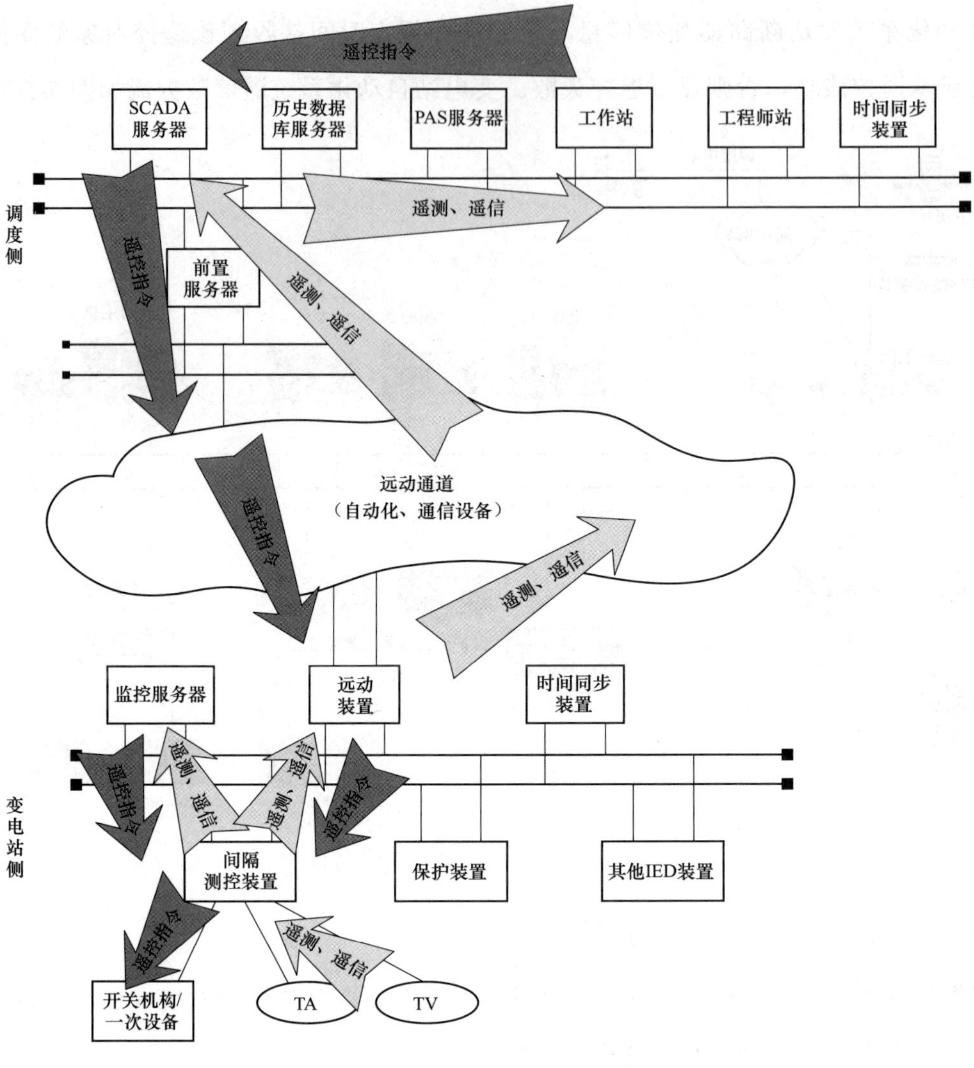

图 7-6　自动化系统信息流示意图

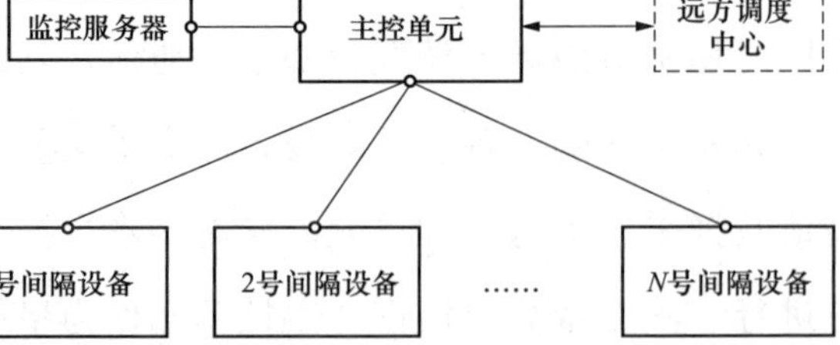

图 7-7　星形拓扑结构系统

星形拓扑结构系统连接关系简单直观，无需额外的通信设备构建网络，但系统的正常运行严重依赖于主控单元，一旦主控单元故障停运，其他站控层设备就无法与间隔层设备通信，远方调度中心也将失去对变电站内所有设备的监视与控制。所以除了一些较早投运的系统，目前星形拓扑结构系统已经比较少见。

7.2.4 现场总线结构系统

现场总线结构系统将所有的间隔层设备、站控层设备连接到同一根总线，任意两个设备之间的通信都通过总线进行，包含间隔层和站控层两层结构，其结构系统如图 7-8 所示。

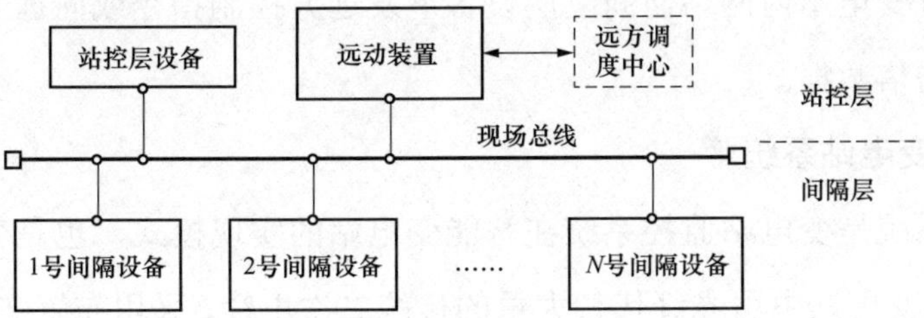

图 7-8 现场总线结构系统

整个变电站的信息流起始于间隔层设备，间隔层设备负责采集本间隔的电流互感器和电压互感器数据，并将遥测、遥信数据通过总线传送到站控层设备，同时接收站控层设备的下行遥控指令等信息；站控层设备通过总线与间隔层设备进行通信；连接在总线上的远动装置负责与远动调度中心进行通信。

采用现场总线模式传输数据传输距离远、抗干扰能力强，能满足变电站环境要求，比较典型的有 LONWORKS 总线、CAN 总线、PROFIBUS 总线等。但现场总线结构系统由于应用范围局限于工业现场，其设备通用性及可维护性比较低。

7.2.5 快速以太网结构系统

快速以太网结构系统集成了计算机网络技术最新应用成果，包含间隔层与站控层两层结构，采用通用的网络方案实现间隔层设备、站控层设备数据通信。变电站监控系统所有设备都具备 RJ45 网络口及相应网络通信控制芯片，通过交换机实现互联，其结构系统如图 7-9 所示。

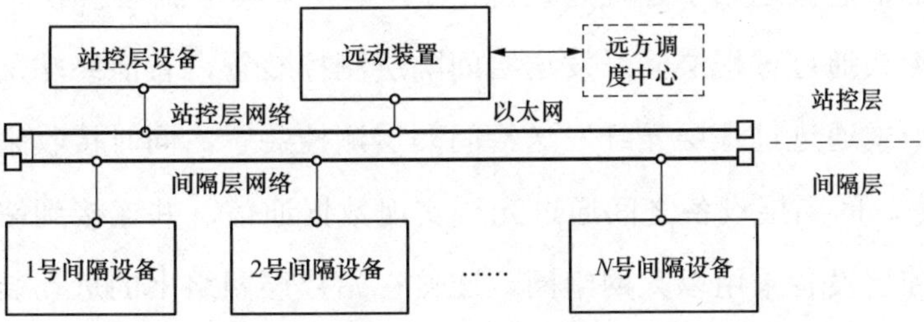

图 7-9 快速以太网结构系统

整个变电站的信息流起始于间隔层设备，间隔层设备负责采集本间隔的电流互感器和电压互感器的数据，并将遥测、遥信数据通过网线传输到间隔层交换机，间隔层交换机通过网线传输到站控层交换机，站控层交换机通过网口传输到站控层设备。当间隔层或站控层设备较多时，可将多台交换机通过网线进行级联。在高电压等级变电站中，站控层和间隔层还会组建 A、B 网双网络，并实现双网冗余热备。

远动装置通过变电站内网络向间隔层设备下发远方控制指令或向远方调度中心上送变电站内实时遥测遥信数据。

7.2.6 智能变电站系统

智能变电站系统是变电站监控系统在智能变电站的实现模式，也是变电站监控系统的最新型模式。智能变电站中用光纤代替大量的传统二次电缆，采用布置在现场的合并单元、智能终端等设备采集数据、执行控制命令，并通过 SV 报文和 GOOSE 报文与间隔层设备进行通信。合并单元和智能终端所在层面定义为过程层。因而智能变电站具备过程层、间隔层和站控层三层结构，其结构系统如图 7-10 所示。

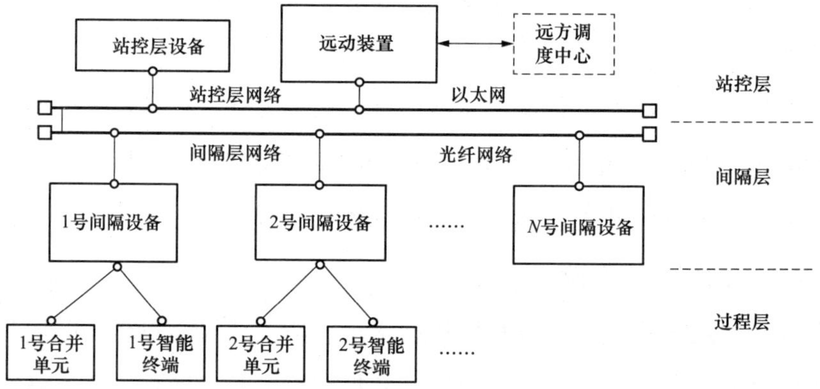

图 7-10　智能变电站系统

整个变电站的信息流起始于过程层设备，合并单元采集电流互感器、电压互感器数据，通过以 SV 报文形式通过过程层光纤发送给间隔层测控装置，智能终端采集一次设备信号以 GOOSE 报文形式通过过程层光纤发送给间隔层测控装置，同时接收来自间隔层设备的 GOOSE 控制指令。间隔层设备之间通过光纤实现数据通信，并连接到站控层网络与站控层设备通信。站控层设备采用以太网组网，连接在站控层网络上的远动装置与远方调度中心通信。

在过程层设备和间隔层设备之间一般采用光纤直连，也可以采用光纤交换机在过程层和间隔层分别组网，然后用光纤实现过程层和间隔层网络互联。当过程层、间隔层或站控层设备较多时，可将多台交换机通过网线进行级联。在高电压等级变电站中，三层结构还会组建 A、B 网双网络，并实现双网冗余热备。

7.2.7　新型变电站监控系统展望

随着智能电网建设持续深入，变电站内各种系统及其采集信息量不断增加。特别是随着一次设备智能化程度的提高，在线监测系统已经实现一次设备实现各部件及其状态的实时在线监测，其他还有消防、安防、视频等子系统也各自采集相关信息。将上述信息纳入现有的变电站监控系统平台，实现对变电站一二次设备及各辅助子系统更有效、更全面的监控，这已经成为未来变电站监控系统发展的重要方向。

在上述大背景下，变电站一体化监控系统已经应运而生。一体化监控系统致力于在二次安全防护体系框架内，构建采集、分析变电站内所有信息的统一平台，并和远方调度技术支持系统及其他应用系统进行数据通信。

7.3　信息传输系统

7.3.1　信息传输系统简介

信息传输系统由信息传输通道和信息传输子系统构成，信息传输子系统主要包括调制解调器和调度数据网设备（交换机、二次安防设备、路由器）。

从传输介质上说，常用的传输通道有电力线载波通道、微波通道、光纤通道、卫星通道等。传输通道的质量好坏直接影响信号传输的可靠性。常用的传输设备主要包括传输网和 PCM 设备，其中传输网起不同站点间的数据传输作用，上面跑高速大容量的光信号；PCM 设备主要负责各种模拟业务的接入、集中以及数字化处理。

7.3.2　传输网

目前，传输网在电力系统中的应用十分普遍，从变电站运行监控到企业经营管理，都离不开传输网的支持。传输网，一般又称为 SDH 传输网，其核心是 SDH 技术。当前电力系统使用光纤组网的 SDH 传输网最为常见，从县一级的供电企业到地市、省部级乃至国家层面的电力通信骨干网，基本都采用 SDH 光传输网。

SDH 传输网是由不同类型的网元设备通过光缆路线组成的，其基本网元有终端复用器（TM）、分插复用器（ADM）、再生中继器（REG）和数字交叉连接设备（DXC）。这些网元设备可以实现 SDH 体系的同步复用、交叉连接、网络故障自愈等功能。

7.3.3 PCM

脉冲编码调制（pulse code modulation，PCM）是实现模拟信号数字化的一种方式，其实现主要经过抽样、量化、编码三个步骤。脉冲编码调制中信号变化的过程如图 7-11 所示。

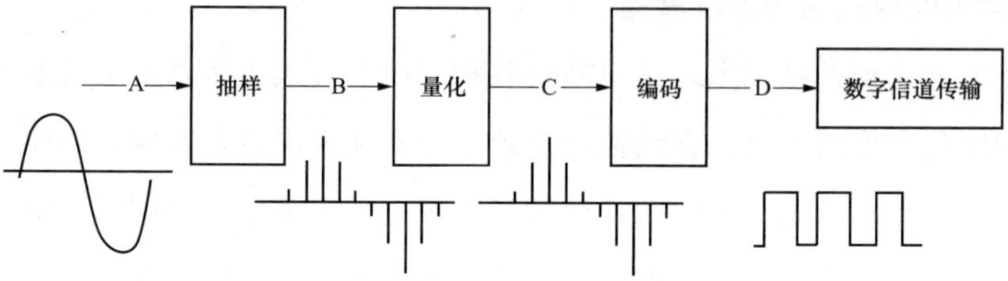

图 7-11 脉冲编码调制信号变换示意图

抽样是将时间上连续的模拟信号（A 位置）转换成时间上离散而幅度上连续的抽样信号（B 位置）的过程；量化是将时间上离散而幅度上连续的抽样信号（B 位置）转换成时间上和幅度上都离散的数字信号（C 位置）的过程；而编码是指将每个量化后的样值用一定的二进制码组（D 位置）表示输出的过程。

国际标准化的 PCM 抽样频率为 8000Hz，即每秒钟对模拟信号的抽样达到 8000 次，每次抽样得到的值用 8 位二进制码表示，因此每一路信号的速率为 64kbit/s。从通信中的调制概念来看，可认为 PCM 编码过程是模拟信号调制一个二进制脉冲序列，载波是脉冲序列，调制改变脉冲序列的有无或“1”“0”，故 PCM 被称为脉冲编码调制。PCM 设备具备数据与语音等多业务综合接入功能，为电力系统用户提供 SCADA 实时数据通信、远动信号等数据业务以及调度电话的接入。

7.3.4 规约传输

为了保证变电站内部以及变电站与调度主站之间能够正确、有效地传输信息，在信息发送端和信息接收端之间必须有一套关于信息传输的顺序、信息格式和信息内容等约定，这种约定称之为通信规约（或称通信协议）。

1. 厂站内部规约

变电站内各设备间的通信规约主要有各类厂家的私有规约、IEC 60870-5-103 规约、IEC 60870-5-104 规约，以及 IEC 61850 标准（规约集）。其中 IEC 60870-5-103 规约适用于具有编码的位串行数据传输的继电保护设备和控制系统交换信息，提供了继电保护设备信息接口的规范，其一般体系结构如图 7-12 所示。

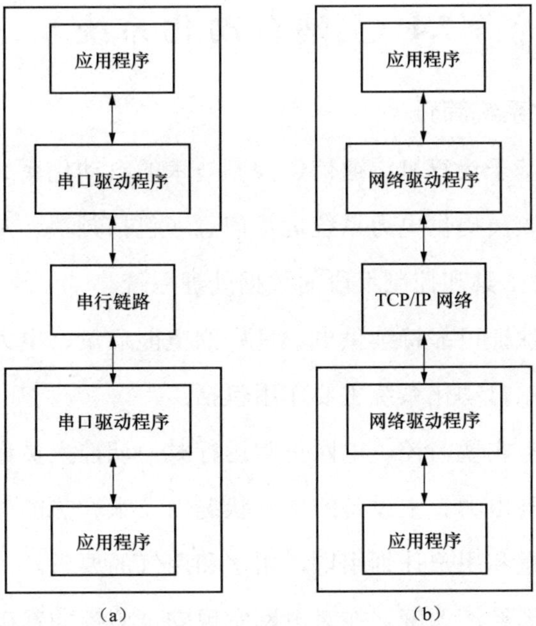

图 7-12 通信规约体系结构图

（a）串口方式；（b）网络方式

2. 远动规约

目前我国电力系统远动通信采用两种类型的通信规约：一类是循环式数据传送规约（CDT），简称 CDT 规约；另一类是问答式（Polling）数据传送规约，简称 Polling 规约，两种通信规约特点见表 7-1。

表 7-1　两种类型的通信规约

传输模式	特点	应用
循环式传送方式	信息传送采用循环同步的方式，以厂站端为主动方，厂站端周而复始地按规约向调度端发送各种遥测、遥信、事件顺序记录。传送信息时，厂站端和调度端之间连续不断地发送和接收，始终占用通道；信息发送方不考虑信息接收方接收是否成功，仅按照确定的顺序组织发送，遥信控制简单	适用于点对点信道结构的两点之间通信
问答式传送方式	以调度中心为主，由调度中心发出查询命令，厂、站端按发来的命令工作，被查询的厂、站向调度中心传送数据或执行命令。未收到查询命令时，厂、站端的远动装置处于静止状态	适用于点对点、点对多点、多点共线、多点环形或多点星型之间通信

7.4 主站自动化系统

7.4.1 主站自动化系统简介

主站自动化系统是基于计算机、通信、控制技术的自动化系统的总称，是在线为各级电力调度机构生产运行人员提供电力系统运行信息（包括频率、发电机功率、线路功率、母线电压等）、分析决策工具和控制手段的数据处理系统。

主站自动化系统为保证可靠持续供电、良好的电能质量、电力系统的安全经济运行提供了核心技术保障。主站自动化系统主要作用包括：

（1）对电网运行状态实现监控。电网正常运行时，调控人员通过监视和控制电网的频率、电压、潮流、负荷与出力、主设备的位置状况以及水、热能等方面的工况指标，使之符合规定，保证电能质量和用户计划用电、用水和用气的要求。

（2）对电网运行实现经济调度。在对电网实现安全监控的基础上，通过调度自动化的手段实现电网的经济调度，以达到降低损耗、节省能源，从而实现发电成本最低化的目标。

（3）对电网运行实现安全分析和事故处理。导致电网发生故障或异常运行的因素非常复杂，且过程十分迅速，如不能及时预测、判断或者处理不当，不但可能危及人身和设备安全，甚至会使电网瓦解崩溃，造成大面积停电，给国民经济带来严重损失。

7.4.2 系统主网

系统主网的硬件设备主要包括服务器、工作站和网络设备。根据不同的功能，服务器可分为前置服务器、数据库服务器和应用服务器，前置服务器既可采集专用通道又可接收网络通道，同时起到传统前置机以及通信服务器的双重作用；数据库服务器用于历史数据和电网模型等静态数据的管理；应用服务器可根据需要分别配置 SCADA、AGC、PAS、DTS 等服务器。工作站是使用、维护系统的窗口，可根据运行需要配置，如调度员工作站、维护工作站、运方工作站、学员工作站等。所有设备根据安全防护要求分布在不同的安全区中，通过防火墙或物理隔离装置进行安全隔离。

从系统运行的体系结构看，本系统是由硬件层、操作系统层、支撑平台层和应用层共四个层次构成。系统中的支撑平台层在整个体系结构中处于核心地位。支撑平台分别为集成总线层、数据总线层、公共服务层等三层。系统主网体系结构图如图 7-13 所示。

7.4.3 前置模块

前置模块作为一体化系统中实时数据输入、输出的中心，主要承担了调度中心与各所属厂站之间、与各个上下级调度中心之间、与其他系统之间以及与调度中心内的后台系统之间的实时数据通信处理任务，也是这些不同系统之间实时信息沟通的桥梁。

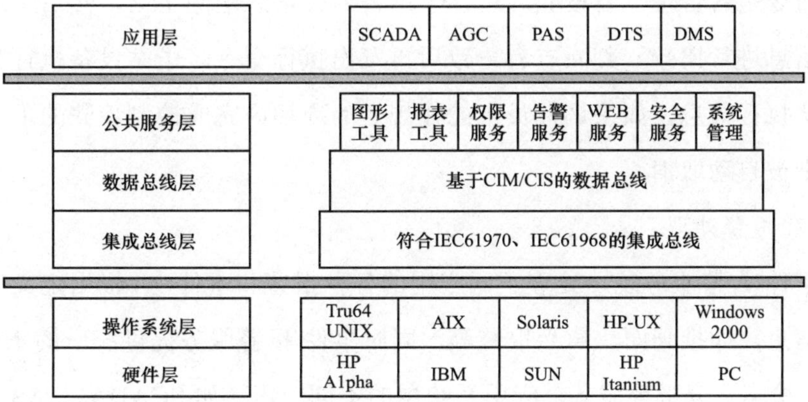

图 7-13 系统主网体系结构图

前置模块主要功能：

（1）接收多个 RTU 的远动数据信息并进行预处理。

（2）将前置机预处理后的数据传送给后台机下发命令。

（3）接收后台机的遥控、遥调命令，并通过下行通道向 RTU 发送。

（4）按规定的规约向主站转发需要的信息。

（5）对各个通道应具备监视功能，监视各个通道是否有信号正常传送，并统计信道的误码率。

7.4.4 应用模块

主站自动化系统具有完备的 SCADA、PAS、DTS、AGC 等各类子系统，具有电网实时监控、网络拓扑、状态估计、潮流计算、电压无功功率优化控制、负荷预测、故障分析、静态安全分析等功能。其中 SCADA 是主站自动化系统最基本的一个子系统，用于实现对电力系统实时数据的采集、运行状态的监视以及设备控制。

SCADA 系统的主要功能如下：

1. 数据采集和处理

系统可以采集各类 RTU 上传的数据，直调厂站监控系统转发的数据，网调、地调转发数据、GPS 时钟、频率、UPS 电源、机房的环境监测或其他计算机系统传送来的数据及人工设定的数据，对采集的数据进行数据校验、检错、纠错，并转换成标准形式送入主机数据库。

2. 遥控、遥调操作

利用计算机系统进行断路器远方操作及远方模拟量调节。当子站收到控制命令后，先在当地校核命令是否合理，若校验通过，子站将返校信息送回主站，然后主站将发出的信息和回收的信息进行比较，判断二者一致后再发出执行命令，子站设备执行完控制命令后最后发回确认执行信息，如果调控员不能在规定的周期内完成控制步骤的下一步操作，对该点的选择则被自动取消。

3. 事件和报警处理

系统中事件/告警服务统一处理不同应用的各种报警和事件，并根据定义以某种具体方式发出告警信息，如推画面、声光报警等，同时事件/报警服务提供统一的事件/报警记录、保存、打印，检索、分析等服务。应用系统层的不同应用（如 SCADA、PAS、DTS 等）均可调用该服务，以实现不同应用中的事件/报警处理功能。系统事件/报警处理服务负责定义、管理和处理系统中的各类事件和报警。

4. 信息储存和报表

信息储存是系统运行的一项基本任务。根据要保存数据的性质，选择不同的存储时间，例如月、年的累计数据，典型日的实时和统计数据，事故历史数据等。存储的数据能方便地检索和修改，能够通过报表等形式表现，如日、月、年报表。

5. 事故追忆（PDR）

事故追忆（PDR）是数据处理系统的增强性功能，是指在一个特定的事件（扰动）发生后，可以重新显示扰动前后系统的运行情况和状态，作为事故分析等依据，使调度员能对事故进行必要的分析。

6. 事件顺序记录（SOE）

当电力系统发生事故后，子站系统以毫秒级精度把事故时所有断路器、继电保护、自动装置的状态变化信号按时间顺序排队，形成动作顺序表，当主站系统需要时，子站即向主站传送，有利于故障分析，排查事故原因。

7.5 二次安全防护装置

电力二次系统是对电网进行监测、控制、保护的装置与系统的总称，同时也包括支撑这些系统运行的通信及调度数据网络。二次系统的安全运行直接影响到电网的安全运行：一方面近年来网络化应用的增多，二次系统面临的黑客入侵及恶意代码攻击等威胁大增；

另一方面电网对二次系统依赖性逐年增大，二次系统的故障对电网的危害也越来越大，严重情况下甚至会导致大面积电网事故。

7.5.1　总体策略和框架

电力二次系统安全防护工作应当坚持“安全分区、网络专用、横向隔离、纵向认证”的原则，重点强化边界防护，提高内部安全防护能力，保证电力生产控制系统及重要数据的安全。

二次系统安全防护体系主要包括技术措施和管理措施。技术上要求按照总体原则，有效分区，部署安全产品，采取相应技术措施，使二次系统达到总体原则要求。管理上主要按照“谁主管、谁负责”的原则，建立二次系统安全防管理体系，明确职责，在系统生命周期全过程贯彻二次安防要求。另外，还需建立常态化的评估机制，建立联合防护及演练制度，完善二次安全防护体系。

7.5.2　二次安防总体方案

根据总体原则要求，电力二次系统安全防护总体框架如图 7-14 所示：

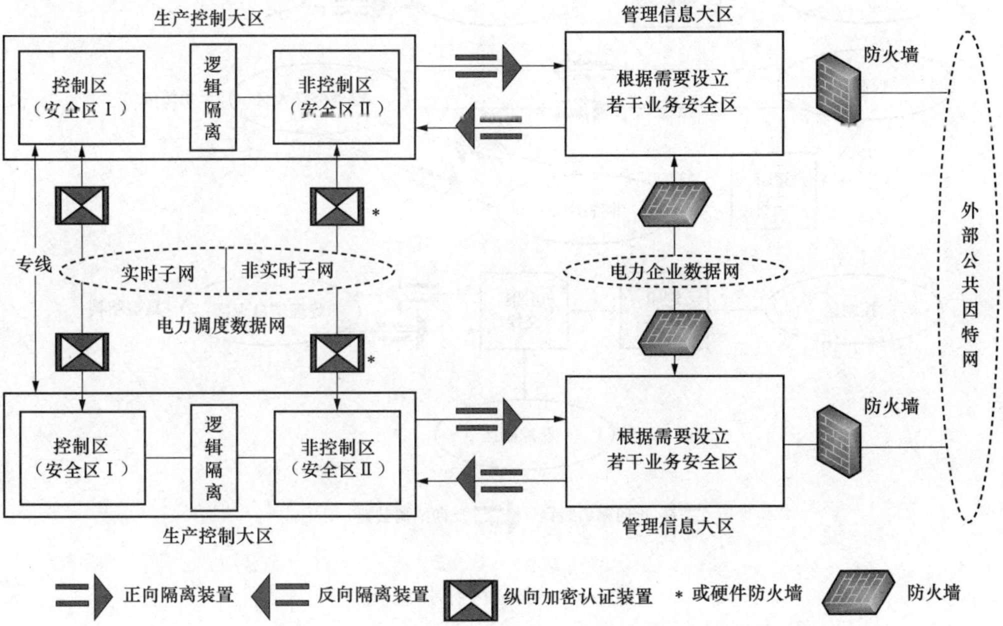

图 7-14　电力二次系统安全防护总体框架结构示意图

1. 安全分区

安全分区是二次安防体系的基础，二次应用系统原则上划分为生产控制大区和管理信息大区，生产控制大区进一步划分为控制区（Ⅰ区）和非控制区（Ⅱ区）。其中控制区中的业务系统或其功能模块（或子系统）的典型特征为：是电力生产的重要环节，直接实现对电力一次系统的实时监控，纵向使用电力调度数据网络或专用通道，是安全防护的重点与核心；非控制区中的业务系统或其功能模块的典型特征为：是电力生产的必要环节，在线运行但不具备控制功能，使用电力调度数据网络，与控制区中的业务系统或其功能模块联系紧密。具体的业务系统，可根据各模块或子系统的特征，部署在相应的安全分区，如 EMS 系统的 SCADA 子系统部署在控制区，WEB 子系统部署在管理信息大区。生产控制大区内部应禁用常用的网络服务，各业务系统应部署在不同的 VLAN 上，此外还应根据要求部署 IDS、防火墙、恶意代码防范等安全装置。

电力二次系统安全区连接的拓扑结构有链式、三角和星形结构三种。链式结构中的控制区具有较高的累积安全强度，但总体层次较多；三角结构各区可直接相连，效率较高，但所用隔离设备较多；星形结构所用设备较少、易于实施，但中心点故障影响范围大。三种模式均能满足电力二次系统安全防护体系的要求，可根据具体情况选用，如图 7-15 所示。

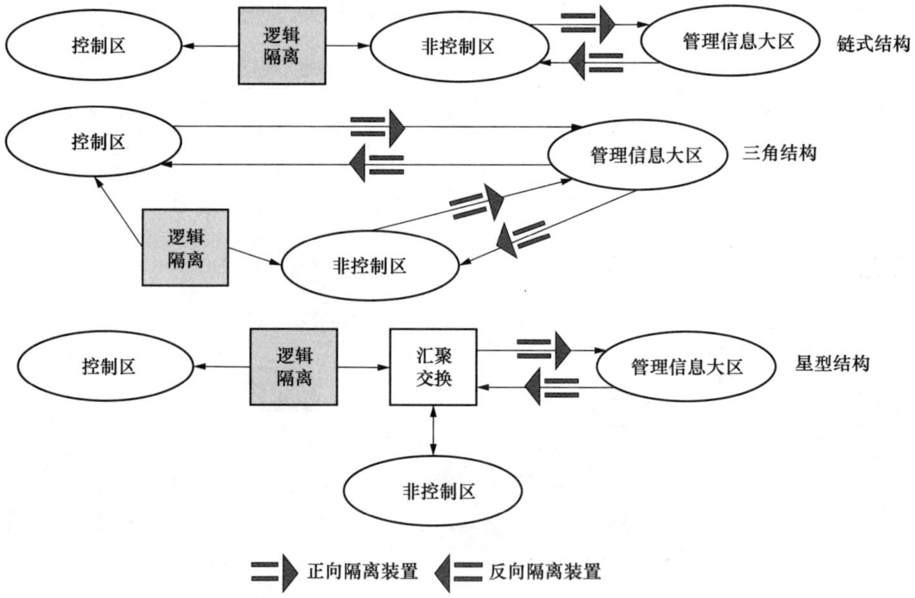

图 7-15　安全区拓扑结构

2. 网络专用

调度数据网是专为电力生产控制系统服务的，只承载与电力调度、电网监控有关的业务系统。电力调度数据网应当在专用通道上使用独立的网络设备组网，采用基于 SDH/PDH 不同通道、不同光波长、不同纤芯等方式，在物理层面上实现与电力企业其他数据网及外部公共信息网的安全隔离。调度数据网可采用 MPLS-VPN 技术、安全隧道技术、PVC 技术、静态路由等构造子网，实现实时网（I 区）、非实时网（II 区）的逻辑隔离。调度数据网还应采取路由防护、网络边界防护、分层分区、安全配置等技术措施，以更好地实现网络逻辑隔离。

3. 横向隔离

在生产控制大区与管理信息大区之间部署经国家指定部门检测认证的电力专用横向单向安全隔离装置，隔离强度应接近或达到物理隔离。生产控制大区内部的安全区之间应当采用具有访问控制功能的网络设备、防火墙或者相当功能的设施，实现逻辑隔离。横向隔离装置分为正向型和反向型，只允许纯数据单向传输，不允许常见的 WEB、FTP、TELNET 等服务穿越隔离装置，严禁内外网间建立直接和 TCP 链接。

4. 纵向认证

纵向加密认证是电力二次系统安全防护体系的纵向防线。采用认证、加密、访问控制等技术措施实现数据的远方安全传输以及纵向边界的安全防护。一般调度端及重要厂站侧的控制区部署纵向加密认证装置，用于实时数据的加密传输，同时还可实现数据包过滤功能。在调度端及重要厂站侧的非控制区部署国产硬件防火墙装置，或边界路由器上配置访问控制列表，实现数据包过滤功能。另外，针对传统的常规专线通道可采取线路加密措施。

第 8 章　智能调度技术支持系统

8.1 概　　述

在电力系统发展初期，调度控制中心的主要信息来源是调度电话，调度人员往往需要花费很长时间才能掌握有限的信息，无法全面了解各厂站、线路的运行工况；即使在事故发生时，也只能通过调度电话了解断路器跳闸及线路的停运情况，然后结合预先确定的运行方式，凭以往运行经验做出判断决策，再用电话通知各厂站运行值班人员进行调整控制。由于掌握信息有限且实时性差，故障很可能得不到及时处理，因此造成故障范围扩大，形成更大的经济损失。显然，这种基于调度电话的信息获取方式无法满足电力系统发展的需要。

20 世纪 40 年代，随着晶体管技术和集成电路的产生与发展，电力系统厂站开始使用远动装置实时测量发电机出力、线路潮流、母线电压等重要遥测数据及断路器的实时遥信。数模转换、多路复用、抗干扰编码等技术的实用化给远动设备实测数据精读及实时性提供了重要的保障，使得电力系统实时信息在调度控制中心集中展示成为可能，奠定了调度技术支持系统的基础。

20 世纪 60 年代后，计算机技术在电力系统调度控制中得以应用，进一步加快了各类技术支持系统的发展。调度控制中心计算机系统与厂站端远动设备形成配合，使系统初步具备了电网运行状态监视及信息统计等功能，电网运行可靠性成为各个电力公司及高校科研机构的新课题。1970 年，麻省理工学院 Schweppe 教授等人提出电力系统最小二乘状态估计算法奠定了电力系统实时状态估计理论的基础。随着各项技术实用化，电网调度控制步入能量管理系统（EMS）阶段，电网决策开始从“经验型”向“分析型”转变。该时期浙江电网从美国引进 CROMEMCO SYSTEM Ⅲ微型计算机及 CDC-MEPROS 公司的 SCADA 系统，采用了专用硬件、专用软件模式的集中式结构。

20 世纪 80 年代，随着计算机技术的进一步发展，行业及科研人员在原有系统基础上，提出了广域全景、实施闭环、综合决策的电网安全预警和决策支持系统。另一方面，系统逐步转向有限开放式结构，其分布式的功能和硬件配置可兼容不同制造厂家的硬件，采用不同的数据库及操作系统。该时期的国内企业通过引进 ABB、西门子等公司产品，开发了 OPEN2000、DF8002、IEC500 等具有自主知识产权的产品并投入了实际运用。

1996 年，国际电工委员会 IEC TC57 的 WG13 工作组开始结合面向对象技术编制能量管理系统应用程序接口标准（EMS-API），即 IEC 61970 系列标准。2003 年，该标准的 201 部分——公共信息模型（CIM）基础正式发布。该标准的实施，对于实现异构环境下软件产品的即插即用，及能量管理系统与其他系统互联互通有很好的作用。

8.2　D5000

8.2.1　D5000 系统介绍

D5000 系统全称智能电网调度技术支持系统，是以服务特高压大电网安全运行为目标，结合坚强智能电网建设，研制的新一代调度技术支持系统。

D5000 系统由基础平台和实时监控与预警、调度计划、安全校核、调度管理四大类应用平台组成，子系统包括能量管理系统、动态稳定预警系统、广域向量测量系统、电力计划管理系统、调度员培训模拟系统、水调自动化系统、继电保护及故障信息管理系统、调度生产管理信息系统、电力调度数据网络系统、雷电监测系统、电网稳定自动控制装置、微机继电保护、电网仿真计算系统、变电站自动化系统、发电厂计算机监控系统等。

平台采用先进的软件开发技术，具有标准、开放、可靠、安全和适应性强等特点，系统围绕分布式一体化共享的信息支撑、多维协调的安全防御、精细优化的调度计划和规范的流程化高效管理这四条主线，提供完整的智能电网调度控制手段，实现敏锐的全景化前瞻预警、优化的自适应自动调整、多维的全局观协调控制、统筹的精细化调度计划和规范的流程化高效管理。

8.2.2　D5000 系统体系架构

1. 设计目标

为了对调度核心业务的一体化提供全面控制，智能电网调度控制系统总体设计遵循以下设计目标：

（1）系统平台标准化。标准化、一体化基础平台是整个系统的基础，也是整个系统建设的重点和关键点。系统采用统一的平台规范标准以及接口规范标准，通过标准化实现平台的高度开放性。基础平台在图形、模型、数据库、消息、服务、系统管理等方面提供标准化的应用接口，为各种应用提供统一的支撑，为系统功能的集成化打下坚实基础，为开发新应用、扩充功能和可持续发展创造条件。

（2）系统功能集成化。系统统筹考虑电力调度中心各应用功能的数据及应用需求，以面向服务的体系结构，按照应用和数据集成的理念，构造统一支撑的数据平台和应用服务总线，实现数据整合和应用功能整合，构筑具有集成化功能的实时监控与分析、调度计划和调度管理类应用，为实现调度智能化服务。

（3）系统应用智能化。系统综合利用包括电网静态信息资源，实现运行监视、自动控制、安全分析、稳定分析、风险预警、预防预控、辅助决策、分析评估等电网调度生产全过程的精益化、智能化。实现电网运行可视化全景监视、综合智能告警与前瞻预警、协调控制和主动安全防御；将电网安全运行防线从年月方式分析向日前和在线分析推进，实现运行风险的预防预控。

2. D5000 系统总体架构

（1）省级智能电网调度控制系统：一个支撑平台四大类应用，应用功能总体结构如图 8-1 所示。

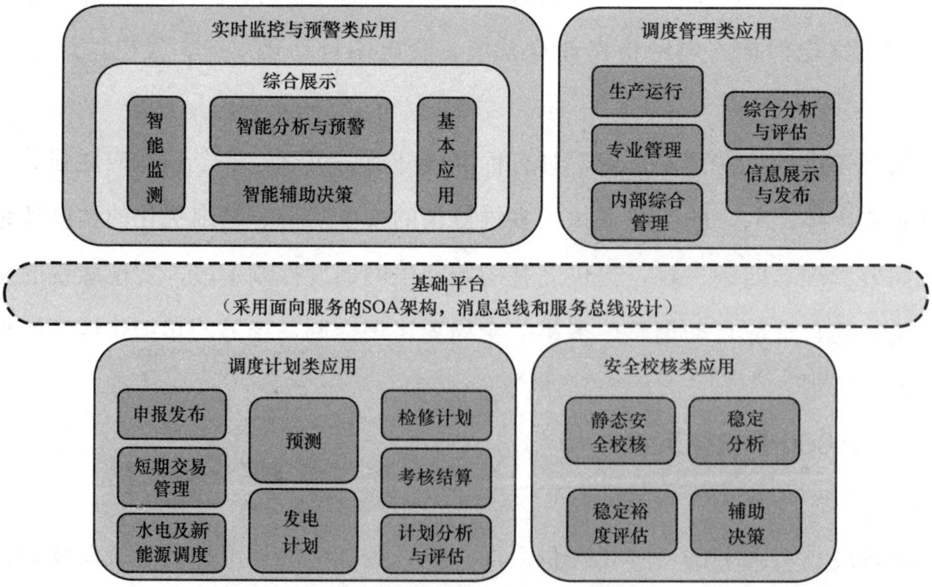

图 8-1　智能电网调度控制系统应用与基础平台的逻辑关系图

如图 8-1 中图例所示，系统功能框架分为应用类、应用、功能、服务四个层次。应用类是由一组业务需求性质相似或者相近的应用构成，用于完成某一类的业务工作；应用是由一组互相紧密关联的功能模块组成，用于完成某一方面的业务工作；功能是由一个或者多个服务组成，用于完成一个特定业务需求，最小化的功能可以没有服务；服务是组成功能的最小颗粒的可被重用的程序。

（2）省、地、县三级调度智能电网调度控制系统的总体架构如图 8-2 所示。

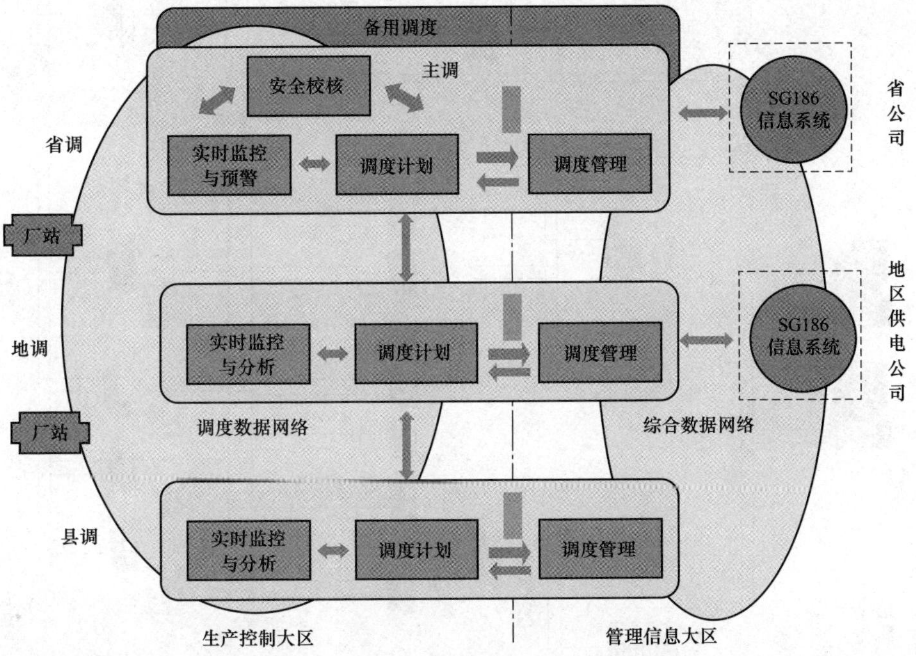

图 8-2　省、地、县三级调度智能电网调度控制系统的整体框架示意图

如图 8-2 所示，横向上，系统通过统一的支撑平台实现四（三）类应用的一体化运行；纵向上，系统通过支撑平台实现上下级调度技术支持系统间的一体化运行和模型、数据、画面的源端维护与系统共享。安全贯通各级调度，支撑调度业务的一体化运作，提高调度驾驭大电网的能力，联合应对重大电网事故。地调可根据电网规模及可靠性要求建设备用系统，根据调度管理类应用在县调用户少、应用需求简单的特点，可以采用地县一体化集中部署的模式建设，在地调系统中包含所有县调的业务，县调用户作为地调的远端客户使用地调系统开展工作。

（3）D5000 系统硬件结构。D5000 系统具体的硬件配置如图 8-3 所示。

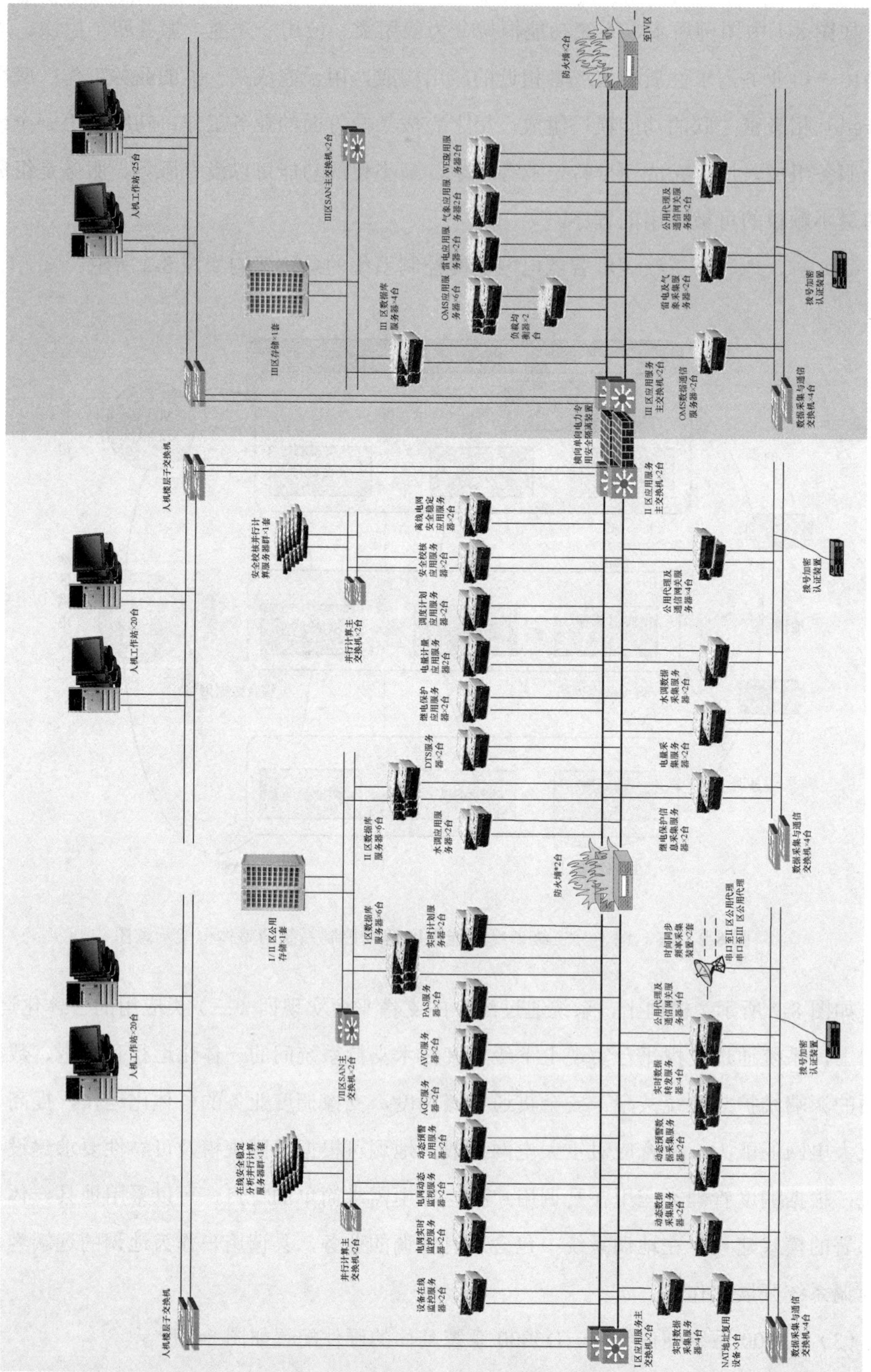

图 8-3　智能电网调度控制系统硬件典型配置结构示意图

系统硬件配置按照网段划分为数据采集与交换、数据存储、人机和应用四类。数据采集与交换处于内外网边界，主要完成内外部的信息交换；按照数据特性，数据存储和应用相对独立，Ⅰ、Ⅱ区进行统一的基于 SAN 的数据存储，遵循安全防护的要求，Ⅲ区配置另外一套 SAN 的数据存储；根据不同应用的业务特性来配置相应的应用服务器群；人机工作站按照安全区统一配置，既可节省硬件投资，又能实现界面统一，实现最大化的资源共享。

8.2.3　D5000 系统功能应用

1. 实时监控与预警类应用

实时监控与预警类应用是电网实时调度业务的技术支撑，主要实现电网运行监视全景化，安全分析、调整控制前瞻化和智能化，运行评价动态化。从时间、空间、业务等多个层面和维度，实现电网运行的全方位实时监视、在线故障诊断和智能报警；实时跟踪、分析电网运行变化并进行闭环优化调整和控制；在线分析和评估电网运行风险，及时发布告警、预警信息并提出紧急控制、预防控制策略。在线分析评价电网运行的安全性、经济性、运行控制水平等。

实时监控与预警类应用主要包括智能监测、智能分析与预警、智能辅助决策、基本应用等四个应用。

智能监测应用中的电网运行稳态监控模块是智能电网调度控制系统的最基本的应用之一，作为电网实时运行稳态数据中心，实现对电网实时运行稳态信息的监视和设备控制，主要包括数据处理、系统监视、数据记录及操作控制四个模块，每个功能模块由一系列功能组成，功能框架如图 8-4 所示。

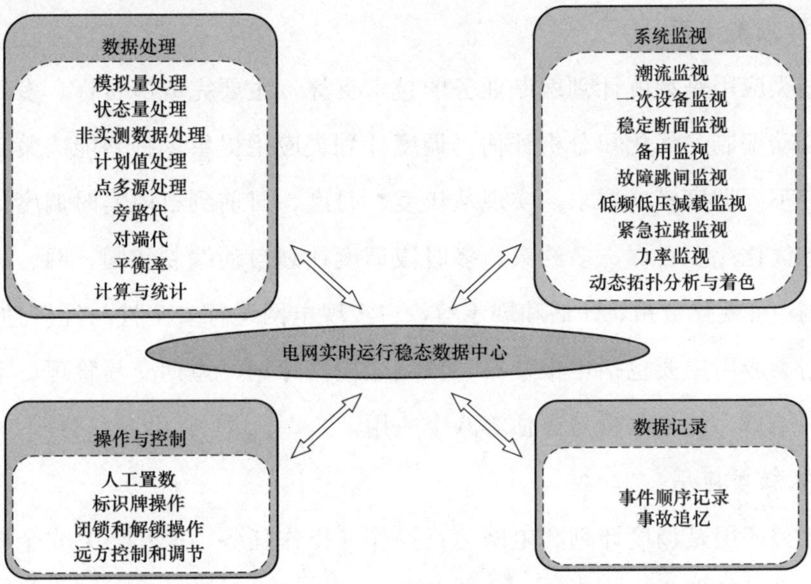

图 8-4　电网实时运行稳态数据交互图

运行分析与评价应用实现对电网运行的动态化运行评估。利用实时监控与预警类各应用的输出结果，运行分析与评价应用对电网安全水平、经济运行水平、计划执行情况及控制系统运行情况进行统计分析，为调度运行值班人员及时掌握电网和控制系统的运行情况及后续分析提供支持，实现对电网运行的动态化评估。运行分析与评价功能模块及数据逻辑关系如图 8-5 所示。

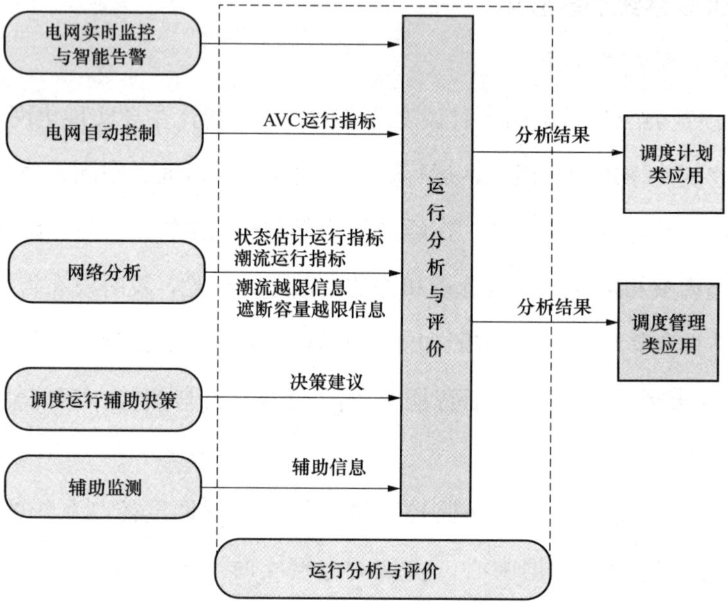

图 8-5　运行分析与评价功能模块及数据逻辑关系

2. 调度计划类应用

调度计划类应用是调度计划编制业务的技术支撑，主要完成多目标、多约束、多时段调度计划的自动编制、优化和分析评估。调度计划类应用提供多种智能决策工具和灵活调整手段，适应不同调度模式要求，实现从年度、月度、日前到日内实时调度计划的有机衔接和持续动态优化：多目标、多约束、多时段调度计划自动编制和国、网、省三级调度计划的统一协调；可视化分析、评估和展示等。它实现电网运行安全性与经济性的协调统一。

调度计划类应用主要包括申报发布、预测、检修计划、短期交易管理、水电调度、发电计划、考核结算、计划分析与评估等八个应用。

3. 安全校核类应用

安全校核类应用是调度计划和电网运行操作（操作任务、操作票）安全校核的技术支撑，主要完成多时段调度计划物安全校核、稳定裕度评估，并提出调整建议。运用静态安全、暂态稳定、动态稳定、电压稳定分析等多种安全稳定分析手段，适应不同要求，实现对检修计划、发电计划、电网运行操作等进行灵活、全面的安全校核，提出涉及静态安全和稳定问题的调整建议及电网重要断面的稳定裕度。

安全校核类应用主要包括静态安全校核、稳定分析、辅助决策和稳定裕度评估等四个应用。

4. 调度管理类应用

调度管理类应用是实现电网调度规范化、流程化和一体化管理的技术保障。调度管理类应用主要实现电网调度基础信息的统一维护和管理；主要生产业务的规范化、流程化管理；调度专业和并网电厂的综合管理；电网安全、运行、计划、二次设备等信息的综合分析评估和多视角展示与发布；调度机构综合管理等。

调度管理类应用主要包括生产运行、专业管理、综合分析与评估、信息展示与发布、内部综合管理等五个应用。

8.3 自动电压控制系统

8.3.1 系统简介

自动电压控制（AVC）系统可以对全网无功电压状态进行集中监视和分析计算，从全局角度对广域分散的电网无功装置进行协调优化控制，不仅可以实现对无功电压的自动控制，还具有一定的优化功能，是保持系统电压稳定、提升电网电压品质和整个系统经济运行水平、提高无功电压管理水平的重要技术手段。

2009 年 2 月，国家电网有限公司颁发了《国家电网公司电力系统电压质量和无功电力管理规定》，新的管理规定在原管理规定的基础上，在管理、统计、考核等方面都进行了进一步明确和细化，尤其是在监测点的设置、考核方式、考核指标等方面做了较大的改变和提高，对电网电压控制提出了新的更高要求。

浙江电网目前已经实现了省网 AVC 系统及省内 11 个地区 AVC 系统。省网 AVC 系统实现了对直控电厂和 500kV 变电站容抗器的闭环实时控制。各地区 AVC 系统实现了对辖区范围内容抗器及主变压器分接头的闭环实时控制。省内各地区 AVC 系统均实现了与省调 AVC 系统的实时协调控制功能。

8.3.2 无功功率的平衡

电力系统的无功功率必须平衡，亦即电力系统发出的无功功率必须等于负荷无功功率与电力线路、变压器消耗的无功功率之和。

电力系统中无功功率的损耗相当大，一般约占系统负荷的50%。这些损耗的很大部分是由于功率传输过程中在变压器和电力线路中造成的，因此要对无功功率的配置及其传输加以规划，尽量实现无功功率的就地平衡和补偿，即根据负荷对无功功率的需求，在其附近合理配置无功功率补偿电源，提高负荷的功率因数。这样不但能减少电网中的无功功率和有功功率损耗，而且能提高电压水平，同时还能减小电网中无功功率的变化幅度，减小各节点电压的波动。

电力系统中如果含有220kV以上的超高压电网，还要考虑低谷负荷时的无功功率平衡，因为超高压线路电容的充电无功功率很大，当负荷较小时，充电无功功率将大于线路电抗消耗的无功功率，如果由负荷和各级电网吸收这些过剩的无功功率，则将使各级电网的运行电压过高。为了避免这种过电压的现象，就要求直接接在超高压电网的发电厂和变电站具有吸收过剩无功功率的能力，即发电厂的发电机允许高功率因数甚至进相运行。为此，变电站可装设同步调相机或静止补偿器等能吸收无功功率的补偿设备，也可以在这些发电厂、变电站的高压或低压母线上装设并联电抗器吸收无功功率。

可见，电压的调整与无功功率电源配置、负荷无功功率的补偿、电网中无功功率潮流的调整以及运行的经济性都是密切相关的，须整体研究确定。

8.3.3 节点电压决定无功功率分布

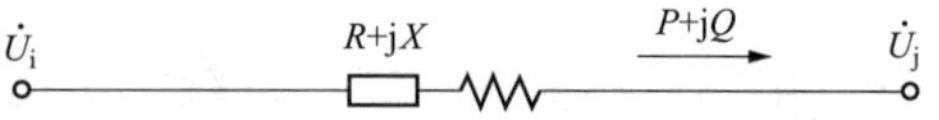

图 8-6　交流输电线路的简化等值电路

以如图8-6所示的交流输电线路的简化等值电路为例加以说明，在不考虑输电线的对地电容时，从节点i输送到节点j的功率为$P+jQ$，节点i和节点j的电压分别为$\dot{U}_i$和$\dot{U}_j$，相位差为δ，节点i、j之间的支路阻抗为$R+jX$，则有：

$$P+jQ=\dot{U}_j\left(\frac{\dot{U}_i-\dot{U}_j}{R+jX}\right)^*=\frac{\dot{U}_i^*\dot{U}_j-U_j^2}{R-jX}=\frac{U_iU_j(\cos\delta-j\sin\delta)-U_j^2}{R-jX} \tag{8-1}$$

在高压、超高压电力系统中，线路电抗远大于线路电阻，故式（8-1）可近似为：

$$P+jQ\approx\frac{U_iU_j}{X}\sin\delta+\frac{U_i\cos\delta-U_j}{X}U_j \tag{8-2}$$

因此可以得到：

$$Q=\frac{U_i\cos\delta-U_j}{X}U_j \tag{8-3}$$

正常运行时输电线路两端电压的相位角差δ比较小，可以认为$\cos\delta\approx1$，这样线路中传输的无功功率大小就与线路两端电压有效值之差成正比，无功功率将从节点电压高的一侧流向节点电压低的一侧。无功功率从电源端经线路和变压器向负荷端输送时，将产生电压损耗；输送的距离越远，功率越大，经过的环节越多，则其引起的电压降就越大，负荷端的电压就越低，甚至不能满足质量要求；同时也将增加线路和变压器的有功功率和无功功率损耗。

节点电压的变化会使流经线路的无功功率发生变化，进而影响电网的无功功率潮流。而无功功率潮流的变化，又会使电力线路和变压器的电压损耗发生变化，引起各节点电压的变化。系统运行方式的变化，电网接线方式改变，例如某些变压器或线路退出运行以及某些电源退出或投入运行等，都是引起潮流和电压变化的一个重要原因。因此，负荷所需的无功功率应尽可能由附近的电源供给。

8.3.4 无功功率影响节点电压水平

电力系统中各种用电设备吸收的无功功率，大多数与所加电压有关。系统综合负荷的无功-电压特性在额定电压附近，无功功率随电压上升而增加，随电压下降而减小。

当无功功率电源不能提供足够的无功功率时，系统电压水平将下降。如图 8-7 所示图中曲线 1 为电源的无功功率随电压的变化曲线，曲线 2 为负荷的无功-电压特性。这两条曲线的交点 a 为无功功率的平衡点，确定了负荷点的电压值 U_a。当负荷增加时，其无功-电压特性如曲线 2′ 所示。如果系统的无功功率电源没有相应增加出力，这时曲线 1 与 2′ 的交点 a′ 就代表新的无功功率平衡点，并确定负荷点相应的电压 U'_a。显然 $U'_a < U_a$。这说明在无功功率电源容量不足时，系统所接各负荷的电压将下降，减少其向系统吸取的无功功率，在较低电压下达到无功功率平衡。所以，电力系统无功功率不足是系统电压低下的根本原因，为了保证电力系统正常运行的电压水平，系统必须具有充足的无功功率电源容量。

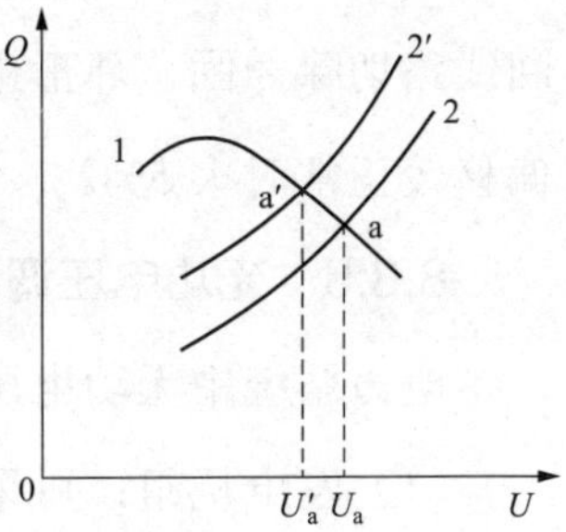

图 8-7 无功功率-电压特性

在系统无功功率极端不足的情况下，当某些节点电压低于某一临界值，将发生负荷无功功率的增加量大于系统向该点提供的无功功率增加量，使无功功率缺额增大，电压进一步下降，如此恶性循环的结果，使该节点电压急剧地下降到很低的水平。这种现象称为“电压崩溃”。电压崩溃后，大量电动机将自动切除，某些发电机将失去同步，最后导致系统解列和大面积停电。因此，电压水平过低对电力系统本身的运行威胁很大。

根据以上讨论可以看出，无功功率的分布和平衡与电压的大小和水平是分不开的。

8.3.5 中枢点电压管理

电力系统中有许多发电厂、变电站和大型用户节点，要全部监视、控制这些节点的电压是不可能的，也是不必要的。通常在这些节点中选择一些具有代表性的节点加以监视和控制，如果这些节点的电压满足要求，则该节点邻近的其他节点的电压基本上也能满足要求，这些节点称为电压监视中枢点。电压中枢点一般选择在区域性发电厂的高压母线、有大量地方性负荷的发电厂母线以及枢纽变电站的二次母线。

对于实际的电力系统，必须选择一批有代表性的发电厂和变电站的母线作为控制电压的中枢点，然后根据各负荷的日负荷曲线和对电压质量的要求，进行一系列潮流计算及电压控制方式等分析研究，才能最后确定这些中枢点的允许电压偏移上下限曲线。

在进行电力系统规划设计时，由于各负荷对电压质量的要求还不明确，所以难于具体确定各中枢点电压控制的范围。为此规定了“逆调压”“顺调压”和“恒调压”等几种中枢点电压控制的方式，每一中枢点可根据具体情况选择一种作为设计的依据。

逆调压方式：要求高峰负荷时将中枢点电压调节到 $1.05U_N$，低谷负荷时降低到 U_N，这种方式适用于由该中枢点供电的线路较长、负荷变化范围较大等场合。

顺调压方式：要求高峰负荷时中枢点电压不低于 $1.025U_N$，低谷负荷时不高于 $1.075U_N$。这种方式适用于用户对电压要求不高或线路较短、负荷变动不大的场合。

恒调压（又称常调压）方式：要求在任何负荷时中枢点电压基本保持不变且略大于 U_N，例如 $1.025U_N$ 或 $1.02\sim1.05U_N$ 间的某一值。

在电力系统发生故障后的非正常运行方式（例如两台并联运行的变压器切除一台，多回线路切除一回，环形电网开环等）时，对电压质量的要求可以适当放宽，一般允许电压偏移较正常时大 5%。

8.3.6 无功电压调整基本措施

电力系统中无功电压调整措施通常有以下几种：

（1）发电机组：可采用调整发电机励磁电流来调节发电机无功功率输出进行调压。

（2）低压电容器及电抗器：低压电容器及电抗器一般并联接入变电站主变压器低压侧（66、35kV 或 10kV 侧），通过投退调节网络电压。

（3）固定高压电抗器：包括母线和线路固定高压电抗器，其可以抵消线路电容效应，按有关规定投退调节网络电压。

（4）串联补偿装置：将电容器串联在线路中，借以改变线路参数，起到调节网络电压作用。

（5）可控高压电抗器：包括分级式和磁控式，分级式可控高压电抗器按照控制策略进行升降挡位调整网络电压；磁控式可控高压电抗器通过调整励磁电流平滑调节网络电压。

（6）静止无功补偿装置（SVC）：包括晶闸管控制电容器（TCS）、晶闸管控制电抗器（TCR）、磁控电抗器（MCR）等类型。通过调整设备自身电容和电抗容量平滑调节网络电压。

（7）静止无功发生装置（SVG）：利用可关断大功率电力电子器件组成自换相桥式电路，经过电抗器与电网并联运行。通过调整桥式电路交流侧输出电压，或直接控制交流侧电流来调节网络电压。

（8）变压器分接头：通过调整主变压器分接头挡位调节网络电压。

8.3.7　复杂电力系统的无功电压控制

虽然电力系统中的各节点电压要求能保持在额定值，但是在实际运行中是不可能实现的，其主要原因有两点：

（1）在正常稳态运行方式下，一个交流互相连接的电力系统具有同一频率。但是，电压与频率不同，因为电力系统中每一元件都有可能产生电压降落，所以电力系统中各点电压不相同，不可能同时将所有节点保持在额定电压。

（2）负荷时时刻刻都在变化，负荷的变化必然导致电力系统中每一元件电压降落的变化，即使是在同一点上，也很难保证电压始终维持在额定电压。

此外，具有多个电压等级的复杂电力系统，电压的调节比简单电网要复杂得多。这是由于：

（1）各个负荷的变化规律不同，所以系统中各变电站电压的变化情况也不一样。

（2）各点电压及各线路的无功功率互相关联，调节任一发电厂或变电站的电压将会影响系统其他各处的电压，影响的范围和程度又各不相同。

（3）调节电压时电网中无功功率分布将发生变化，因而电网的有功功率损耗总和也随之发生变化。因此，各种调节措施要互相配合，共同进行电压和无功功率的调节，使全系统各处的电压都能满足要求，同时也使电网的无功功率分布最经济，即全网的有功功率损耗最小。

考虑到各种调压手段对各节点电压的作用与网络的结构和参数有很大关系，调节设备的设置地点越靠近被控制的中枢点，其调节效果越好。虽然，从广义上来讲，电力系统中任何一个调压设备的调节对电力系统各点电压均有影响，但是实际上由于受到网络结构和参数以及调压设备的实际配置情况的限制，每个调压设备的调节效应是有限的，调压设备与被控制的中枢点的电气距离越远，其调节效应越小。

从避免无功功率长距离输送的角度来说，无功补偿设备应分散装设在各负荷点及负荷中心，尽量做到分层（指各电压等级电网）、分区无功功率达到平衡。例如某电力系统主干电网的额定电压为500kV，由接在主网的各个500/220kV区域变电站分别向各地区220kV电网供电，这就要求各地区220kV电网、由各地区220kV电网供电的110kV电网、110kV以下各层电网均各自保持无功功率平衡。我国电力系统电压和无功管理导则要求：低压侧为220kV和110kV的降压变电站，在不同负荷水平时，220kV母线总负荷的功率因数应保持在0.95～1.0（滞后）范围内，110kV母线总负荷的功率因数应保持在0.9～1.0（滞后）范围内。各地区应按此要求安排各级电网的无功功率补偿设备，在各地区无功功率平衡的基础上，再考虑主网的无功功率平衡。

无功功率补偿设备类型的选择需要从电压和无功功率控制的要求和经济性等方面考虑。并联电容器和电抗器控制性能较弱，但单价低、功耗小且运行维护方便，适宜于分散安装在各用户处以及变电站的10kV和35kV母线上。静止补偿器和同步调相机有良好的控制性能，而且有提高系统运行稳定性的作用，但单价较高，运行维护较复杂，所以一般只用于高压枢纽变电站中。静止补偿器还适用于带有冲击负荷的变电站和用户。

随着电力系统规模的日益扩大，以前那种用手动或自动调节个别发电厂母线电压或用个别变电站的调压设备来控制全系统电压的方法，已不能适应电力系统发展的需要。所以，根据电力系统本身的特点，一般在全系统分散配置调压设备，采用各地区自动调节电压和全系统集中自动调节电压相结合的方法。各地区负责本区电网电压的调节控制，并就地解决无功功率的平衡；系统调度中心负责控制主干电网中主干输电线和环网的无功功率分布，以及给定主要中枢点（发电厂母线、枢纽变电站母线等）的电压设定值，以便加以监视和控制，并协调各地区的电压水平，控制各重要无功功率电源和调压设备（如主要发电厂发电机母线电压、枢纽变电站调压设备的启停和调节）。

8.3.8 电力系统自动电压控制

自动电压控制（AVC）系统的总体目标是利用SCADA的实时信息，实时分析电网的电压无功运行状况，在此基础上给出相应的电压无功调整策略，使电网尽可能地保持在最优无功功率运行状态或附近，因此达到提高电压合格率，降低电网能量损耗等目的。具体目标包括：

（1）提高电压合格率，保证电网及设备的运行安全性。

（2）避免离散设备频繁调节。

（3）保证控制的平稳性。

（4）降低有功功率网损，提高电网运行的经济性。

（5）保证一定的电压稳定水平。

适应于我国电网结构的分层分区特点和无功功率管理模式，我国电网 AVC 系统必然采用网、省、地三级协调控制方式实现空间上的解耦，其结构如图 8-8 所示。

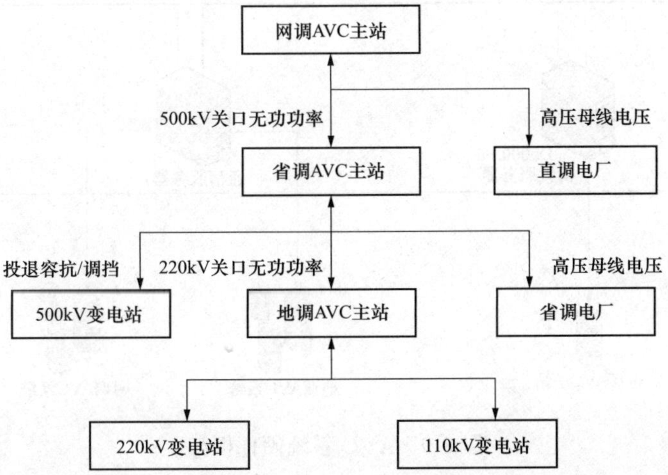

图 8-8　网、省、地三级协调的 AVC 结构

网省 AVC 系统建议采用两级电压控制模式。省调 AVC 主站系统通过全局电压无功优化，提供所辖各电厂的高压母线电压设定值和无功功率上下限值，实现对直调电厂的实时电压控制；通过 500kV 和 220kV 关口电压、功率因数或无功功率指标等信息的交互，实现网、省和省、地协调控制。

省调 AVC 主站系统安装于电力调度控制中心，为提高自动化系统的集成水平，防止重复建设，AVC 主站系统采用与 EMS 系统“一体化”建设的方式，实现与 EMS 系统的高度集成。目前省调 EMS 系统为 D5000 系统，遵循 IEC 61970 等最新国际标准，具有完整的 SCADA 功能、发电控制功能、发电计划功能、网络分析功能、DTS 功能等，系统同时具备强大的网络互联和远程通信能力。因此，AVC 系统所需的人机界面、数据存储、指令下发、电网模型、告警查询、权限管理、进程管理、日志管理和系统安全防护等功能均可利用 EMS 现有平台完成。所有画面都采用 D5000 来订制，界面风格与原有 D5000 保持一致，电网模型和数据都由 D5000 来存储和管理，与厂站的交互也由 D5000 来负责转发和接收。

AVC 系统的硬件框架图如图 8-9 所示。

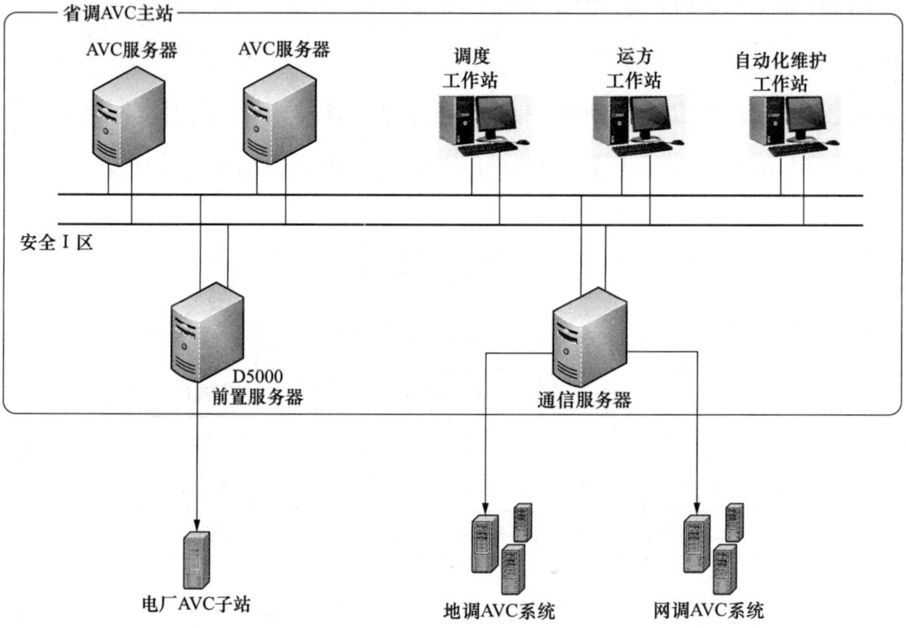

图 8-9　AVC 系统硬件框架

8.3.9　松弛化电压无功优化模型

电压无功优化以电网运行的安全性作为约束条件，以提高电网运行的经济性作为优化目标，实现全网无功功率的综合优化，在数学上可以描述为如下的非线性规划问题：

$$
\begin{aligned}
&\min f(\boldsymbol{V},\boldsymbol{\theta},\boldsymbol{B},\boldsymbol{T},\boldsymbol{Q}_{\mathrm{g}})\\
&\text{s.t.}\begin{cases}
P_{\mathrm{G}i}-P_{\mathrm{L}i}-\sum\limits_{j\in S_{\mathrm{N}}}P_{ij}(\boldsymbol{V},\boldsymbol{\theta},\boldsymbol{B},\boldsymbol{T})=0 & i\in S_{\mathrm{N}}\\
Q_{\mathrm{G}i}-Q_{\mathrm{L}i}-\sum\limits_{j\in S_{\mathrm{N}}}Q_{ij}(\boldsymbol{V},\boldsymbol{\theta},\boldsymbol{B},\boldsymbol{T})=0 & i\in S_{\mathrm{N}}\\
\underline{Q}_{Gi}<Q_{Gi}<\overline{Q}_{Gi} & i\in S_{\mathrm{G}}\\
\underline{V}_i<V_i<\overline{V}_i & i\in S_{\mathrm{N}}\\
\underline{B}_i<B_i<\overline{B}_i & i\in S_{\mathrm{G}}\\
\underline{T}_i<T<_i T_i & i\in S_{\mathrm{N}}
\end{cases}
\end{aligned}
\qquad (8\text{-}4)
$$

式中　$f(\boldsymbol{V},\boldsymbol{\theta},\boldsymbol{B},\boldsymbol{T},\boldsymbol{Q}_{\mathrm{G}})$——目标函数，一般为网损；

V_i——节点 i 的电压幅值；

$P_{\mathrm{G}i}$——节点 i 的电源有功功率注入；

$Q_{\mathrm{G}i}$——节点 i 的电源无功功率注入；

$P_{\mathrm{L}i}$——节点 i 的有功功率负荷；

$Q_{\mathrm{L}i}$——节点 i 的无功功率负荷；

B_i——并联补偿设备 i 的并联电纳；

T_i——变压器有载调压抽头 i 的标么变比；

S_{N}——所有拓扑点的集合；

S_{G}——所有机端拓扑点的集合；

在电网的实际运行中，由于负荷是时刻变化的，相应地母线电压幅值也将发生相应的波动，如果运行电压靠近考核边界，则可能因为负荷的正常波动而导致电压越限，因此在进行电压控制时应适当压缩电压可行域空间，以提高电压合格率。因此应该在电压允许区间的边界处设置预警区，尽量避免电压靠边界运行。

在负荷爬坡时段，由于负荷的增长速度较快，负荷侧电压有较快的下降趋势，应适当提高相应电压下限的压缩宽度，避免出现电压越下限的情况，以保证电网的电压质量；相对应地，在负荷滑坡时段，为提高电压合格率，则应适当提高电压上限的压缩宽度；对于负荷变化相对平稳的时段，电压幅值的变化速度较慢，变化幅值较小，电压限值的压缩量可适当减小，增大可行域空间，以降低电网的有功功率损耗，提高电网运行的经济性。

由电力系统运行知识可知：式（8-4）的不等式约束中，发电机无功功率、并联补偿设备的并联电纳及主变压器分接头标么变比等不等式约束均为硬约束，在电网的实际运行中不可能越限，在优化过程中应严格保证其可行性；而电压的上下限限值则为软约束，在电网的实际运行中可能越限，只是不希望出现越限情况罢了。当电网的局部无功调节能力不足时，完全可能出现某些节点电压越限的情况，此时式（8-4）构成的电压无功优化问题将无解，采用绝大多数优化算法求解时将表现为不收敛或找不到可行解。显然，这不能满足闭环实时控制系统对算法的可靠性要求。

事实上，当电网出现局部无功功率调节能力不足时，照样应该给出电压控制策略并实施闭环控制，以使越限点尽可能地少，越限量尽可能地小。

根据上述分析可以将电压的可能运行区间划分为安全区、预警区及警戒区，安全区是期望的电压运行区，故不必施加任何惩罚，预警区则应给予一定的惩罚，警戒区则给予较大的惩罚。

引入人工变量 O_i 以反映节点 i 的电压越限量，并通过在目标函数中引入对违反量的惩罚以体现对电网电压品质的要求，则电压无功优化问题可描述如下：

$$
\begin{gathered}
\min f(\boldsymbol{V},\boldsymbol{\theta},\boldsymbol{B},\boldsymbol{T},\boldsymbol{Q}_{\mathrm{g}})w\sum_{i\in S_{\mathrm{N}}}O_i \\
\text{s.t.}\begin{cases}
P_{\mathrm{G}i}-P_{\mathrm{L}i}-\sum\limits_{j\in S_{\mathrm{N}}}P_{ij}(\boldsymbol{V},\boldsymbol{\theta},\boldsymbol{B},\boldsymbol{T})=0 & i\in S_{\mathrm{N}} \\
Q_{\mathrm{G}i}-Q_{\mathrm{L}i}-\sum\limits_{j\in S_{\mathrm{N}}}Q_{ij}(\boldsymbol{V},\boldsymbol{\theta},\boldsymbol{B},\boldsymbol{T})=0 & i\in S_{\mathrm{N}} \\
\underline{Q}_{\mathrm{G}i}<Q_{\mathrm{G}i}<\overline{Q}_{\mathrm{G}i} & i\in S_{\mathrm{G}} \\
\underline{B}_i<B_i<\overline{B}_i & i\in S_{\mathrm{C}} \\
\underline{T}_i<T_i<T_i & i\in S_{\mathrm{T}} \\
\underline{V}_i^{\mathrm{c}}-O_i<V_i<\overline{V}_i^{\mathrm{c}}+O_i & i\in S_{\mathrm{N}} \\
O_i\geqslant 0 & i\in S_{\mathrm{N}}
\end{cases}
\end{gathered}
\tag{8-5}
$$

式中 $\overline{V}_i^{\mathrm{c}}$ ——压缩后的电压上限；

$\underline{V}_i^{\mathrm{c}}$ ——压缩后的电压下限；

w ——在目标函数中对电压越限进行惩罚的权重。

上述处理事实上是根据压缩后的电压限值对电压违反量进行惩罚，由于压缩带宽的存在，通过设置适当的罚系数，可以有效避免不必要的电压靠边界或越限运行。

对于电力系统的实际运行状态，当有了收敛的状态估计结果时，潮流平衡方程、机组无功功率约束、补偿设备并联电纳上下限约束及主变压器变比约束等均会得到满足。当无功调节能力不足时，只要松弛变量 O_i 值足够大，电压的上下限约束也会得到满足，即式（8-5）的等式及不等式约束均将得到满足，这就意味着由式（8-5）构成的优化问题肯定存在可行解，可以满足无功调节能力相对不足时的电压控制需要。

8.3.10 低压并联补偿设备投切策略优化

目前浙江省级电网集中监控范围内，AVC 系统控制策略一般只涉及 500kV 变电站低压侧并联补偿设备的投切。为进一步提升并联补偿设备投切的安全性、可靠性，其投切策略需要进行各种优化处理。

电网实际运行中，AVC 主站每隔数分钟下发一次调整策略，正常情况下电压控制并非一蹴而就。为保证电压控制的精度及平稳性，自动电压控制应遵循“小步走，逐渐逼近”的原则。一个 AVC 系统控制周期内，一个厂站应只允许投切一组并联补偿设备。

考虑到并联补偿设备一天之内有操作次数的限制，两次调节之间有时间间隔的限制，AVC 投切控制问题严格上说是一个动态规划问题。由于负荷的不确定性，也由于动态规划问题求解的复杂性及可靠性等原因，现有的 AVC 系统中均对该问题进行了简化，将各运行断面解耦，以保证 AVC 闭环控制的实时性及可靠性要求。一种切实有效的方法是利用负荷的峰谷特性根据负荷的变化趋势将一天 24h 划分为若干时段，并根据各时段的负荷变化趋势确定离散量的调节方向，这样每个离散设备一天内的操作次数可以限制在 4～6 次之内，对于并联补偿设备，能够满足实际应用的要求。对于同一个厂站的电容器、电抗器，采用循环投切的原则以均衡各电容器、电抗器的投切次数，尽量增大同一设备两次调节间的时间间隔，充分挖掘其无功调节能力。

电网运行实践表明这样的优化处理是合理的，大大降低了算法实现的复杂性，因此使 AVC 系统优化控制的实用化成为可能。

第 9 章　辅助技术支持系统

9.1　概　　述

辅助技术支持系统是智能调度技术支持系统的补充，为调控中心全面了解电网设备运行工况、降低电网运行潜在风险提供了重要的技术支持手段。辅助技术支持系统目前包括保护信息系统、视频监控系统及输变电在线监测系统。

1. 保护信息系统

继电保护及安全自动装置（以下简称继电保护）是保证电力系统安全稳定运行的重要屏障，是电力系统不可缺少的组成部分。保护信息系统作为一个继电保护信息收集、整理和分析的平台，可以快速、简便、全面地获取故障信息，确保故障处置的及时性和可靠性。

2. 视频监控系统

视频监控系统作用是将变电站的实时图像信息传输到运检、调控中心等相关部门，提供变电站的实时可视化监控，加强变电站的监视能力，为变电站的安全运行及电力安全生产提供服务。

3. 输变电在线监测系统

输变电在线监测系统作用是通过有效的检测手段和完善的分析诊断技术，准确地掌握设备实时运行状态，及时发现设备的潜在性运行隐患及缺陷，避免由于设备运行隐患及缺陷没有及时发现并消除而引发的事故，保证设备的可靠、安全和经济运行。

9.2　保护信息系统

9.2.1　保护信息系统简介

保护信息系统可以全面、便捷地获取故障信息。该系统的应用，能优化生产调度、完善管理决策，能防止因信息缺失导致的处置延误，规避故障扩大的潜在风险，为减少事故损失提供技术保障。

1. 系统结构

保护信息系统将变电站内各微机保护装置、故障录波器组网，主要由保护管理单元、保护通信接口单元、录波管理单元以及管理工作站组成，如图 9-1 所示。

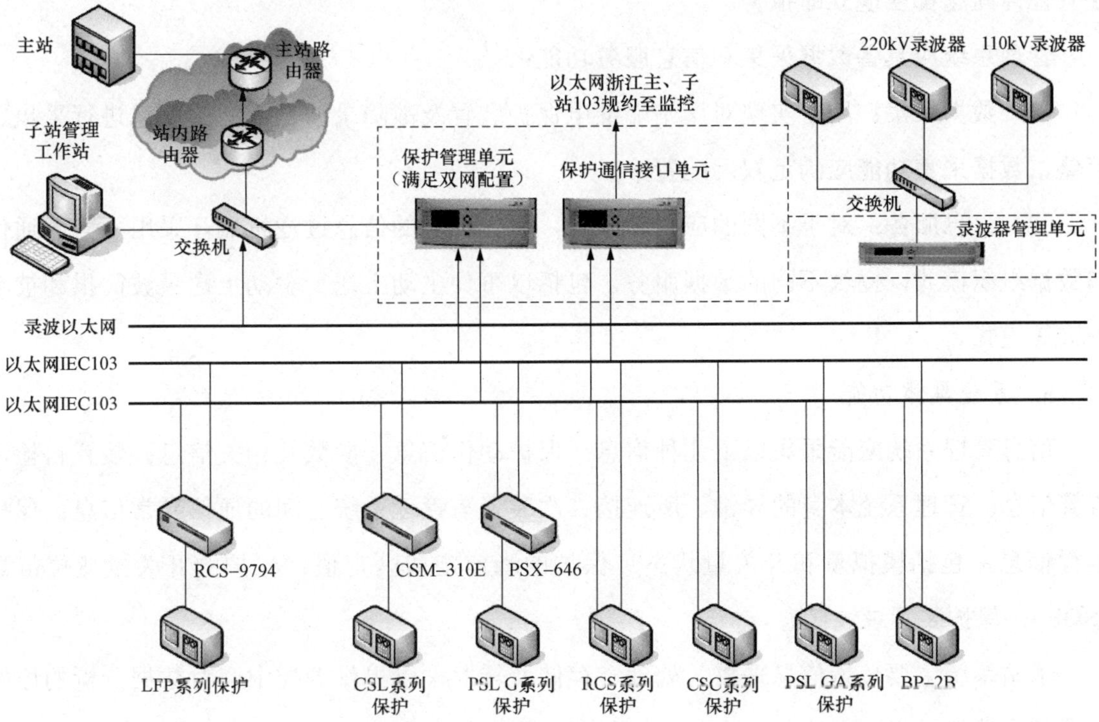

图 9-1　典型保护信息系统网络结构图

微机保护由保护管理单元统一管理，保护信息经保护管理单元处理后，发往省调主站或地调分站；故障录波器由录波管理单元统一管理，录波信息经录波管理单元发往省调主站或地调分站；保护通信接口单元用于给站内监控系统发送保护信息。

保护信息系统组网应满足双网结构，通过以太网 103 规约接入保护管理单元（对于早期变电站已建成利用串口 103 方式组网的，保持原有接入方式，不做变更）。变电站本地的管理系统管理工作站统一接收管理系统各种信息，满足本地管理和监视需求。整个管理系统网络结构清晰，并预留监控系统获得数据的网络接口。

2. 系统总体要求

系统整体设计应符合电力系统安全要求，不能影响电力系统一、二次设备的正常运行。硬件应采用工作稳定、性能可靠的计算机硬件系统。系统硬件和有关的接口设备技术性能指标应符合国际工业标准，并能充分满足系统的故障信息采集、管理和上送主站功能的要求，以及业务范围内的特殊功能要求。

在系统正常运行期间，信息管理系统的任何故障均不应引起管理系统所连接保护装置的误动作，管理系统的硬件和软件应具备连续监视功能，如硬件设备有任何故障或软件程序有任何问题都应能立即报警。

管理系统应具备数据采集和信息服务功能：

（1）数据采集：用于实现对厂站端继电保护装置及故障录波器上送的信息进行采集、存储，数据采集功能应满足双网配置。

（2）信息服务：对于不同的应用需求方，确定不同的信息过滤机制，采用不同的通信和数据组织模式，提供不同的数据服务，包括以事件主动上送、主动上送录波简报和被动查询等模式。

3. 系统具体功能

信息管理系统应能采集以下几种信息：保护动作信息、参数及相关信息；装置自检及告警信息；管理系统本身的异常、所连接二次装置与管理系统之间的通信异常信息；保护运行信息，包括模拟量和开关量状态；保护的当前定值区定值；保护的开关量变位信息（SOE）；保护装置录波信息。

子站系统主要负责信息采集、处理、存储及转发，以提供调控中心对数据分析的原始数据和事件记录量，同时提供站内设备巡检与系统自检、信息在线分析、数据查询与检索、图形与参数维护、监视主画面、站内设备对时、用户权限日志管理等功能。

主站系统通过对子站上送信息（保护动作和录波信息）进行加工、处理、分析、显示，为调控员事故处理及电网的安全分析、继电保护动作行为分析提供决策依据，并在此基础上实现全局范围的故障诊断、测距、波形分析、历史查询、保护动作统计分析。

4. 系统保护信息存储

管理系统本地管理工作站所选用的数据库管理系统应能稳定运行，应满足至少1年的运行数据的存储容量，所存储的信息应包含微机保护装置的实时上送信息，设备当前的设定值、状态信息，管理系统自检和系统管理信息，所存储的信息应能适应主站根据时间、事件、设备名等进行的调用。

5. 系统保护信息上送

在管理系统出现系统告警或电网发生故障时，能自动或根据主站的召唤向主站上传装置的告警信息、动作信息以及整定值信息、故障录波文件等。

系统上送信息的方式有:保护动作事件信息和保护故障录波简报应实时主动上送主站;对装置自检和告警信息，也应实时主动上送，但上送优先级低于保护动作事件;对保护录波文件、保护定值等根据主站调阅需要上送所需的信息。

系统应具备对数据分析后再决定是否向主站传送的能力，即根据可设定的规则，将现场运行中大量存在的启动信息过滤掉，避免这些无效的信息占用数据通道和干扰主站端有效数据的显示。

6. 保护信息系统应用

保护信息系统的作用主要体现在以下六方面:

(1) 正确分析事故原因。一个大的电力系统往往连着广大地区的很多发电厂和变电站，当系统发生事故时，除继电保护和自动装置动作切除故障外，尚需尽快查明事故原因，以便确定防止事故的对策。

如无保护信息系统提供的故障录波和保护动作信息，就不能得到可靠的直接数据，在分析事故时，就不得不进行假设和推测，这样常常前后矛盾，难以解释。特别是当保护装置发生拒动或误动而扩大了事故时，情况就将更为复杂。

(2) 正确评价保护及自动装置的动作行为。系统发生事故时，继电保护装置可能出现几套保护装置同时动作的情况。例如：当线路发生两相短路故障时，高频、距离、零序电流方向保护同时动作，而如果零序电流方向保护动作则是错误的，但若无保护信息系统提供的故障录波和保护动作信息，则无法判断保护动作的正确性，进而无法确知故障的类型。而有了录波和保护动作信息，就可以正确评价继电保护装置的动作。特别是当发生转换性故障时，更需要利用录波资料和保护动作信息来正确评价继电保护和自动装置的动作。

(3) 发现继电保护和自动装置的缺陷，便于改进和完善设计。在超高压线路继电保护和自动装置接线回路的设计中，虽经过认真细致地研究，但仍可能有不合理或考虑不周的地方。有了保护信息系统提供的故障录波，利用录波资料分析就可发现装置的缺陷并及时消除或改进装置的接线。

例如：从录波资料中曾发现过某 220kV 线路单相接地故障误跳三相的原因，是由于闭锁三相跳闸回路的零序电流继电器触点返回太快造成的。也曾发现过另一 220kV 线路上发生瞬时性单相接地故障，保护装置动作，切除故障相后重合成功，故障相已消除，但重合闸却又误跳了三相，查其原因是重合闸后加速回路设计不合理造成的。

(4) 发现一次设备缺陷，及时消除隐患。在超高压电力系统中，有的一次设备例如高压断路器存在缺陷，平时难以发现，而这些缺陷将在不同程度上危及电力系统的安全运行。

某电力系统中，曾从保护信息系统提供的录波图和保护动作信息中发现断路器断不开电容电流，导致触点间多次电弧，使重合闸重合不成功；还曾发现有的断路器合闸时多次跳跃。通过录波图和保护动作信息分析，可发现上述隐患并及时予以消除，保证电力系统安全运行。

（5）提供转换性故障和非全相运行再故障资料。在电力系统运行中，同一线路上有时在很短时间内可能会发生由一种类型故障转换为另一种类型故障的现象。

例如在使用综合重合闸时，当发生单相接地故障，故障相两侧跳开后，在非全相运行过程中又可能发生故障。有了保护信息系统提供的录波资料和保护动作信息，就可了解线路故障时的故障类型转换和非全相运行过程中又发生故障的情况、特点和时间等等，为改善原有继电保护和自动装置及设计研制新装置提供重要的依据。

（6）分析研究系统振荡问题。利用保护信息系统提供的录波资料和保护动作信息，可帮助分析和研究系统振荡问题，以确定处理方法，缩短振荡时间，实现快速再同步，尽快平息振荡。同时，从对系统振荡过程的分析研究中，可找到供设计和改进继电保护的依据。

（7）进行故障精确定位。利用保护信息系统提供的故障录波数据和保护动作信息，判断故障线路、故障类型，进行故障测距，有利于缩小巡线范围，特别是对于长距离、地形复杂的输电线路，如果全线进行寻找故障点，其难度大、时间长，利用故障录波和保护动作信息进行精确测距，可以将故障点位置范围缩小至线路全长的 5%。目前故障录波中线路、变压器等参数录入更加全面，配合高速采样、多种测距算法互校（如特高压线路上采用行波测距），可以保证在各种故障情况下，有很高的测距精度。

故障发生后，故障录波和保护动作信息可分别通过系统主界面上的保护联网及录波联网模块进行调取，如图 9-2 所示。以保护动作信息调阅为例，在保护联网模块下点选相应变电站，进入保护动作信息调阅界面，按照故障间隔选择对应保护装置，即可查看保护动作的实时信息或历史记录。

得到故障录波图和保护动作报告后，调控人员可以初步确定保护动作信息、故障相别、测距等信息，因此快速隔离故障和恢复送电、安排事故抢修和线路巡线等工作。

9.2.2 故障分析实例

电力系统是一个十分复杂的系统，常见故障有单相接地短路故障、两相短路故障、三相短路故障、两相接地短路故障、单相断线故障（两相运行）、两相断线故障（单相运行）。其故障电压、电流受系统运行方式、过渡电阻等因素影响，还需考虑操作情况、天气等多方面因素，部分特殊故障还需依靠人工手段进行分析，保护信息系统上送的各类数据是主要的信息来源之一。

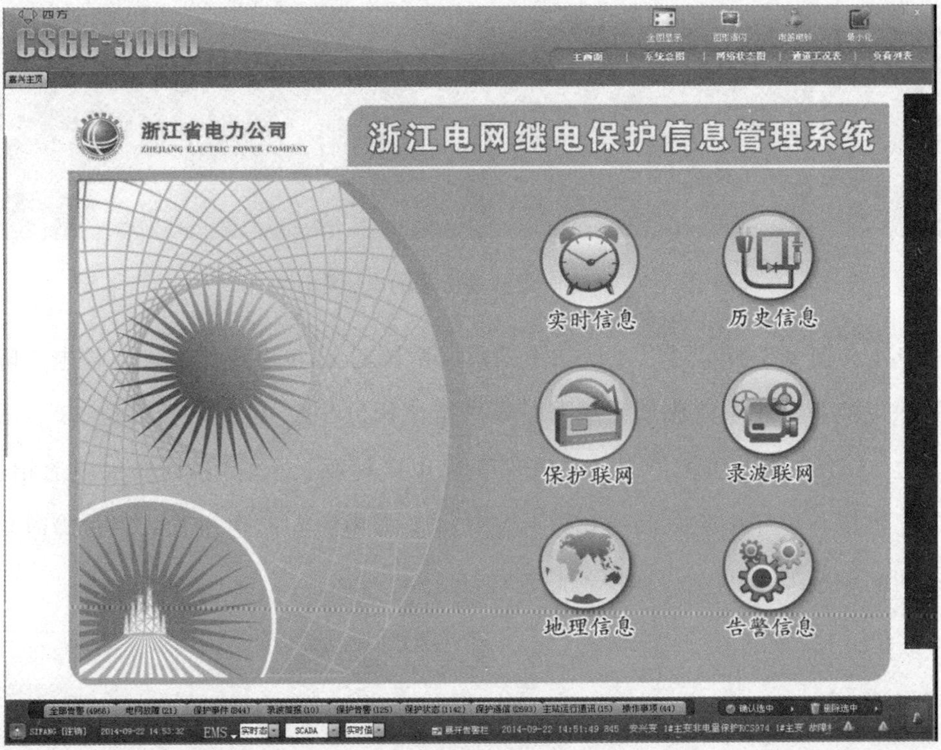

图 9-2　保护信息系统主界面

对故障录波数据分析按以下步骤进行：

第一步：首先要大致判断系统发生了什么故障，故障持续了多长时间。

第二步：以某一相电压或电流的过零点为相位基准，查看故障前电流、电压相位关系是否正确，是否为正相序，负荷角为多少度？

第三步：以故障相电压或电流的过零点为相位基准，确定故障态各相电流、电压的相位关系。

第四步：绘制向量图，分析时，应考虑系统具体运行方式、元件参数、过渡电阻的影响。

以下是某一变电站故障时所录其中 500kV 线路故障，故障录波波形如图 9-3 所示。

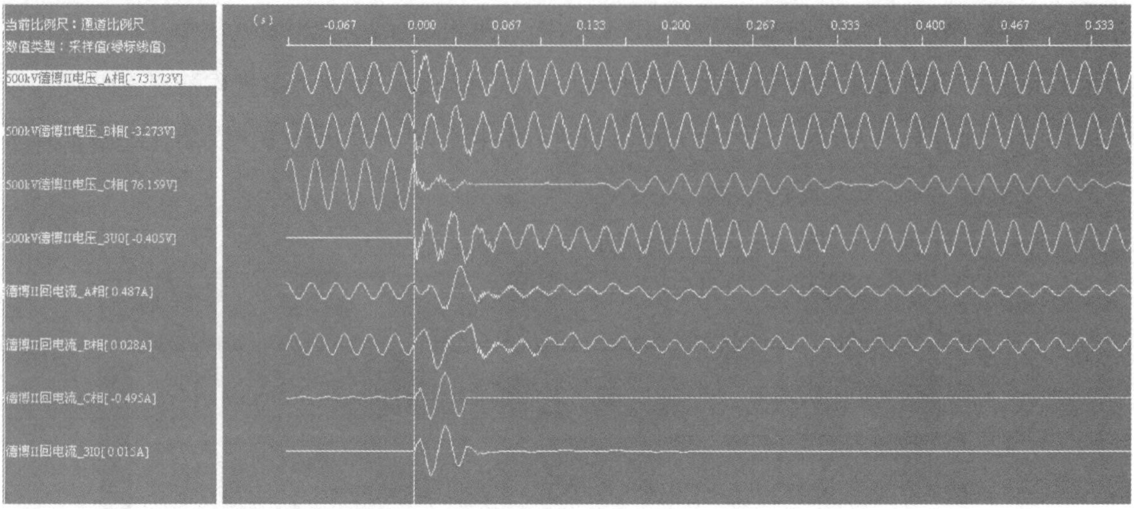

图 9-3　故障时录波器所录的电压电流波形

如图 9-4 和图 9-5 所示可以发现如下信息：故障时 C 相电流增大，C 相电压降低；故障时有负序电流和零序电流出现；故障时零序电流相位 20°；C 相电流相位 28°；故障时零序电压相位 256°；C 相电压相位 89°；故障时负序电压相位 323°；故障时负序电流相位 157°；故障时零序电压与零序电流之间的相位差是 124°，即电流超前电压 120°；故障时负序电压与电流之间的相位差是 194°；即电流超前电压 194°。

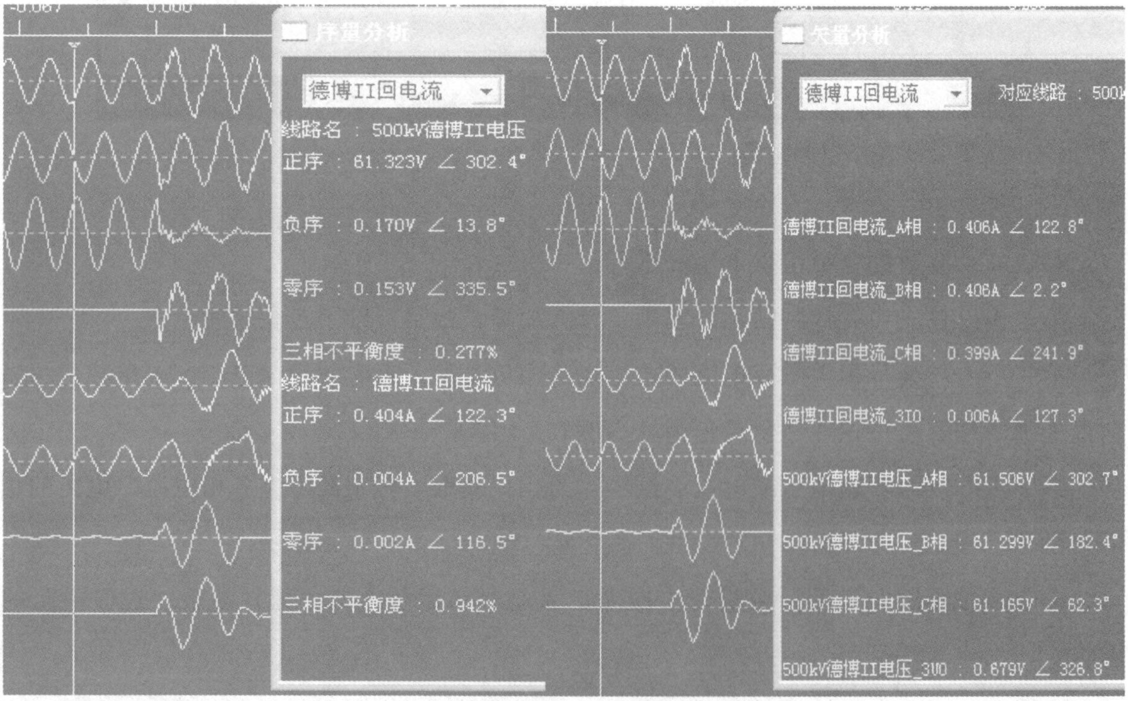

图 9-4　故障时电压、电流的矢量图

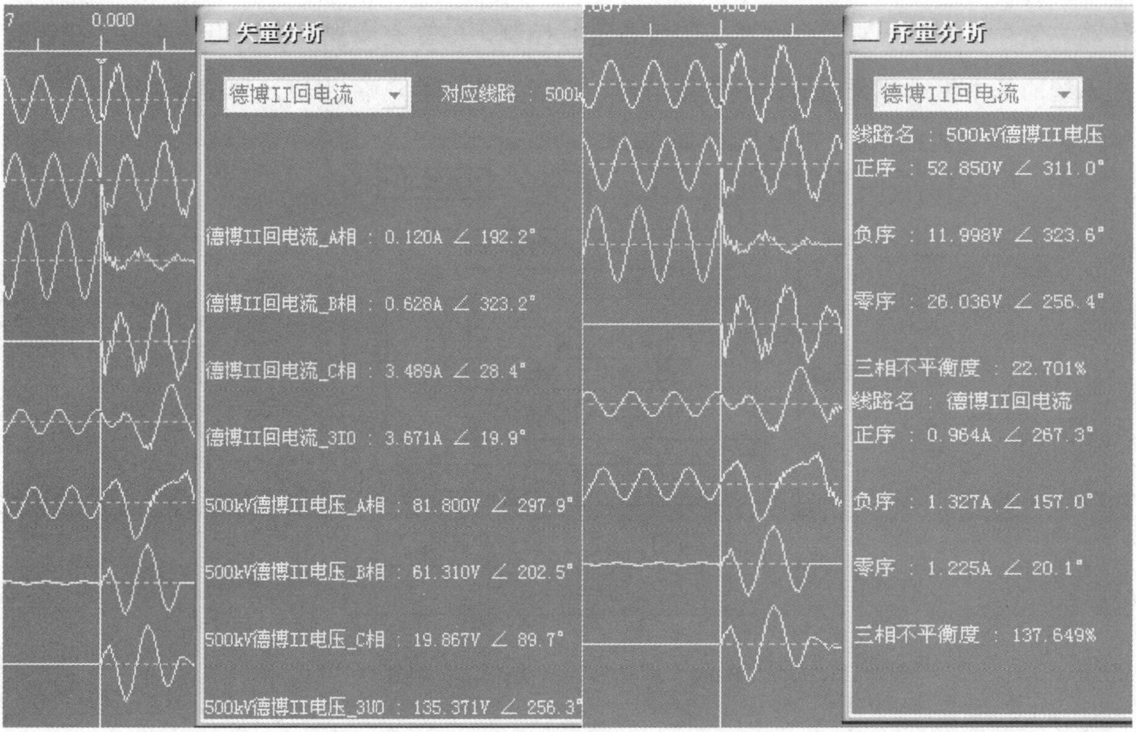

图 9-5　故障时电压、电流的序量图

根据分析可判断系统故障类型为单相接地故障，且电流超前电压 120°，此角度反应的是系统到故障点的阻抗角，可知是本条线路发生了 C 相接地故障。

9.3　视 频 监 控 系 统

9.3.1　视频监控系统简介

随着无人值守变电站管理模式的推广，变电站巡检制度的建立，在调控中心等相关部门通过现有的电力通信网对所属变电站实现视频监控、远程故障和意外情况告警接收处理，可提高变电站运行和维护的安全性和可靠性，并可逐步实现电网的可视化监控和调度，使电网调控运行更为安全、可靠。视频监控系统最基本的目的是将变电站的实时图像信息传输到运检、调控中心等相关部门，为电力安全生产提供服务。系统建设具有可扩展性，便于不同系统之间互联，也要能灵活、方便地增加监控点数目和摄像机数目；在地区内各县级监控中心之间，省内各地级监控中心之间，各地级监控中心与省级监控中心之间，能通过网络互联互通。

视频监控系统是基于 IP 网络，能够对音视频、数据、告警及状态等信息进行远程采集、传输、储存、处理，对云台、镜头等设备进行控制，独立完成视频监控相关业务。视频监控系统的基本组成部分包括视频监控平台、前端系统和客户端/用户，如图 9-6 所示。

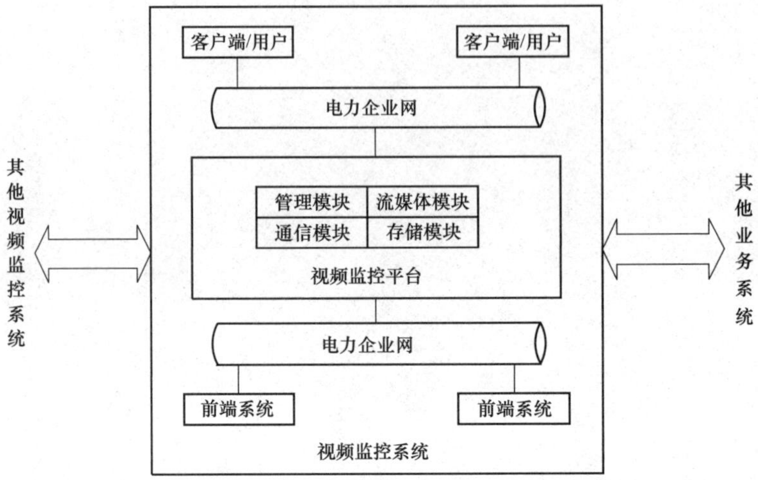

图 9-6　视频监控系统组成示意图

客户端/用户是指实现音视频、数据、告警及状态等信息呈现的软件和硬件。部分类型的客户端/用户具有对前端系统控制和管理等功能。

前端系统是实现音视频、数据、告警及状态等信息采集和双向传送、控制功能的软件和硬件。一般包括一体化摄像系统或视频服务器及外围设备、摄像机、云台设备、告警开关、供电设备、本地控制及与平台连接设备等。前端系统中的设备简称前端设备。

视频监控平台是对前端系统进行管理和控制、为应用系统及多区域视频监控系统互联提供服务的软件和硬件。一般包括呼叫建立与控制、用户与设备管理、音视频存储、流媒体处理、音视频分发、平台管理等逻辑实体。视频监控平台简称平台。

9.3.2　视频监控平台

视频监控系统以视频监控平台为核心。视频监控平台中的基本设备是一个或多个提供业务的服务器。视频监控平台之间通过 IP 网络互联互通。视频监控平台一般包括管理、流媒体、通信、存储等功能模块，如图 9-7 所示。

电网统一视频监控平台是监控履行设备监视职责的辅助应用系统，将变电站的视频监视器加以整合联网到统一平台上，实现充分利用变电站监视器资源、辅助判断设备故障和异常情况等功能。

电网统一视频监控平台界面标签包括资源标签、资源分组标签、高级搜索标签、最近调阅标签，视频区具有视频窗口小工具、录像回放功能等，如图 9-8 所示。

图 9-7 电网统一视频监控平台界面

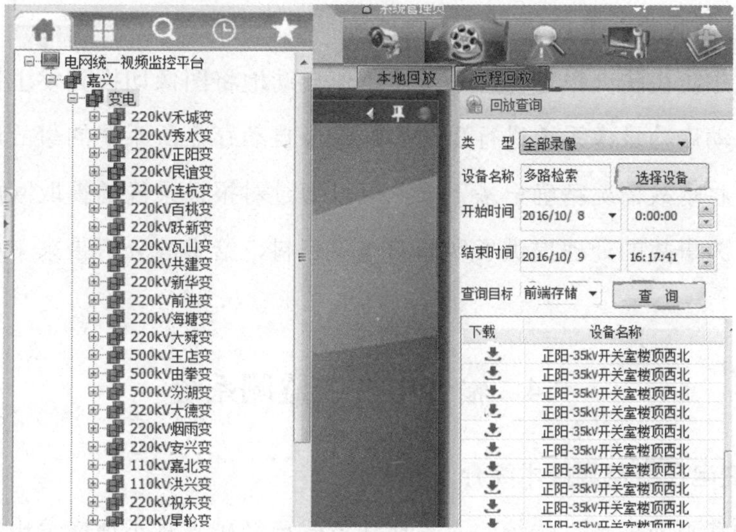

图 9-8 标签及回放功能

电网统一视频监控平台的应用主要有：

1. 日常巡视

监控人员可以通过平台对变电站设备进行日常定期“巡视”，结合 EMS 系统的信号实现多途径设备监控。

2. 异常及事故信号确认

在收到事故和异常信息后，监控人员可以通过视频监控平台查看故障设备，确定信号的真实性和故障的严重程度，因此有利于调度员采取正确快速的处理措施。

3. 预防事故的发生及扩大

通过视频监控平台能清晰监视变电站重要电气设备的运行情况及户内、户外各场地的环境，包括变电站入口、道路、设备等；及时发现运行设备的异常情况，以便采取及时有效的措施，防止事故进一步扩大，使经济损失减少到最低程度。

4. 加速事故处理减少停电损失

无人值班的变电站，防盗、防火工作是极其重要的，其他系统很难做到这一点，而视频监控系统系统却做到了警视联动的功能，可以对已安装在变电站的各个报警探头（包括红外、烟感等）按要求进行定时或手动布撤防，这样一旦变电站内发生防盗报警或消防报警时，该系统不但能及时向操作站及监控中心提供报警信息，还同时传送报警图像，报告值班人员有关事故的概况，值班员可立即根据情况做出处理决策。这样便大大缩短停电时间，减少停电损失。

5. 为事故分析提供可靠的依据

当变电站发生防盗防火报警时，系统能迅速自动地将图像切换到发生报警的探测器相应的位置。并自动启动录像系统进行事故追踪录像自动存盘，系统的事故追忆功能和事故顺序记录功能，将事故情况精确记录下来，可以通过对报警录像的提取回放，进行事故原因的调查分析，为事故的处理提供了现场第一手资料，给事故分析带来了极大的方便和可靠的依据。

9.4 输变电在线监测系统

9.4.1 输变电在线监测技术简介

随着输电线路不断增长，传统的人工巡线方式已经越来越不适应输电线路安全性和可靠性的要求；同时随着电网规模不断扩大，为节约人力资源，无人值守变电站逐渐成为主流变电站运行模式。如何实时监控输变电设备的运行状态，尽快发现输变电设备的缺陷，成为亟须解决的问题，输变电在线监测系统因此应运而生。

输变电在线监测是指在不停电的情况下，通过在线监测装置以及各种在线监测技术，在不影响设备运行的前提下实时获取设备的状态信息，对电力设备状况进行连续或周期性地自动监视检测。系统通过各种传感器技术、广域通信技术和信息处理技术实现各类输变电设备运行状态的实时感知、监视预警、分析诊断和评估预测，及时发现设备潜在性的运行隐患及缺陷，避免由于设备运行隐患及缺陷没有及时发现而引发的事故，因此保证设备的安全可靠运行。

输电设备的在线监测技术，国外在 20 世纪 90 年代开展了系统的研究，国内在 2000 年之后也研发了具有完整功能的输电设备在线监测技术。2008 年我国南方发生重大雪灾导致大面积严重电力瘫痪事故的发生，证实了输电设备在线监测技术的必要性和紧迫性。目前，已进行开展实际应用的输电设备在线监测技术有：微气象监测、覆冰监测、导线温度监测、导线弧垂监测、导线微风振动监测、导线舞动监测、杆塔倾斜监测、图像视频监测等。

变电设备的在线监测技术，国内外的研究也从未间断。20 世纪 60 年代，国外就成立了颇具规模的研究机构，每年均有大量的研究报告、学术论文发表。国内经过三十多年的探索和实践，也已形成相对成熟应用的变电设备在线检测技术，其中包括油中溶解气体监测、局部放电监测、铁芯夹件接地电流监测、SF_6 气体监测、避雷器绝缘监测等。目前，避雷器在线监测系统应用最多，变压器油中溶解气体在线监测应用效果普遍最为理想。

随着智能电网的建设，国家电网有限公司逐步地开始引导并系统性开展输变电设备在线监测技术应用，更进一步促进了输变电设备在线监测技术的实用化发展。

9.4.2 输电设备在线监测

1. 微气象监测

微气象监测系统由风向仪、温度传感器、湿度传感器、气压传感器、雨量传感器、光辐射传感器等气象监测装置组成，安装于线路杆塔，对线路通道走廊的气象环境信息进行实时监测，是目前应用成熟的一种输电设备在线监测；主要部署于重要线路大跨越、易覆冰区、易舞动区和强风区等特殊区域，以及穿越人烟稀少、高山大岭，公共气象监测存在盲区的重要线路。

微气象监测是一种在复杂条件下掌握线路运行环境实况的有效技术手段，通过积累大量线路运行的气象信息如温度、相对湿度、风速、风向、气压、雨量、光辐射等，为线路的规划设计、技术改造及状态检修的实施提供重要依据。

2. 覆冰监测

线路覆冰指雨滴在遇到冷空气后凝结在输电线路上，造成大面积电线被冰包住的现象。线路覆冰是严重的供电系统自然灾害，会引起输变电设备电气性能和机械性能下降；严重可造成绝缘子串覆冰闪络、覆冰导线舞动事故、线路塔杆倾倒和断裂，甚至可造成整个电网停电。

覆冰在线监测系统通过绝缘子串倾斜角、风偏角及拉力的变化，加上气象数据，再利用数学模型的分析，辅以视频监控，因此实现对线路覆冰状况的实时监测和综合监测；重点监视位于重冰区和处于迎风山坡、垭口、风道、大水面附近等易覆冰区域及处于2、3级舞动区的重要线路。

3. 导线温度监测

输电导线运行时的温度深刻影响着线路的输电能力，与其载流量有着紧密联系；研究表明，导线允许载流量的实际值和规定值之间存在着隐性容量，若能充分利用，输电容量将增加20%～70%。因此，实现导线实时温度的监测对导线载流量的控制以及实现动态增容有重要意义。

导线温度监测主要应用在输电线路动态增容中，该系统在输电线路上安装在线监测装置，对导线温度的实时监测，并结合气象条件、导线状态计算出导线动态载流量，因此确定线路当前的稳态输送容量限额，为线路运行部门提供实时数据依据，充分挖掘输电线路的输送能力。

4. 导线弧垂监测

在输电线路中，如果导线的弧垂高度超出一定范围，会使得导线由于交叉跨越距离不够而放电，危及电力生产和输电线路周边安全，因此，导线的弧垂高度必须限制在一定的设计规定范围内，以保障输电线路的安全稳定运行。过大的弧垂不但会造成事故隐患，也同时会限制了线路的输送能力，需要对导线的弧垂高度进行实时监测。

导线弧垂监测系统由导线弧垂监测单元通过各类传感器测量导线最低点的对地距离以及导线和环境温度，并根据现场杆塔和导线的各种参数，计算出在不同的环境温度和导线温度下的导线的弧垂。目前主要的测试方法有接触式采集单元和非接触式采集单元两种；重点监视跨越主干铁路、高速公路、桥梁、江河等线路重要跨越段。

5. 导线微风振动监测

微风振动是在微风吹拂下，在线路背风侧产生上下交替的卡门漩涡，造成导线在垂直平面内的谐振，形成上下有规律的振动，这种振动就是微风振动。一般微风振动能够持续数小时甚至数日，因此引起导线的疲劳断股，是输电线路安全运行的一大威胁。

微风振动监测系统通过在导线上安装微风振动采集单元，对架空输电线路导线、地线的微风振动进行在线监测，通过采集导线的弯曲振幅、频率和线路周围的气象环境参数，运用专家系统在线分析判断线路微风振动的水平和导线的疲劳寿命，对已经出现疲劳损坏的导地线进行故障追踪。重点监视跨越通航江河、湖泊、海峡等线路大跨越及发生过导线振动断股的线路重要区段。

6. 导线舞动监测

输电线路舞动是偏心覆冰导线在风的激励下产生的一种低频、大振幅自激振动现象。由于舞动幅度大，持续时间长，因此易引起闪络跳闸、绝缘子撞裂破损、跳线断裂、金具损坏、掉串掉线、杆塔结构受损、倒塔等严重事故，因此造成重大经济损失。

舞动监测系统通过在一挡线路上安装多个舞动采集单元，实现对导线舞动特征参数包括舞动的半波数、舞动频率、舞动幅值、舞动时导线张力等信息的监测，再利用相关数学模型分析出舞动线路的舞动半波数及可计算导线运行的轨迹相关参数，判断线路是否发生舞动危害，发出报警信息。监测系统重点监视强风区、易覆冰区等特殊区段导线。

7. 杆塔倾斜监测

输电杆塔由于受到输电导线拉力和地质运动等影响，运行过程中会逐渐呈现出倾斜的状态，随着倾斜角度的不断增大有可能导致断线和杆塔倒塌事故的发生，需要及时进行维护扶正。

路杆塔倾斜在线监测系统由杆塔倾斜监测仪构成，用两轴高精度角度传感器对杆塔纵向和横向倾斜角度进行测量，当杆塔倾斜度超出设定的标准后进行预警。通过预警，使运行部门及时掌握杆塔安全情况，减少因杆塔倾斜而引发的事故。重点监视位于矿山采空区、基础易沉降区、易滑坡区、易冲刷区及岩石风化区等地质灾害多发段。

9.4.3　变电设备在线监测

1. 油中溶解气体在线监测

500kV 电压等级变电站的主变压器均是油浸式的，其内部变压器油是从石油中分离出来的一种矿物油，由许多不同分子量的碳氢化合物分子组成的混合物，主要作用为绝缘和散热。油在电或热故障作用下，可以形成 H_2（氢气）和低分子烃类气体如 CH_4（甲烷）、C_2H_6（乙烷）、C_2H_4（乙烯）、C_2H_2（乙炔）等，油的氧化也会生成少量的 CO（一氧化碳）和 CO_2（二氧化碳）。变压器的固体绝缘材料是指绝缘纸、层压纸板等，由纤维素构成，纤维素是由很多葡萄糖单体组成的长链状高聚合碳氢化合物，在裂解时会生成 CO 和 CO_2、少量低分子烃类气体。

在变压器内部故障处于潜伏期时，上述气体的产气量会迅速增大。油中溶解气体分析就是分析溶解在充油电气设备绝缘油中的气体，根据气体的成分、含量及变化情况来诊断设备的异常。故障类型判断的常用方法有特征气体法和三比值法。

（1）特征气体法。根据 DL/T 722—2014《变压器油中溶解气体分析和判断导则》第 4 章介绍的产气原理，可以得知变压器内部不同的故障所产生的气体也不相同，因此通过油中气体的各种成分含量多少可以判断故障的性质及程度，这种判断方法就是特征气体法。不同故障类型所产生的特征气体见表 9-1。

表 9-1　　不同故障类型产生的气体

故障类型	主要特征气体	次要特征气体
油过热	CH_4、C_2H_4	H_2、C_2H_6
油纸过热	CH_4、C_2H_4、CO	H_2、C_2H_6、CO_2
油纸绝缘中局部放电	H_2、CH_4、CO	C_2H_4、C_2H_6、C_2H_2
油中火花放电	H_2、C_2H_2	—
油中电弧	H_2、C_2H_2、C_2H_4	CH_4、C_2H_6
油纸中电弧	H_2、C_2H_2、C_2H_4、CO	CH_4、C_2H_6、CO_2

（2）三比值法。三比值法是热动力学和实践的基础上总结得出的，利用五种气体（CH_4、C_2H_4、C_2H_6、C_2H_2、H_2）的三对比值（C_2H_2/C_2H_4、CH_4/H_2、C_2H_4/C_2H_6）的编码组合来进行故障类型判断的方法。三比值法的编码规则见表 9-2。

表 9-2　　三比值编码规则

气体比值范围	比值范围编码		
	C_2H_2/C_2H_4	CH_4/H_2	C_2H_4/C_2H_6
<0.1	0	1	0
$[0.1, 1)$	1	0	0
$[1, 3)$	1	2	1
$\geqslant 3$	2	2	2

故障类型判断方法见表 9-3。

表 9-3 三比值法故障类型判断表

<table>
<tr><th colspan="3">编码组合</th><th rowspan="2">故障类型判断</th><th rowspan="2">典型故障（参考）</th></tr>
<tr><th>C_2H_2/C_2H_4</th><th>CH_4/H_2</th><th>C_2H_4/C_2H_6</th></tr>
<tr><td rowspan="5">0</td><td>0</td><td>1</td><td>低温过热
（低于 150℃）</td><td>纸包绝缘导线过热，注意 CO 和 CO_2 的增量和 CO_2/CO 值</td></tr>
<tr><td>2</td><td>0</td><td>低温过热（150～300℃）</td><td rowspan="3">分接开关接触不良；引线连接不良；导线接头焊接不良，股间短路引起过热；铁芯多点接地，钢片间局部短路等</td></tr>
<tr><td>2</td><td>1</td><td>中温过热（300～700℃）</td></tr>
<tr><td>0，1，2</td><td>2</td><td>高温过热
（高于 700℃）</td></tr>
<tr><td>1</td><td>0</td><td>局部放电</td><td>高湿、气隙、毛刺、漆瘤、杂质等引起油中低能量密度的放电</td></tr>
<tr><td rowspan="2">2</td><td>0，1</td><td>0，1，2</td><td>低能放电</td><td rowspan="2">不同电位之间的火花放电，引线与穿缆套管（或引线屏蔽管）之间的环流</td></tr>
<tr><td>2</td><td>0，1，2</td><td>低能放电兼过热</td></tr>
<tr><td rowspan="2">1</td><td>0，1</td><td>0，1，2</td><td>电弧放电</td><td rowspan="2">线圈匝间、层间放电，相间闪络；分接头引线间油隙闪络，选择开关拉弧；引线对箱壳或其他接地体放电</td></tr>
<tr><td>2</td><td>0，1，2</td><td>电弧放电兼过热</td></tr>
</table>

另外，DL/T 722—2014《变压器油中溶解气体分析和判断导则》中相关条款对 330kV 及以上运行变压器油中的气体组分含量也有具体规定：H_2 大于或等于 150μL/L，C_2H_2 大于或等于 5μL/L，总烃大于或等于 150μL/L 时应引起注意。注意值不是划分设备有无故障的唯一标准。当气体含量达到注意值时，应进行追踪分析并查明原因。对 330kV 及以上的变压器和电抗器，当出现 C_2H_2 小于 1μL/L 时也应引起注意。

变压器油中溶解气体在线监测系统是一套应用于油浸式电力变压器的对其在线运行安全状况作实时监测的设备。整个工作的基本过程是，按设定日期的采样周期，定时地从运行变压器中取出绝缘油油样，引入油气分离装置进行油气分离的脱气处理，把油中分离出的混合气体收集压缩，经由载气（压缩空气或 N_2）带入色谱柱，由色谱柱完成对不同样气进行组分分离，分离以后的样气 H_2、CO、CO_2、CH_4、C_2H_6、C_2H_4、C_2H_2，在载气的推动下经过气体传感器，将气体浓度转换成电压信号，此电压信号通过高精度 A/D 转换器转换成数字序列信号，通过通信接口上传到后台监控系统进行存储、分析和显示，因此实现变压器在线监测的作用。其原理如图 9-9 所示。

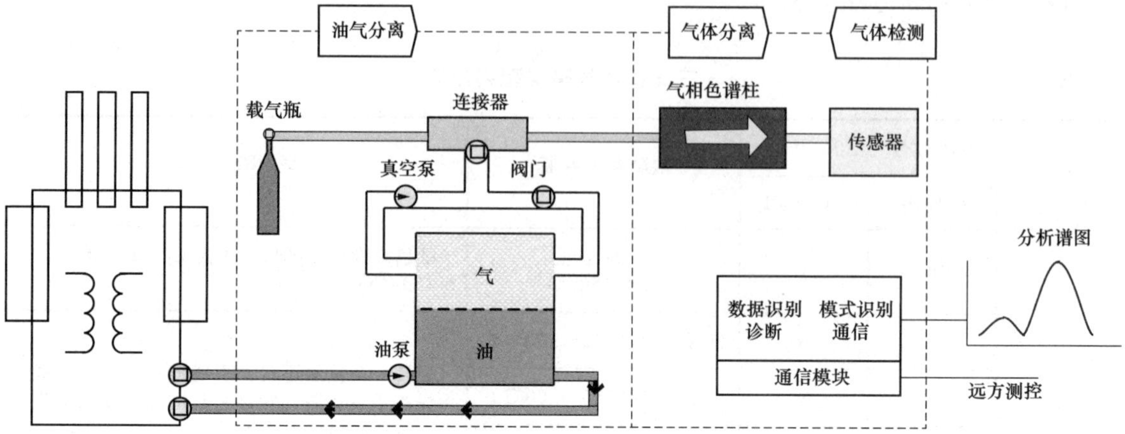

图 9-9 油色谱在线监测系统原理图

2. 油中微水在线监测

变压器油是变压器内部重要的液体绝缘介质，油中存在水分会使油的绝缘性能大大降低，严重时可能导致绝缘击穿，引起设备烧毁等重大事故，因此实现对油中微水的在线监测对变压器设备的安全可靠运行具有十分重要的意义。

目前油中微水含量检测较成熟的方法是利用聚合物薄膜电容在不同的相对湿度条件下，吸附的水分含量不同，使得聚合物薄膜的介电常数发生相应变化，因此引起电容值变化，来实现非电量到电量的测量转变，实现油中微水含量的在线监测。

3. 铁芯夹件接地电流在线监测

变压器铁芯是变压器最重要的部件之一，担负着由电转换为磁，再转换为电的作用；夹件则是用来夹紧铁芯硅钢片，位于在铁芯上下铁轭的两侧。如果铁芯或夹件有两点以上接地时，则接地点间会形成闭合回路，链接部分磁通形成环流，甚至可达数十安培，因此产生局部过热、烧坏铁芯、破坏绕组绝缘，造成变压器损坏。变压器铁芯接地电流的大小随铁芯接地点多少和故障严重的程度而变化，因此通过检测变压器铁芯接地电流，可以发现铁芯及夹件多点接地缺陷，防止局部过热，保护铁芯。

变压器正常运行时，铁芯接地电流很小，只有毫安级或接近于零，Q/GDW 1168—2013《输变电设备状态检修试验规程》规定：在运行条件下，测量流经接地线的电流，大于100mA 时应予注意。500kV 电压等级的变压器多采用铁芯和夹件分别引出油箱外接地，因此，在线监测装置系统往往通过在引出线设置穿芯电流传感器测量变压器铁芯的接地电流，通过前置调理器和数据采集器，进行数据采集，上传后台进行分析、判断。判断接地类型情况，见表 9-4。

表 9-4　　　　　　　　　　接地类型判断

电流大小	接地类型
铁芯接地电流=夹件接地电流＞1A	铁芯与夹件有连接点
铁芯接地电流＞1A ≫ 夹件接地电流	铁芯有多点接地
夹件接地电流＞1A ≫ 铁芯接地电流	夹件有多点接地

4. 局部放电在线监测

局部放电，是绝缘介质中的一种电气放电，这种放电时间虽短，能量也很小，但具有很大的危害性，长期存在对绝缘材料将产生较大的破坏作用，日积月累可能导致整个绝缘被击穿，发生重大事故。局部放电的强弱能够及时反映电气设备的绝缘状态，因此实时监测电气设备在运行过程中的局部放电情况，可以及时对其绝缘异常状态和放电性故障做出预警，为其正常运行提供必要的指导数据。

局部放电在线监测主要应用于变压器、高压断路器柜以及 GIS 等设备。

局部放电的过程除了伴随着电荷的转移和电能的损耗之外，还会产生电磁辐射、超声波、发光发热等。因此针对这些现象，局部放电监测的基本方法有脉冲电流测量、超声波测量、光测量、超高频测量以及特高频测量等方法。

其中脉冲电流法是研究最早、应用最广泛的一种监测方法，通过电流脉冲的统计特征和实测波形来判定放电的严重程度，进而运用现代分析手段了解绝缘劣化的状况及其发展趋势，对于突变信号反应也较灵敏，易于准确及时地发现故障，且易于定量。如图 9-10 所示为比较典型的局部放电在线监测（以变压器为例，采用脉冲电流法，图 9-10 中 TA 表示电流互感器）系统框图。

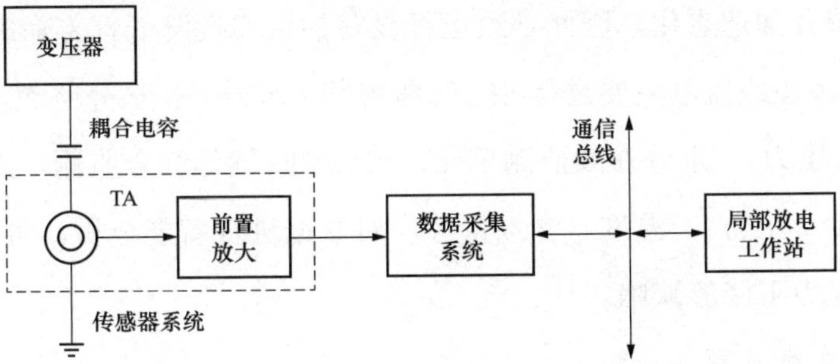

图 9-10　典型局部放电在线监测系统框图

目前在局部放电在线监测装置的设计应用中，也常常采用特高频（ultra high frequency，UHF）法。该方法采用特定的传感器检测局部放电在特高频频段（300～1500MHz）所产生电磁波信号，可以无障碍地被检测到变压器内部的局部放电源，具有很强的抗干扰性和较高的灵敏度，能够消除外部电晕对局放测量的影响；还可以保留局部放电的各种模式、相位、幅度等特征，因此进行局部放电模式的识别。

5. 断路器机械特性在线监测

断路器作为电网中的重要设备，起着关合及开断电力的作用，用来实现电力负荷的输送和倒换，以及从电力系统中退出故障设备和线路，保证电网安全运行。断路器故障导致无法正常开合可能会造成电网事故扩大，因此实现对断路器机械特性的在线监测对电网的安全运行具有十分重要的意义。

断路器机械特性在线监测包括分合闸线圈电流监测、储能电动机工作状态监测、高压断路器行程监测、断路器负荷电力监测、断路器机械振动监测。通过分合闸线圈电流监测可判断操动结构是否有铁芯空行程、弹簧卡滞等故障；通过储能电动机工作状态监测可判断储能系统液压油不清洁、阀口密封破坏及泵系统异常、弹簧机构状态异常等故障；通过高压断路器行程监测可判断断路器的开断性能是否满足要求；通过断路器负荷电力监测可判断断路器触头的电磨损程度，评估触头的电寿命；通过断路器机械振动监测可通过断路器每次分合过程中外部振动信号是否稳定来判断断路器是否存在缺陷。

6. SF_6气体在线监测

对于绝大多数的断路器、GIS 设备来说，SF_6气体是一种优良的绝缘和灭弧介质。若设备发生泄漏会引起气室压力下降，SF_6 气体密度降低，设备的电气性能会大大下降，如断路器的开断容量下降，设备的耐压强度降低等。SF_6 气体在充入设备内部时，会有微量水分带入，运行过程中在高压强电作用下的化学反应也会产生水分，含水量过高会使绝缘材料的绝缘性能下降并加速老化，因此导致运行设备的可靠性降低，寿命缩短。

目前，SF_6气体在线监测主要进行 SF_6气体密度（压力）和水分监测，在线监测系统通过 SF_6气体密度（压力）、水分在线监测单元，实现 SF_6气体综合监测，监测量具体包括气室编号、气体密度（压力）、温度、含水量等。对数据进行智能分析，可以及时发现漏气、绝缘性能及开断能力下降等缺陷。

7. 容性设备在线监测

电容型电气设备主要指套管、电流互感器、耦合电容器、电容式电压互感器等。电容型电气设备主要需要监测其绝缘性能，根据过去长期的运行经验及试验研究，逐步确立了一些预防性试验项目，这些预防性试验项目都要求定期对电气设备停电进行，具有一定的盲目性，造成人力、物力的大量浪费，而且还不能及时发现电气设备的绝缘潜伏性故障，因此实现容性设备在线监测可以大大提高容性设备的安全运行水平。

容性设备在线监测主要包括套管绝缘监测、电流互感器绝缘监测、耦合电容器绝缘监测、电容式电压互感器绝缘监测。所监测的状态信息包括泄漏电流、介质损耗角和等值电容。

8. 避雷器绝缘在线监测

在正常运行情况下，流过金属氧化物避雷器电阻片的电流仅为微安级。但避雷器经过长期带电运行，阀片会逐渐劣化，会导致流过阀片的泄漏电流增加；此外因避雷器结构不良导致密封不严，使阀片容易受潮，也会导致流过阀片的泄漏电流增加。由于泄漏电流的增加，使得阀片的温度上升，产生大量有功功率损耗，因此进一步形成热崩溃，严重时将导致避雷器损坏或爆炸事故。

金属氧化物避雷器的总泄漏电流（全电流）包含阻性电流和容性电流。当避雷器阀片老化、受潮、内部绝缘受损以及表面严重污秽时，容性电流变化不多，但阻性电流会大大增加。因此通过阻性电流和全电流的监测，可以及时发现避雷器阀片受潮、劣化等潜在性缺陷。避雷器绝缘在线监测具体监测状态量包括全电流、阻性电流、计数器动作次数和最后一次动作时间。

9.4.4　输变电设备在线监测系统

输变电设备在线监测系统的建设是依托生产管理信息系统（PMS），继承了 PMS 输变配一体化设计思想，系统中输电和变电部分统一设计，实现输电和变电设备状态监测数据处理和信息展现的有机融合。输变电设备在线监测系统共分为三个大区：安全接入区、生产控制大区、信息管理大区，其总体架构如图 9-11 所示。输电设备状态监测信息通过无线网接入安全接入区，通过横向安全隔离装置传到安全Ⅱ区的输变电设备在线监测服务器；变电设备状态监测信息则通过纵向加密认证装置接入调度数据网，传到输变电设备在线监测服务器；信息管理大区实现生产管理系统数据的接入，实现数据交换。

浙江输变电设备在线监测系统主要有输电在线监测、变电在线监测及调度应用三个部分，如图 9-12 所示。其中输电在线监测主要包括输电线路微气象、导线温度、导线覆冰、杆塔倾斜、图像视频在线监测等；变电在线监测主要包括变压器油中溶解气体、铁芯夹件接地电流、金属氧化物避雷器在线监测等；调度应用包括输变电状态监测月报、调度监控及调度监测装置统计。

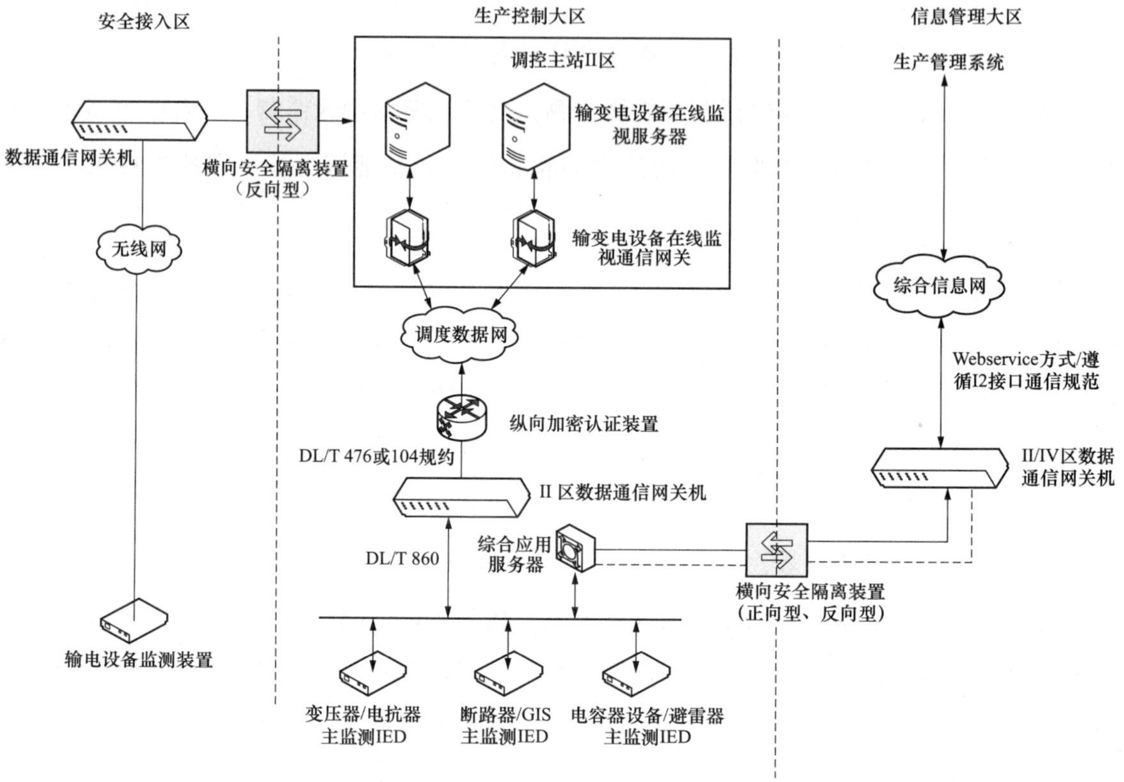

图 9-11　总体架构图

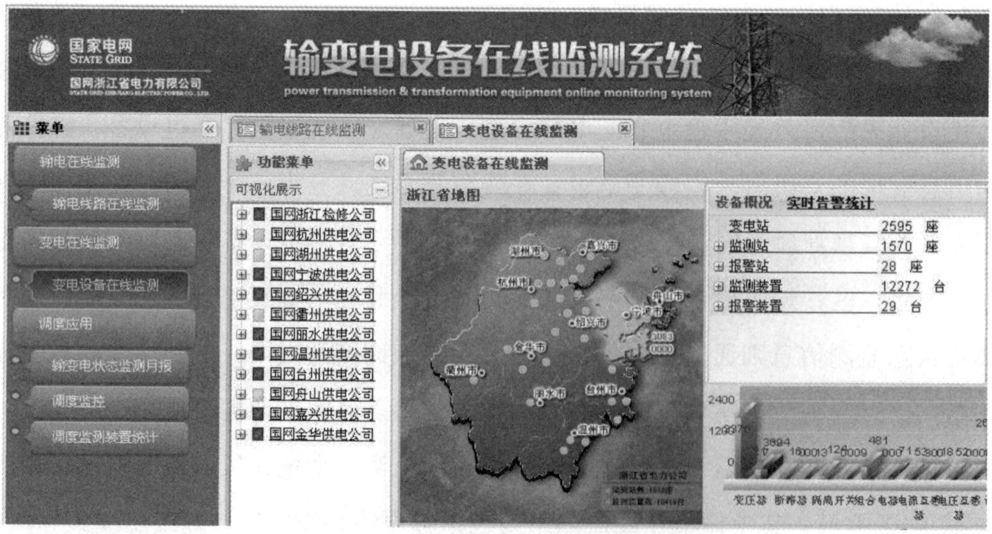

图 9-12　输变电设备在线监测系统

在线监测系统中的设备按电压等级及所属单位进行相应划分，其告警等级分为三级并分别对应相应的颜色：三级（黄色）、二级（橙色）、一级（红色）。告警严重程度逐级递增，正常设备用绿色表示，如图 9-13 所示。

浙江省电力公司

单位	500kV及以上					220kV				
	正常	一级	二级	三级	未知	正常	一级	二级	三级	未知
国网浙江检修公司	25	1	0	1	16	0	0	0	0	0
国网杭州供电公司	0	0	0	0	0	30	0	0	4	6
国网湖州供电公司	0	0	0	0	0	12	0	0	1	1
国网宁波供电公司	0	0	0	0	0	16	0	0	1	3
国网绍兴供电公司	0	0	0	0	0	11	1	0	2	5
国网衢州供电公司	0	0	0	0	0	9	0	0	0	2
国网丽水供电公司	0	0	0	0	0	2	0	0	2	0
国网温州供电公司	0	0	0	0	0	32	1	0	0	0
国网台州供电公司	0	0	0	0	0	22	1	0	0	0
国网舟山供电公司	0	0	0	0	0	6	0	0	1	0
国网嘉兴供电公司	0	0	0	0	0	27	0	0	0	3
国网金华供电公司	0	0	0	0	0	20	0	0	3	2

图 9-13 在线监测告警监视画面

浙江输变电设备在线监测系统的应用主要有：

（1）设备日常监视。监控人员可以通过系统调度应用模块对输电线路及变电设备进行实时监视，及时发现输电线路及变电设备可能存在的缺陷，及时反馈给相关部门进行处置。

（2）告警等级确认。在收到告警信息后，监控人员可以通过系统的输电在线监测或变电在线监测模块进行告警等级的确认，因此确定告警的严重程度。确认告警等级后，可以进入详细告警信息界面，查看具体告警内容，为相关部门采取正确快速的处理提供合理的建议。

如图 9-14 所示是 500kV 某变电站主变压器油中溶解气体在线监测的二级报警，告警内容为某相主变压器总烃测量值达到 158.14μL/L，略大于报警值 150μL/L，需要及时通知并要求现场进一步关注油中气体的发展情况。

（3）为检修安排提供可靠依据。通过实时监测输电线路和变电设备的运行状态，查阅在线监测月报，可以及时掌握输电线路的运行工况和变电设备的健康水平，提前发现设备可能存在的缺陷，并根据缺陷等级，合理安排检修计划，确保检修具有针对性，节约人力、物力成本。

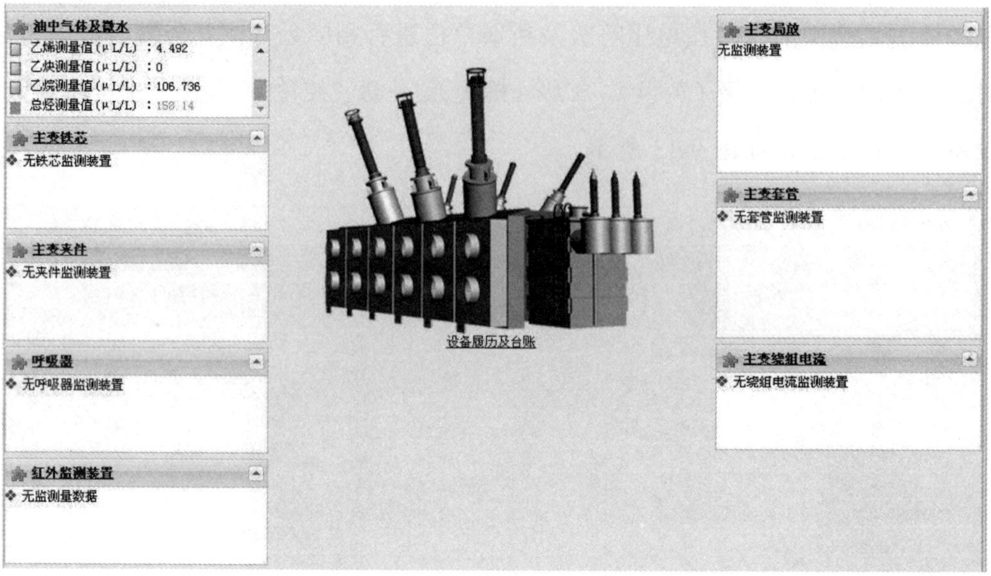

图 9-14　主变压器油中溶解气体在线监测二级报警

第 10 章　电网监控管理系统

10.1　概　　述

调度生产管理系统（operation management system，OMS），是浙江电网调度运行和集中监控日常管理的重要技术支撑，是实现电网调度规范化、流程化和一体化管理的技术保障。OMS 系统应用建设方式采用国、分、省、地统一规范、统一流程、分别实施的方式进行，遵循“统一管理、分级运维”的原则，在省调层面采用省、地一体化建设模式。

OMS 系统主要包括生产运行应用、基础信息管理、设备运检管理、调度专业管理、配网运行管理、计划专业管理、系统专业管理、继保专业管理、自动化专业管理、设备监控专业管理等模块。从应用功能上进行划分，OMS 系统主要包括基础信息、调度运行应用、专业管理应用、机构内部工作管理、统计分析评价、信息展示与发布六方面。

监控员常用的 OMS 功能包括设备运检管理、系统专业管理、设备监控专业管理三个模块。设备运检管理模块主要包括日前停电计划的管理，该模块用于 OMS 系统中日前停电计划申请单流程的发起及后续节点的流转。系统专业管理模块包含稳定限额管理，负责对当前电网运行设备、断面的稳定限额控制规则进行统计与管理。设备监控专业管理模块主要涉及监控信息表审批、变电站业务移交管理、监控信息缺陷管理，用于规范各级调控机构与现场运维单位的监控信息接入审核、集中监控业务移交以及集中监控信息缺陷处理工作。

10.2　设备运检管理模块

在日常工作中，监控员主要利用设备运检管理模块查看日前停电计划管理申请单，以此来把握设备停复役时间、停电范围、工作内容等。

10.2.1　设备停电计划管理

设备停电检修分计划停电检修和临时停电检修。计划停电检修指设备的定期检修、维修、试验和继电保护及安全自动装置的定期维护、试验等；临时停电检修指非计划性停电检修，即未列入停电检修计划的停电检修项目。设备停役的各类计划、停役申请单及相关资料，由省检修分公司、地调和发电厂按照规定向省调上报。

按设备管理范围划分，根据设备存在的问题和电网安全运行要求，国家电网有限公司华东分部、各省（市）电力公司、供电公司和发电厂均应编制设备停电计划。华东分中心调管范围内的500kV和220kV输变电设备停电计划纳入华东分中心统一平衡。220kV及以下输变电设备的停电计划由各省（市）电力公司根据各自的实际情况自行安排并组织实施，其停电计划报国家电网公司华东分部备案或许可。

1. 基本原则

基本原则主要遵循以下四点：

（1）检修管理需依据有关规程、制度，以提高设备健康水平和管理水平为最终目的，坚持计划严肃性，提升电网安全、经济运行水平。

（2）年度、月度、日前设备停电计划按照安全运行、供需平衡和最大限度消纳清洁能源的原则统筹编制，以期最大限度减少重复停电，杜绝严重削弱电网运行结构的重叠停电。对于必须实施且可能造成拉限电风险或影响清洁能源消纳的停电项目，相关省（市）电力公司应开展停电方案比选工作，提交工作必要性分析和停电影响评估报告、故障预案和故障后拉限电方案、现场安全措施方案。对于可能造成拉限电风险的停电项目须报电力监管部门备案得到认可后，方可停电施工。

（3）输变电设备停电计划应遵循发输电配合、一二次配合、上下级电网协调的原则，并尽可能减少停电时间、缩小停电范围。一般情况下，输变电设备检修尽可能不影响发电厂年度“三公”调度任务的完成，二次设备检修原则上应配合一次设备进行，下级电网设备检修影响上级电网必需的安全裕度及输电能力时必须报上级调度同意。

（4）许可设备的停电计划须经上级调度控制机构批准后才可纳入本级年度、月度、周、日前停电计划。

2. 停电计划编制

年度检修计划是月度、周检修计划的基础，原则上只有列入年度检修计划的项目才能出现在月度、周检修计划中，停电时间一般只允许在月内调整。检修计划的上报应严格按照周以月为依据、月以年为依据的原则，如出现检修计划属于年度、月度或周计划外的情况，必须出具正式必要性分析报告，并征得省公司相关管理部门与所辖调度机构的同意。

年度、月度、周、日前停电检修计划中均应包含计划检修设备的名称、主要工作内容、设备检修工作的具体日期及其他说明。设备停电的起始时间为设备停役操作的开始时间，设备停电的结束时间为设备复役操作的结束时间。设备停电申请应充分预留设备停复役的操作时间。

凡属上级调度机构和省调直接调度（包括许可）的一切设备，如需停止运行或退出备用进行检修（试验）时，均应提前向有关调度上报停役申请单。凡需改变电网正常运行方式及电网继电保护方式的一切带电作业，均应办理停电计划手续，经批准后才能工作。省超高压公司、各市供电公司和发电厂应按“设备停役申请填报规范”的要求填写停役申请单。

停役申请单如图 10-1 所示。

申请单号：ZJN-20190917-011　创建人：系统管理员　创建时间：2019-09-17 11:04:41　返回 | 打印 | 默认状态 | 全部展开 | 全部关闭

接收停电工作票

申请单位	检修分公司	申请人	李海宇	施工受令单位	兰亭变
申请开始时间	2019-09-23 06:00	申请结束时间	2019-09-23 21:00	调度管辖	分中心直调
工作性质	常检	电压等级	500kV	停电类型	计划停电
工作单位	兰亭变	机组停电方式	计划	申报类别	正常申报
设备类型	断路器		是否影响通信光缆		否
关联月计划	兰亭变，绍兰线5011开关，绍兰线5011开关防拒动检修				

停电设备：

设备名称	是否主设备	设备类型	设备状态
绍兰线5011开关	主设备	断路器	检修

停电范围	绍兰线5011开关改检修
工作内容	绍兰线5011开关防拒动检修。

图 10-1　停役申请单

500kV 及以上变电站调度设备的日前停电计划，由省超高压公司向省调上报停役申请单。500kV 及以上输电线路和市供电公司所辖范围内属省调调度或许可的输变电设备的日前停电计划，由地调向省调上报停役申请单。对省超高压公司上报的停役申请单中需地调会签的停役申请单，由省调转发给地调会签，地调会签后返回省调。

年度停电计划时间节点要求：每年 7 月底前，省超高压公司、地调和发电厂向省调提供下一年度的设备检修计划，省调负责统筹安排年度停电计划。每年 9 月底前，省电力公司完成下一年度 500kV 及以上输变电设备停电计划编制工作，报华东分中心。华东分中心将组织相关单位统一预平衡后，按国调中心总分一体化运行要求报国调中心，经国调中心统筹后批准下达。

月度停电计划时间节点要求：每月 8 日前，省超高压公司、地调和发电厂向省调提供 M+2 月的设备检修计划，省调负责编制月度计划。每月月底前，省调编制完成 M+2 月月度停电计划，报华东分中心，经华东分中心统一平衡后报国调中心，国调统筹批准后，于 M+1 月月底前由华东分中心下达。

周停电计划时间节点要求：每周二前，省超高压公司、地调和发电厂向省调提供下周的设备检修计划，省调负责下周调度计划的编制。每周三前，省调向华东分中心上报本周四至下周日的周停电计划，经华东分中心统一平衡后于周四起正式执行。

日前停电计划时间节点要求：日前停电计划依据月度、周停电计划，结合设备停电临时需求编制。一般设备的计划检修，省超高压公司、地调、发电厂应提前 5 个工作日向省调上报停役申请单。华东分中心调管范围内的输变电设备停复役时，省调于检修前 3 个工作日 12 时前向华东分中心提出申请，在 D-1 日的 17 时前签收停复役申请单，并确认已将国调和分中心检修单批复意见原样传达至现场，华东分中心在检修前 1 个工作日 18 时前批复，批复以华东分中心值班调度员的电话通知为准。

因各种原因导致的设备临时停役申请，经省公司领导同意后，设备停役申请单位一般按提前 5 个工作日的时间要求上报停役申请单。

10.2.2 OMS 停役申请单调阅

在 OMS 系统中的“设备运检管理”模块下，依次选择“一次设备检修”“日前停电计划查询”选项，调出申请单列表，如图 10-2 所示；勾选相应申请单并点击其序号即可调阅该申请单详细信息。

图 10-2 OMS 停役申请单调阅

10.3　系统专业管理模块

OMS 中稳定限额的管理工作主要是基于系统专业管理模块来实现的，它用于对当前电网运行设备、断面的稳定限额控制规则的统计与管理。监控员利用该模块实现稳定限额的制作推送和监视统计工作。

10.3.1　电力系统稳定

电力系统稳定运行是指当电力系统受到事故扰动后，能自行地恢复到之前的运行状态或是依靠控制设备的作用达到新的稳定运行状态。

电力系统的稳定主要分为静态稳定、暂态稳定、动态稳定、电压稳定和频率稳定五类：

（1）静态稳定：指当电力系统发生小扰动，不发生非周期性失步并恢复到之前的运行状态。

（2）暂态稳定：指当电力系统发生大扰动，同步发电机同步运行达到新的稳定运行状态或者是恢复原来的稳定运行状态，通常指保持第一、第二摇摆不失步的功角稳定。

（3）动态稳定：指当电力系统发生扰动后，依靠自动调节或稳控装置的作用，保持较长过程的运行稳定性的能力，通常指电力系统受扰动后不发生发散振荡或持续的振荡。

（4）电压稳定：指电力系统受到小的或大的扰动后，系统维持负荷电压在允许的范围内，避免发生电压崩溃。

（5）频率稳定：指电力系统受到小的或大的扰动后，系统维持频率在允许的范围内，避免发生频率崩溃。

10.3.2　稳定限额

稳定限额是指单个元件或多个元件经公式组合计算后的单向或双向潮流限值。

华东分中心对直调范围内电网稳定水平进行计算分析，制定华东主网稳定限额，颁发《华东电网稳定运行规定》，并对浙江省直调范围电网运行方式、继电保护、稳定措施提出要求。浙江省调根据分析计算结果，编制《浙江电网稳定运行规定》，报华东分中心备案。华东分中心和浙江省调根据所颁发的电网稳定运行规定进行稳定限额管理。

稳定运行规定包含直调设备在电网正常运行方式和单一设备检修方式下的稳定限额。其中，电网正常运行方式是指当年年中考虑短路电流控制措施后的全接线运行方式；单一设备检修方式是指在电网正常运行方式下有且仅有该单一设备停役的运行方式。下半年新投产的直调设备，相关稳定限额通过临时稳定控制要求形式滚动给定。

稳定限额的编制应依据 GB 38755—2019《电力系统安全稳定导则》、DL/T 1234—2013《国家电网公司电力系统安全稳定计算规范》《华东电网安全稳定计算管理暂行规定》以及《浙江省电力公司电网安全稳定管理工作实施细则》的要求计算制定。

1. 稳定标准

（1）电网正常接线方式或单一设备检修方式，快速保护投运，单一元件相间（含三相）故障，断路器、主保护及各安全自动装置正确动作，系统能够保持稳定。

（2）1000、500、220kV 线路主保护或母线差动保护全停，单相故障，断路器、相关保护及各安全自动装置正确动作，系统能够保持稳定。

（3）电网内，任一元件发生故障跳闸，不引起其他设备超过规定的事故过负荷能力。

（4）低电压等级的系统发生故障，不影响高电压等级电网的稳定运行。

2. 同杆并架线路同杆异名相故障考虑原则

（1）对可能引起稳定破坏事故或核电安全事故的全程同杆并架线路，电网正常运行方式和单一设备检修方式下，均考虑异名相故障双线跳闸（$N-2$）的故障形式。

（2）局部地区的全程同杆并架线路，如果按照 $N-2$ 故障形式制定稳定限额，将导致电网输送能力大幅下降。经校核，在系统仍能保持稳定运行前提下，除有特殊要求外，原则上不考虑这些线路 $N-2$ 的故障形式，而视作两回单线，按照一回线路故障跳闸，电网其余运行元件不过负荷进行稳定校核。对于其他全程同杆并架线路，在电网正常运行方式下，均考虑 $N-2$ 故障形式。

（3）设备检修方式作为电网短期运行方式，若按照 $N-2$ 的故障形式进行稳定控制，将大幅降低全网多个断面线路输送能力。除符合第（1）项要求或有特殊要求外，设备检修方式下，全程同杆并架线路可不考虑 $N-2$ 故障形式，将双线视为互相独立的两回线路进行稳定控制。

（4）部分同杆并架的线路，若按照 $N-2$ 的故障形式进行稳定控制，将大幅降低全网多个断面输送能力。除有特殊要求外，这些部分同杆并架的线路可以不考虑 $N-2$ 故障形式，将双线视作相互独立的两回线路进行稳定控制。

（5）对于未按照 $N-2$ 故障形式制定稳定限额的同杆并架线路，若双线潮流较重时发

生 $N-2$ 故障，将可能引起相关元件严重过负荷，存在设备受损、相继跳闸或事故扩大等风险。对此类问题应逐个制定预案并向有关部门报备。

3. 出口侧有线路隔离开关的输电线路故障形式考虑原则

对于出口侧有线路隔离开关的输电线路，确定其单一设备检修方式稳定限额时，不考虑有线路隔离开关侧断路器同时停役的影响。在线路复役操作过程中需注意有线路隔离开关侧相关断路器短时停役对稳定限额的影响。

4. 直流闭锁故障形式考虑原则

正常方式和单一检修方式下，电网各断面可以按预防单一直流双极闭锁故障形式进行稳定校核。

10.3.3　OMS 稳定限额管理

在 OMS 中的“系统专业管理”模块下，选择“稳定限额管理”项目，即可在“待启用”一栏中新建稳定限额规则。通过稳定限额管理启用的稳定限额规则会自动同步至 D5000 系统。系统中完整的稳定限额需包括运行方式、控制设备、潮流限值、监控要求、创建原因、开始时间、结束时间等属性，如图 10-3 所示。

图 10-3　OMS 系统中的稳定限额管理界面

稳定限额规则分为调度员规则、长期规则、检修规则三类：

（1）调度员规则：是对上级调度下达、临时操作、新设备启动、电网方式调整等产生的稳定限额控制要求进行编制与补充。调度员规则由当值值班员负责制定与下发，由当班值长审核并启用生效或终结归档。

（2）长期规则：主要为主变压器、线路等设备运行的长期稳定限额，及任一元件（包括母线）发生 $N-1$ 事故时不引起电网上其他设备超过短时过负荷能力的最大潮流，如年度运行方式编制后会制定相应设备稳定限额控制要求。长期规则由系统处负责制定与下发，由调控处审核并启用生效。

（3）检修规则：主要为检修方式下的设备及断面的稳定限额控制方式，包括该元件故障情况。由系统处负责制定与下发，由调控处审核，由当值值班员在检修工作停复役操作开始后启用生效或终结归档。

10.3.4 D5000 稳定限额监视

浙江省调将稳定限额值的 90%定义为重载线，若断面潮流达到稳定限额值的 90%，该断面稳定限额推送至 D5000 系统“浙江电网稳定监视表”界面，该界面会显示当前稳定限额控制内容以及实时运行数据，如图 10-4 所示。监控员可通过查看稳定监视表来监视断面潮流是否接近或达到稳定限额。

图 10-4　D5000 稳定监视表

10.4 设备监控专业管理模块

设备监控专业管理包含监控信息接入、监控信息缺陷、变电站业务移交管理、监控信息表审批等模块，监控员可利用对应模块完成监控信息表查询及审核、变电站监控业务移交、监控信息缺陷的统计和管理等工作。

10.4.1 监控信息表管理

1. 总体要求

变电站设备监控信息表（以下简称监控信息表）是指为满足调控机构集中监控需要接入智能电网调度控制系统的变电站采集信息汇总表。监控信息表采用定值式管理，采用“一站一表”，凡监控范围内的变电站应有正式的监控信息表。典型监控信息表应包含以下内容：

（1）厂站名称、设备名称、设备型号及编制日期。

（2）遥测、遥信、遥控、遥调信息表。

（3）上送调控机构的集中监控信息与站端监控系统信息、设备原始信息间对应关系。

（4）间隔名称、信号/部件类型、告警分级、光字牌设置等属性。

（5）全站事故总合成逻辑信息表。

调控机构是监控信息表归口管理部门，负责监控信息全过程管理和监控信息表的审核、校核、发布、执行等管理工作；负责指导、检查、考核供电单位、检修公司监控信息表流转、执行情况，协调监控信息表执行中遇到的问题；参与变电站初步设计审查、设计联络会，并提出专业意见；负责智能电网调度控制系统的数据维护，开展调控机构监控信息的核对和验收工作。

2. 监控信息表编制及流转

监控信息表的编制，应依据Q/GDW 11398《变电站设备监控信息规范》。对于新（改、扩）建工程，设计单位应编制监控信息表设计稿，作为工程设计图纸的一部分。调控机构、变电站运维检修单位对监控信息正确性、完整性和规范性进行审查。变电站运维检修单位负责对接入变电站监控系统的监控信息完整性、正确性进行全面验证，完成监控信息现场验收后编制监控信息表调试稿并向调控机构提交接入（变更）申请。

监控信息表的接入（变更）申请、录入、审核、校核、会签、下发、执行等流转严格执行标准操作流程。监控信息表调试稿应由调控机构设备监控专业组织审核、校核，并经继电保护、调控、自动化等相关专业会签；同时经编制人、审核人、校核人签字后，方可有效。

调控机构依据接入（变更）计划安排，按时发布监控信息表调试稿。特殊运行方式、不满足变电站设备监控信息技术规范的监控信息表应由相关部门或单位主管安全生产领导签字。

监控信息表调试稿是调控机构和变电站运维检修单位工程联调的依据。双方工程联调结束后应形成联调报告，写明工作内容、完成情况、缺陷遗留情况、监控信息是否传动正确以及差异性报告等内容，并签署姓名和日期。

调控机构依据监控信息表调试稿实际执行情况，组织修改监控信息表，形成监控信息表正式稿并编号发布。监控信息表的编号原则为：变电站电压等级-变电站名称-编写年份-编号。

对于已投产变电站，无论是否纳入集中监控，当监控信息表发生变更时，变电站运维检修单位均应向调控机构提交接入（变更）申请。

调控机构收到接入（变更）申请单后，设备监控专业组织审核、校核，并经相关专业会签后形成监控信息表调试稿。监控信息表调试稿实际执行中如有变动，应组织修改监控信息表，形成监控信息表正式稿并编号发布。监控信息表每次变更应进行相应编号更新，并标注更新原因、更新信息、更新日期及被替换的编号。

3. OMS 监控信息表管理

在 OMS 系统中选择“设备监控专业管理”模块下的“监控信息表审批”选项，即可查阅审核 500kV 变电站监控信息表及监控信息对应表，如图 10-5 和图 10-6 所示。

图 10-5　OMS 监控信息表调阅

图 10-6　OMS 监控信息对应表调阅

10.4.2　变电站监控业务移交

该模块用于加强变电站集中监控许可管理，规范公司各级调控机构变电站监控业务移交工作。

1. 变电站集中监控许可流程

运维单位提交变电站集中监控许可申请应满足以下条件：

（1）变电站设备已完成竣工验收和信息联调，已正式投入运行，设备运行稳定。

（2）变电站设备台账已完善。

（3）满足 Q/GDW 231—2008《无人值守变电站及监控中心技术导则》《国家电网公司关于印发推进变电站无人值守工作方案的通知》（国家电网运检〔2013〕178 号）以及《国家电网公司关于切实做好 330kV 以上无人值守变电站集中监控相关工作的通知》（国家电网调〔2013〕581 号）等文件相关要求。

变电站正式投运且满足集中监控申请条件后，由运维单位向相应调控机构提交《变电站集中监控许可申请》并附相关技术资料，并正式行文提交申请。提交的技术资料至少包括：

（1）正式发布的监控信息表（含信息接入对应关系）。

（2）现场运行规程（变电站一次主接线图，GIS 设备气隔图、保护配置等）。

（3）相关设备的电压、电流等运行限额。

（4）变电站投运以来设备运行情况。

新建（或整站监控系统改造）变电站，调控中心收到运维单位申请后，编制完成《变电站监控业务移交工作方案》，内容至少包括成立监控业务移交工作组，明确集中监控试运行起止时间，专项检查计划，移交工作计划等，工作方案经调控中心领导审核后下发执行。

新建（或整站监控系统改造）变电站，集中监控试运行期原则上不少于两周，具体以《变电站监控业务移交工作方案》确定为准。试运行期间，由运维单位负责监控。已实施集中监控变电站的间隔扩建或设备改造，监控业务移交工作可简化，试运行期适当缩短至 3～5 个工作日。

集中监控试运行期间，运维单位应每天向相应调控机构当值调控人员汇报变电站现场运行情况（包括断路器变位、事故异常、设备缺陷、设备越限、常亮光字、频发信号等），核对当天设备运行信息。

集中监控试运行期间，相应变电站或间隔设备置于试运行责任区；试运行期满且按规定办理集中监控职责交接手续前，相应变电站或间隔设备置于集中监控责任区。

新建（或整站监控系统改造）变电站集中监控许可批复前，监控业务移交工作组应组织开展变电站集中监控许可现场检查，检查内容至少包括设备运行情况，信息接入联调情况，运行规程，运维管理，应急方案等。对间隔改扩建和 110kV 及以下变电站，现场检查可根据实际情况结合监控信息专项验收、变电站竣工投产验收、无人值守验收等进行。

集中监控试运行期满后，监控业务移交工作组对试运行情况进行分析评估，形成集中监控评估报告，作为许可变电站集中监控的依据。评估报告至少包括变电站基本情况，变电站现场检查情况，变电站试运行情况，调控中心监控移交准备工作情况等，并给出评估意见，明确是否具备集中监控条件。

存在下列影响正常监控的情况应不予通过评估：

（1）设备存在危急或严重缺陷。

（2）监控信息不完整。

（3）监控信息（事故类、异常类、越限类、变位类）存在误报、漏报、频发现象。

（4）现场检查的问题尚未整改完成，不满足集中监控技术条件。

（5）其他影响正常监控的情况。

变电站集中监控评估未通过，责任单位应按要求组织整改并相应延长集中监控试运行期，整改完成后提交再评估申请，调控中心接到申请后 2 个工作日内组织再评估。

变电站集中监控评估报告经工作组组长审核通过后应及时行文批复，并明确监控职责移交的范围和计划时间。

2. OMS 集中监控许可流程管理

在 OMS 系统中的“设备监控专业管理”模块下依次选择“变电站业务移交管理”“变电站业务移交流程管理”选项，即可在右侧窗口中调出集中监控许可申请并查看其所在流程节点，如图 10-7 所示。点击打开任一申请可查阅对应的集中监控许可申请单详细信息，包括变电站名称、移交间隔、信息上送情况、变电站技术资料及批复结果等，如图 10-8 所示。

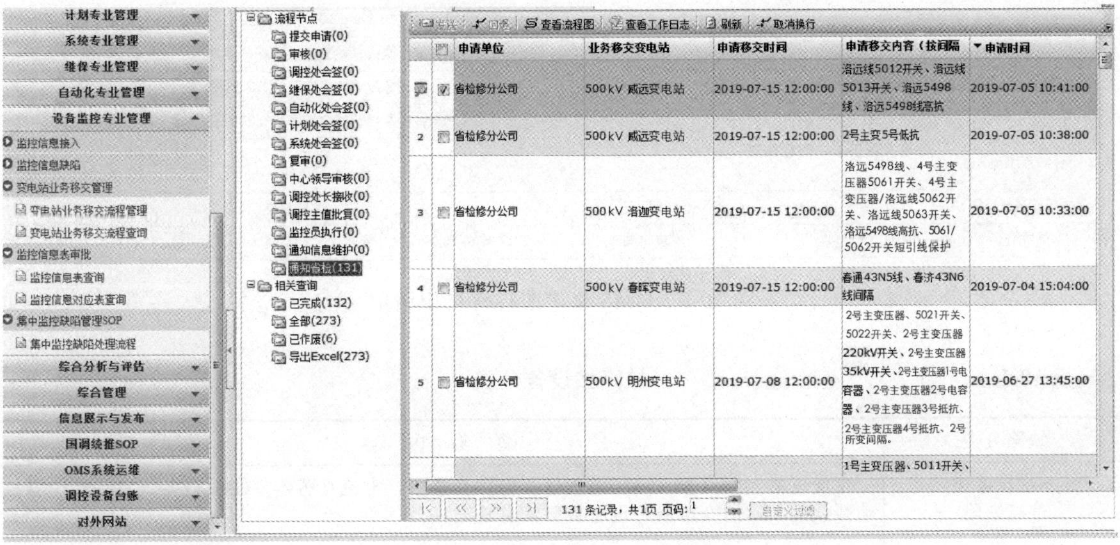

图 10-7　OMS 集中监控许可申请

10.4.3　集中监控缺陷管理

该模块用于规范变电站监控信息缺陷消缺处理流程及流程各节点工作内容和工作标准，实现对监控信息及功能可靠的安全内控。

1. 缺陷分类

集中监控告警信息缺陷按照设备分为一次设备类信息缺陷和非一次设备类信息缺陷，见表 10-1。

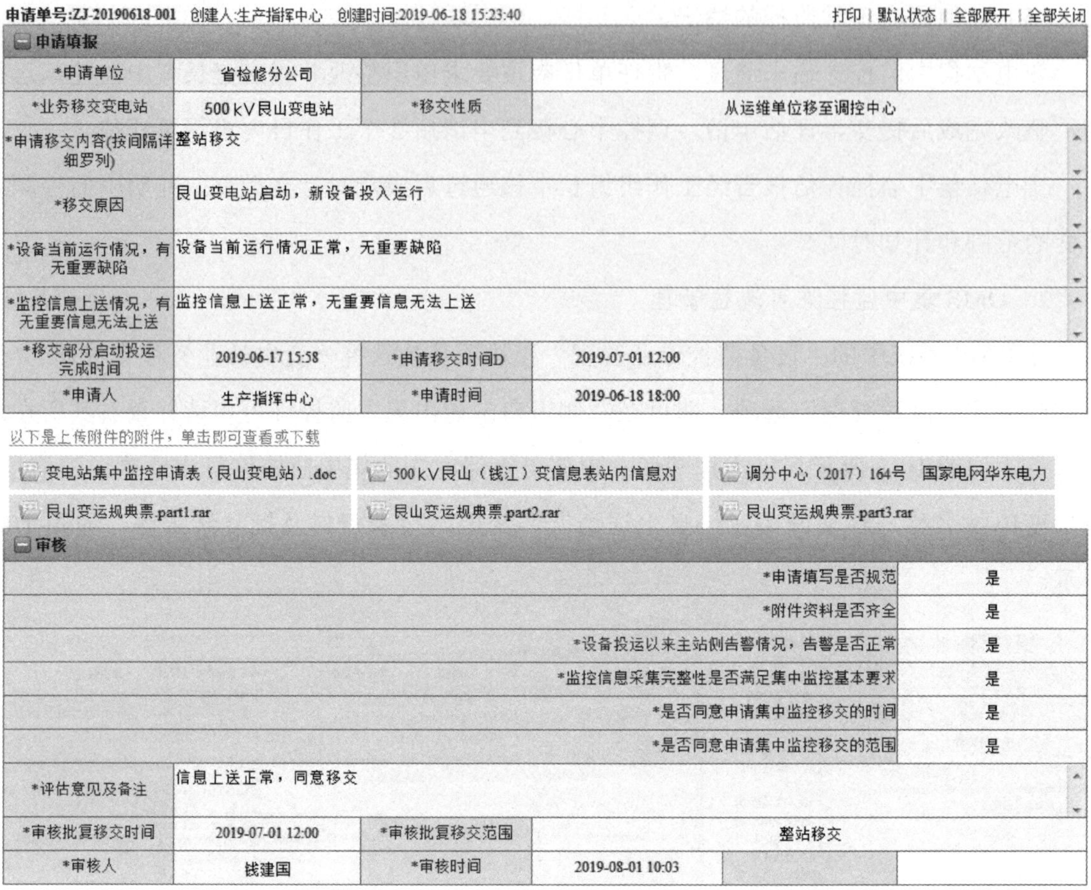
申请单号:ZJ-20190618-001 创建人:生产指挥中心 创建时间:2019-06-18 15:23:40 打印 | 默认状态 | 全部展开 | 全部关闭

申请填报

*申请单位	省检修分公司		
*业务移交变电站	500kV艮山变电站	*移交性质	从运维单位移至调控中心
*申请移交内容(按间隔详细罗列)	整站移交		
*移交原因	艮山变电站启动，新设备投入运行		
*设备当前运行情况，有无重要缺陷	设备当前运行情况正常，无重要缺陷		
*监控信息上送情况，有无重要信息无法上送	监控信息上送正常，无重要信息无法上送		
*移交部分启动投运完成时间	2019-06-17 15:58	*申请移交时间D	2019-07-01 12:00
*申请人	生产指挥中心	*申请时间	2019-06-18 18:00

以下是上传附件的附件，单击即可查看或下载

变电站集中监控申请表（艮山变电站）.doc
500kV艮山（钱江）变信息表站内信息对
调分中心（2017）164号 国家电网华东电力
艮山变运规典票.part1.rar
艮山变运规典票.part2.rar
艮山变运规典票.part3.rar

审核

*申请填写是否规范	是
*附件资料是否齐全	是
*设备投运以来主站侧告警情况，告警是否正常	是
*监控信息采集完整性是否满足集中监控基本要求	是
*是否同意申请集中监控移交的时间	是
*是否同意申请集中监控移交的范围	是

*评估意见及备注	信息上送正常，同意移交		
*审核批复移交时间	2019-07-01 12:00	*审核批复移交范围	整站移交
*审核人	钱建国	*审核时间	2019-08-01 10:03

图 10-8 OMS 集中监控许可申请单

表 10-1　缺陷按设备分类

缺陷分类	缺陷内容
一次设备类信息缺陷	主变压器、断路器、高压电抗器、电压互感器、电流互感器、GIS 设备、串联补偿器、消弧线圈、站用变压器等设备告警信息缺陷
非一次设备类信息缺陷	保护装置、测控装置、自动装置、站用电源系统、公用设备（含站端监控系统、工业视频、安防、消防等）、调度控制支持系统等设备告警信息缺陷

集中监控告警信息缺陷按照紧急程度分为危急缺陷、严重缺陷和一般缺陷，见表 10-2。

表 10-2　缺陷按紧急程度分类

缺陷分类	缺陷内容
危急缺陷	指监控信息反映出会危险安全运行并需立即处理的缺陷，否则，随时可能造成设备损坏、人身伤亡、大面积停电、火灾等事故
严重缺陷	指监控信息反映出对人身或设备有重要威胁，暂时尚能坚持运行但需尽快处理的缺陷
一般缺陷	指危急、严重缺陷以外的缺陷，指性质一般，程度较轻，对安全运行影响不大的缺陷

危急缺陷处理时限不超过 24h；严重缺陷处理时限不超过一个月；需停电处理的一般缺陷处理时限不超过一个例行试验检修周期，可不停电处理的一般缺陷处理时限原则上不超过三个月。

2. 职责分工

调度控制处负责启动消缺处理流程，根据缺陷情况填写监控信息缺陷消缺单；负责缺陷消缺过程中必要的遥控试验配合工作；负责缺陷消缺的确认终结及流程闭环。

设备监控管理处负责信息缺陷的专业审核；负责监控信息参数及画面的检查消缺；负责督办检修单位开展缺陷检查和消缺工作情况；负责消缺协调和审核验收工作。

自动化处负责主站自动化系统、数据网络和二次安防设备缺陷的检查和消缺工作；负责根据自动化运行、检修管理的有关要求开展相关工作。

继电保护处负责开展涉及继电保护及安全自动装置的信息缺陷的专业督办和指导。

检修单位负责变电站侧信息缺陷的检查和消缺工作。

3. 缺陷处理

各部门应遵循其职责分工及缺陷处理时限要求，严格按照监控信息消缺处置流程（如图 10-9 所示）组织安排消缺工作。

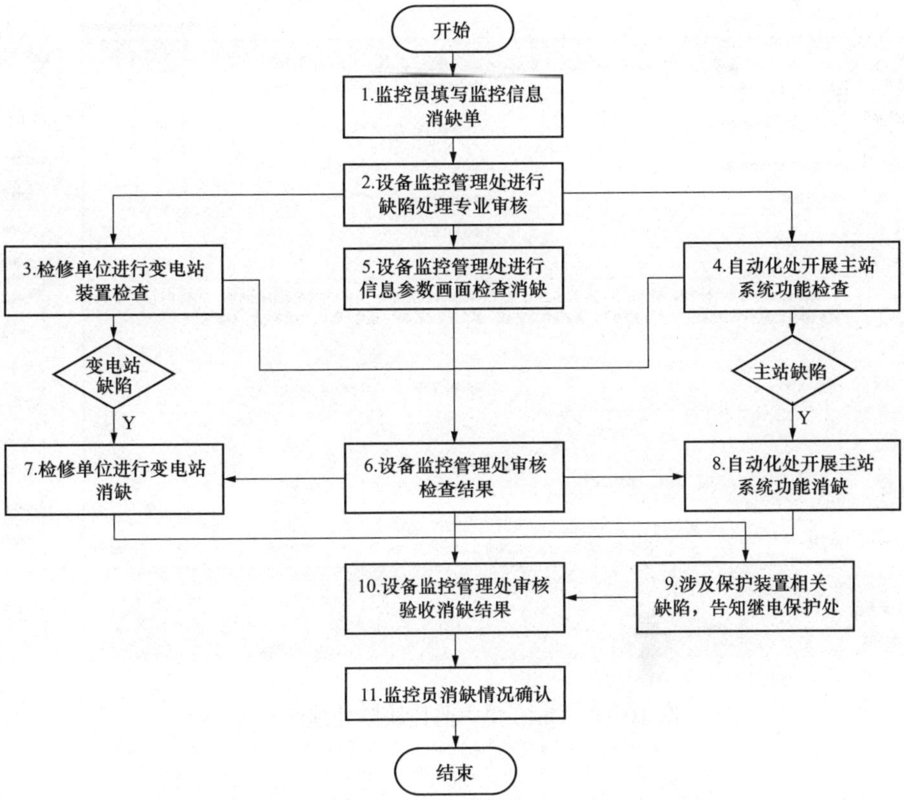

图 10-9　监控信息缺陷消缺处理管理流程

4. OMS 集中监控缺陷流程管理

在 OMS 系统中的“设备监控专业管理”模块下依次选择“集中监控缺陷管理 SOP”“集中监控缺陷处理流程”选项，即可在右侧窗口调阅监控信息缺陷流程，如图 10-10 所示。

图 10-10　OMS 监控信息缺陷流程

若需发起新的集中监控缺陷流程，点击“新建”按钮，在集中监控缺陷处理流程单内选择“监控员发起”栏，按照缺陷实际情况选择缺陷归属单位、所属厂站、缺陷设备、缺陷内容等信息，并按照规范对缺陷紧急程度定性，发送至监控值班长审核后即可启动后续流程，如图 10-11 所示。消缺期间点击流程单右侧列表可查看各消缺流环节对应记录，实现缺陷全流程可控在控。

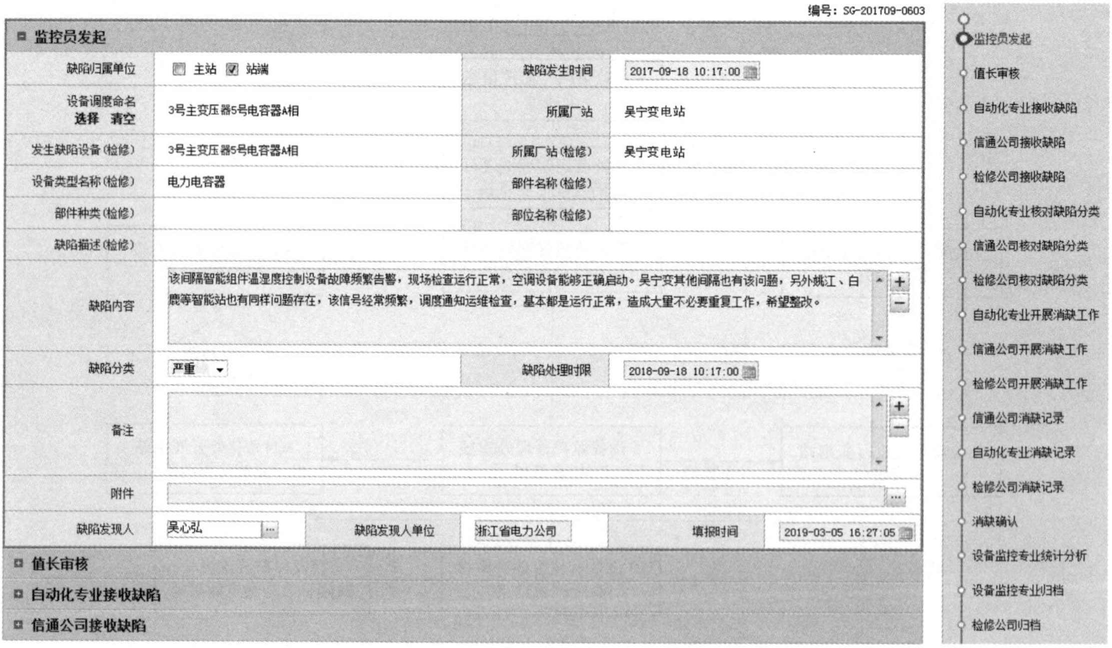

图 10-11　OMS 集中监控缺陷处理流程单

第11章　电网信息监视

11.1　信　息　分　类

变电站信息按是否上传分为就地专用信息和上传信息两大类。就地专用信息为不上传远方调度或监控中心，仅供现场调试、检修、故障分析、巡视等工作时使用。按采集方式分为遥测信息和遥信信息两大类。遥测信息为模拟量，反映监视对象的连续变化信息；遥信信息为状态量信息，反映监视对象的运行状态。按对电网直接影响的轻重缓急程度分为：事故信息、异常信息、越限信息、变位信息、告知信息五类。变电站当地以及各级主站系统按五类信息进行分类告警记录。

监控信息分为事故、异常、越限、变位、告知五类，具体见表11-1。

表11-1　　信　息　分　类

序号	分类	内　容
1	事故信息	事故信息是由于电网故障、设备故障等引起断路器跳闸（包括非人工操作的跳闸），保护装置动作出口跳合闸的信号以及影响全站安全运行的其他信号
2	异常信息	异常信息是反映设备运行异常情况的告警信息，影响设备遥控操作的信号，直接威胁电网安全与设备运行
3	越限信息	越限信息是反映重要遥测量越告警上下限区间的信息。重要遥测量信息主要有：设备有功功率、无功功率、电流、电压、主变压器油温、断面潮流等
4	变位信息	指断路器类设备、隔离开关设备状态（分、合闸）改变的信息。该类信息直接反映电网运行方式的改变
5	告知信息	反映电网设备运行情况、状态监测的一般信息。主要包括接地开关位置信号、主变压器运行挡位和设备正常操作时的伴生信号，以及保护压板投/退，保护装置、故障录波器、收发信机的启动、异常消失信号，测控装置就地/远方等信息。该类信息需定期查询

（1）事故信息是由于电网故障、设备故障等，引起断路器跳闸（包含非人工操作的跳闸）、保护及安全稳定控制装置动作出口跳合闸的信息以及影响全站安全运行的其他信息。是需实时监控、立即处理的重要信息。主要包括：

1）全站事故总信息。

2）单元事故总信息。

3）各类保护、安全自动装置动作出口信息。

4）断路器异常变位信息。

（2）异常信息是反映设备运行异常情况的报警信息和影响设备遥控操作的信息，直接威胁电网安全与设备运行，是需要实时监控、及时处理的重要信息。主要包括：

1）一次设备异常告警信息。

2）二次设备、回路异常告警信息。

3）自动化、通信设备异常告警信息。

4）其他设备异常告警信息。

（3）越限信息是反映重要遥测量超出报警上下限区间的信息。重要遥测量主要有设备有功功率、无功功率、电流、电压、主变压器油温、断面潮流等，是需实时监控、及时处理的重要信息。

（4）变位信息特指断路器类设备、隔离开关类设备状态的（分、合闸）改变的信息。该类信息直接反映电网运行方式的改变，是需要实时监控的重要信息。

（5）告知信息是反映电网设备运行情况、状态监测的一般信息。告知信息主要包括接地开关位置信息、主变压器运行档位，以及设备正常操作时的伴生信息（如：保护压板投/退，保护装置、故障录波器、收发信机的启动、异常消失信息，测控装置就地/远方等），该类信息需定期查询。

11.2 信息接入、联调及验收

11.2.1 监控信息接入

工程设计阶段，设计单位根据有关规程、现场设备技术资料和监控信息接入要求，编制监控信息表初稿，并作为施工图纸一并提交给工程建设管理部门。监控信息表的设计保证完整性、正确性和规范性，信息及命名与现场实际情况一致。

对扩建（改建、技改）项目，工程建设管理部门提供原有监控信息接入资料和工程资料，设计单位根据原有资料编制监控信息表，并对变动部分明确标识。

工程建设管理部门于新（扩、改）建工程投运前两个月提供监控信息表初稿，由调控中心对监控信息表的规范性、正确性和完整性进行审核，由运维检修部（超高压公司）对监控信息接入对应关系的正确性和完整性进行审核。

重大基建（改造）工程，由调控中心组织相关单位人员，对监控信息表进行集中审核。

11.2.2　信息联调及验收

新（改、扩）建工程，调控机构审核通过后发布监控信息表调试稿，作为数据库制作及信息接入联调的依据，调控机构负责工程联调主站侧相关工作，工程管理部门负责督促施工单位开展工程联调变电站侧相关工作，运维单位配合。

1. 监控信息联调准备阶段

调控中心根据审核后的监控信息表调试稿、一次接线图及调度命名正式文件，在信息联调两个工作日前完成主站端图模库维护等工作。

工程建设管理部门根据监控信息表调试稿组织安装调试工作，安装调试单位在信息联调两个工作日前完成变电站端参数下装及站端调试工作。

新建及整站改造工程，工程建设管理部门在投运前 20 个工作日向相关调控中心提交监控信息接入联调申请，并附联调方案、监控信息表、变电站端监控信息调试报告等资料。

改（扩）建工程，工程建设管理部门应在投运前 7 个工作日向相关调控中心。

提交监控信息接入联调申请，并附联调方案、监控信息表、变电站端监控信息调试报告等资料。调控中心在接到联调申请后 2 个工作日内给予批复。

2. 监控信息联调验收阶段

监控信息联调验收严格按照监控信息表（含信息接入对应关系）开展。运行变电站的信息联调验收原则上采用实际传动试验的方式，不具备条件的可采用不停电联调方式。新改扩建变电站监控信息联调验收工作必须在工程验收结束前完成，并作为启动投产的必要条件。同一调控中心或分中心最多同时安排 2 个变电站信息联调验收。联调验收过程中，应根据联调验收情况逐条核对、逐一记录并签名留底，形成联调验收记录，工作结束后编制主站联调验收报告。

监控信息联调验收过程中，如遇紧急突发情况，应立刻中断联调工作；如发现监控信息表错误、现场接入信息与监控信息表不一致的情况，安装调试单位及时上报工程建设管理部门，经相关专业确认，由设计单位出具变更单或调控中心下发信息变更通知后，进行相关信息整改工作。

（1）监控信息联调验收的必要条件。

1）调度技术支持系统运行正常，主站与变电站传输通道及规约均调试正常。

2）主站已完成联调变电站的图模库维护（包括间隔图、光字牌索引图、光字牌图及保护画面制作、模型生成、信息点录入、告警分类、光字牌定义、通道参数配置等）工作，信息对象、参数、序号和画面链接正确。

3）变电站站内监控系统调试工作已完成，远动通信工作站已完成监控信息表下装配置。

4）变电站监控信息联调验收方案已编制完成，联调验收申请已批复，联调验收资料准备完毕，主站工作票已签发。

（2）整站信息联调验收时间 500kV 变电站原则上为 7 天/站，220kV 变电站原则上为 5 天/站，110kV 变电站原则上为 3 天/站。单间隔信息联调验收，原则上主变压器（含三侧）间隔 2 天/间隔；其他间隔 1～2 天/间隔（串）。

（3）监控信息联调验收工作应设立工作小组，人员不少于 2 人，由自动化和设备监控专业人员参加。主站和变电站联调验收由专人负责，联调验收人员应相对固定。主站联调验收须由监控运行人员和自动化运维人员共同参加。遥测、遥信联调验收工作由自动化运维人员负责核对，监控运行人员配合；遥控（调）联调验收工作由监控运行人员负责操作，自动化运维人员配合。

（4）监控信息联调验收工作分为安全措施部署、遥测遥信核对、遥控（调）试验和资料总结 4 个步骤。

1）安全措施部署。监控信息联调验收前，做好联调责任区、联调验收人员权限的设置。监控信息联调验收应根据《电力安全工作规程（变电部分）》要求，严格执行《浙江电网自动化主站“两票三制”管理规定（试行）》，履行所需工作手续，并做好相关组织措施、技术措施和安全措施，做好工作交底，操作票交接，明确操作范围、安全注意事项。

2）遥测遥信核对。遥测、遥信信息正确性的核对，宜采用主站与变电站监控系统两台远动通信工作站分别全核对方式，先后顺序以变电站实际工作顺序为准，逐条核对，逐一验收。

遥测信息正确性，以主站接收数据与变电站侧数据方向一致、数据综合误差±1%范围内为合格；遥信信息正确性，以主站接收信息状态与变电站侧实际状态一致为合格，同时应按监控信息表要求上送 SOE 信息。

3）遥控（调）试验。遥控（调）试验采用主站分别对变电站监控系统 1 号远动通信工作站、2 号远动通信工作站的所有传输通道进行每个控点全部试验的方式。先后顺序以主站发令顺序为准，各通道逐一试验；正确性以变电站接收指令与主站发送指令相一致，变电站确认操作正确且返回主站的相关信息正确为合格。

4）资料总结。监控信息联调验收需对监控信息逐条核对试验，逐一记录并签名留底，形成联调验收记录表，联调验收过程中主站侧电话需录音。联调验收工作结束后一周内调控中心编制完成主站联调验收报告，安装调试单位编制完成厂站联调报告并上报调控中心，完成相关资料的归档。

监控信息联调验收完成后，调控中心发布监控信息表正式稿。设计单位将监控信息表正式稿纳入竣工图纸资料。

3. 监控信息现场验收阶段

监控信息现场验收列为专业专项验收，验收合格作为变电站竣工验收合格的必要条件。

新建或整站改造的 220kV 及以上变电站应开展专项的监控信息现场验收，验收时间不少于 2 个工作日；110kV 及以下变电站则可结合工程竣工验收进行，验收时间不少于 1 个工作日。

验收资料包括监控信息变电站端调试记录和调试报告、与调度技术支持系统的联调验收报告、监控信息表、验收大纲等。

安装调试单位提出验收申请，由调控中心组织相关单位参加验收。安装调试单位在验收前 10 个工作日提供验收大纲。现场验收按调控中心确认后的验收大纲开展验收工作。

监控信息现场验收的主要内容：监控信息接入满足集中监控运行要求；站端数据库信息与监控信息表信息一致性；现场实际信息接入与信息接入对应关系一致性；变电站监控系统后台信息与传至远动通信工作站信息的一致性；远动通信工作站参数设置正确性；核对变电站端监控信息调试记录和调试报告、与调度技术支持系统的联调验收报告，根据现场实际情况对监控信息进行抽测试验等。

验收结束后应出具验收报告。验收发现的问题应及时整改，主站端问题由调控中心负责，变电站端问题由工程建设管理部门负责督促安装调试单位及时整改，必要时履行设计变更手续。

4. 已投运变电站改扩建监控信息接入管理

变电站设备改造，监控信息应进行相应调试工作，由运维检修部（超高压公司）按要求向调控中心提交联调验收申请。

仅涉及变电站单纯设备更名的，由调控中心变更监控信息表，调控中心和运维检修部（超高压公司）据此完成主站和厂站相应信息更名，可不再进行信息联调。

设备停役超过 3 个月后再投运的，应重新开展监控信息联调验收工作。

调度技术支持系统中涉及设备更名时间以当值调度员通知为准，在规定时间内完成并做好变更记录。变电站监控系统中涉及设备更名应在规定时间内完成并做好变更记录。

运行电流互感器设备变比调整，若涉及遥测系数变更的，运维检修部（超高压公司）应出具信息变更联系单，并按要求开展相关监控信息联调验收工作。

11.3 信息处置原则

监控信息处置以“分类处置、闭环管理”为原则，分为信息收集、实时处置、分析处理三个阶段。

11.3.1 信息收集

调控中心值班监控人员通过监控系统发现监控告警信息后，应迅速确认，根据情况对以下相关信息进行收集，必要时应通知变电运维单位协助收集：

（1）告警发生时间及相关实时数据。

（2）保护及安全自动装置动作信息。

（3）断路器变位信息。

（4）关键断面潮流、频率、母线电压的变化等信息。

（5）监控画面推图信息。

（6）现场影音资料（必要时）。

（7）现场天气情况（必要时）。

11.3.2 实时处置

1. 事故信息实时处置

（1）监控员收集到事故信息后，按照有关规定及时向相关调度汇报，并通知运维单位检查。

（2）运维单位在接到监控员通知后，应及时组织现场检查，并进行分析、判断，及时向相关调控中心汇报检查结果。

（3）事故信息处置过程中，监控员应按照调度指令进行事故处理，并监视相关变电站运行工况，跟踪了解事故处理情况。

（4）事故信息处置结束后，变电运维人员应检查现场设备运行状态，并与监控员核对设备运行状态与监控系统是否一致，相关信号是否复归。监控员应对事故发生、处理和联系情况进行记录，并按相关规定展开专项分析，形成分析报告。

2. 异常信息实时处置

（1）监控员收集到异常信息后，应进行初步判断，通知运维单位检查处理，必要时汇报相关调度。

（2）运维单位在接到通知后应及时组织现场检查，并向监控员汇报现场检查结果及异常处理措施。如异常处理涉及电网运行方式改变，运维单位应直接向相关调度汇报，同时告知监控员。

（3）异常信息处置结束后，现场运维人员检查现场设备运行正常，并与监控员确认异常信息已复归，监控员做好异常信息处置的相关记录。

3. 越限信息实时处置

（1）监控员收集到输变电设备越限信息后，应汇报相关调度，并根据情况通知运维单位检查处理。

（2）监控员收集到变电站母线电压越限信息后，应根据有关规定，按照相关调度颁布的电压曲线及控制范围，投切电容器、电抗器和调节变压器有载分接开关，如无法将电压调整至控制范围内时，应及时汇报相关调度。

4. 变位信息实时处置

监控员收集到变位信息后，应确认设备变位情况是否正常。如变位信息异常，应根据情况参照事故信息或异常信息进行处置。

5. 告知类监控信息处置

（1）调控中心负责告知类监控信息的定期统计，并向运维单位反馈。

（2）运维单位负责告知类监控信息的分析和处置。

11.3.3 分析处理

（1）设备监控管理专业人员对于监控员无法完成闭环处置的监控信息，应及时协调运检部门和运维单位进行处理，并跟踪处理情况。

（2）设备监控管理专业人员对监控信息处置情况应每月进行统计。对监控信息处置过程中出现的问题，应及时会同调度控制专业、自动化专业、继电保护专业和运维单位总结分析，落实改进措施。

11.3.4 标志牌

标志牌是监控系统提供的一种设备标识方法。

在日常监控工作活动中，设备处于非正常运行状态或者需要特别关注的，例如断路器设备正处于检修，或者某条线路必须保障供电。为提醒监控员对这些设备进行特别的关注，以避免发生错误的操作，造成事故，需要对这些设备进行特别的标识。能引起监控员的重视，不易发生误操作。另外系统本身也可以在遥控操作时进行闭锁，拒绝执行，因此最大限度地减少发生事故的可能性。

1. 监控系统提供标志牌操作功能

（1）支持对单个对象、间隔、厂站进行挂牌操作。

（2）支持常用的标志牌，包括：

1）检修：对具有该标志牌的设备可进行试验操作，操作信息不向调度员工作站告警。

2）禁止分闸/禁止合闸：禁止对具有该标志牌的设备进行合闸/分闸操作。

3）警告：对具有该标志牌的设备执行操作时提供相关提示。

4）接地：对于不具备接地开关的点挂接地线时，应设置该标志牌，并在操作时检查该标志牌。

5）锁住：禁止对具有该标志牌的设备进行操作。

6）注释：对厂站、设备可以直接输入注释文字，以此标示当前厂站、设备的描述信息。

（3）提供自定义标志牌功能。

（4）能通过人机界面对一个对象设置标志牌或清除标志牌。

（5）支持在远方控制操作时自动检查提示操作对象的标志牌功能。

（6）单个对象能设置多个标志牌。

（7）标志牌操作保存到标志牌一览表中，包括时间、厂站、设备名、标志牌类型、操作员身份和注释等内容，并存档记录。

（8）支持传动牌，对设备、间隔或厂站挂传动牌后，其对应的告警信息应在单独调试工作站进行监视，不影响实时监视。

（9）支持同一设备在多个画面的同步挂牌和摘牌操作，挂牌和摘牌应限制为具有相同权限分组的成员。

2. 挂牌的步骤

（1）选点。选点就是选择要进行标志牌操作的设备，是进行标志牌操作的第一步。有两种方法：

1）在 SCADA 应用工具条上选择“操作盘”，弹出操作盘对话框，选中“设备标志牌”选项，在窗口画面上移动鼠标，当移动到断路器、隔离开关、变压器、母线等设备上时，鼠标光标变化，此时单击鼠标左键进入标志牌操作对话框。如果单击鼠标右键，可以结束“设备标志牌”选择。

2）在窗口画面上移动鼠标，当移动到断路器、隔离开关、变压器、母线等设备上时，单击鼠标右键，会弹出一个浮动操作菜单。选择浮动菜单上的“标志牌”选项，单击鼠标左键进入标志牌操作对话框。

选点完成后，就可以对设备进行挂牌、摘牌等相关操作了。

（2）挂牌。在标志牌操作对话框中，先在标志牌类型列表中选择要挂牌的类型，然后按下“增加标志牌”按钮，会弹出一个编辑框，要求输入挂该标志牌的一些注释信息，如果不想输入，直接按“取消”按钮即可，挂牌成功后会在当前标志牌列表中增加所选的标志牌，在接线图中所选设备的附近，看到所挂标志牌的图形形象。

同一种标志牌，每个设备只能挂一次，如果重复，系统会提示出错。

（3）摘牌。在标志牌操作对话框中，先在当前标志牌列表中选择要摘掉的标志牌类型，然后按下“删除标志牌”按钮，就会在当前标志牌列表中删除所选的标志牌，同时在接线图中所选设备的标志牌图形消失。

如果想一次摘掉设备上所有的标志牌，则可以按下“删除所有牌”按钮。此时当前标牌列表中所有的标志牌都被删除，接线图中所选设备的所有标志牌的图形全部消失。

也可在标志牌上点右键，弹出浮动菜单，选择“删除标志牌”选项，即可删除当前标志牌。

挂/摘标志牌操作必须要有相应权限的用户才能执行。

（4）移动设备标志牌。将鼠标移动到要移动的标志牌上，单击鼠标右键，则弹出浮动菜单。选择“标志牌移动”选项，将光标移动到挂牌信息的新位置，单击鼠标左键，则原来的标志牌被移动到鼠标光标所在位置。

（5）查询设备标志牌信息。要查询设备标志牌的详细信息（例如挂牌时间，挂牌人，注释信息等)，可将鼠标移动到要查询的标志牌上，单击鼠标右键，则弹出浮动菜单。选择“显示牌信息”选项，然后弹出查询界面：如果该设备上的标志牌不止一个，可以通过按“下一个”或“上一个”按钮，查询其他牌信息。

11.4 信息告警优化

监控信息告警优化应遵循“安全可靠，不漏信息，减少干扰，提高效率”的原则，优化设置兼顾上窗信息的完整性、正确性和有效性，过滤干扰告警，杜绝优化后信息漏发、频发及引起歧义等。

1. 信息告警优化手段

监控信息告警优化可通过延时过滤、计时计次、压缩处理、信息合成、告警等级提升、限值动态调整等手段进行，满足集中监控运行的需要。

延时过滤指在定义时间段内告警信息动作复归只入数据库，不上告警窗的信息处置机制。

计时计次指在计时周期内设备告警信息动作次数超过计次值则上告警窗，否则只入数据库不上告警窗的信息处置机制。

压缩处理指在设定周期内同一条告警信息多次出现，告警窗只显示一条告警信息的信息处置机制。

2. 信息告警优化基本原则

（1）监控信息告警优化工作应按监控范围开展，加强监控信息分层分区管理。

（2）检修设备应按间隔为单位进行检修信息告警屏蔽。

间隔设置一般包括线路间隔、3/2 断路器接线间隔、容抗器间隔、主变压器间隔、母线间隔、母线联络（母线分段、桥）间隔、母线差动保护间隔、备自投间隔、公用间隔、站用电间隔、站用变压器（消弧）间隔、直流系统间隔、VQC 间隔及其他间隔等。

集中监控技术支持系统上间隔图划分原则上应与间隔设备对应。

（3）对量测数据越限产生的告警信息应按照延时过滤、压缩处理、设置返回系数等方式进行告警优化。量测数据告警优化一般包括母线电压、线路电流、主变压器电流（视在功率）、断面潮流、主变压器油温、站用电电压、直流母线电压、室温等遥测量。

（4）设备告警遥信信息应进行延时过滤、压缩处理、计时计次、信息合成、告警等级提升等告警优化处置。结合设备运行特点、告警信息等级等，选用一组或多组优化策略，准确反映运行情况。

1）遥信告警优化应考虑设备操作、电网扰动、电网故障、电网运行方式改变、设备异常故障、设备运行、检修测试等情况，保证告警信息准确反映电网及设备真实运行情况。

2）根据不同设备的运行特点，应针对性实施遥信告警优化工作。遥信告警优化主要针对异常类信息进行。

3）反映电网设备故障的事故类信息及反映位置状态和设备动作的变位类信息禁止进

行延时处置。

4）站用电短时消失、设备运行临界状态、伴生信息、触点抖动等引起的遥信告警应进行延时过滤处置，对重要信息的延时值需要相应专业认可。

5）对采取延时过滤处理的遥信告警，还需考虑因采取延时过滤后相应告警信息的漏发，采取计时计次处理，使设备异常时能够正确告警。延时过滤处理与计时计次处理应同时使用，延时时间应针对不同设备特点合理设置，计时计次宜设置 5min 3 次，每值内应对被优化的告警信息做好分析处置。

6）遥信告警可进行压缩处理，防止同一信息频繁上窗，不同设备告警信息周期设置应符合设备实际运行特点，一般周期宜设置为 24h。

7）有条件时进行信息合成优化处置，按相关规则将一系列告警信息对应到某一特定事件（电网故障、遥控操作、设备重大异常等）的告警，实现特定事件的综合智能告警。

8）告知类信息频发不能采取有效优化手段，在电网运行实际需要提升告警等级，可进行等级调整的优化处置。

第12章 主要设备典型信息释义

12.1 事故总信号

事故总典型异常信息处置见表12-1。

表12-1 事故总典型异常信息处置

全站事故总信号	
信息释义	信息原理
将各电气间隔事故总进行合并（逻辑或），并采用“触发加自动复归”方式，变电站任一间隔断路器跳闸后，全站事故总告警	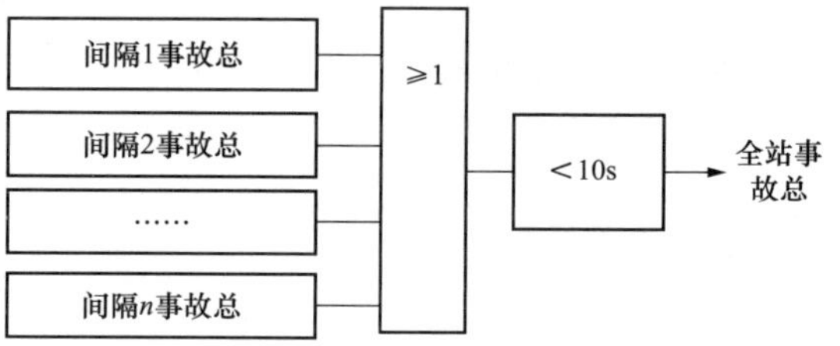
间隔事故总信号	
信息释义	信息原理
操作箱KKJ合后位置触点与断路器跳闸位置继电器TWJ动合触点串联（逻辑与）后开入测控装置，构成间隔事故总信号；手动合上断路器后，断路器操作箱合后继电器KKJ自保持在励磁状态，若断路器出现非手动分闸，该告警信号出现	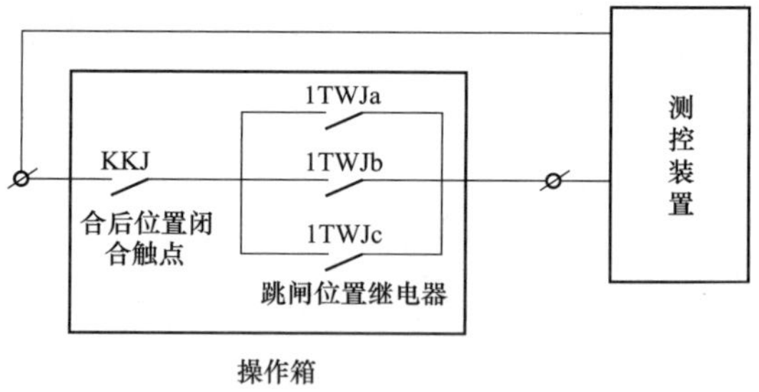
原因及风险分析	处置指导原则
原因分析：①变电站内某一间隔断路器偷跳。②变电站内线路保护、母线保护、主变压器保护等保护装置或安全自动装置出口跳开相关断路器。 风险分析：事故跳闸，根据故障性质大小可能引起系统稳定破坏，全站失压，跳闸后引起系统扰动、损失负荷等，稳控动作切负荷、切机等，会伴随其他信号和报文	监控处置原则：①监控员收集到事故信号后，应立即汇报相应调度员并通知运维人员到现场检查，同时协助调度根据事故其他伴随告警信息、保护录波信息和用户的重要程度，分析判断确定能否进行远方试送或倒方式运行，做好快速隔离故障和恢复送电的准备；②根据调度令及事故处理规程做好相关处理措施（调压、减负荷等）和监视相关设备运行工况。 现场处置原则：①运维单位接到监控员通知后，迅速组织人员现场检查站内一二次设备，并将保护动作情况、一次设备故障情况等检查结果及时汇报相关调度和监控；②按调度令和现场事故处理规定处理事故

12.2 主 变 压 器

12.2.1 变压器冷却器典型异常信号

变压器冷却器典型异常信号见表 12-2。

表 12-2　变压器冷却器典型异常信号

主变压器冷却器电源消失	
信息释义	信息原理
主变压器冷却器装置工作电源 I 或工作电源 II 故障	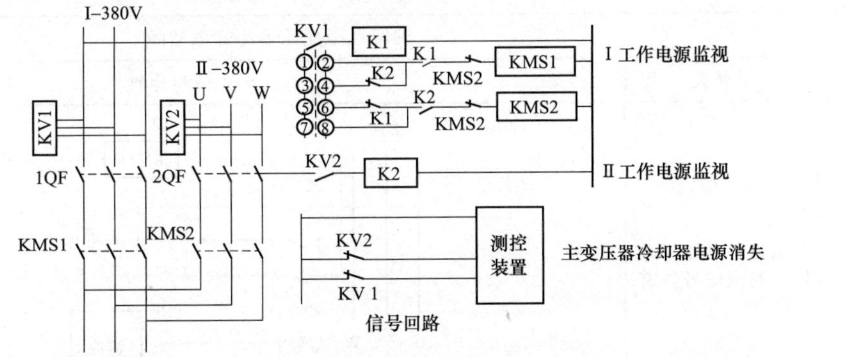
原因及风险分析	处置指导原则
原因分析：①冷却装置的某路电源故障。②二次回路问题误动作。③上级电源消失。 风险分析：工作电源消失，备用电源会自动投入，若备用电源自投失败，可能造成主变压器油温过高，危及主变压器安全运行	监控处置原则：值班监控员立即汇报相应调度并通知运维单位，加强运行监视，做好相关操作准备。 现场处置原则：①首先判明是哪一级断路器跳闸或交流接触器异常。若断路器未跳闸应检查其接点接头松动、接触器卡涩、导线断线情况等。当冷却器全停或个别风扇停转以及潜油泵停运时，首先从电源查起，判明原因迅速处理。②若电源已恢复正常，风扇或潜油泵仍不运转，则可按动热继电器复归按钮试送一次。③若电源难以及时恢复，且主变压器负荷又很大时，尽快采用临时电源使冷却装置恢复运行，同时报告调度且加强监视主变压器温度和负荷的变化。④冷却器全停超过规定的温度，应申请调度降低负荷或将主变压器停运
强迫油循环主变压器冷却器故障	
信息释义	信息原理
反映变压器冷却器故障，变压器任一组风扇或油泵故障时，对应信号告警	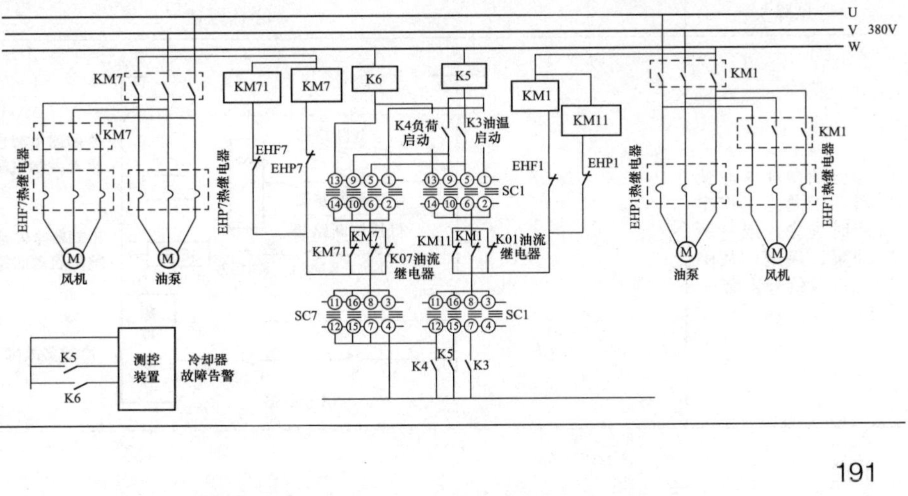

续表

原因及风险分析	处置指导原则
原因分析：冷却控制的各分支系统（指风扇或油泵输出控制回路）故障，由风控箱内热继电器或电动机开关辅助触点启动告警信号。 风险分析：可能造成主变压器油温过高，危及主变压器安全运行	监控处置原则：①时刻监视主变压器油温值；了解现场处置原则。②根据处置方式制定相应的监视措施，及时掌握 $N-1$ 后设备运行情况。 现场处置原则：①首先考虑冷却器故障后能否满足主变压器正常运行需要，若不满足，立即汇报调度申请降负荷或停电处理。若满足运行条件，则进一步检查现场主变压器风冷系统情况，是风扇故障还是油泵故障，对应的热耦继电器是否动作。②如果热耦继电器动作，风扇或油泵外观检查未见异常，可手动复归热耦继电器恢复冷却器正常运行。若复归热耦继电器失败，则进一步检查风扇或油泵故障，应采取断开风扇或油泵控制电源措施，并立即上报调度，同时制定更换措施和方案。③如果是热耦继电器或电动机开关辅助触点故障造成误发信号应对热耦继电器或电动机开关辅助触点进行检查，及时消除故障
油浸风冷变压器冷却器故障	
信息释义	信息原理
变压器任一组风扇故障，对应信号告警	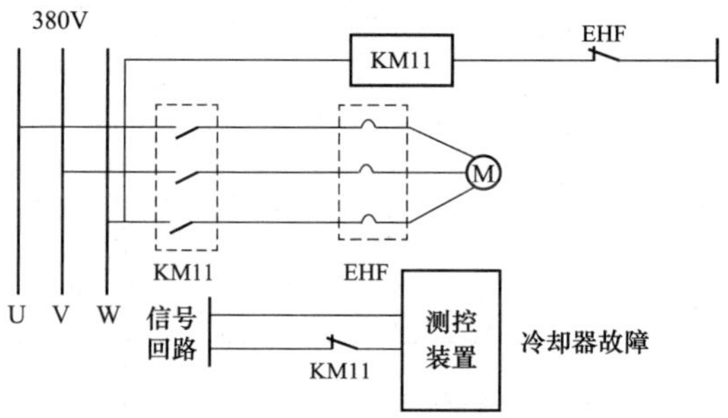
原因及风险分析	处置指导原则
原因分析：①风扇电动机故障。②风扇电源消失。 风险分析：影响变压器冷却系统正常运行，导致变压器不能正常散热	监控处置原则：①时刻监视主变压器油温值；了解现场处置原则。②根据处置方式制定相应的监视措施，及时掌握 $N-1$ 后设备运行情况。 现场处置原则：①首先考虑冷却器故障后能否满足主变压器正常运行需要，若不满足，立即汇报调度申请降负荷或停电处理。若满足运行条件，则进一步检查现场主变压器风冷系统情况，确定哪组风扇故障，对应的热耦继电器是否动作。②如果热耦继电器动作，风扇外观检查未见异常，可手动复归热耦继电器恢复冷却器正常运行。若复归热耦继电器失败，则进一步检查故障风扇，应采取断开风扇控制电源措施，并立即上报调度，同时制定更换措施和方案。③如果是热耦继电器或电动机开关辅助触点故障造成误发信号应对热耦继电器或电动机开关辅助触点进行检查，及时消除故障
主变压器冷却器全停告警	
信息释义	信息原理
强迫油循环风冷变压器，当两路工作电源同时失去，或者所有油泵、风扇均故障时，对应信号告警	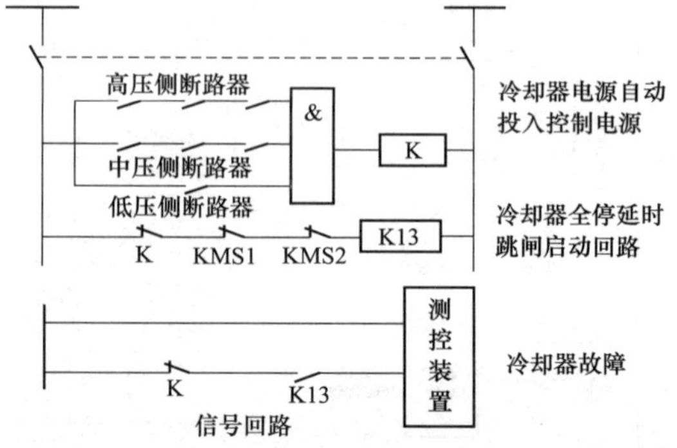

续表

原因及风险分析	处置指导原则
原因分析：①装置的电源故障。②二次回路问题。 风险分析：造成主变压器油温过高，如果运行时间过长，将危及主变压器安全运行、缩短寿命、甚至损坏，造成事故	监控处置原则：值班监控员上级调度，通知运维单位，加强运行监视，做好相关操作准备。 现场处置原则：①检查风冷系统及两组冷却电源工作情况。②密切监视变压器绕组和上层油温温度情况。③如一组电源消失或故障，另一组备用电源自投不成功，则应检查备用电源是否正常，如正常，应立即手动将备用电源开关合上。④若两组电源均消失或故障，则应立即设法恢复电源供电。⑤现场检查变压器冷却装置控制箱各负载开关、接触器、熔断器和热继电器等工作状态是否正常。⑥如果发现冷却装置控制箱内电源存在问题，则立即检查站用电低压配电屏负载开关、接触器、熔断器和站用变压器高压侧熔断器或断路器。⑦故障排除后，将各冷却器选择开关置于“停止”位置，再试送冷却器电源。若成功，再逐路恢复冷却器运行。⑧若冷却器全停故障短时间内无法排除，应立即汇报值班调控人员，申请转移负荷或将变压器停运。⑨变压器冷却器全停的运行时间不应超过规定。⑩如果是二次回路故障造成误发信号，现场检查无异常时安排处理
强迫油循环风冷变压器冷却器全停延时出口	
信息释义	信息原理
强迫油循环风冷变压器，当两路工作电源同时失去，或者所有油泵、风扇均故障时，经过相应整定时间延时，若冷却器仍未恢复，冷却器全停跳闸	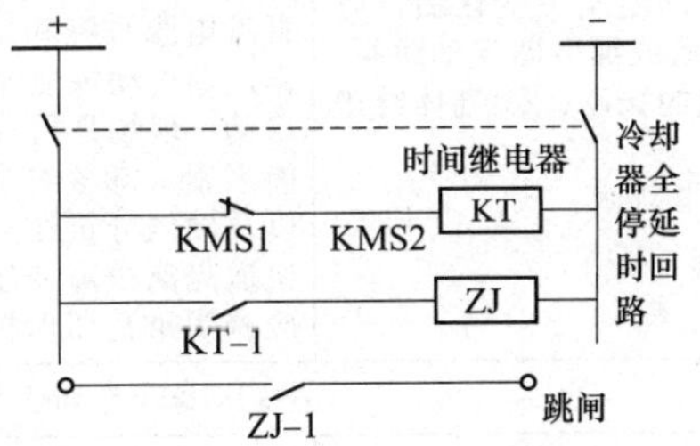
原因及风险分析	处置指导原则
原因分析：①装置的电源故障。②所有冷却装置内部同时故障造成冷却器全停。③主变压器冷却器电源切换试验造成短时间主变压器冷却器全停。 风险分析：造成主变压器跳闸，可能引起相邻主变压器过负荷	监控处置原则：值班监控员立即汇报相应调度，通知运维单位，加强运行监视，做好相关操作准备。 现场处置原则：①立即投入备用变压器或备用电源，切换站用变压器，恢复站用变压器。②若电源已恢复正常，风扇或潜油泵仍不运转，则可按动热继电器复归按钮试送一次。③若电源一时来不及恢复，且主变压器负荷又很大时，尽快采用临时电源使冷却装置恢复运行。同时报告调度和相关领导，并加强主变压器温度和负荷监视。④如果是二次回路故障造成误发信号，现场检查无异常时，填报缺陷，等待专业班组来站处理。⑤通知现场运维人员在主变压器冷却器电源切换试验后及时复归该信号

12.2.2　变压器本体典型异常信号

变压器本体典型异常信号见表 12-3。

表 12-3　　　　变压器本体典型异常信号

主变压器本体重瓦斯出口	
信息释义	信息原理
当变压器内部故障，或者变压器油位低于双浮球气体继电器，或者重瓦斯二次回路异常时，气体继电器动作，跳开变压器对应断路器，对应信号告警	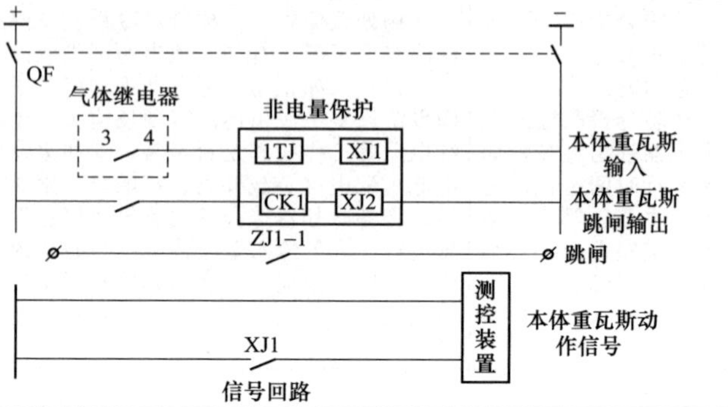
原因及风险分析	处置指导原则
原因分析：①主变压器内部发生严重故障。②二次回路问题误动作。③储油柜内胶囊安装不良，造成呼吸器堵塞，油温发生变化后，呼吸器突然冲开，油流冲动造成继电器误动跳闸。④主变压器附近有较强烈的振动。⑤气体继电器误动。 风险分析：造成主变压器跳闸	监控处置原则：值班监控员核实断路器跳闸情况并上报调度，通知运维人员检查，加强运行监视，做好相关操作准备。 现场处置原则：①现场检查主变压器有无喷油、漏油等，检查气体继电器内部有无气体积聚、干簧管是否破碎。②认真检查核对重瓦斯保护动作信息，同时检查其他设备保护动作信号、一二次回路、直流电源系统和站用电系统运行情况。③站用电系统若备自投未动作，则手动恢复站用电系统运行。④检查故障发生时滤油装置是否启动、现场是否存在检修作业，是否存在引起重瓦斯保护动作的可能因素。⑤核对变压器各部位检查结果和继电保护装置动作信息，以及油气分析结果，确认主变压器内部故障造成重瓦斯保护动作，快速隔离故障变压器。⑥通过油、气试验，判断变压器内部无故障，应查明重瓦斯保护是否误动及误动原因
主变压器轻瓦斯告警	
信息释义	信息原理
当变压器内部轻微故障，或者进入空气，或者轻瓦斯二次回路异常时，该信号告警	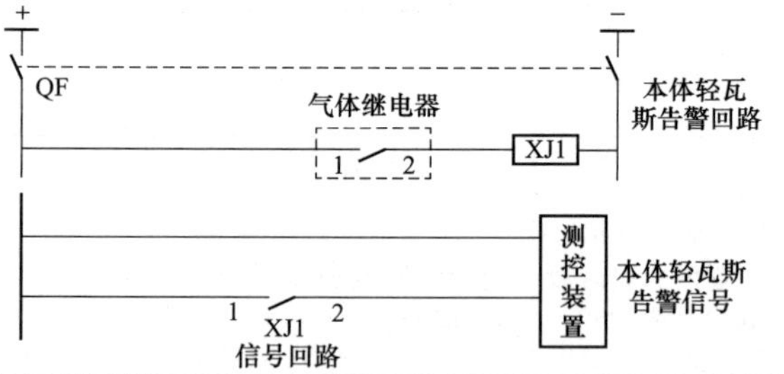
原因及风险分析	处置指导原则
原因分析：①主变压器内部发生轻微故障。②因温度下降或漏油使油位下降。③因穿越性短路故障或振动引起。④储油柜空气不畅通。⑤直流回路绝缘破坏。⑥气体继电器本身有缺陷等。⑦二次回路误动作。 风险分析：发轻瓦斯保护告警信号	监控处置原则：值班监控员上级调度，通知运维单位，加强运行监视，做好相关操作准备。 现场处置原则：①立即对变压器进行检查，查明动作原因，是否因聚集气体、油位降低、二次回路故障或是变压器（电抗器）内部故障造成。②若轻瓦斯报警信号连续发出 2 次及以上，可能说明故障正在发展，应申请尽快停运。③如气体继电器内有气体，应立即取气并进行气体成分分析；同时应立即启动在线油色谱装置分析或就近送油样进行分析。④若检测气体是可燃的或油中溶解气体分析结果异常，应立即申请将变压器停运。⑤若检测气体继电器内的气体为无色、无臭且不可燃，且油色谱分析正常，则变压器（电抗器）可继续运行，并及时消除进气缺陷。⑥在取气及油色谱分析过程中，应高度注意人身安全，严防设备突发故障

续表

<table>
<tr><td colspan="2">主变压器本体压力释放告警</td></tr>
<tr><td>信息释义</td><td>信息原理</td></tr>
<tr><td>当变压器内部故障时，压力增大，内部压力值超过压力释放阀设定值时，压力释放阀开始泄压，当压力恢复正常时压力释放阀自动恢复原状态</td><td>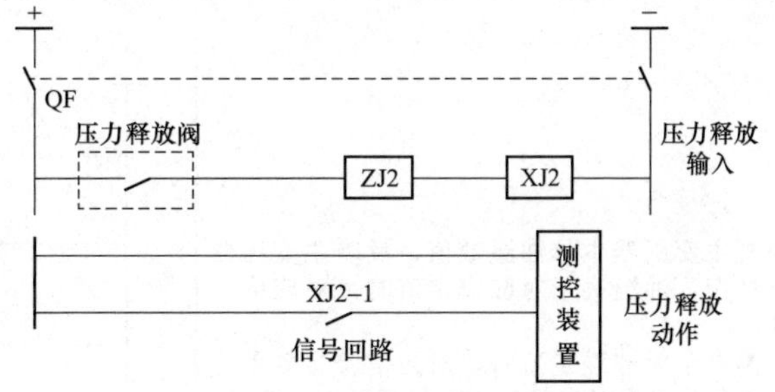
</td></tr>
<tr><td>原因及风险分析</td><td>处置指导原则</td></tr>
<tr><td>原因分析：①变压器内部故障。②呼吸系统堵塞。③变压器运行温度过高，内部压力升高。④变压器补充油时操作不当。
风险分析：本体压力释放阀喷油</td><td>监控处置原则：上报调度，通知运维单位，加强运行监控，做好相关操作准备。
现场处置原则：①现场检查变压器本体及附件，重点检查压力释放阀有无喷油、漏油，检查气体继电器内部有无气体积聚，检查油色谱在线监测装置数据，检查变压器本体油温、油位变化情况。②认真检查核对变压器保护动作信息，同时检查其他设备保护动作信号、一二次回路、直流电源系统运行情况。③记录保护动作时间及一次、二次设备检查结果并汇报。④压力释放阀冒油，且变压器主保护动作跳闸时，在未查明原因、消除故障前，不得将变压器投入运行。⑤压力释放阀冒油而重瓦斯保护、差动保护未动作时，应检查变压器油温、油位、运行声音是否正常，检查主变压器是否过负荷和冷却器投入情况、检查变压器本体与储油柜连接阀门是否开启、吸湿器是否畅通。并立即联系检修人员进行色谱分析。⑥现场检查未发现渗油、冒油，应联系检修人员检查二次回路</td></tr>
<tr><td colspan="2">主变压器本体压力突变告警</td></tr>
<tr><td>信息释义</td><td>信息原理</td></tr>
<tr><td>监视主变压器压力变化率，当压力变化率超过设定值时，跳变压器对应断路器或信号告警</td><td>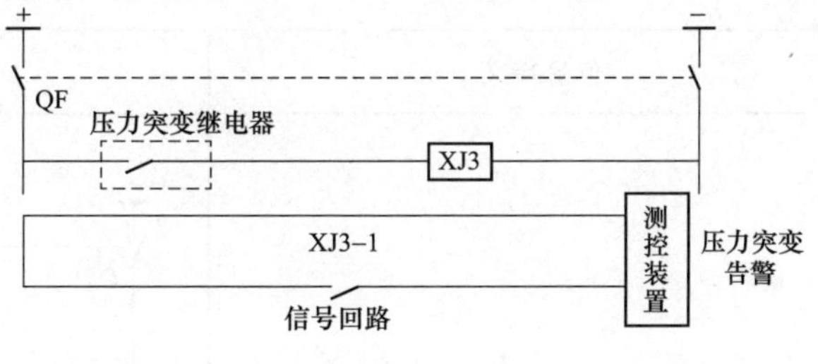
</td></tr>
<tr><td>原因及风险分析</td><td>处置指导原则</td></tr>
<tr><td>原因分析：①变压器内部故障。②油压速动继电器误动。
风险分析：有进一步造成气体继电器或压力释放阀动作的危险</td><td>监控处置原则：上报调度，通知运维单位，加强运行监控，做好相关操作准备。
现场处置原则：①检查变压器本体及附件，重点检查变压器有误异常运行声音，压力释放阀有无喷油、漏油，检查气体继电器内部有无气体积聚，检查油色谱在线监测装置数据，检查变压器本体油温、油位变化情况。②开展油气试验判断是否内部故障，若为内部故障则申请主变压器停役。③如果非内部故障，重点检查是否二次回路故障造成误发信号，并通知检修人员安排处理</td></tr>
</table>

续表

<table>
<tr><td colspan="2">主变压器本体油温高告警</td></tr>
<tr><td>信息释义</td><td>信息原理</td></tr>
<tr><td>监视主变压器本体油温数值，反映主变压器运行情况，油温高于对应设定值时，对应信号告警。
油温高于对应设定值时，对应信号告警主变压器本体油温高时发跳闸信号但不做用于跳闸</td><td>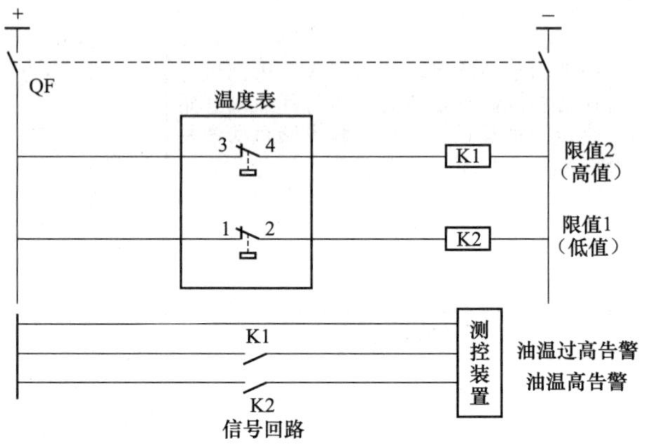
</td></tr>
<tr><td>原因及风险分析</td><td>处置指导原则</td></tr>
<tr><td>原因分析：①变压器内部故障。②主变压器过负荷。③主变压器冷却器故障或异常。
风险分析：主变压器本体油温高于告警值，影响主变压器绝缘</td><td>监控处置原则：上报调度，通知运维单位，加强运行监控，做好相关操作准备。
现场处置原则：①检查温度计指示，判明温度是否确实升高。②检查冷却器、变压器室通风装置是否正常。③检查变压器的负荷情况和环境温度，并与以往相同情况做比较。④温度计或测温回路故障、散热阀门没有打开，应联系检修人员处理。⑤若温度升高是由于冷却器工作不正常造成，应立即排除故障。⑥检查是否由于过负荷引起，向调度申请减负荷。必要时，进行油中溶解气体分析。若综合判断为主变压器内部故障，则申请主变压器停役检查处理</td></tr>
<tr><td colspan="2">主变压器本体油位告警</td></tr>
<tr><td>信息释义</td><td>信息原理</td></tr>
<tr><td>主变压器本体油位偏高或偏低时告警</td><td>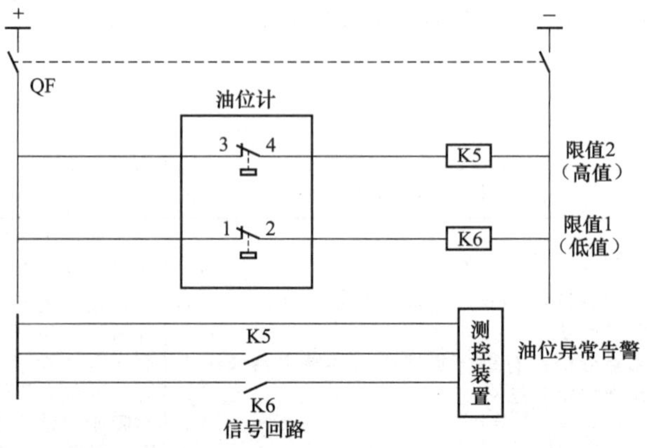
</td></tr>
</table>

续表

原因及风险分析	处置指导原则
原因分析：①变压器内部故障。②主变压器过负荷。③主变压器冷却器故障或异常。④变压器漏油造成的油位低。⑤环境温度变化造成油位异常。 风险分析：主变压器本体油位偏高可能造成油压过高，有导致主变压器本体压力释放阀动作的危险；主变压器本体油位偏低可能影响主变压器绝缘	监控处置原则：通知运维单位，加强运行监控，做好相关操作准备。 现场处置原则：①检查变压器是否存在严重渗漏缺陷。②利用红外测温装置检测储油柜油位。③检查吸湿器呼吸是否畅通及油标管是否堵塞，注意做好防止重瓦斯保护误动措施。④若变压器渗漏油造成油位下降，应立即采取措施制止漏油。若不能制止漏油，且油位计指示低于下限时，应立即向值班调控人员申请停运处理。⑤若变压器无渗漏油现象，油温和油位偏差超过标准曲线，或油位超过极限位置上下限，联系检修人员处理。⑥若假油位导致油位异常，应联系检修人员处理

12.2.3　有载调压装置典型异常信号

有载调压装置典型异常信号见表 12-4。

表 12-4　　有载调压装置典型异常信号

<table>
<tr><td colspan="2">主变压器有载重瓦斯出口</td></tr>
<tr><td>信息释义</td><td>信息原理</td></tr>
<tr><td>反映主变压器有载调压装置内部故障。变压器有载调压油箱内部故障，或气体继电器二次回路异常时，跳变压器对应断路器，并对应信号告警</td><td>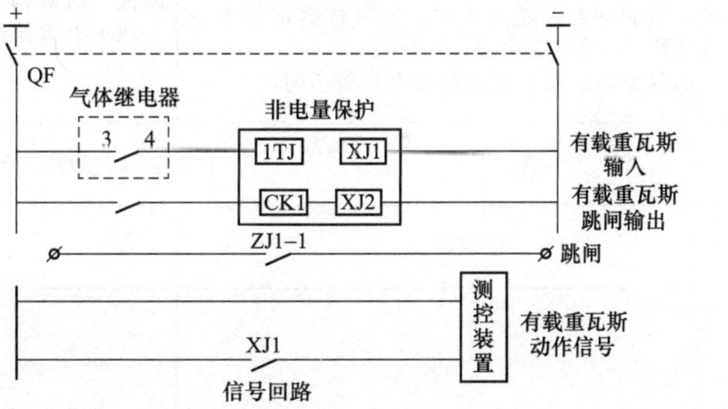
</td></tr>
<tr><td>原因及风险分析</td><td>处置指导原则</td></tr>
<tr><td>原因分析：①主变压器有载调压装置内部发生严重故障。②二次回路问题误动作。③有载调压储油柜内胶囊安装不良，造成呼吸器堵塞，油温发生变化后，呼吸器突然冲开，油流冲动造成继电器误动跳闸。④主变压器附近有较强烈的振动。⑤气体继电器误动。
风险分析：造成主变压器跳闸</td><td>监控处置原则：值班监控员核实断路器跳闸情况并上报调度，通知运维人员检查，加强运行监视，做好相关操作准备。
现场处置原则：①现场检查调压开关有无喷油、漏油等，检查气体继电器内部有无气体积聚、干簧管是否破碎。②认真检查核对有载调压重瓦斯保护动作信息，同时检查其他设备保护动作信号、一二次回路、直流电源系统和站用电系统运行情况。③检查运行变压器是否过负荷，根据负荷情况投入冷却器。若变压器过负荷运行，应汇报值班调控人员转移负荷。④检查故障发生时滤油装置是否启动、现场是否存在检修作业，是否存在引起重瓦斯保护动作的可能因素。⑤综合变压器各部位检查结果和继电保护装置动作信息，分析确认由于调压开关内部故障造成调压重瓦斯保护动作，快速隔离故障变压器。⑥检查有载调压重瓦斯保护动作前，调压开关分接开关是否进行调整，统计调压开关近期动作次数及总次数。⑦确认调压开关内部故障造成瓦斯保护动作后，应提前布置故障变压器检修试验工作的安全措施。⑧确认变压器内部无故障后，应查明有载调压重瓦斯保护是否误动及误动原因</td></tr>
</table>

续表

<table>
<tr><th colspan="2">主变压器有载轻瓦斯告警</th></tr>
<tr><th>信息释义</th><th>信息原理</th></tr>
<tr><td>当变压器有载调压油箱内部轻微故障，或者进入空气，或者轻瓦斯二次回路异常时，该信号告警</td><td>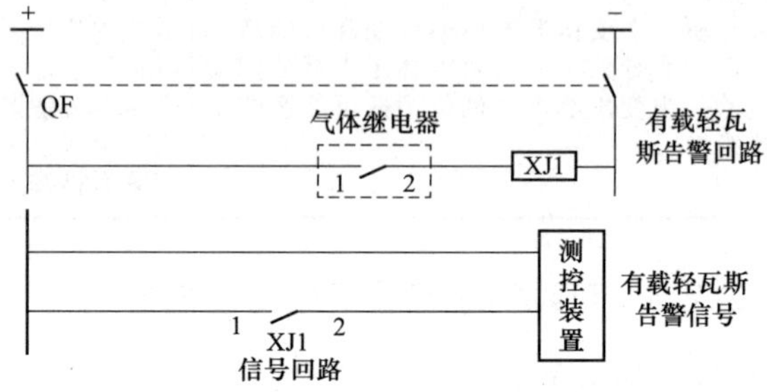
</td></tr>
<tr><th>原因及风险分析</th><th>处置指导原则</th></tr>
<tr><td>原因分析：①主变压器有载内部发生轻微故障。②因温度下降或漏油使油位下降。③因穿越性短路故障或地震引起。④储油柜空气不畅通。⑤直流回路绝缘破坏。⑥气体继电器本身有缺陷等。⑦二次回路误动作。
风险分析：发出有载轻瓦斯告警信号</td><td>监控处置原则：值班监控员上级调度，通知运维单位，加强运行监视，做好相关操作准备。
现场处置原则：参考本体轻瓦斯告警处置指导原则</td></tr>
<tr><th colspan="2">主变压器有载压力释放告警</th></tr>
<tr><th>信息释义</th><th>信息原理</th></tr>
<tr><td>当变压器有载调压邮箱内部故障时，压力增大，内部压力值超过压力释放阀设定值时，压力释放阀开始泄压，当压力恢复正常时压力释放阀自动恢复原状态</td><td>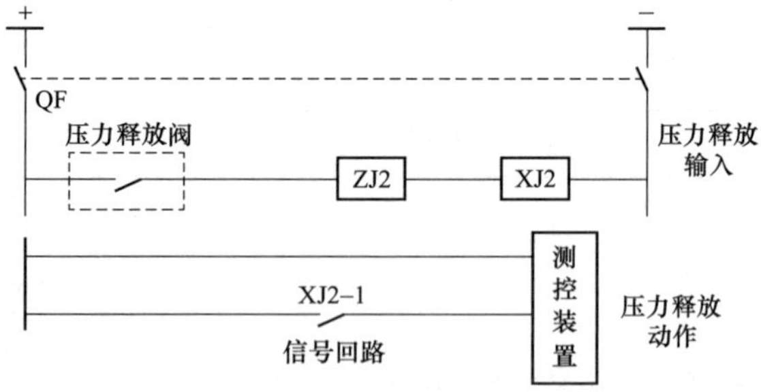
</td></tr>
<tr><th>原因及风险分析</th><th>处置指导原则</th></tr>
<tr><td>原因分析：①变压器有载内部故障。②呼吸系统堵塞。③变压器运行温度过高，内部压力升高。④变压器补充油时操作不当。
风险分析：发主变压器有载释放告警信号，严重时可能引起压力释放阀喷油</td><td>监控处置原则：上报调度，通知运维单位，加强运行监控，做好相关操作准备。
现场处置原则：参考本体压力释放告警处置指导原则</td></tr>
</table>

续表

主变压器有载油位告警	
信息释义	信息原理
主变压器有载调压储油柜油位异常	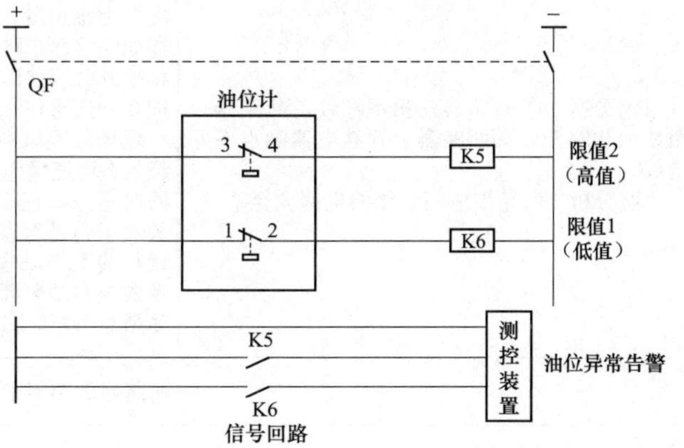
原因及风险分析	处置指导原则
原因分析：①变压器内部故障。②主变压器过负荷。③主变压器冷却器故障或异常。④变压器漏油造成的油位低。⑤环境温度变化造成油位异常。 风险分析：主变压器有载调压储油柜油位偏高可能造成油压过高，有导致主变压器有载压力释放阀动作的危险；油位偏低可能影响主变压器绝缘	监控处置原则：通知运维单位，加强运行监控，做好相关操作准备。 现场处置原则：参考本体油位告警处置指导原则

12.3 断　路　器

12.3.1 断路器通用典型异常信号

断路器通用典型异常信号见表 12-5。

表 12-5　　断路器通用典型异常信号

断路器三相不一致保护出口	
信息释义	信息原理
反映断路器三相位置不一致性，动作后跳断路器三相	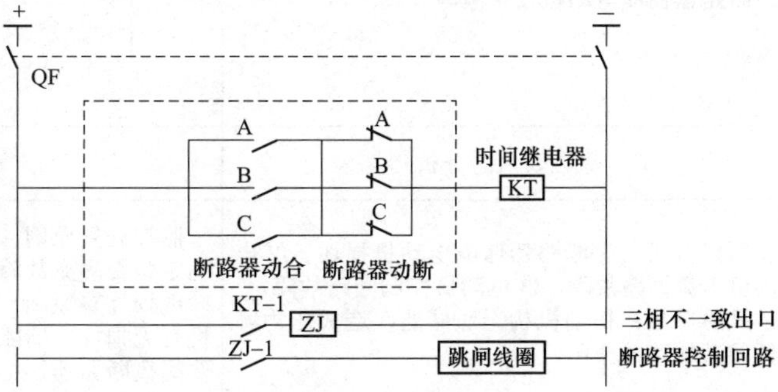

续表

原因及风险分析	处置指导原则
原因分析：①断路器三相不一致，断路器一相或两相跳开。②断路器位置继电器触点不好造成。 风险分析：断路器跳闸，影响电网安全	监控处置原则：①根据遥信变位、负荷等情况核实断路器跳闸情况并上报调度，通知运维单位，加强运行监控，做好相关操作准备。②如断路器未跳开处于非全相运行，需要汇报调度，听候处理（若两相断开时应立即拉开该断路器；若一相断开时应试合一次，如试合不成功则应尽快采取措施将该断路器拉开）；同时汇报值班调度员。 现场处置原则：①运维单位接到监控员通知后，配合确认断路器位置，迅速组织现场检查，认真分析监控后台报文时序、录波波形，同时重点检查三相不一致时间继电器是否异常，断路器二次回路相关端子箱是否有凝露或严重发霉现象，现场是否有可能影响断路器运行的工作，检查结果及时汇报相关调度和监控。②根据现场保护及安全自动装置动作情况及断路器跳闸情况，及时配合调度调阅故障信息分析，按调度令和现场事故处理规定处理
断路器加热器故障	
信息释义	信息原理
断路器加热器故障	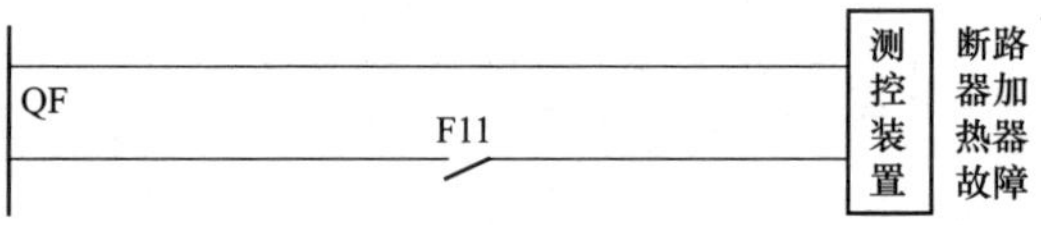
原因及风险分析	处置指导原则
原因分析：①断路器加热电源跳闸。②电源辅助触点接触不良。 风险分析：断路器加热器不热，容易形成凝露等异常，可能会造成二次回路短路或接地，甚至造成断路器拒动或误动	监控处置原则：①通知运维单位检查处理。②根据现场检查结果确定是否隔离故障，做好相应监控措施。 现场处置原则：①如果是断路器本体加热器电源或本身故障，通知运维或检修人员处理，并加强对该断路器巡视，有异常及时汇报。②了解异常的原因和处理情况，现场处理结束后，及时汇报监控并核对信息。③若异常影响断路器正常运行，申请调度隔离故障
断路器储能电动机故障	
信息释义	信息原理
断路器储能电动机发生故障	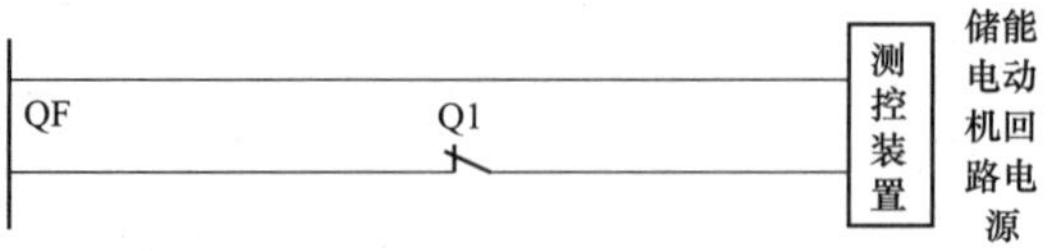
原因及风险分析	处置指导原则
原因分析：①断路器储能电动机损坏。②电动机电源回路故障。③电动机控制回路故障。 风险分析：操动机构无法储能，造成压力降低闭锁断路器操作	监控处置原则：①通知运维单位检查处理。②根据现场检查结果确定是否隔离故障断路器，做好相应监控措施。 现场处置原则：①检查断路器机构储能电源是否正常，储能电动机有无损坏，储能是否正常。②根据现场检查处理结果确定是否需要隔离断路器，汇报调度

续表

断路器第一（二）组控制回路断线	
信息释义	信息原理
控制电源消失或者控制回路故障，造成断路器分合闸操作闭锁	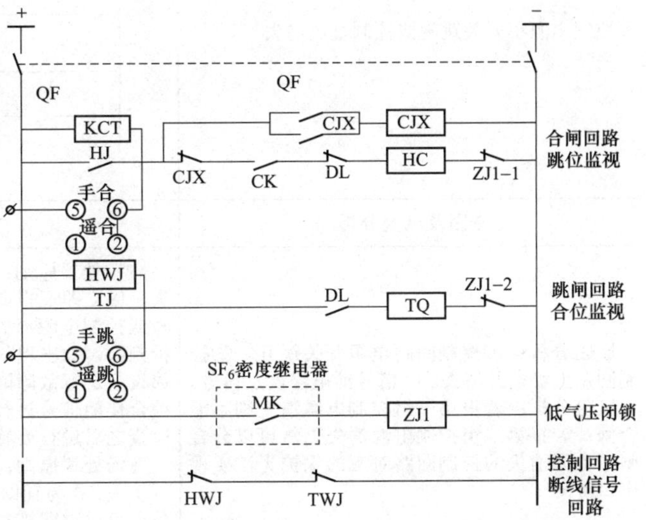
原因及风险分析	处置指导原则
原因分析：①二次回路接线松动。②控制熔断器熔断或空气开关跳闸。③断路器辅助触点接触不良，合闸或分闸位置继电器故障。④分合闸线圈损坏。⑤断路器机构“远方/就地”切换开关损坏。⑥弹簧机构未储能或断路器机构压力降至闭锁值、SF_6气体压力降至闭锁值。 风险分析：若报第一组控制回路断线则不能合闸；若报第二组控制回路断线仍然可以分合闸；双套保护与控制回路断线一一对应，则对应的保护无法实现出口跳闸；若两组均报断线则断路器无法进行分合闸	监控处置原则：①立即通知运行单位，若两组均出现控制回路断线，应立即汇报调度，并协同调度综合伴随信息是否有直流系统故障或控制电源消失、控制回路相关设备故障或触点接触不良进行分析判断，如出现任一伴随信号，应立即做好应急准备和上一级或相邻设备进行故障隔离。②若其中一组出现控制回路断线，协同调度综合伴随信号进行分析判断处置；若是仅发此单一信号，配合现场检查之后进行处置。 现场处置原则： （1）应先检查以下内容：①上一级直流电源是否消失。②断路器控制电源空气开关有无跳闸。③弹簧储能机构储能是否正常。④液压、气动操动机构是否压力降低至闭锁值。⑤SF_6 气体压力是否降低至闭锁值。⑥分、合闸线圈是否断线、烧损。⑦控制回路是否存在接线松动或接触不良。 （2）若控制电源空气开关跳闸或上一级直流电源跳闸，检查无明显异常，可试送一次。无法合上或再次跳开，未查明原因前不得再次送电。 （3）若断路器 SF_6气体压力或储能操动机构压力降低至闭锁值、弹簧机构未储能、控制回路接线松动、断线或分合闸线圈烧损，无法及时处理时，汇报值班调控人员，按照值班调控人员指令隔离该断路器。 （4）若断路器为两套控制回路时，其中一套控制回路断线时，在不影响保护可靠跳闸的情况下，该断路器可以继续运行

断路器第一（二）组控制电源消失

续表

信息释义	信息原理
控制电源小开关跳闸或控制直流消失	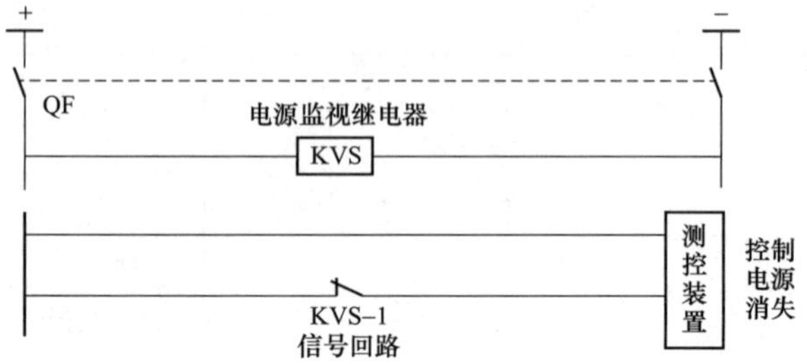
原因及风险分析	处置指导原则
原因分析：①控制回路电源开关跳开。②控制回路上级电源消失。③信号继电器误发信号。 风险分析：若报第一组控制电源消失则不能合闸；若报第二组控制电源消失仍然可以分合闸，电源消失的控制回路对应的保护无法实现出口跳闸	监控处置原则：①立即通知运行单位，若两组均出现控制电源消失，应立即汇报调度，并协同调度综合伴随信息是否有直流系统故障或控制电源消失、控制回路相关设备故障或触点接触不良进行分析判断，如出现任一伴随信号，应立即做好应急准备和上一级或相邻设备进行故障隔离。②若其中一组出现控制电源消失，协同调度综合伴随信号进行分析判断处置；若是仅发此单一信号，配合现场检查之后进行处置。 现场处置原则：①现场检查操作箱或智能终端，断路器位置灯是否熄灭，作为辅助判断。②检查断路器控制电源空气开关是否跳开，是否可以立即恢复。③如控制回路电源消失且无法恢复时，应及时上报调度处理，隔离故障断路器。④如果是回路故障造成误发信号及时通知专业人员消除故障

12.3.2 SF_6断路器典型异常信号

SF_6断路器典型异常信号见表12-6。

表12-6　　SF_6断路器典型异常信号

断路器SF_6气压低告警	
信息释义	信息原理
监视断路器本体SF_6压力数值。SF_6压力降低至告警设定值时，压力（密度）继电器动作，相应信号告警	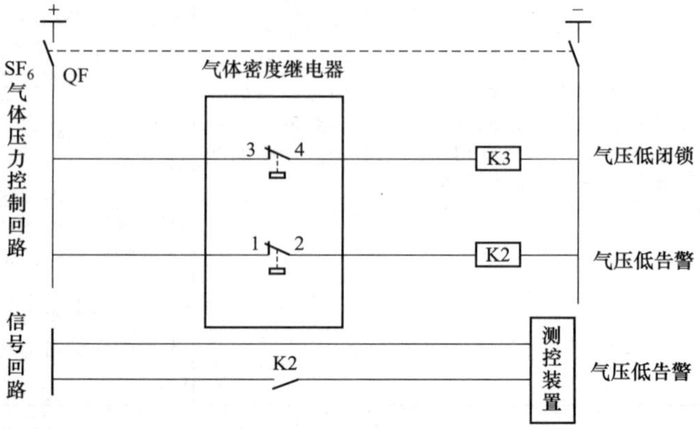

续表

原因及风险分析	处置指导原则
原因分析：①断路器有泄漏点，压力降低到告警值。②压力（密度）继电器损坏。③回路故障。④根据 SF_6 压力温度曲线，温度变化时，SF_6 压力值变化。 风险分析：如果 SF_6 压力继续降低，造成断路器分合闸闭锁	监控处置原则：①通知运维单位，并根据相关运行规程处理，主要要了解 SF_6 压力值、现场处置的基本情况和处置原则。②根据处置方式制定相应的监控措施，及时掌握 $N-1$ 后设备运行情况。 现场处置原则：①检查 SF_6 密度继电器（压力表）指示是否正常，气体管路阀门是否正确开启。②若 SF_6 气体压力降至告警值，但未降至压力闭锁值，联系检修人员，在保证安全的前提下进行补气，必要时检查断路器本体及管路是否漏气。③若运行中 SF_6 气体压力降至闭锁值以下，立即汇报值班调控人员，断开断路器操作电源，按照值班调控人员指令隔离该断路器。④检查人员应按规定使用防护用品；若需进入室内，应开启所有排风机进行强制排风 15min，并用检漏仪测量 SF_6 气体合格，用仪器检测含氧量合格；室外应从上风侧接近断路器进行检查。⑤如果是压力（密度）继电器或回路故障造成误发信号应对回路及继电器进行检查，及时消除缺陷
断路器 SF_6 气压低闭锁	
信息释义	信息原理
断路器本体 SF_6 压力数值低于闭锁值，压力（密度）继电器动作，断开断路器第一、二组控制回路，对应信号告警，同时报控制回路断线	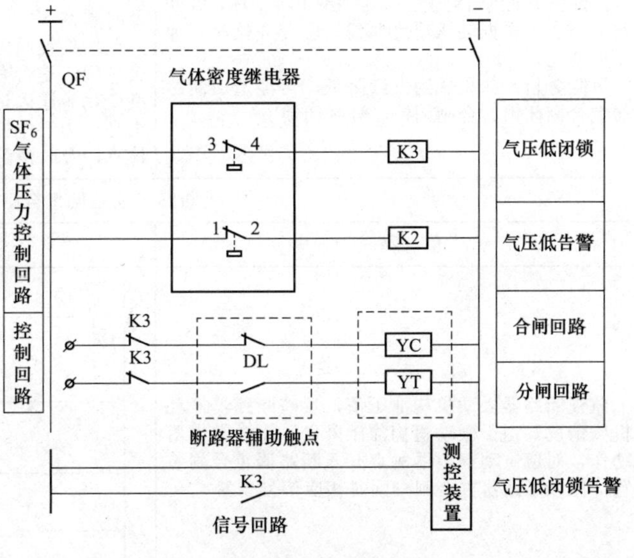
原因及风险分析	处置指导原则
原因分析：①断路器有泄漏点，压力降低到闭锁值。②压力（密度）继电器损坏。③回路故障。 风险分析：①如果断路器分合闸闭锁，此时与本断路器有关设备故障，断路器拒动，断路器失灵保护出口，扩大事故范围。②造成断路器内部故障	监控处置原则：上报调度，通知运维单位，加强运行监控，做好相关操作准备。主要采取的措施：①了解 SF_6 压力值。②了解现场处置的基本情况和处置原则。③根据处置方式制定相应的监控措施，及时掌握 $N-1$ 后设备运行情况。 现场处置原则：①检查现场压力（密度）表实际压力，判断信号报出是否正确，是否有漏气。②如果有漏气现象，SF_6 压力低闭锁，应断开断路器控制电源，并及时上报调度和监控并根据调度指令将故障断路器隔离，做好相应的安全措施。③如果是压力（密度）继电器或回路故障造成误发信号应对回路及继电器进行检查，及时消除故障

12.3.3　液压机构断路器典型异常信号

液压机构断路器典型异常信号见表 12-7。

表 12-7　　　　　　　液压机构断路器典型异常信号

断路器油泵启动	
信息释义	信息原理
断路器操动机构油压值低于告警值，压力继电器动作	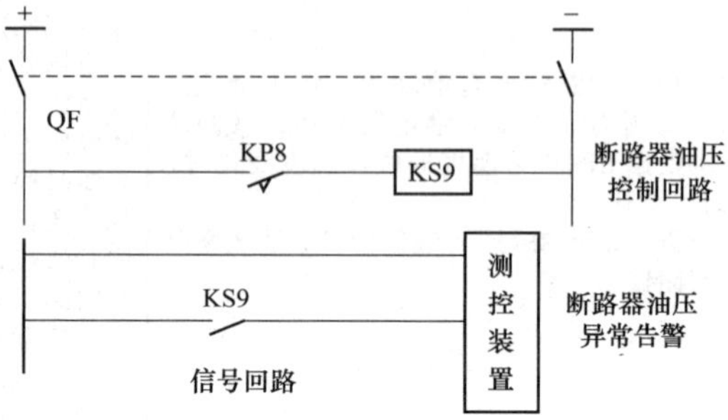
原因及风险分析	处置指导原则
原因分析：①断路器操动机构油压回路有泄漏点，油压降低到告警值。②压力继电器损坏。③回路故障。④根据油压温度曲线，温度变化时，油压值变化。 风险分析：如果压力继续降低，可能造成断路器重合闸闭锁、合闸闭锁、分闸闭锁	监控处置原则：通知运维单位，加强运行监控，做好相关操作准备。采取相应的措施：①了解操动机构压力值；了解现场处置的基本情况和处置原则。②根据处置方式制定相应的监控措施，及时掌握 $N-1$ 后设备运行情况。 现场处置原则：①检查现场压力表实际压力，判断信号报出是否正确，是否有漏油痕迹。②如果检查没有漏油痕迹，是由于温度变化等原因造成，检查油泵运转情况并由专业人员处理。③如果是压力继电器或回路故障造成误发信号应对回路及继电器进行检查，及时消除故障
断路器油压低重合闸闭锁	
信息释义	信息原理
监视断路器操动机构油压值，反映断路器操动机构情况。由于操动机构油压降低，压力继电器动作，对应重动继电器触点开入断路器重合闸装置，闭锁断路器重合闸，同时相应信号告警	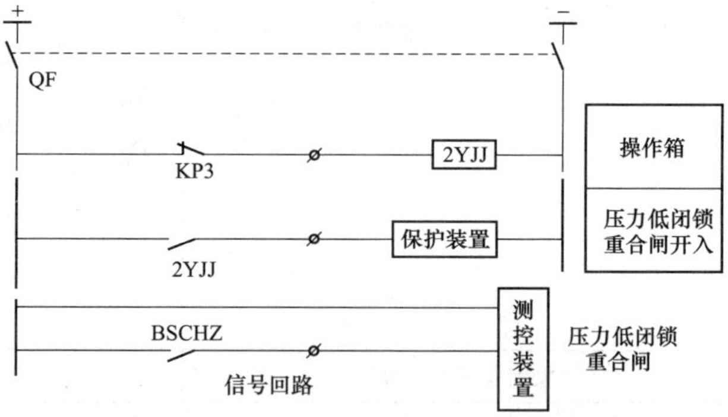
原因及风险分析	处置指导原则
原因分析：①断路器操动机构油压回路有泄漏点，油压降低到重合闸闭锁值。②压力继电器损坏。③回路故障。 风险分析：造成故障时断路器无法重合闸	监控处置原则：上报调度，通知运维单位，加强运行监控，做好相关操作准备。采取相应的措施：①了解操动机构压力值；了解现场处置的基本情况和处置原则。②根据处置方式制定相应的监控措施，及时掌握 $N-1$ 后设备运行情况。 现场处置原则：①检查现场压力表实际压力，判断信号报出是否正确，是否有漏油痕迹。②如果检查没有漏油痕迹，则由专业人员判断是否存在内漏。③如果有漏油现象，操动机构压力低闭锁，应采取退出重合闸的措施，并立即上报调度，同时制定相关措施和方案，必要时向相关调度申请将断路器隔离。④如果是压力继电器或回路故障造成误发信号，应对回路及继电器进行检查，及时消除故障
断路器油压低合闸闭锁	

续表

<table>
<tr><th>信息释义</th><th>信息原理</th></tr>
<tr><td>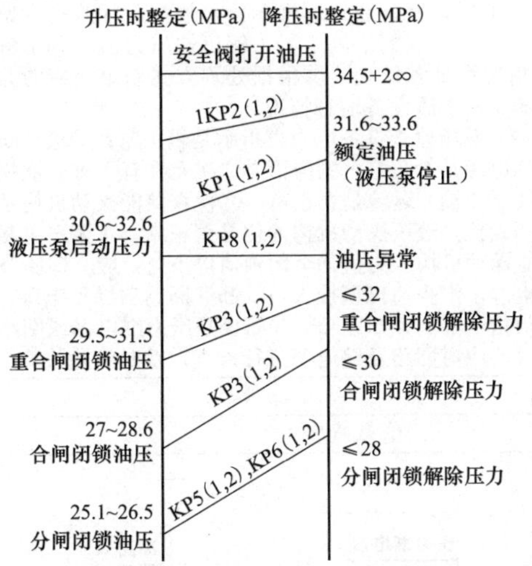

监视断路器操动机构油压值，反映断路器操动机构情况。由于操动机构油压降低，压力继电器动作</td><td>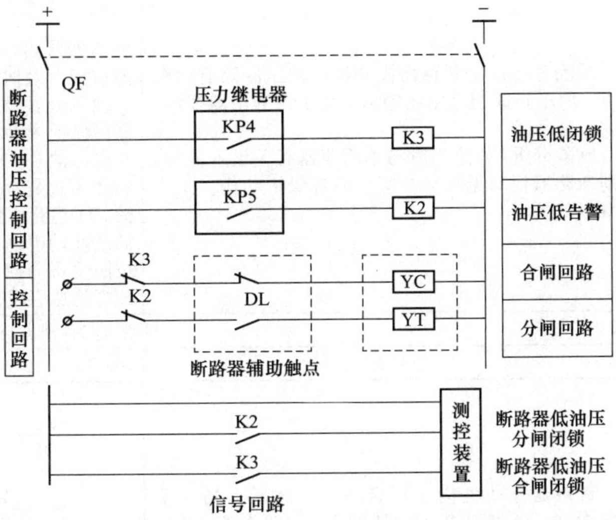
</td></tr>
<tr><th>原因及风险分析</th><th>处置指导原则</th></tr>
<tr><td>原因分析：①断路器操动机构油压回路有泄漏点，油压降低到合闸闭锁值。②压力继电器损坏。③回路故障。
风险分析：造成断路器无法合闸</td><td>监控处置原则：上报调度，通知运维单位，加强运行监控，做好相关操作准备。采取相应的措施：①了解操动机构压力值。②了解现场处置的基本情况和处置原则。
现场处置原则：①检查现场压力表实际压力，判断信号报出是否正确，是否有漏油痕迹。②如果检查没有漏油痕迹，由专业人员进一步判断是否存在内漏现象。③如果有漏油现象，操动机构压力低闭锁合闸，并立即上报调度，同时制定相关措施和方案，必要时向相关调度申请将断路器隔离。④如果是压力继电器或回路故障造成误发信号应对回路及继电器进行检查，及时消除故障</td></tr>
<tr><th colspan="2">断路器油压低分合闸总闭锁</th></tr>
<tr><th>信息释义</th><th>信息原理</th></tr>
<tr><td>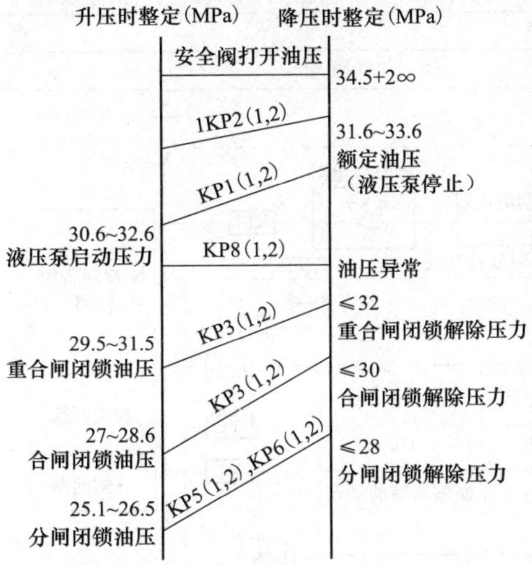

监视断路器操动机构油压值，反映断路器操动机构情况。由于操动机构油压降低，压力继电器动作，正常应伴有控制回路断线信号</td><td>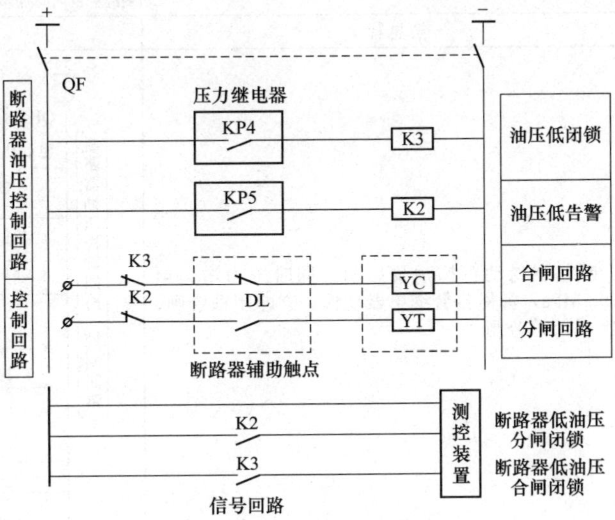
</td></tr>
</table>

续表

<table>
<tr><th>原因及风险分析</th><th>处置指导原则</th></tr>
<tr><td>原因分析：①断路器操动机构油压回路有泄漏点，油压降低到分闸闭锁值。②压力继电器损坏。③回路故障。
风险分析：如果当时与本断路器有关设备故障，则断路器拒动无法分合闸，后备保护动作，扩大事故范围</td><td>监控处置原则：上报调度，通知运维单位，加强运行监控，做好相关操作准备。主要采取的措施：①了解机构压力值。②了解现场处置的基本情况和处置原则。③根据处置方式制定相应的监控措施，及时掌握 $N-1$ 后设备运行情况。
现场处置原则：①现场检查设备压力表指示是否正常；②检查断路器储能操动机构电源是否正常、机构箱内二次元件有无过热烧损现象、油泵（空气压缩机）运转是否正常。③检查储能操动机构手动释压阀是否关闭到位，液压操动机构油位是否正常，有无严重漏油。④运行中储能操动机构压力值降至闭锁值以下时，应立即断开储能操动电动机电源，汇报值班调控人员，断开断路器操作电源，按照值班调控人员指令隔离该断路器。⑤如果是压力继电器或回路故障造成误发信号，应对回路及继电器进行检查，及时消除故障</td></tr>
<tr><td colspan="2">断路器 N_2 泄漏告警</td></tr>
<tr><th>信息释义</th><th>信息原理</th></tr>
<tr><td>断路器操动机构油泵启动，同时压力增大至35.5MPa，漏氮告警继电器动作，立即告警，并闭锁合闸，3h 后闭锁分闸</td><td>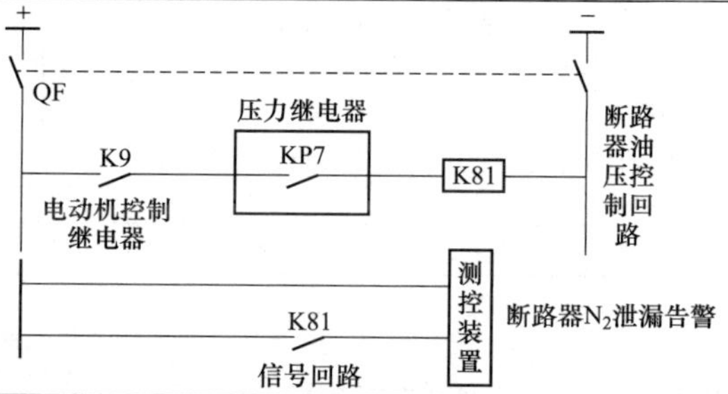
</td></tr>
<tr><th>原因及风险分析</th><th>处置指导原则</th></tr>
<tr><td>原因分析：①断路器 N_2 确实存在泄漏。②压力继电器损坏。③回路故障。
风险分析：漏 N_2 信号报出后，立即闭锁合闸，3h 后闭锁分闸，如不及时处理会出现断路器拒合、拒分，对电网安全稳定运行影响较大</td><td>监控处置原则：通知运维单位，加强运行监控，做好相关操作准备。采取相应的措施：①了解油压力值；了解现场处置的基本情况和处置原则。②根据处置方式制定相应的监控措施，及时掌握 $N-1$ 后设备运行情况。
现场处置原则：①检查现场油压力表实际压力，结合后台油泵是否启动等信息，综合判断信号报出是否正确。②若判断为 N_2 真正泄漏，则尽快向调度申请拉停断路器进行处理。③如果是压力继电器或回路故障造成误发信号，应对回路及继电器进行检查，及时消除故障</td></tr>
<tr><td colspan="2">断路器 N_2 泄漏闭锁</td></tr>
<tr><th>信息释义</th><th>信息原理</th></tr>
<tr><td>断路器操动机构油泵启动，同时压力增大至35.5MPa，漏氮告警继电器动作，立即闭锁合闸，3h 后闭锁分闸</td><td>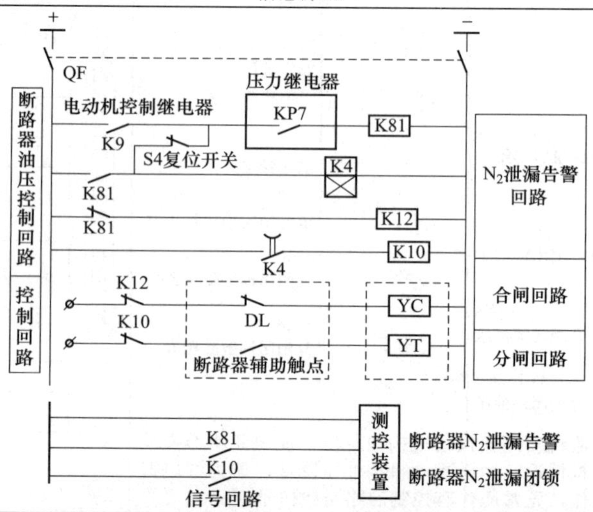
</td></tr>
</table>

续表

原因及风险分析	处置指导原则
原因分析：①断路器 N_2 确实存在泄漏。②压力继电器损坏。③回路故障。 风险分析：造成断路器分闸闭锁，如果当时与本断路器有关设备故障，则断路器拒动，断路器失灵保护动作，扩大事故范围	监控处置原则：上报调度，通知运维单位，加强运行监控，做好相关操作准备。采取相应的措施：①了解油压力值；了解现场处置的基本情况和处置原则。②根据处置方式制定相应的监控措施，及时掌握 $N-1$ 后设备运行情况。 现场处置原则：①检查现场油压力表实际压力，结合后台油泵是否启动等信息，综合判断信号报出是否正确。②若判断为 N_2 真正泄漏，则尽快向调度申请设法隔离该异常断路器。③如果是压力继电器或回路故障造成误发信号，应对回路及继电器进行检查，及时消除故障

12.3.4　弹簧机构断路器典型异常信号

弹簧机构断路器典型异常信号见表 12-8。

表 12-8　　弹簧机构断路器典型异常信号

断路器弹簧未储能	
信息释义	信息原理
断路器合闸弹簧未储能，造成断路器不能合闸	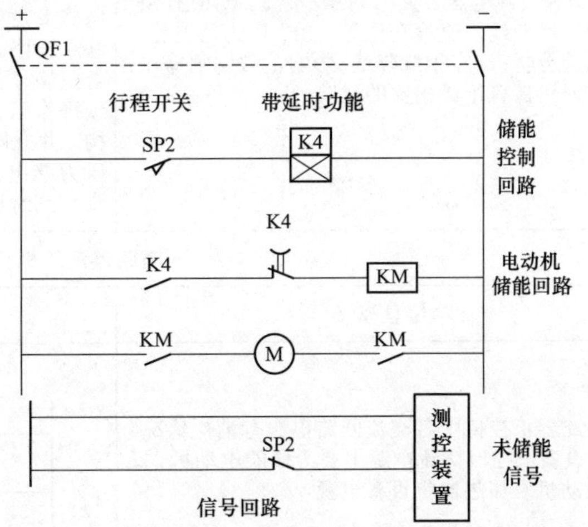
原因及风险分析	处置指导原则
原因分析：①断路器储能电动机损坏。②储能电动机继电器损坏。③电动机电源消失或控制回路故障。④断路器机械故障。 风险分析：造成断路器不能合闸	监控处置原则：通知运维单位，加强运行监控，做好相关操作准备。采取相应的措施。 现场处置原则：①检查现场断路器储能机构储能是否正常。②如果检查断路器储能正常，由于继电器触点信号没有上传造成，则应对信号回路进行检查，更换相应的继电器。③如果是电气回路异常或机械回路卡涩造成断路器未储能，应尽快安排检修。④若断路器确实未储能，应查明原因并尽快恢复储能，若无法带电处理时，应申请拉开断路器处理

12.4　GIS/HGIS

GIS/HGIS 设备异常信息处置见表 12-9。

表 12-9　　　　　　GIS/GIS 设备典型异常信号

<table>
<tr><td colspan="2">其他气室 SF_6 气压低告警</td></tr>
<tr><td>信息释义</td><td>信息原理</td></tr>
<tr><td>（母线、隔离开关、互感器等）任一气室 SF_6 压力低于告警值，密度继电器动作发告警信号</td><td>
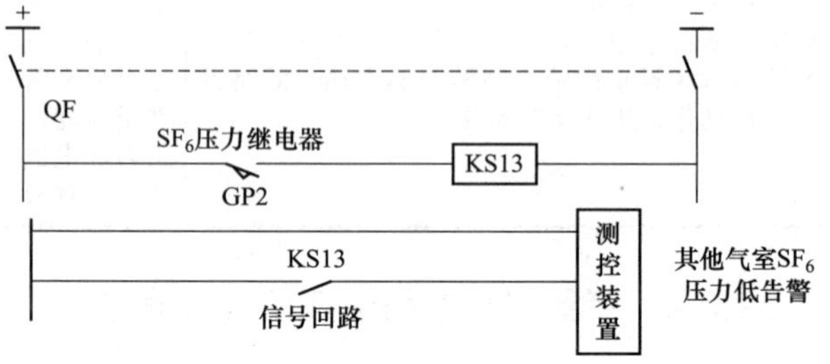

</td></tr>
<tr><td>原因及风险分析</td><td>处置指导原则</td></tr>
<tr><td>原因分析：①气室有泄漏点，压力降低到告警值。②密度继电器失灵。③回路故障。④根据 SF_6 压力温度曲线，温度变化时，SF_6 压力值变化。
风险分析：气室绝缘降低，影响正常倒闸操作，严重时可能有绝缘击穿的风险</td><td>监控处置原则：立即汇报调度，通知运维单位，做好相关操作准备。
现场处置原则：①现场检查 SF_6 压力表外观是否完好，所接气体管道阀门是否处于打开位置。②监控系统发出气体压力低告警或闭锁信号，但现场检查 SF_6 压力表指示正常，判断为误发信号，联系检修人员处理。③若 SF_6 压力确已降低至告警值，但未降至闭锁值，联系检修人员处理。④补气后，检查 SF_6 各管道阀门的开闭位置是否正确，并跟踪监视 SF_6 压力变化情况。⑤若 SF_6 压力确已降到闭锁操作压力值或直接降至零值，应立即断开操作电源，锁定操动机构，并立即汇报值班调控人员申请将故障组合电器隔离。⑥如果是压力继电器或回路故障造成误发信号，应对回路及继电器进行检查，及时通知专业人员消除故障</td></tr>
<tr><td colspan="2">断路器汇控柜交流电源消失</td></tr>
<tr><td>信息释义</td><td>信息原理</td></tr>
<tr><td>断路器汇控柜中各交流回路电源有消失情况。GIS 设备汇控柜交流电源主要为储能电动机、操作电动机及加热器等设备电源</td><td>
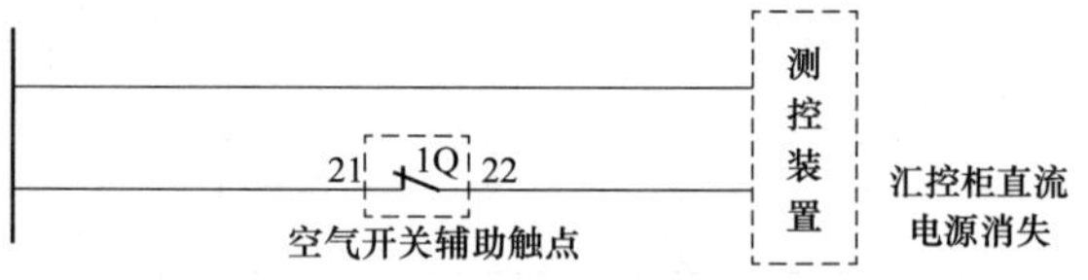

</td></tr>
<tr><td>原因及风险分析</td><td>处置指导原则</td></tr>
<tr><td>原因分析：①汇控柜中任一交流电源小空气开关跳闸，或几个交流电源小空气开关跳闸。②汇控柜中任一交流回路有故障，或几个交流回路有故障。
风险分析：造成断路器或隔离开关无法操作，加热器失效，影响正常运行</td><td>监控处置原则：上报调度，通知运维单位。
现场处置原则：①检查断路器储能电源、隔离开关操作电源是否正常，储能及操作电动机有无损坏，是否正常，若电源或电动机均无法恢复，则通知专业人员处理。②如果电源空气开关跳开可试送一次，若试送不成功，应及时通知专业人员处理。③根据现场检查处理情况确定是否需要隔离故障，汇报调度</td></tr>
</table>

12.5 隔 离 开 关

隔离开关典型异常信号处置见表 12-10。

表 12-10　　　　　　隔离开关典型异常信号

隔离开关电动机电源消失	
信息释义	信息原理
隔离开关电动机电源消失	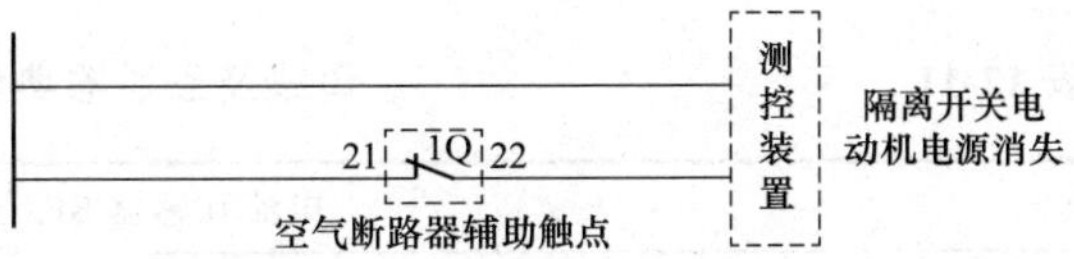
原因及风险分析	处置指导原则
原因分析：①隔离开关电动机电源空气开关跳开。②回路故障，造成热耦继电器动作。 风险分析：造成隔离开关无法分合闸	监控处置原则：通知运维单位，加强运行监控，未处理前，不得进行遥控操作。采取相应的措施：如果需要紧急操作，可由现场值班员在现场进行操作。 现场处置原则：①检查现场隔离开关电动机电源是否跳开，检查信号报出是否正确。②如果检查隔离开关电动机电源跳开或上级失电，在检查没有明显故障点时，进行试送一次；如果开关再次跳开，不得再行试送。③如果是在操作过程中发生此种情况，应检查热耦继电器是否动作，如果动作应检查隔离开关是否存在机械卡涩等情况，未发现可以复归热耦或恢复电源后，再行操作一次；如果操作依旧发生此情况，未查明原因前不得进行操作
隔离开关电动机故障	
信息释义	信息原理
隔离开关电动机及电动机控制回路的故障	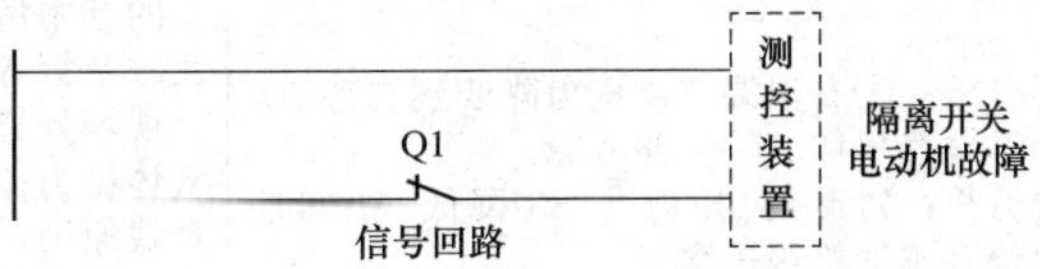
原因及风险分析	处置指导原则
原因分析：①回路或电动机故障，造成热耦继电器动作。②信号继电器误发信号。 风险分析：造成隔离开关无法分合闸	监控处置原则：通知运维单位，加强运行监控，未处理前，不得进行遥控操作。采取相应的措施：如果需要紧急操作，可由现场值班员在现场进行操作。 现场处置原则：①如果是在操作过程中发生此种情况，应检查热耦继电器是否动作，如果动作应检查隔离开关是否存在机械卡涩等情况，未发现可以复归热耦或恢复电源后，再行操作一次。②如果操作依旧发生此类情况，未查明原因前不得进行操作
隔离开关加热器故障	
信息释义	信息原理
反映隔离开关加热器故障	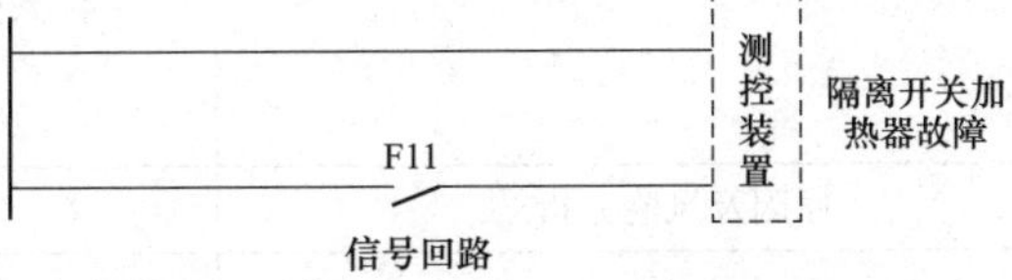
原因及风险分析	处置指导原则
原因分析：①隔离开关加热电源跳闸。②电源辅助触点接触不良。 风险分析：隔离开关加热器不热，容易形成凝露等异常	监控处置原则：通知运维单位。 现场处置原则：①检查现场加热电源是否正常。②如果电源跳开可试送一次，试送不成功向上级汇报，并由检修班组处理

12.6 母线及互感器

母线及互感器典型异常信息处置见表12-11。

表12-11 母线及互感器典型异常信息

电流互感器 SF_6 气压低告警	
信息释义	信息原理
电流互感器 SF_6 压力低于告警值，压力继电器动作	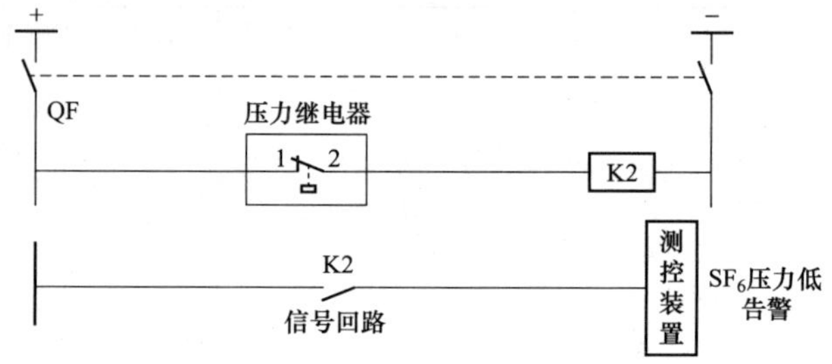
原因及风险分析	处置指导原则
原因分析：①有泄漏点，压力降低到告警值。②压力继电器损坏。③回路故障。 风险分析：如果 SF_6 压力进一步降低，有可能造成电流互感器绝缘击穿	监控处置原则：上报调度，通知运维单位，加强运行监控，做好相关操作准备。采取相应的措施：①了解 SF_6 压力值；了解现场处置的基本情况和处置原则。②根据处置方式制定相应的监控措施，及时掌握 $N-1$ 后设备运行情况。 现场处置原则：①检查表计外观是否完好，指针是否正常，记录气体压力值。②检查表计压力是否降低至报警值，若为误报警，应查找原因，必要时联系检修人员处理。③若确系气体压力异常，应检查各密封部件有无明显漏气现象并联系检修人员处理。④气体压力恢复前应加强监视，因漏气较严重一时无法进行补气或 SF_6 气体压力为零时，应立即汇报值班调控人员申请停运处理。⑤检查中应做好防护措施，从上风向接近设备，防止 SF_6 气体中毒
母线TV保护二次电压空气开关跳开	
信息释义	信息原理
母线TV保护或者测量二次小开关跳闸	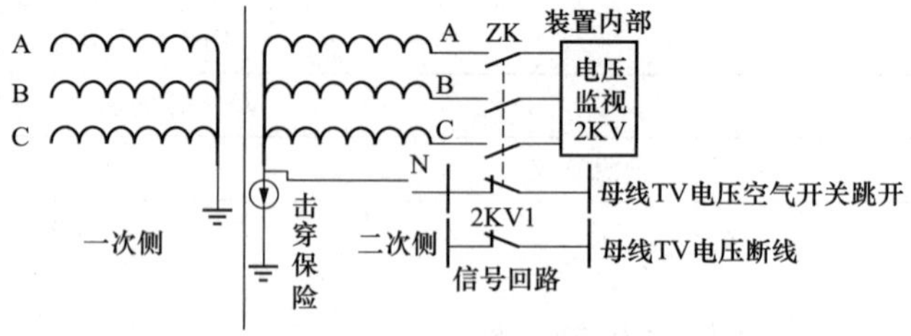
原因及风险分析	处置指导原则
原因分析：①空气开关老化跳闸。②空气开关负载有短路等情况。③误跳闸。 风险分析：①保护拒动或误动。②无法同期合闸	监控处置原则：通知运维单位，查看现场情况，采取相应的措施：①了解空气开关跳闸原因。②询问哪些保护装置需要退出或进行相应的TV失压处理。 现场处置原则：①检查现场小开关是否跳闸，并测量TV电压值是否正常。②保护失去TV二次电压时，逐级检查电压小开关，如开关跳开，可试送一次，再跳不得再送，报调度申请处理。③根据调度指令将可能误动的保护退出跳闸

12.7　高 压 电 抗 器

高压电抗器典型异常信息处置见表 12-12。

表 12-12　　高压电抗器典型异常信息

<table>
<tr><td colspan="2">高压电抗器本体重瓦斯动作</td></tr>
<tr><td>信息释义</td><td>信息原理</td></tr>
<tr><td>当高压电抗器本体内部故障，或者高压电抗器本体油位低于双浮球气体继电器，或者重瓦斯二次回路异常时，气体继电器动作，跳开变压器对应断路器，对应信号告警</td><td>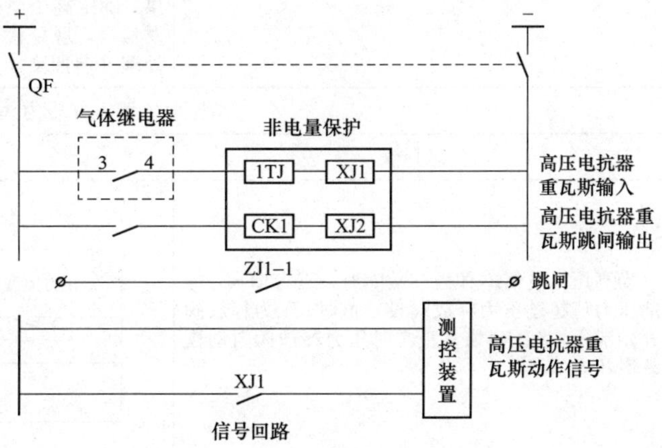
</td></tr>
<tr><td>原因及风险分析</td><td>处置指导原则</td></tr>
<tr><td>原因分析：①高压电抗器内部发生严重故障。②二次回路问题误动作。③储油柜内胶囊安装不良，造成呼吸器堵塞，油温发生变化后，呼吸器突然冲开，油流冲动造成继电器误动跳闸。④高压电抗器附近有较强烈的振动。⑤气体继电器误动。
风险分析：造成高压电抗器停运或线路停运（线路高压电抗器）</td><td>监控处置原则：上报调度，通知运维单位，加强运行监控，做好相关操作准备。采取相应的措施：①了解高压电抗器重瓦斯动作原因。②了解现场处置的基本情况和处置原则。③根据处置方式制定相应的监控措施。
现场处置原则：①对高压电抗器进行外观检查。若高压电抗器无明显异常和故障迹象，取气进行检查分析；若有明显故障迹象则不必取气即可确定为内部故障。②根据保护动作情况、外部检查结果、气体继电器气体性质进行综合分析，并立即上报调度，同时制定隔离措施和方案。③如果是二次回路、附近强烈振动或重瓦斯保护误动等引起，在差动和后备保护投入的情况下，退出重瓦斯保护，根据调度指令进行恢复送电（参照变压器进行修订）</td></tr>
<tr><td colspan="2">高压电抗器本体轻瓦斯动作</td></tr>
<tr><td>信息释义</td><td>信息原理</td></tr>
<tr><td>当高压电抗器内部轻微故障，或者气体继电器进入空气，或者轻瓦斯二次回路异常时，该信号告警</td><td>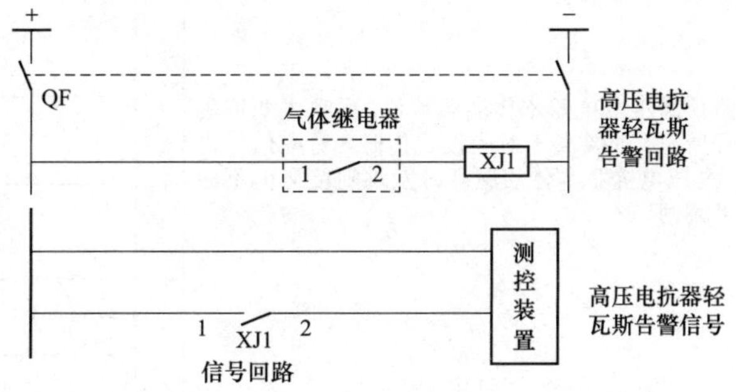
</td></tr>
</table>

续表

原因及风险分析	处置指导原则
原因分析：①高压电抗器内部发生轻微故障。②因温度下降或漏油使油位下降。③因穿越性短路故障或地震引起。④储油柜空气不畅通。⑤直流回路绝缘破坏。⑥气体继电器本身有缺陷等。⑦二次回路误动作。 风险分析：发轻瓦斯告警信号	监控处置原则：上报调度，通知运维单位，加强运行监控，做好相关操作准备。采取相应的措施：①了解高压电抗器轻瓦斯告警原因。②了解现场处置的基本情况和处置原则。③根据处置方式制定相应的监控措施。 现场处置原则：①若气体继电器内无气体或有气体经检验确认为空气而造成轻瓦斯动作时，高压电抗器可继续运行，同时进行相应的处理。②将空气放尽后，如果继续动作，且信号动作间隔时间逐次缩短，应报告调度，同时查明原因并尽快消除。③轻瓦斯动作，继电器内有气体，应对气体进行化验，由公司主管领导根据化验结果，确定高压电抗器是否退出运行。④如果是二次回路故障造成误发信号，现场检查无异常时，按一般缺陷上报，等待专业班组来站处理（参照变压器进行修订）
高压电抗器本体压力释放告警	
信息释义	信息原理
当高压电抗器本体内部故障时，压力增大，内部压力值超过压力释放阀设定值时，压力释放阀开始泄压，当压力恢复正常时压力释放阀自动恢复原状态	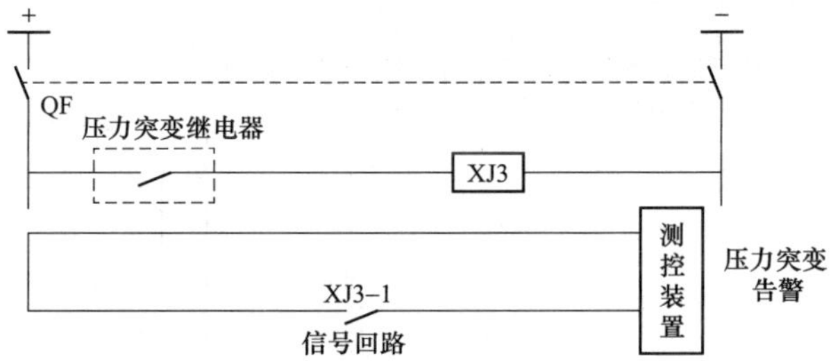
原因及风险分析	处置指导原则
原因分析：①高压电抗器内部故障。②呼吸系统堵塞。③高压电抗器运行温度过高，内部压力升高。④高压电抗器补充油时操作不当。 风险分析：发高压电抗器本体压力释放动作信号，高压电抗器本体压力释放动作	监控处置原则：上报调度，通知运维单位，加强运行监控，做好相关操作准备。采取相应的措施：①了解高压电抗器压力释放动作原因。②了解现场处置的基本情况和处置原则。③根据处置方式制定相应的监控措施。 现场处置原则：①检查呼吸器是否堵塞，更换呼吸器时应暂时停用本体重瓦斯，待更换完毕后再重新将本体重瓦斯恢复。②检查储油柜的油位是否正常。③检查现场是否有工作人员给变压器补充油时操作不当。④如果是二次回路故障造成误发信号，现场检查无异常时，按一般缺陷上报，等待专业班组来站处理（参照变压器进行修订）
高压电抗器本体油温过高告警	
信息释义	信息原理
监视高压电抗器本体油温数值，反映主变压器运行情况。油温高于对应设定值时，对应信号告警。高压电抗器本体油温高时发跳闸信号但不做用于跳闸	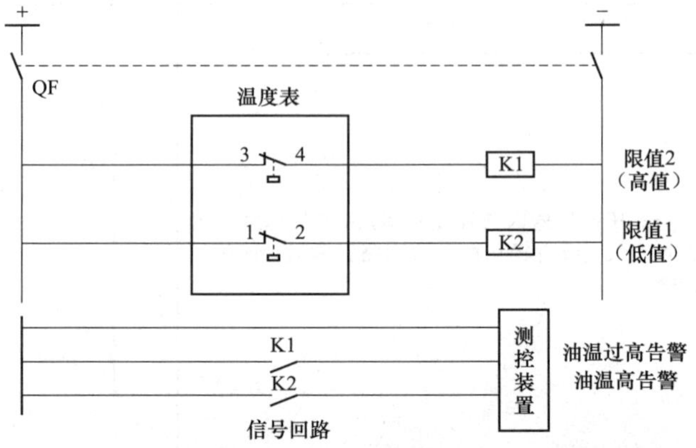

续表

原因及风险分析	处置指导原则
原因分析：①高压电抗器内部故障。②高压电抗器冷却器故障或异常。 风险分析：高压电抗器本体油温高发跳闸信号	监控处置原则：上报调度，通知运维单位，加强运行监控，做好相关操作准备。采取相应的措施：①了解高压电抗器油温高原因；监视高压电抗器油温值。②了解现场处置的基本情况和处置原则。③根据处置方式制定相应的监控措施。 现场处置原则：①检查分析比较三相高压电抗器的运行情况、冷却风扇、油泵运转情况、冷却回路阀门开启情况、投切台数、油流指示器指示灯有无异常或不一致性。②将温度异常和检查结果向上级部门汇报，必要时向调度申请设备停运（参照变压器进行修订）
高压电抗器本体油温高告警	
信息释义	信息原理
监视高压电抗器本体油温数值，反映主变压器运行情况。油温高于对应设定值时，对应信号告警	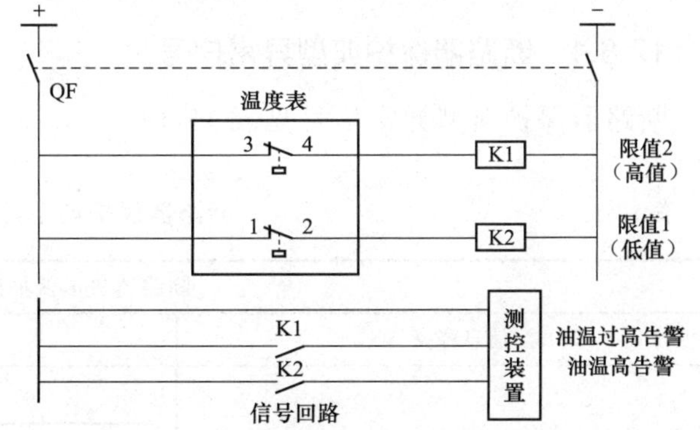
原因及风险分析	处置指导原则
原因分析：①高压电抗器内部故障。②高压电抗器冷却器故障或异常。 风险分析：造成高压电抗器本体温度较高，威胁高压电抗器器安全运行	监控处置原则：上报调度，通知运维单位，加强运行监控，做好相关操作准备。采取相应的措施：①了解高压电抗器油温高原因；监视高压电抗器油温值。②了解现场处置的基本情况和处置原则。③根据处置方式制定相应的监控措施。 现场处置原则：①检查分析比较三相高压电抗器的运行情况、冷却风扇、油泵运转情况、冷却回路阀门开启情况、投切台数、油流指示器指示灯有无异常或不一致性。②如确实存在油温高，则检查各散热器是否正常，散热器阀门是否全部打开，散热器管路之间是否脏污影响散热，造成冷却效果不能满足要求，如存在以上情况，则采取措施进行带电处理。③将温度异常和检查结果向上级部门汇报（参照变压器进行修订）
高压电抗器本体油位告警	
信息释义	信息原理
高压电抗器储油柜油位偏高或偏低时告警	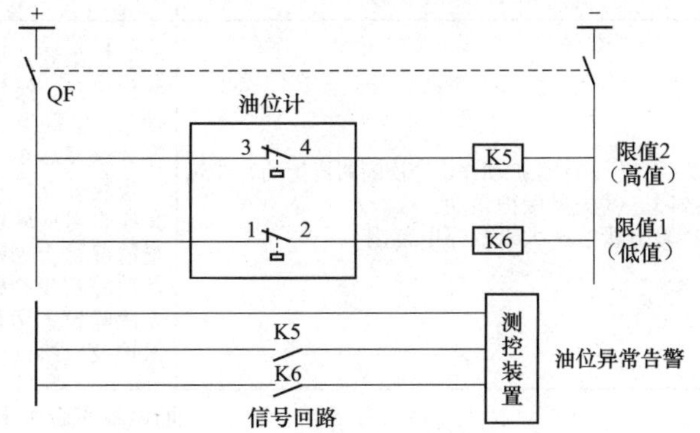

续表

原因及风险分析	处置指导原则
原因分析：①高压电抗器内部故障。②高压电抗器冷却器故障或异常。③高压电抗器漏油造成的油位低。④环境温度变化造成油位异常。 风险分析：影响高压电抗器正常运行	监控处置原则：上报调度，通知运维单位，加强运行监控，做好相关操作准备。采取相应的措施：①了解高压电抗器油位高原因。②了解现场处置的基本情况和处置原则。③根据处置方式制定相应的监控措施。 现场处置原则：①现场检查是否存在渗漏油点。②及时进行补油。③如果是二次回路保护误动等引起，经确认无问题后，高压电抗器可以继续运行（参照变压器进行修订）

12.8 继电保护及自动装置

12.8.1 断路器保护典型异常信号

断路器保护典型异常信号见表 12-13。

表 12-13 断路器保护典型异常信号

断路器失灵保护出口	
信息释义	信息原理
事故时断路器拒动或死区故障，断路器失灵保护动作，母线差动保护出口，跳相邻断路器，并远方跳闸线路对侧	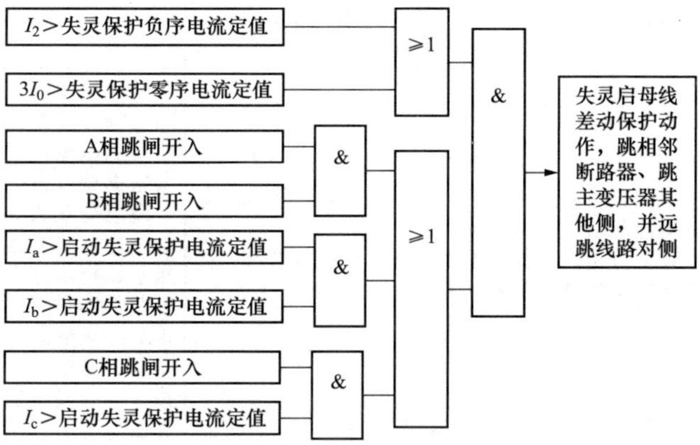
原因及风险分析	处置指导原则
原因分析：①保护动作，一次断路器拒动。②死区故障。③失灵保护误动。 风险分析：扩大事故停电范围	监控处置原则：应立即汇报调度并协同调度综合保护出口信息、变位信息、保信、故障录波数据分析判断，确定失灵保护出口动作行为，根据当前方式做好相关操作准备，随时应急做好快速隔离故障和恢复送电。 现场处置原则：①检查现场保护装置动作情况，故障录波器情况。②检查对应断路器位置。③检查一次设备故障情况。④根据上述检查情况综合判断失灵保护动作原因。⑤将一次、二次设备检查情况及故障初步判断汇报调度。⑥根据调度指令隔离故障设备。⑦恢复无故障设备运行。⑧如一次设备检查及相关试验均无问题，则安排保护及二次回路检查处理
断路器重合闸出口	

续表

<table>
<tr><th>信息释义</th><th>信息原理</th></tr>
<tr><td>带重合闸功能的线路发生故障跳闸后，经相应整定延时后，断路器自动重合</td><td>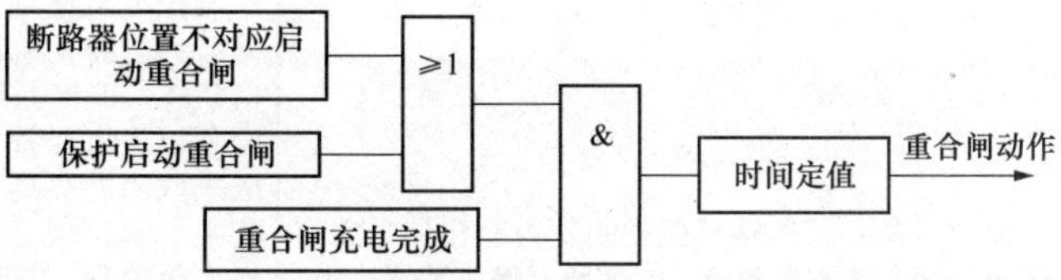
</td></tr>
<tr><th>原因及风险分析</th><th>处置指导原则</th></tr>
<tr><td>原因分析：①线路故障后断路器跳闸。②断路器偷跳。③保护装置误发重合闸信号。
风险分析：线路断路器重合</td><td>监控处置原则：①监控立即汇报相关调度，并综合变位信息和相关保护信息确定重合闸是否成功，同时通知运维单位。②若重合不成功，应综合当前运行方式协同调度做好相关应急操作准备。
现场处置原则：①现场检查其他保护动作情况，断路器变位情况，综合判断重合闸动作是否正确。②将现场检查情况及原因判断向调度和监控人员汇报。③若误发，及时通知专业人员处理</td></tr>
<tr><th colspan="2">断路器保护装置异常</th></tr>
<tr><th>信息释义</th><th>信息原理</th></tr>
<tr><td>装置自检、巡检发生错误，不闭锁保护，但部分保护功能可能会受到影响</td><td>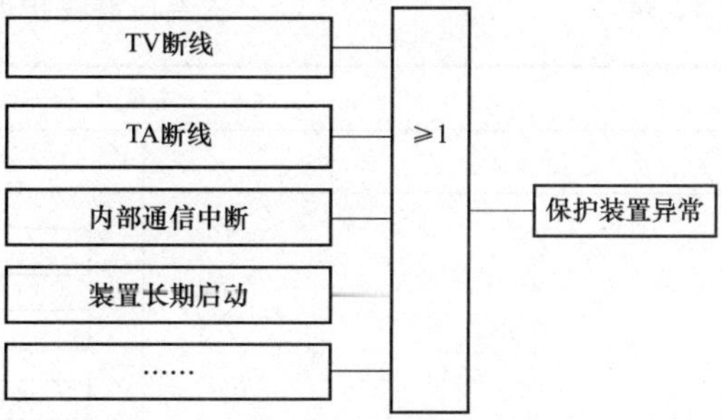
</td></tr>
<tr><th>原因及风险分析</th><th>处置指导原则</th></tr>
<tr><td>原因分析：①TA 断线。②TV 断线。③内部通信出错。④CPU 检测到长期启动等。
风险分析：断路器保护装置部分功能处于不可用状态</td><td>监控处置原则：①监控立即汇报相关调度，通知运维单位，并根据监控告警信息区分是单套保护还是双套保护，并协同调度综合通信状态、保信系统分析判断，确定保护装置部分功能已失去，综合其他伴随信号分析该异常引起的原因，协同运维和调度及时处理。②若是仅发单一信号，则通过现场设备检查后，根据检查结果进行处置。
现场处置原则：①检查断路器保护装置各信号指示灯，记录液晶面板显示内容。②检查装置自检报告和开入变位报告，并结合其他装置进行综合判断异常告警原因。③立即报调度并通知运维单位处理</td></tr>
<tr><th colspan="2">断路器保护装置故障</th></tr>
<tr><th>信息释义</th><th>信息原理</th></tr>
<tr><td>装置自检、巡检发生严重错误，装置闭锁所有保护功能</td><td>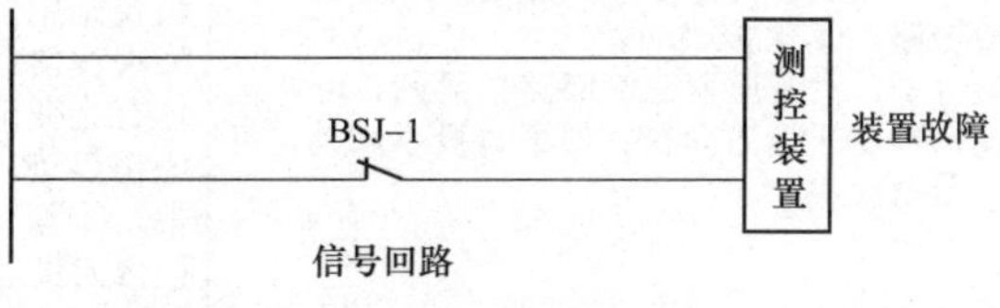
</td></tr>
</table>

续表

原因及风险分析	处置指导原则
原因分析：①断路器保护装置内存出错、定值区出错等硬件本身故障。②断路器保护装置失电。 风险分析：断路器保护装置处于不可用状态	监控处置原则：①监控立即汇报相关调度，通知运维单位，并根据监控告警信息区分是单套保护还是双套保护，并协同调度综合通信状态、保信系统分析判断，确定保护装置已不能继续运行，即该设备已失去保护，应立即通知运维单位处理，若短时无法处理，则应采取措施隔离被保护设备，做好相关操作准备。②对双套保护中其中一套出现该信号时，则停用相关保护，同时立即通知运维和检修人员处理。③若是仅发单一信号，上述条件没有同时满足，则通过现场设备检查后，根据检查结果进行紧急处置。 现场处置原则：①检查断路器保护装置各信号指示灯，记录液晶面板显示内容。②检查装置电源、自检报告和开入变位报告，并结合其他装置综合判断故障告警原因。③根据检查结果汇报调度，停运相应的保护装置。一般对保护装置重启一次，若重启仍不正常，则通知检修人员处理

12.8.2 主变压器保护典型异常信号

主变压器保护典型异常信号见表 12-14。

表 12-14　　主变压器保护典型异常信号

主变压器差动保护出口	
信息释义	信息原理
差动保护动作，跳开主变压器三侧断路器	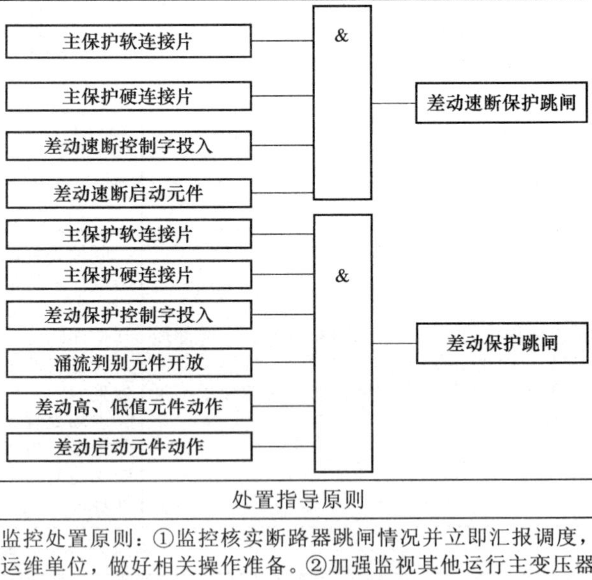
原因及风险分析	处置指导原则
原因分析：①变压器差动保护范围内的一次设备故障。②变压器内部故障。③电流互感器二次开路或短路。④保护误动。 风险分析：主变压器三侧断路器跳闸，可能造成其他运行变压器过负荷；如果自投不成功，可能造成负荷损失	监控处置原则：①监控核实断路器跳闸情况并立即汇报调度，通知运维单位，做好相关操作准备。②加强监视其他运行主变压器及相关线路的负荷情况。③检查站用电是否失电及自投情况。 现场处置原则：①若站用电备自投不成功，立即投入备用电源，切换站用变压器，恢复站用变压器。②详细检查保护动作情况，故障录波器动作情况。③详细检查差动保护范围内的设备：变压器本体有无变形和异状，套管是否损坏，连接变压器的引线是否有短路烧伤痕迹，引线支持绝缘子是否异常，差动范围内的避雷器是否正常。④差动保护跳闸后，如不是保护误动，在检查外部无明显故障，检修人员进行瓦斯气体检查（必要时要进行油色谱分析和直流电阻测量），证明变压器内部无明显故障后，根据调度指令可以试送一次

续表

<table>
<tr><th colspan="2">主变压器××侧后备保护出口</th></tr>
<tr><th>信息释义</th><th>信息原理</th></tr>
<tr><td>500kV 变压器高、中压侧后备保护动作，跳变压器三侧断路器；低压侧后备保护动作，第一时限跳开低压侧断路器，第二时限跳变压器三侧断路器</td><td>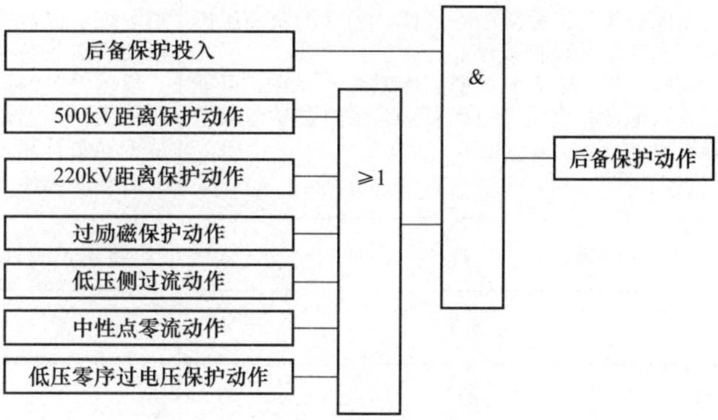
</td></tr>
<tr><th>原因及风险分析</th><th>处置指导原则</th></tr>
<tr><td>原因分析：①变压器后备保护范围内的一次设备故障，相应设备主保护未动作。②保护误动。
风险分析：①如果母线联络分段跳闸，造成母线分列。②如果主变压器三侧断路器跳闸，可能造成其他运行变压器过负荷。③保护误动造成负荷损失。④相邻一次设备保护拒动造成故障范围扩大</td><td>监控处置原则：①监控核实断路器跳闸情况并立即汇报调度，通知运维单位，做好相关操作准备。②加强监视其他运行主变压器及相关线路的负荷情况。③检查站用电是否失电及自投情况。
现场处置原则：①若站用电备自投不成功，立即投入备用电源，切换站用变压器，恢复站用变压器。②详细检查保护动作情况，故障录波器动作情况。③详细检查站内后备保护范围内的设备：变压器本体有无变形和异状，套管是否损坏，连接变压器的引线是否有短路烧伤痕迹，引线支持绝缘子是否异常。④检查主变压器保护范围内是否有故障点，确认是否因主变压器主保护拒动造成主变压器后备保护动作。⑤检查相邻一次设备保护装置动作情况，确认是否因相邻一次设备保护拒动造成主变压器后备保护动作</td></tr>
<tr><th colspan="2">主变压器××侧过负荷告警</th></tr>
<tr><th>信息释义</th><th>信息原理</th></tr>
<tr><td>主变压器××侧电流高于过负荷告警定值</td><td>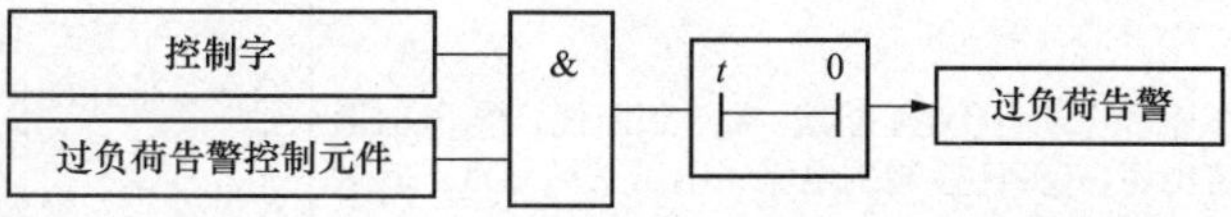
</td></tr>
<tr><th>原因及风险分析</th><th>处置指导原则</th></tr>
<tr><td>原因分析：变压器过负荷运行或事故过负荷。
风险分析：主变压器发热甚至烧毁，加速绝缘老化，影响主变压器寿命</td><td>监控处置原则：汇报调度并协同调度综合温度限值、负荷情况，根据 DL/T 572—2010《电路变压器运行规程》进行负荷转移或控制负荷。通知运维单位，做好相关记录，加强主变压器负荷情况监视；了解主变压器过负荷原因，了解现场处置的基本情况和处置原则，根据处置方式制定相应的监控措施，及时掌握 $N-1$ 后设备运行情况。
现场处置原则：①手动投入所有冷却器。②加强运行监控，超过规定值时及时向调度汇报，必要时申请降低负荷或将主变压器停运</td></tr>
<tr><th colspan="2">主变压器过励磁保护出口</th></tr>
<tr><th>信息释义</th><th>信息原理</th></tr>
<tr><td>过励磁保护动作，反时限跳开主变压器三侧断路器</td><td>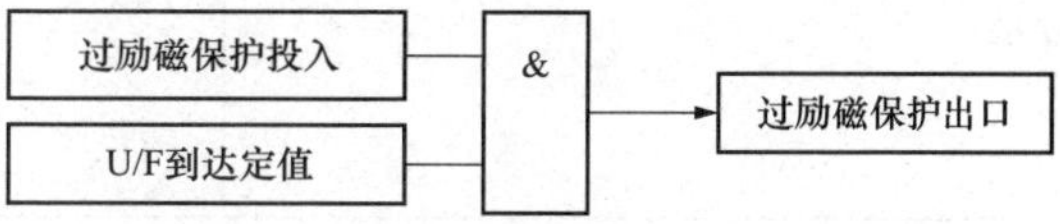
</td></tr>
</table>

续表

原因及风险分析	处置指导原则
原因分析：①系统频率过低。②变压器高压侧电压升高。③保护误动。 风险分析：①主变压器三侧断路器跳闸，可能造成其他运行变压器过负荷。②保护误动造成负荷损失	监控处置原则：①监控核实断路器跳闸情况并立即汇报调度，通知运维单位，做好相关操作准备。②加强监视其他运行主变压器及相关线路的负荷情况。③检查站用电是否失电及自投情况。 现场处置原则：①站用电备自投不成功，立即投入备用电源，切换站用变压器，恢复站用变压器。②检查保护动作时母线电压曲线是否异常升高，频率是否降低。③检查其他保护装置内电压采样情况，判断电压升高为系统原因还是二次回路原因
主变压器保护装置告警	
信息释义	信息原理
主变压器保护装置处于异常运行状态，部分功能退出	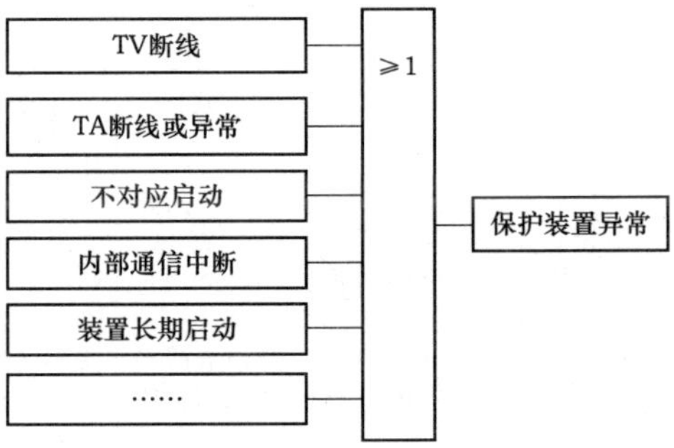
原因及风险分析	处置指导原则
原因分析：①TA 断线。②TV 断线。③内部通信出错。④PU 检测到电流、电压采样异常。⑤装置长期启动。 风险分析：主变压器保护装置部分功能不可用	监控处置原则：①监控立即汇报相关调度，通知运维单位，并根据监控告警信息区分是单套保护还是双套保护异常，并协同调度综合通信状态、保信系统分析判断，确定保护装置部分功能已失去，综合其他伴随信号分析该异常引起的原因，协同运维和调度及时处理。②对双套保护中其中一套出现该信号时，及时通知运维和检修人员处理，根据异常原因区别处理，根据现场检查结果下令退出相关保护。③若是仅发单一信号，则通过现场设备检查后，根据检查结果进行处置。 现场处置原则：①检查主变压器保护装置各信号指示灯，记录液晶面板显示内容。②检查装置自检报告，并结合其他装置进行综合判断异常告警原因。③立即报调度并通知运维单位处理
主变压器保护装置故障	
信息释义	信息原理
装置自检、巡检发生严重错误，装置闭锁所有保护功能	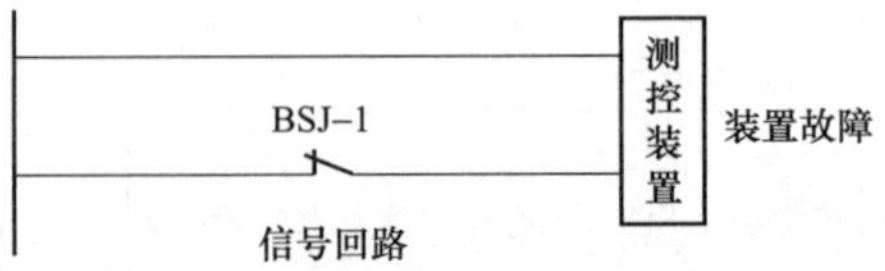

续表

原因及风险分析	处置指导原则
原因分析：①保护装置内存出错、定值区出错等硬件本身故障。②装置失电。 风险分析：主变压器保护装置处于不可用状态	监控处置原则：①监控立即汇报相关调度，通知运维单位，并根据监控告警信息区分是单套保护还是双套保护异常，并协同调度综合通信状态、保信系统分析判断，确定保护装置部分功能已失去，综合其他伴随信号分析该异常引起的原因，协同运维和调度及时处理。②对双套保护中其中一套出现该信号时，则停用相关保护，同时立即通知运维和检修人员处理。③若是仅发单一信号，则通过现场设备检查后，根据检查结果进行紧急处置。 现场处置原则：①检查主变压器保护装置各信号指示灯，记录液晶面板显示内容。②检查装置电源、自检报告，并结合其他装置进行综合判断故障告警原因。③根据检查结果汇报调度，停运相应的保护装置，一般对保护装置重启一次，若重启仍不正常，则通知检修人员处理
主变压器保护 TV 断线	
信息释义	信息原理
主变压器保护装置检测到某一侧电压消失或三相不平衡	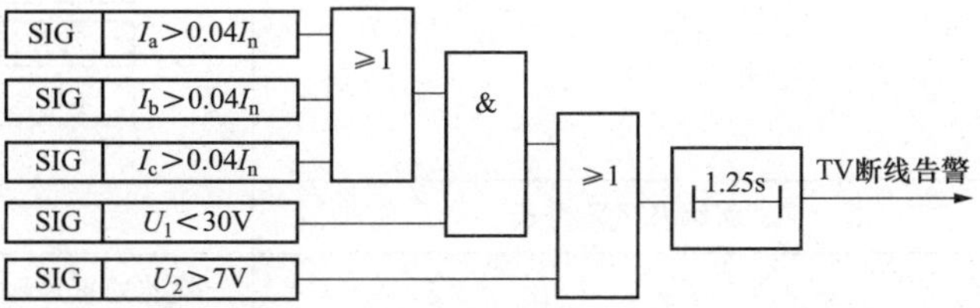 在保护不启动前提条件下：①正序电压小于 30V，且任一相电流大于 $0.04I_n$。②负序电压大于 7V，装置发 TV 断线告警
原因及风险分析	处置指导原则
原因分析：①主变压器保护装置采样插件损坏。②TV 二次接线松动。③TV 二次空气开关跳开。④TV 一次异常。 风险分析：①主变压器保护装置阻抗保护功能闭锁。②主变压器保护装置方向元件不可用	监控处置原则：上报调度，通知运维单位，加强运行监控。根据处置方式制定相应的监控措施，及时掌握设备运行情况。 现场处置原则：①现场检查各级 TV 电压小开关处于合位状态。②检查装置采样及 TV 二次回路
主变压器保护 TA 断线	
信息释义	信息原理
主变压器保护装置检测到某一侧电流互感器二次回路开路或采样值异常等原因造成差动不平衡电流超过定值延时发 TA 断线信号	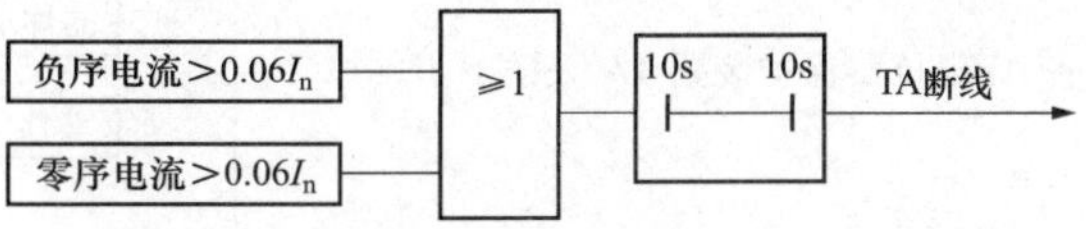
原因及风险分析	处置指导原则
原因分析：①主变压器保护装置采样插件损坏。②TA 二次接线松动。③电流互感器损坏。 风险分析：①主变压器保护装置差动保护功能闭锁。②主变压器保护装置过电流元件不可用。③可能造成保护误动作	监控处置原则：上报调度，通知运维单位，加强运行监控。根据处置方式制定相应的监控措施（可能涉及负荷转移），及时掌握设备运行情况。 现场处置原则：①现场检查端子箱、保护装置电流接线端子连片紧固情况（尽快判明开路点、恢复回路短接）。②检查装置面板采样，确定 TA 采样异常相别。③检查装置 TA 采样插件和 TA 次回路，是否有异常气味，是否有明显烧损痕迹。④检查设备区电流互感器有无异常声响。⑤向调度申请退出可能误动的保护。⑥根据调度指令停运一次设备

12.8.3 高压电抗器保护典型异常信号

高压电抗器保护典型异常信号见表 12-15。

表 12-15　　高压电抗器保护典型异常信号

高压电抗器主保护出口	
信息释义	信息原理
高压电抗器保护动作，跳开相应断路器	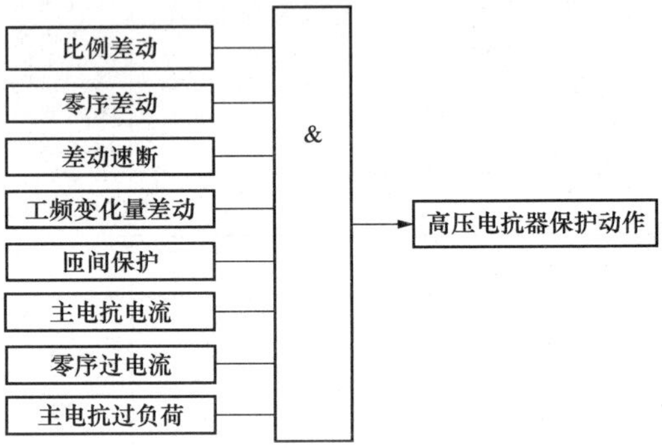
原因及风险分析	处置指导原则
原因分析：①高压电抗器差动保护范围内的一次设备故障。②高压电抗器内部故障。③电流互感器二次开路或短路。④保护误动。 风险分析：造成高压电抗器退出运行，线路失去补偿功能	监控处置原则：监控立即汇报调度，通知运维单位，并根据接线方式区分是线路高压电抗器和母线高压电抗器，并采取不同的处置措施，加强运行监控（电网负荷、电压等），做好相关的操作准备。 现场处置原则：①详细检查高压电抗器设备：高压电抗器本体有无变形和异状，套管是否损坏，连接引线是否有短路烧伤痕迹，引线支持绝缘子是否异常。②保护跳闸后，如不是保护误动，在检查外部无明显故障，检修人员瓦斯气体检查（必要时要进行油色谱分析和直流电阻测试）证明变压器内部无明显故障后，经设备主管单位总工程师同意，可以试送一次。③检查高压电抗器保护装置，打印故障报告，由运维单位分析
高压电抗器保护 TA 断线	
信息释义	信息原理
高压电抗器保护装置 TA 采样不正常	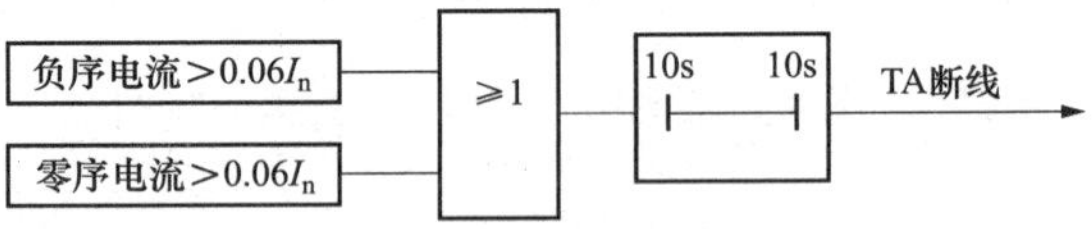
原因及风险分析	处置指导原则
原因分析：①高压电抗器保护装置采样插件损坏。②TA 二次接线松动。③一次电流互感器损坏。 风险分析：①高压电抗器保护装置差动保护功能闭锁。②高压电抗器保护装置过电流元件不可用	监控处置原则：上报调度，通知运维单位，加强运行监控。根据处置方式制定相应的监控措施，及时掌握设备运行情况。 现场处置原则：①现场检查端子箱、保护装置电流接线端子连片紧固情况（尽快判明开路点、恢复回路短接）。②检查装置面板采样，确定 TA 采样异常相别。③检查装置 TA 采样插件和 TA 次回路，是否有异常气味，是否有明显烧损痕迹。④检查设备区电流互感器有无异常声响。⑤向调度申请退出可能误动的保护。⑥根据调度指令停运一次设备
高压电抗器保护 TV 断线	

续表

<table>
<tr><th>信息释义</th><th>信息原理</th></tr>
<tr><td>高压电抗器保护装置 TV 采样不正常</td><td>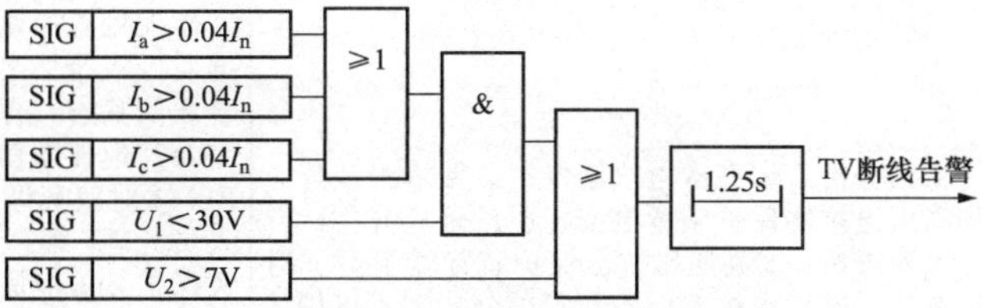

在保护不启动前提条件下，①正序电压小于 30V，且任一相电流大于 $0.04I_n$。②负序电压大于 7V，装置发 TV 断线告警</td></tr>
<tr><th>原因及风险分析</th><th>处置指导原则</th></tr>
<tr><td>原因分析：①高压电抗器保护装置采样插件损坏。②TV 二次接线松动。
风险分析：①高压电抗器保护装置采样插件损坏。②TV 二次接线松动</td><td>监控处置原则：上报调度，通知运维单位，加强运行监控，做好相关操作准备。采取相应的措施。
现场处置原则：①现场检查各级 TV 电压小开关处于合位状态。②观察装置面板采样，确定 TV 采样异常相别。③观察装置 TV 采样插件，无异常气味</td></tr>
<tr><td colspan="2">高压电抗器保护装置故障</td></tr>
<tr><th>信息释义</th><th>信息原理</th></tr>
<tr><td>高压电抗器保护装置处于异常运行状态，闭锁所有保护功能</td><td>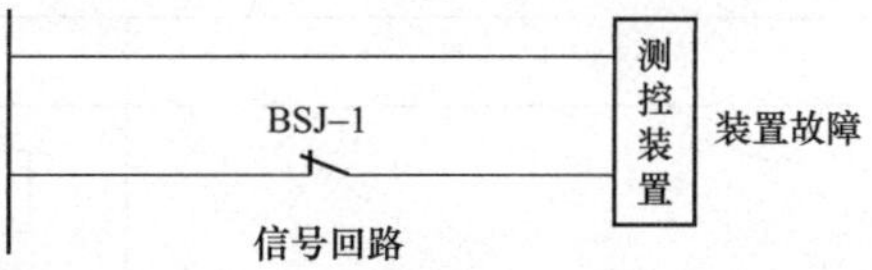
</td></tr>
<tr><th>原因及风险分析</th><th>处置指导原则</th></tr>
<tr><td>原因分析：①保护装置本身故障。②保护装置电流、电压采样异常。
风险分析：①保护装置处于不可用状态。②保护装置部分功能不可用</td><td>监控处置原则：①监控立即汇报相关调度，通知运维单位，并根据监控告警信息区分是单套保护还是双套保护异常，并协同调度综合通信状态、保信系统分析判断，确定保护装置部分功能已失去，综合其他伴随信号分析该异常引起的原因，协同运维和调度及时处理。②对双套保护中其中一套出现该信号时，则停用相关保护，同时立即通知运维和检修人员处理。③若是仅发单一信号，则通过现场设备检查后，根据检查结果进行紧急处置。
现场处置原则：①检查高压电抗器保护装置各信号指示灯，记录液晶面板显示内容。②检查装置电源、自检报告，并结合其他装置进行综合判断故障告警原因。③根据检查结果汇报调度，停运相应的保护装置，则通知检修人员处理</td></tr>
<tr><td colspan="2">高压电抗器保护装置告警</td></tr>
<tr><th>信息释义</th><th>信息原理</th></tr>
<tr><td>高压电抗器保护装置处于异常运行状态，仅告警，不闭锁或部分闭锁保护功能</td><td>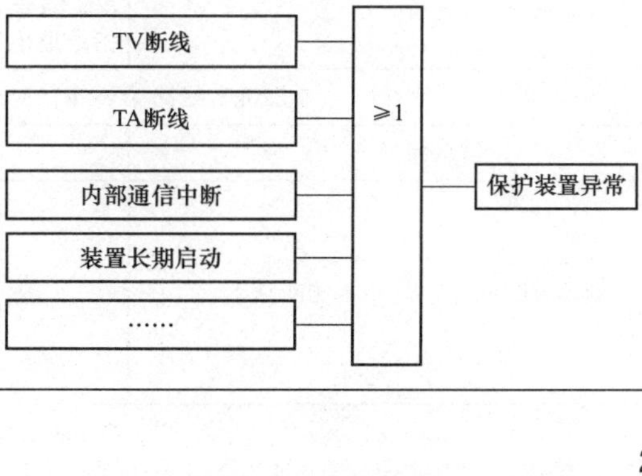
</td></tr>
</table>

续表

原因及风险分析	处置指导原则
原因分析：①高压电抗器保护装置本身故障。②高压电抗器保护装置电流、电压采样异常。 风险分析：①高压电抗器保护装置处于不可用状态。②高压电抗器保护装置部分功能不可用	监控处置原则：①监控立即汇报相关调度，通知运维单位，并根据监控告警信息区分是单套保护还是双套保护异常，并协同调度综合通信状态、保信系统分析判断，确定保护装置部分功能已失去，综合其他伴随信号分析该异常引起的原因，协同运维和调度及时处理。②对双套保护中其中一套出现该信号时，及时通知运维和检修人员处理，根据异常原因区别处理，根据现场检查结果下令退出相关保护。③若是仅发单一信号，则通过现场设备检查后，根据检查结果进行处置。 现场处置原则：①检查保护装置各信号指示灯，记录液晶面板显示内容。②检查装置自检报告，并结合其他装置进行综合判断异常告警原因。③立即报调度并通知运维单位处理

12.8.4 线路保护典型异常信号

线路保护典型异常信号见表 12-16。

表 12-16　　线路保护典型异常信号

线路第一（二）套保护出口	
信息释义	信息原理
线路保护动作，跳开对应断路器	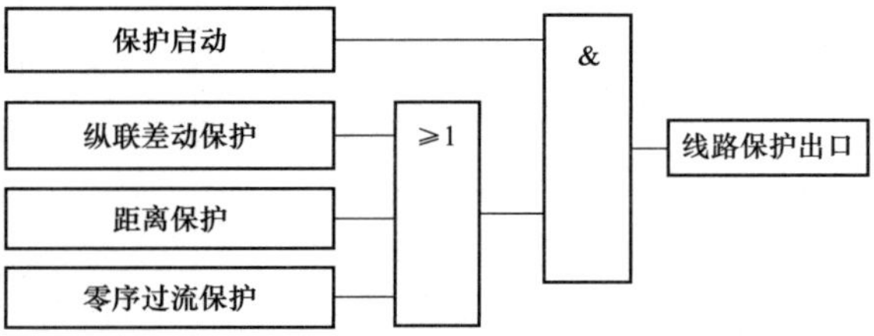
原因及风险分析	处置指导原则
原因分析：①保护范围内的一次设备故障。②保护误动。 风险分析：线路本侧断路器跳闸	监控处置原则：立即通知运维单位，同时协同调度综合保护出口信息、保信、故障录波数据分析判断，同时根据事故其他伴随信息和重要用户程度，分析判断确定能否进行远方试送或倒方式运行，随时应急做好快速隔离故障和恢复送电。若表明存在明显两相或三相金属性短路故障，不得试送。若存在已知的严重自动灾害（台风、冰灾、地震等）、外力破坏、火灾导致的线路跳闸等，也不得进行试送。 现场处置原则：①检查断路器跳闸位置及间隔设备是否存在故障。②检查保护装置故障报告，结合录波器和其他保护动作启动情况，综合分析初步判断故障原因。③若系保护装置误动，根据调度指令退出异常保护装置
220kV 线路第一（二）套保护远方跳闸出口	
信息释义	信息原理
收到远方跳闸令，跳开本侧断路器	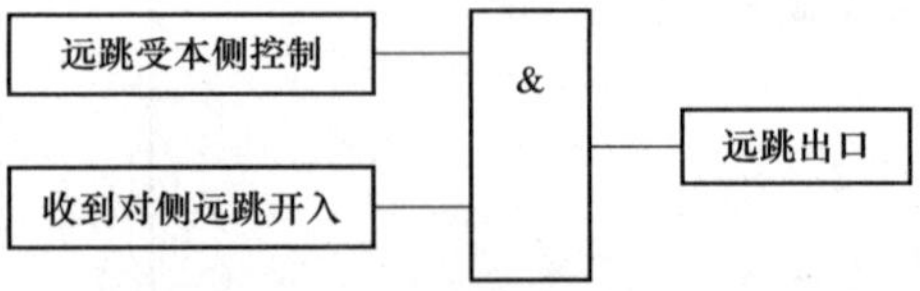

续表

<table>
<tr><th colspan="2">500kV 线路第一（二）套保护远方跳闸就地判别出口</th></tr>
<tr><td>信息释义</td><td>信息原理</td></tr>
<tr><td>收到远方跳闸令，就地判据满足后跳开本侧断路器</td><td>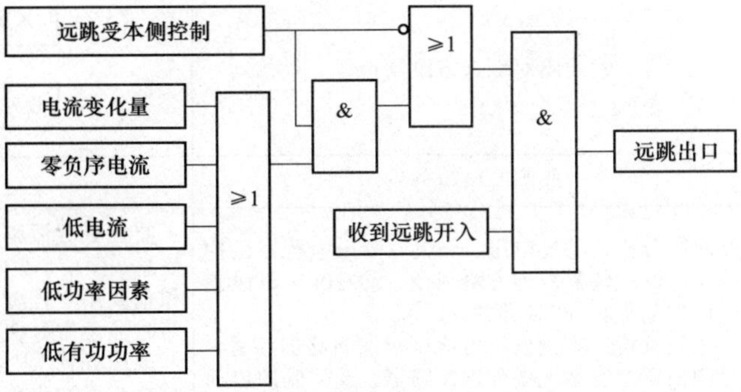
</td></tr>
<tr><td>原因及风险分析</td><td>处置指导原则</td></tr>
<tr><td>原因分析：①对侧过电压、失灵、或高压电抗器保护动作。②对侧母线差动保护动作。③保护误动。
风险分析：本侧断路器跳闸</td><td>监控处置原则：立即通知运维单位，同时协同调度综合保护出口信息、保信、故障录波数据分析判断，同时根据事故其他伴随信息和重要用户程度，分析判断确定能否进行远方试送或倒方式运行，随时应急做好快速隔离故障和恢复送电。
现场处置原则：①检查断路器跳闸位置及间隔设备情况。②检查保护装置动作信息及运行情况，检查故障录波器动作情况。③若保护装置误动，根据调度指令退出异常保护装置</td></tr>
<tr><th colspan="2">线路第一（二）套保护 A、B 通道异常</th></tr>
<tr><td>信息释义</td><td>信息原理</td></tr>
<tr><td>保护通道通信中断，两侧保护无法交换信息</td><td>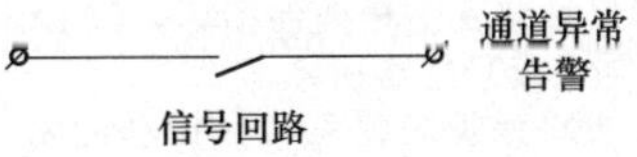
</td></tr>
<tr><td>原因及风险分析</td><td>处置指导原则</td></tr>
<tr><td>原因分析：
光纤通道：①保护装置内部元件故障。②尾纤连接松动或损坏、法兰头损坏。③光电转换装置故障。④通信设备故障或光纤通道问题。
高频通道：①收发信机故障。②结合滤波器、耦合电容器、阻波器、高频电缆等设备故障。③误合结合滤波器接地开关。④天气或湿度变化。
风险分析：①差动保护保护无法动作。②高频保护可能误动或拒动</td><td>监控处置原则：①监控立即汇报相关调度，通知运维单位，并根据监控告警信息区分保护通道是双通道还是单通道。②若配置的保护装置通道全部中断，应立即汇报调度并协同调度综合保护装置其他伴随信息如装置异常、保信系统分析判断，确定保护装置主保护功能已失去，协同运维及时处理。③若配置的保护装置为双通道的一套通断中断，既不影响主保护运行，但应及时通知信通和运维人员处理。
现场处置原则：①检查保护装置运行情况，检查光电转换装置运行情况。②如果通道故障短时复归，应做好记录加强监视。③如果无法复归或短时间内频繁出现，根据调度指令退出相关保护</td></tr>
<tr><th colspan="2">线路第一（二）套保护远方跳闸发信</th></tr>
<tr><td>信息释义</td><td>信息原理</td></tr>
<tr><td>保护向线路对侧保护发跳闸命令，远方跳闸线路对侧断路器</td><td>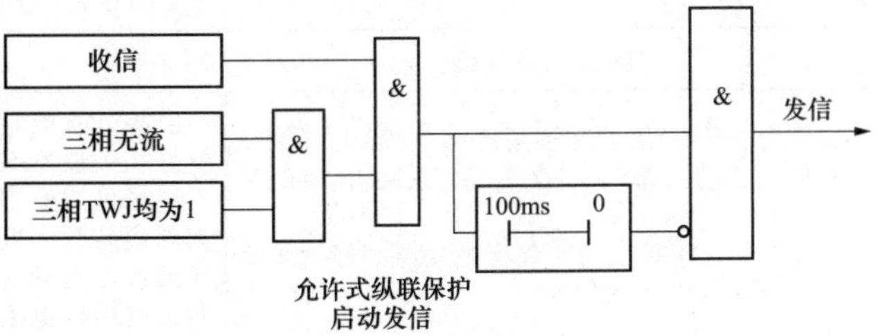
</td></tr>
</table>

续表

线路第一（二）套保护远方跳闸收信	
信息释义	信息原理
收线路对侧远方跳闸信号	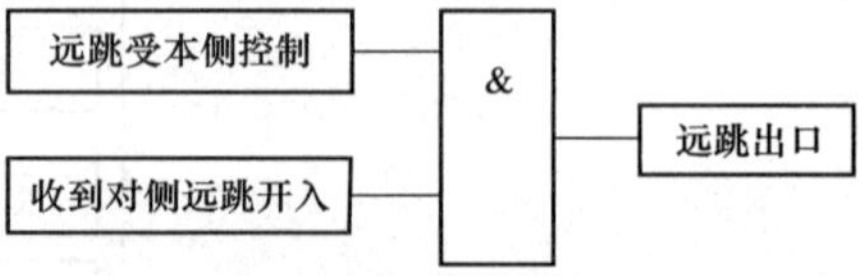
原因及风险分析	处置指导原则
原因分析：①过电压、失灵、高压电抗器保护动作，保护装置发远方跳闸令。②220kV母线差动保护动作。③二次回路故障。 风险分析：本侧发远方跳闸对侧断路器信号；对侧根据控制字无条件跳断路器，或需保护启动才跳断路器	监控处置原则：立即通知运维单位，同时协同调度综合保护出口信息、保信、故障录波数据分析判断，同时根据事故其他伴随信息和重要用户程度，分析判断确定能否进行远方试送或倒方式运行，随时应急做好快速隔离故障和恢复送电。 现场处置原则：①检查保护装置动作情况。②检查装置故障报告，综合分析初步判断故障原因。③若保护装置误动，根据调度指令退出相关保护

线路第一（二）套保护 TA 断线	
信息释义	信息原理
线路保护装置检测到电流互感器二次回路开路或采样值异常等原因造成差动不平衡电流超过定值延时发 TA 断线信号	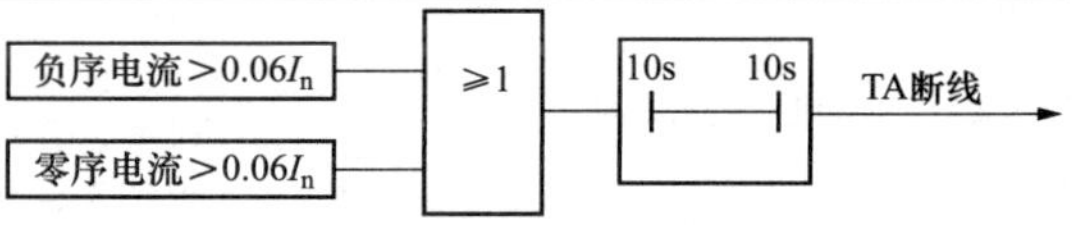
原因及风险分析	处置指导原则
原因分析：①保护装置采样插件损坏。②TA二次接线松动。③电流互感器损坏。 风险分析：①线路保护装置差动保护功能闭锁。②线路保护装置过电流元件不可用。③可能造成保护误动作	监控处置原则：监控汇报调度，通知运维单位，加强运行监控，做好相关操作准备，及时掌握设备运行情况。 现场处置原则：①现场检查端子箱、保护装置电流接线端子连片紧固情况（尽快判明开路点、恢复回路短接）。②检查装置面板采样，确定 TA 采样异常相别。③检查装置 TA 采样插件和 TA 次回路，是否有异常气味，是否有明显烧损痕迹。④检查设备区电流互感器有无异常声响。⑤向调度申请退出可能误动的保护。⑥根据调度指令停运一次设备

线路第一（二）套保护 TV 断线	
信息释义	信息原理
线路保护装置检测到电压消失或三相不平衡	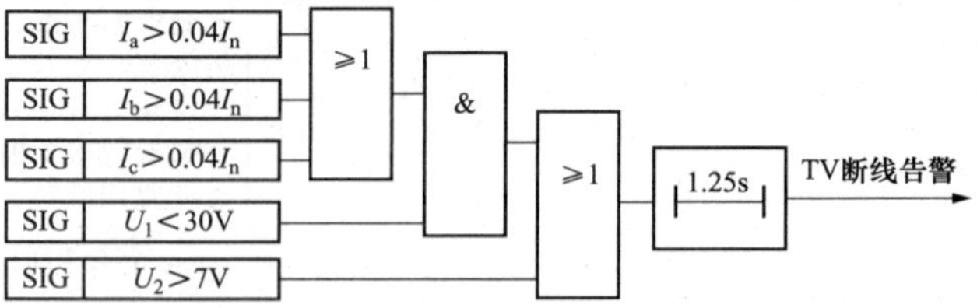 在保护不启动前提条件下：①正序电压小于30V，且任一相电流大于 $0.04I_n$。②负序电压大于7V，装置发TV断线告警
原因及风险分析	处置指导原则
原因分析：①保护装置采样插件损坏。②TV二次接线松动。③TV二次空气开关跳开。④TV一次异常。 风险分析：①护装置距离保护功能闭锁。②保护装置方向元件不可用	监控处置原则：监控汇报调度，通知运维单位，加强运行监控，做好相关操作准备，采取相应的措施。 现场处置原则：①现场检查各级 TV 电压小开关处于合位状态。②观察装置面板采样，确定 TV 采样异常相别。③观察装置 TV 采样插件，无异常气味。④检查电压切换是否正常。⑤视消缺需要，向调度申请退出本套保护

续表

线路第一（二）套保护装置故障	
信息释义	信息原理
装置自检、巡检发生严重错误，装置闭锁所有保护功能	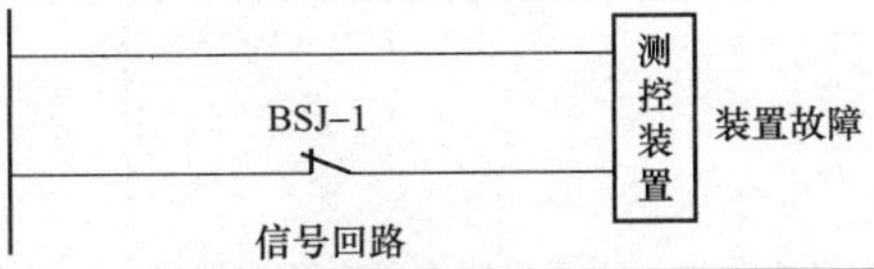
原因及风险分析	处置指导原则
原因分析：①保护装置内存出错、定值区出错等硬件本身故障。②装置失电。 风险分析：保护装置处于不可用状态	监控处置原则：①监控立即汇报相关调度，通知运维单位，并根据监控告警信息确定是单套保护还是双套保护。②若配置的保护装置通全部装置故障，应立即汇报调度并协同调度综合通信状态、保信系统分析判断，确定保护装置已不能继续运行，即该设备已失去保护，应通知运维及时处理，若短时无法处理，则应采取措施隔离被保护设备，监控做好应急操作准备。③双套保护如一套保护出现该信号时，结合相关信号停用相关保护，同时但应及时通知运维和检修人员处理。④若是仅发此单一信号，上述条件没有同时满足，则通过现场设备检查后，根据检查结果进行处置。 现场处置原则：①检查保护装置各信号指示灯，记录液晶面板显示内容。②检查装置电源、自检报告，并结合其他装置进行综合判断。③根据检查结果汇报调度，停运相应的保护装置（参照主变压器保护故障修订）

线路第一（二）套保护装置异常	
信息释义	信息原理
保护装置处于异常运行状态，部分功能退出	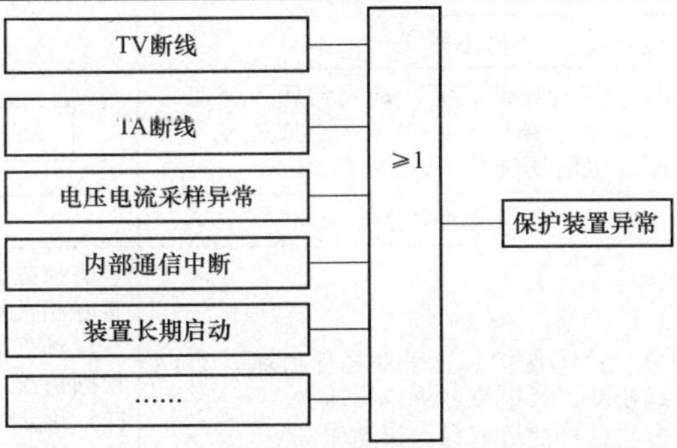
原因及风险分析	处置指导原则
原因分析：①TA 断线。②TV 断线。③CPU 检测到电流、电压采样异常。④内部通信出错。⑤装置长期启动。⑥保护装置插件或部分功能异常；通道异常。 风险分析：保护装置部分功能不可用	监控处置原则：①监控立即汇报相关调度，通知运维单位，并根据监控告警信息确定是哪套保护装置异常，综合通信状态、保信系统分析判断，确定保护装置部分功能已失去，综合其他伴随现象分析研判该异常产生原因，协同运维及时处理。②对双套保护如一套保护出现该信号时，同时但应及时通知运维和检修人员处理，查明异常原因。③若是仅发此单一信号，上述条件没有同时满足，则通过现场设备检查后，根据检查结果进行处置。 现场处置原则：①检查线路保护装置各信号指示灯，记录液晶面板显示内容。②检查装置自检报告和开入变位报告，并结合其他装置进行综合判断。③立即报调度并通知运维单位处理。④视消缺需要，向调度申请退出本套保护

12.8.5　500kV 母线差动保护典型异常信号

500kV 母线差动保护典型异常信号见表 12-17。

表 12-17　　500kV 母线差动保护典型异常信号

母线第一（二）套母线差动保护出口	
信息释义	信息原理
母线差动保护动作，跳开母线上所有断路器	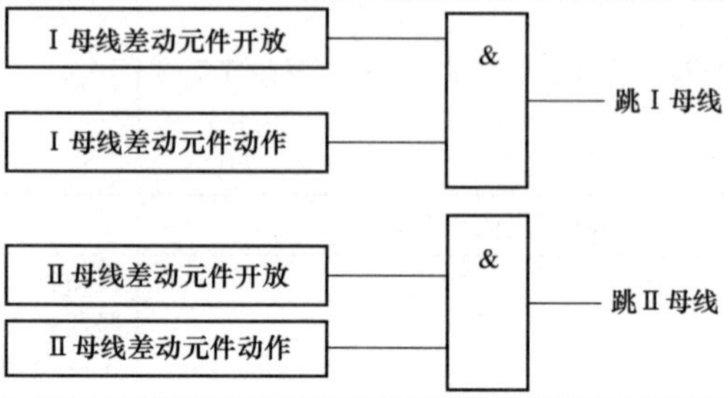
原因及风险分析	处置指导原则
原因分析：①母线差动保护范围内的一次设备故障。②保护误动。 风险分析：母线上所有断路器跳闸	监控处置原则：①上报调度，通知运维单位，加强运行监控，做好相关操作准备。②根据跳闸后运行方式采取相应的措施，根据调度令进行事故处理。 现场处置原则：①母线差动保护动作造成母线电压消失时，应检查并将连接在该母线上的所有断路器断开。②检查母线差动保护范围内的一次设备有无异常，检查相关二次设备有无异常。③若不能迅速找到母线差动保护动作原因，对母线外观检查无异常的，可根据调度指令试送一次。④若查到明显故障点，根据现场检查情况，将故障母线转检修或将误动保护装置退出运行。⑤检查发现故障点并隔离后，根据调度指令恢复正常设备运行
母线第一（二）套母线差动保护 TA 断线	
信息释义	信息原理
母线保护装置检测到某一支路电流互感器二次回路开路或采样值异常等原因造成差动不平衡电流超过定值延时发 TA 断线信号	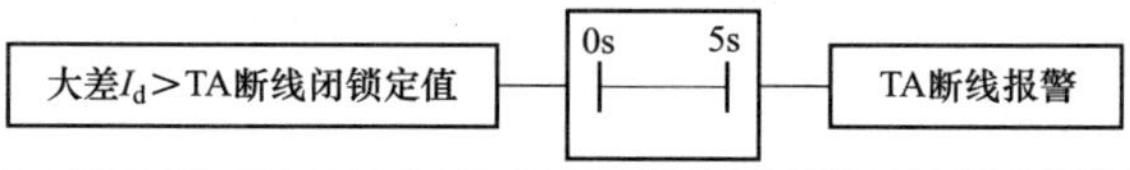
原因及风险分析	处置指导原则
原因分析：①保护装置采样插件损坏。②TA 二次接线松动。③电流互感器损坏。 风险分析：可能造成保护误动作	监控处置原则：监控汇报调度，通知运维单位，加强运行监控，做好相关操作准备。 现场处置原则：①现场检查端子箱、保护装置电流接线端子连片紧固情况（尽快判明开路点、恢复回路短接）。②检查装置面板采样，确定 TA 采样异常相别。③检查装置 TA 采样插件和 TA 次回路，是否有异常气味，是否有明显烧损痕迹。④检查设备区电流互感器有无异常声响。⑤向调度申请退出可能误动的保护。⑥根据调度指令停运一次设备
母线第一（二）套母线差动保护装置异常	
信息释义	信息原理
保护装置处于异常运行状态，部分功能退出	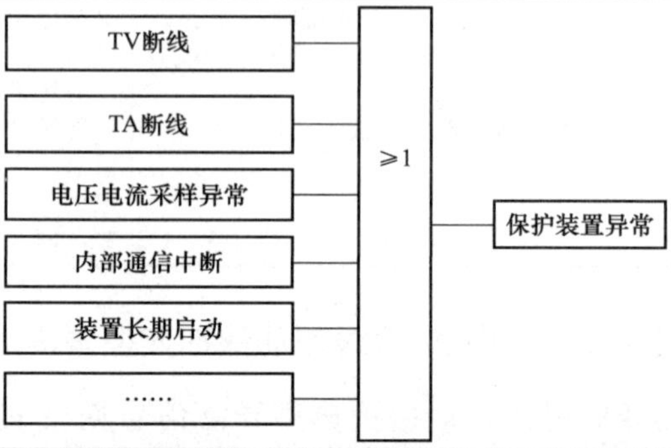

续表

原因及风险分析	处置指导原则
原因分析：①保护装置本身故障。②保护装置电流、电压采样异常。 风险分析：①保护装置处于不可用状态。②保护装置部分功能不可用	监控处置原则：①监控立即汇报相关调度，通知运维单位，并根据监控告警信息确定是哪套保护装置异常，综合通信状态、保信系统分析判断，确定保护装置部分功能已失去，综合其他伴随现象分析研判该异常产生原因，协同运维及时处理。②对双套保护如一套保护出现该信号时，同时但应及时通知运维和检修人员处理，查明异常原因，确认是否需要退出相关保护。③若是仅发此单一信号，上述条件没有同时满足，则通过现场设备检查后，根据检查结果进行处置。 现场处置原则：①检查主变压器保护装置各信号指示灯，记录液晶面板显示内容。②检查装置电源、自检报告，并结合其他装置进行综合判断故障告警原因。③根据检查结果汇报调度，停运相应的保护装置。一般对保护装置重启一次，若重启仍不正常，则通知检修人员处理
母线第一（二）套母线差动保护装置故障	
信息释义	信息原理
装置自检、巡检发生严重错误，装置闭锁所有保护功能	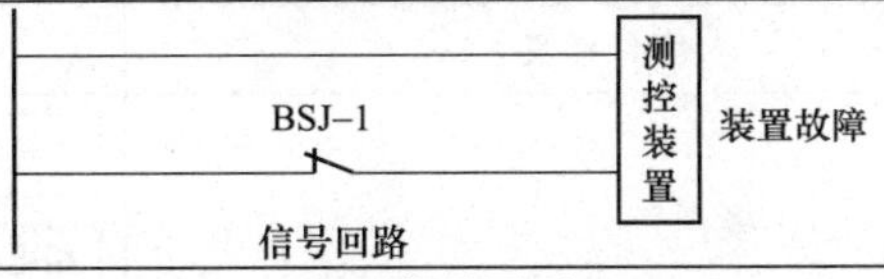
原因及风险分析	处置指导原则
原因分析：①保护装置内存出错、定值区出错等硬件本身故障。②装置失电。 风险分析：母线差动保护装置处于不可用状态	监控处置原则：①监控立即汇报相关调度，通知运维单位，并根据监控告警信息确定是单套保护还是双套保护。②若配置的保护装置通全部装置故障，应立即汇报调度并协同调度综合通信状态、保信系统分析判断，确定保护装置已不能继续运行，即该设备已失去保护，应通知运维及时处理，若短时无法处理，则应采取措施停运相关保护，考虑到是母线差动保护，需要根据现场检查结果，包括现场有无工作等。③对双套保护如一套保护出现该信号时，结合相关信号停用相关保护，同时但应及时通知运维和检修人员处理。④若是仅发此单一信号，上述条件没有同时满足，则通过现场设备检查后，根据检查结果进行处置。 现场处置原则：①检查保护装置各信号指示灯，记录液晶面板显示内容。②检查装置电源、自检报告，并结合其他装置进行综合判断。③根据检查结果汇报调度，停运相应的保护装置（参照主变压器保护故障修订）

12.8.6 220kV 母线差动保护典型异常信号

220kV 母线差动保护典型异常信号见表 12-18。

表 12-18　　220kV 母线差动保护典型异常信号

母线第一（二）套母线差动保护出口	
信息释义	信息原理
母线差动保护动作，跳开母线上所有断路器	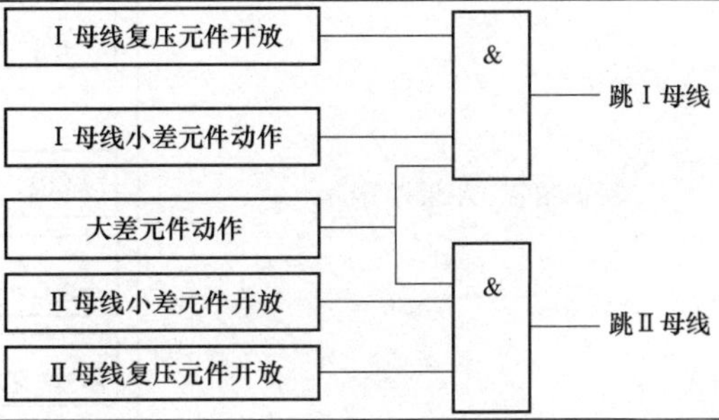

续表

原因及风险分析	处置指导原则
原因分析：①母线差动保护范围内的一次设备故障；②保护误动。 风险分析：母线上所有断路器跳闸	监控处置原则：①上报调度，通知运维单位，加强运行监控，做好相关操作准备。②根据跳闸后运行方式采取相应的措施，根据调度令进行事故处理。 现场处置原则：①当母线差动保护动作造成母线电压消失时，应检查并将连接在该母线上的所有断路器断开。②检查母线差动保护范围内的一次设备有无异常，检查相关二次设备有无异常。③若不能迅速找到母线差动保护动作原因，对母线外观检查无异常的，可根据调度指令试送一次。④双母线中一条母线故障，且短时不能恢复，在确认故障母线上的其他元件无故障后，将无故障元件冷倒至运行母线并恢复送电。⑤如经检查确认母线差动保护误动，应根据调度令将误动保护装置退出运行
母线第一（二）套失灵保护出口	
信息释义	信息原理
母线差动失灵保护动作，跳开母线上所有断路器	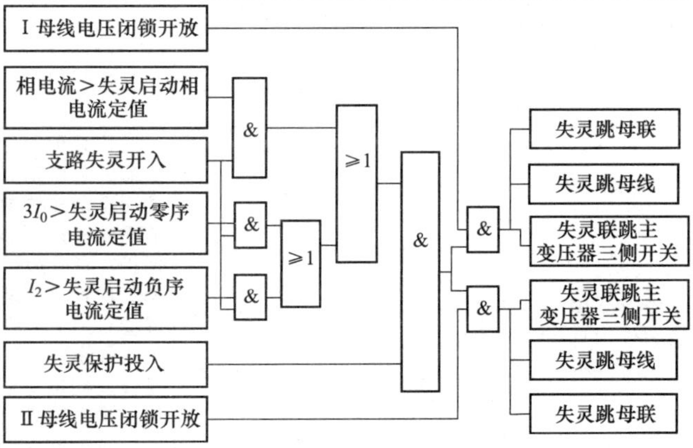
原因及风险分析	处置指导原则
原因分析：①220kV 线路或主变压器发生故障，相应断路器拒动。②保护误动。 风险分析：母线上所有断路器跳闸	监控处置原则：上报调度，通知运维单位，加强运行监控，做好相关操作准备。采取相应的措施。如造成主变压器 220kV 侧断路器跳闸，应检查其他设备过负荷情况。 现场处置原则：①检查 220kV 母线保护、线路和主变压器保护装置动作信息及运行情况，检查故障录波器动作情况。②检查失灵断路器位置及失灵间隔一次、二次设备有无异常，隔离拒动断路器和故障点后，根据调度令恢复正常设备运行。③如经检查确认母线差动失灵保护误动，应根据调度令将误动保护装置退出运行
母线第一（二）套母线差动保护 TA 断线	
信息释义	信息原理
保护装置 TA 采样异常	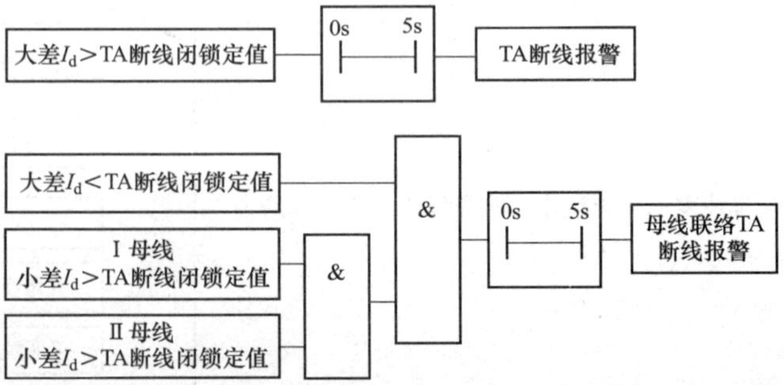

续表

原因及风险分析	处置指导原则
原因分析：①保护装置采样插件损坏。②TA二次接线松动。③一次电流互感器损坏。 风险分析：①保护装置差动保护功能闭锁。②保护装置误动作	监控处置原则：上报调度，通知运维单位，加强运行监控，做好相关操作准备。采取相应的措施。 现场处置原则：①现场检查端子箱、保护装置电流接线端子连片紧固情况（尽快判明开路点、恢复回路短接）。②检查装置面板采样，确定 TA 采样异常相别。③检查装置 TA 采样插件和 TA 次回路，是否有异常气味，是否有明显烧损痕迹。④检查设备区电流互感器有无异常声响。⑤向调度申请退出可能误动的保护。⑥根据调度指令停运一次设备
母线第一（二）套母线差动保护 TV 断线	
信息释义	信息原理
保护装置 TV 采样异常	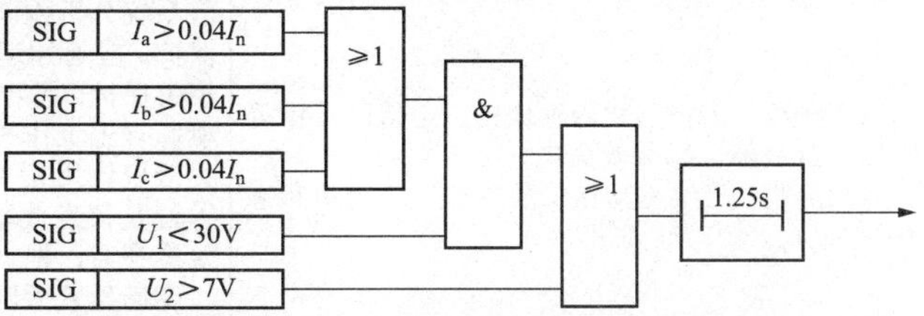 在保护不启动前提条件下，①正序电压小于 30V，且任一相电流大于 $0.04I_n$；②负序电压大于 7V，装置发 TV 断线告警
原因及风险分析	处置指导原则
原因分析：①保护装置采样插件损坏。②TV二次接线松动。 风险分析：保护装置复压元件开放，可能造成差动保护误动作	监控处置原则：上报调度，通知运维单位，加强运行监控，做好相关操作准备。采取相应的措施。 现场处置原则：①现场检查各级 TV 电压小开关处于合位状态。②观察装置面板采样，确定 TV 采样异常相别。③观察装置 TV 采样插件，无异常气味。④通知运维单位人员现场处理
母线第一（二）套母线差动保护装置异常	
信息释义	信息原理
保护装置处于异常运行状态，部分功能退出	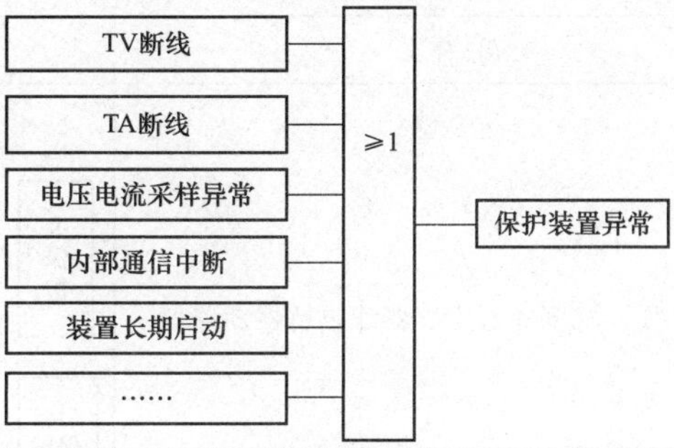
原因及风险分析	处置指导原则
原因分析：①保护装置本身故障。②保护装置电流、电压采样异常。 风险分析：①保护装置处于不可用状态。②保护装置部分功能不可用	监控处置原则：①监控立即汇报相关调度，通知运维单位，并根据监控告警信息确定是哪套保护装置异常，综合通信状态、保信系统分析判断，确定保护装置部分功能已失去，综合其他伴随现象分析研判该异常产生原因，协同运维及时处理。②对双套保护如一套保护出现该信号时，同时但应及时通知运维和检修人员处理，查明异常原因，确认是否需要退出相关保护。③若是仅发此单一信号，上述条件没有同时满足，则通过现场设备检查后，根据检查结果进行处置。 现场处置原则：①检查保护装置各信号指示灯，记录液晶面板显示内容。②通知运维单位人员现场处理（参照主变压器保护异常修订）

续表

<table>
<tr><td colspan="2">母线第一（二）套母线差动保护装置故障</td></tr>
<tr><td>信息释义</td><td>信息原理</td></tr>
<tr><td>装置自检、巡检发生严重错误，装置闭锁所有保护功能</td><td>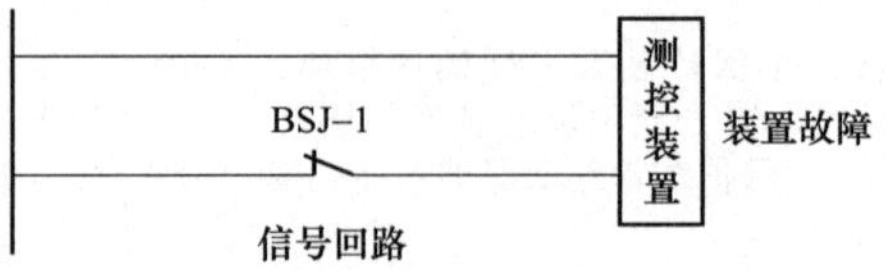
</td></tr>
<tr><td>原因及风险分析</td><td>处置指导原则</td></tr>
<tr><td>原因分析：①护装置内存出错、定值区出错等硬件本身故障。②装置失电。
风险分析：母线差动保护装置处于不可用状态</td><td>监控处置原则：①监控立即汇报相关调度，通知运维单位，并根据监控告警信息确定是单套保护还是双套保护。②若配置的保护装置通全部装置故障，应立即汇报调度并协同调度综合通信状态、保信系统分析判断，确定保护装置已不能继续运行，即该设备已失去保护，应通知运维及时处理，若短时无法处理，则应采取措施停运相关保护，考虑到是母线差动保护，需要根据现场检查结果，包括现场有无工作等。③对双套保护如一套保护出现该信号时，结合相关信号停用相关保护，同时但应及时通知运维和检修人员处理。④若是仅发此单一信号，上述条件没有同时满足，则通过现场设备检查后，根据检查结果进行处置。
现场处置原则：①检查保护装置各信号指示灯，记录液晶面板显示内容。②检查装置电源、自检报告，并结合其他装置进行综合判断。③根据检查结果汇报调度，停运相应的保护装置（参照主变压器保护故障修订）</td></tr>
</table>

12.8.7 电容器、电抗器保护典型异常信号

电容器、电抗器保护典型异常信号见表 12-19。

表 12-19　　　电容器、电抗器保护典型异常信号

<table>
<tr><td colspan="2">电容器/电抗器保护出口</td></tr>
<tr><td>信息释义</td><td>信息原理</td></tr>
<tr><td>保护动作，跳开相应电容器或电抗器断路器</td><td>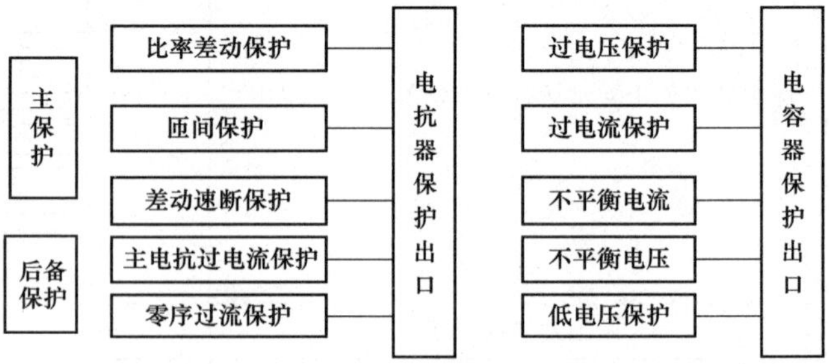
</td></tr>
<tr><td>原因及风险分析</td><td>处置指导原则</td></tr>
<tr><td>原因分析：①设备故障。②保护误动。
风险分析：无功补偿装置无法投入</td><td>监控处置原则：上报调度，通知运维单位，加强运行监控，做好相关操作准备。采取相应的措施。根据跳闸后系统电压，采取相应的措施。
现场处置原则：①详细检查一次设备有无异常，检查相关二次设备有无异常。②详细检查装置报文，记录保护动作时的电流、电压情况。③检查设备区电抗器或电容器情况，是否有明显故障点</td></tr>
</table>

续表

电容器/电抗器保护装置异常	
信息释义	信息原理
保护装置处于异常运行状态，部分功能闭锁	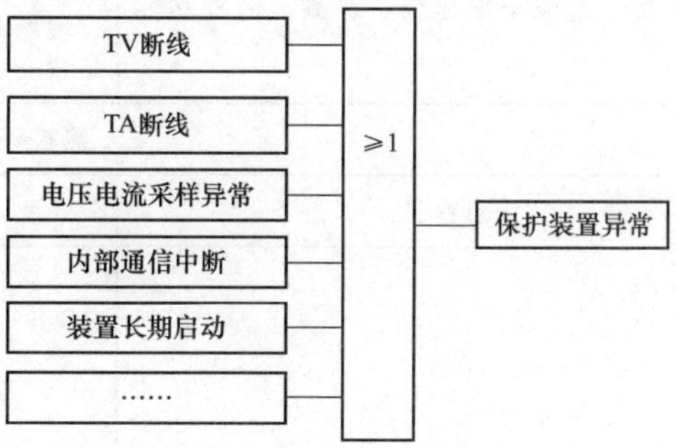
原因及风险分析	处置指导原则
原因分析：①保护装置本身故障。②保护装置电流、电压采样异常。 风险分析：①保护装置处于不可用状态。②保护装置部分功能不可用	监控处置原则：上报调度，通知运维单位，加强运行监控，做好相关操作准备。采取相应的措施。 现场处置原则：①检查保护装置各信号指示灯，记录液晶面板显示内容。②通知检修单位人员现场处理
电容器/电抗器保护装置故障	
信息释义	信息原理
保护装置处于异常运行状态，所有功能闭锁	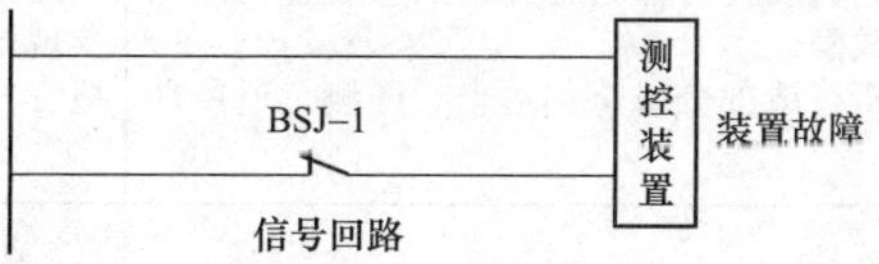
原因及风险分析	处置指导原则
原因分析：①保护装置本身故障。②保护装置电流、电压采样异常。 风险分析：①保护装置处于不可用状态。②保护装置部分功能不可用	监控处置原则：监控汇报调度，通知运维单位，加强运行监控，做好相关操作准备。 现场处置原则：①检查保护装置各信号指示灯，记录液晶面板显示内容。②通知运维单位人员现场处理

12.8.8　测控装置典型异常信号

测控装置典型异常信号见表 12-20。

表 12-20　　测控装置典型异常信号

测控装置故障	
信息释义	信息原理
运行灯灭，测控装置软硬件自检、巡检发生错误，闭锁所有功能	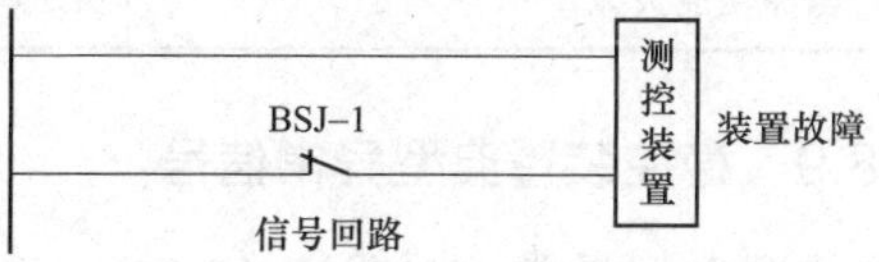

续表

原因及风险分析	处置指导原则
原因分析：装置本身故障。 风险分析：造成全部遥信、遥测、遥控功能失效	监控处置原则：综合研判后立即汇报调度，通知运维单位，根据现场检查情况做好相关操作准备。 现场处置原则：①检查保护装置各指示灯是否正常。②检查装置是否有烧灼异味。③根据检查情况，由专业人员进行处理
测控装置异常	
信息释义	信息原理
测控装置软硬件自检、巡检发生错误	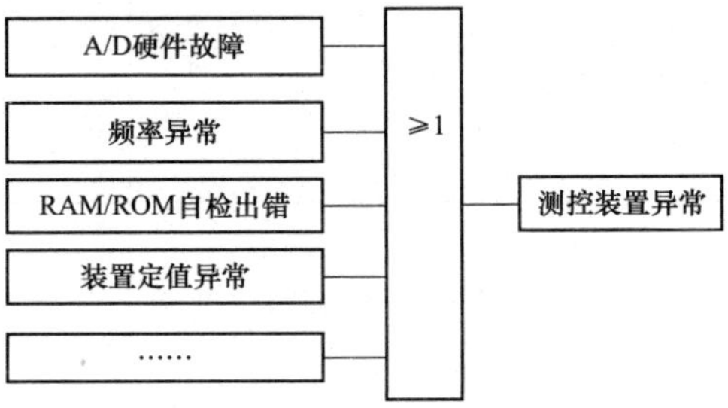
原因及风险分析	处置指导原则
原因分析：①装置内部通信出错。②装置自检、巡检异常。③装置内部电源异常。④装置内部元件、模块故障。 风险分析：造部分或全部遥信、遥测、遥控功能失效	监控处原则：通知运维单位。了解现场处置的基本情况和处置原则。 现场处置原则：①检查保护装置各指示灯是否正常。②检查装置报文交换是否正常。③根据检查情况，由专业人员进行处理
测控装置通信中断	
信息释义	信息原理
测控装置网络中断，无法通信	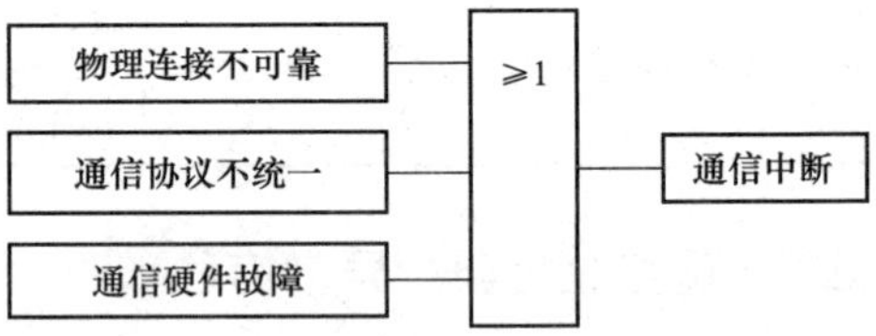
原因及风险分析	处置指导原则
原因分析：①装置内部电源异常。②装置内部程序走死导致死机。③装置网口损坏。④装置至交换机网线或接头损坏。 风险分析：若是双网有一路中断不影响运行；若是双网全部中断，造成该测控单元所负责的遥信、遥测、遥控功能失效	监控处置原则：若是双网有一路中断不影响运行，监控通知运维单位检查；若是双网全部中断，监控通知运维单位及时处理，现场根据检查情况联系专业人员处理。 现场处置原则：①检查装置是否正常。②网线是否松动。③检查测控装置和交换机指示灯是否正常。④根据检查情况，由专业人员进行处理

12.8.9　稳控装置典型异常信号

稳控装置典型异常信号见表12-21。

表 12-21　　　　　　　　　　**稳控装置典型异常信号**

××稳控装置出口	
信息释义	信息原理
动作灯亮，系统失稳定，引起相关元件出口故障	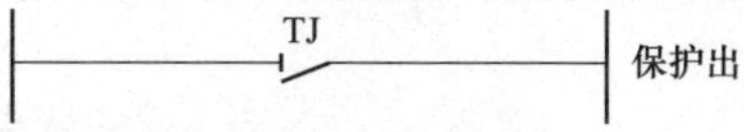
原因及风险分析	处置指导原则
原因分析：①系统稳定破坏。②重要联络线故障引起功率缺额。③机组失磁等引起系统失步，系统电压下降等。 风险分析：①切负荷。②严重时，会引起大面积停电	监控处置原则：监控立即汇报调度，并通知相关运维人员，按照调度进行事故处理，加强电网及设备监控。 现场处置原则：①现场检查稳控和保护动作情况，根据变电站保护动作情况检查一次、二次设备情况。②及时将稳控和保护动作情况汇报调度，根据调度令进行事故处理
××稳控装置异常	
信息释义	信息原理
告警/过负荷灯亮，装置处于异常运行状态	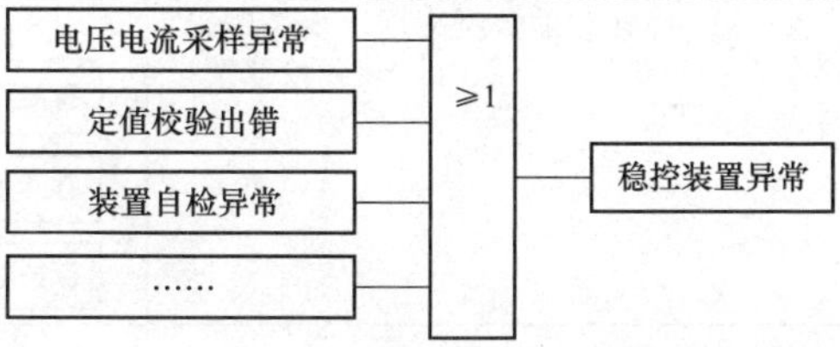
原因及风险分析	处置指导原则
原因分析：①定值区不一致、定值校验出错。②保护装置电流、电压采样异常、光耦电源异常。 风险分析：保护装置部分功能不可用	监控处置原则：监控汇报调度，通知运维单位，加强运行监控，做好相关操作准备。 现场处置原则：①检查装置各信号指示灯，记录液晶面板显示内容。②根据检查结果通知专业人员处理
××稳控装置故障	
信息释义	信息原理
运行灯灭，装置软硬件自检、巡检发生严重错误，装置闭锁所有功能	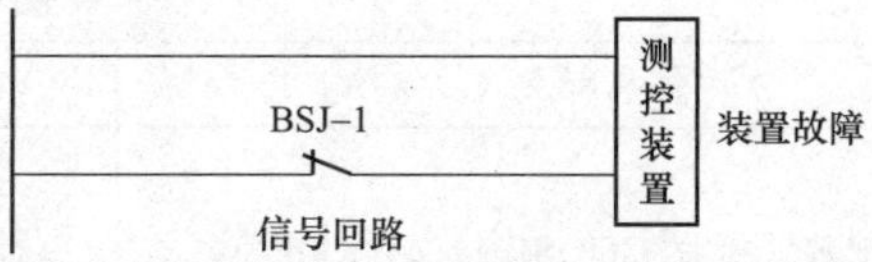
原因及风险分析	处置指导原则
原因分析：①稳控装置内存出错，元器件灯硬件本身故障。②装置失电。 风险分析：装置处于不可用状态	监控处置原则：监控汇报调度，通知运维单位，加强运行监控，做好相关操作准备。 现场处置原则：①检查装置电源运行指示灯是否熄灭，有无焦糊味。②根据检查结果汇报调度，停运相应的装置
××稳控装置通道异常	
信息释义	信息原理
安全自动装置通道通信中断，无法与有联系的其他装置交换信息	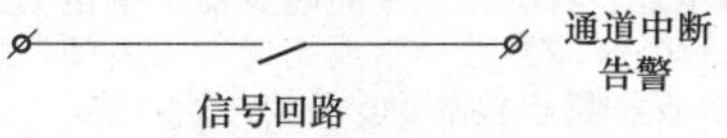
原因及风险分析	处置指导原则
原因分析：①稳控装置内部元件故障。②网线或通信接线连接松动或损坏。③通信设备故障或通道问题。 风险分析：安全自动装置无法正常动作，可能误动或者拒动	监控处置原则：监控汇报调度，通知运维单位，加强运行监控，做好相关操作准备。 现场处置原则：①检查通道是否能够交换信息。②若无法进行通道交换，由专业人员进行处理

12.9 智能变电站

智能变电站典型异常信号见表12-22。

表12-22 智能变电站典型异常信号

<table>
<tr><td colspan="2">检修不一致</td></tr>
<tr><td>信息释义</td><td>信息原理</td></tr>
<tr><td>保护装置对合并单元、智能终端上送的检修标志进行实时检测，并与装置自身检修状态进行对比，如二者一致，将接收的数据应用于保护逻辑，保护正确动作；当检修不一致时，装置检修发出不一致告警</td><td>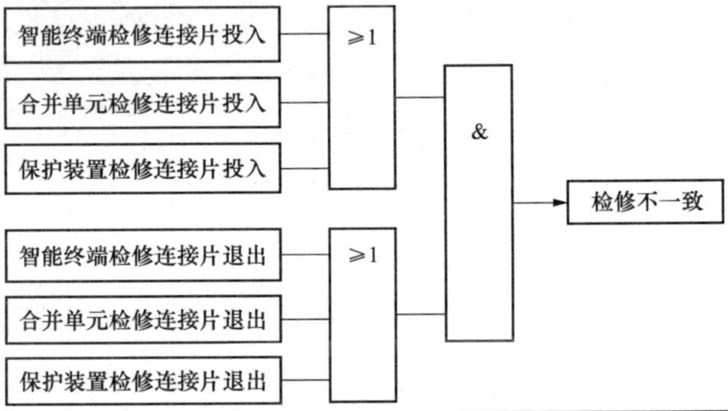
</td></tr>
<tr><td>原因及风险分析</td><td>处置指导原则</td></tr>
<tr><td>原因分析：①现场运维人员误操作。②检修连接片开入异常。
风险分析：因检修状态不一致，相关联闭锁信号、SV采样值不能加入保护启动及动作程序，导致保护被误闭锁</td><td>监控处置原则：监控汇报调度，通知运维单位检查，加强运行监控，做好相关操作准备。
现场处置原则：①运维人员赶赴现场检查装置GOOSE检修灯是否正常，是否正常复归，若不能复归，逐级检查检修连接片是否一致。②检查装置GOOSE接收控制模块是否出错，如出错立即通知检修人员处理，必要时申请停用该套装置更换相关硬件。③更换硬件后应进行相应装置试验，保证更换前后保护功能的正确性</td></tr>
<tr><td colspan="2">保护装置GOOSE总告警</td></tr>
<tr><td>信息释义</td><td>信息原理</td></tr>
<tr><td>监视保护装置接收GOOSE报文是否正常，主要接收本间隔智能装置终端传递的断路器位置、隔离开关位置、控制回路异常（如闭锁重合，位置不对应启动重合）等信息，GOOSE告警表示保护及安全自动装置接收的GOOSE报文出现异常</td><td>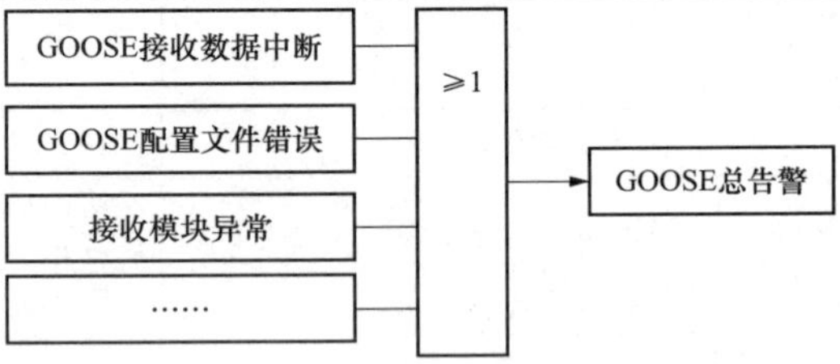
</td></tr>
<tr><td>原因及风险分析</td><td>处置指导原则</td></tr>
<tr><td>原因分析：原因分析：①保护装置与本间隔智能终端之间GOOSE断链。②本间隔智能终端电源失电。③本间隔智能终端异常或闭锁。④本间隔智能终端发光保护模块异常。⑤保护装置异常。⑥保护装置与本间隔智能终端。⑦GOOSE配置不一致报警。
风险分析：①如线路保护接收不到断路器位置，线路故障时影响保护正常动作，可能造成断路器拒动。②220kV线路保护接收母线差动保护GOOSE告警，母线故障时，保护收不到母线差动远方跳闸开入信号，可能造成停电范围扩大</td><td>监控处置原则：监控查看是否出现“GOOSE链路中断”等伴随信号，并做出初步判断，汇报调度，通知相关运维单位且要求运维单位通知检修人员做好应急准备。
现场处置原则：①运维人员现场检查保护装置信号灯是否正常，信号是否能够复归；若不能复归，则逐级检查GOOSE网的光纤插口是否松动，通知检修人员处理。②现场检修人员确认装置近期是否更换，软件是否升级，检查保护装置的GOOSE配置是否正确，若是装置软件配置出现问题，及时联系厂家处理。③若需要停用该套保护装置进行维修，按运行规程要求做好安全方法措施。④若不需要停用保护装置进行处理，则应查找组网光纤的问题或装置光口的问题，及时更换备用光纤或关口</td></tr>
</table>

续表

保护装置 SV 总告警	
信息释义	信息原理
监视保护装置接收 SV 报文是否正常，主要接收本间隔合并单元传递的母线电压、线路抽取电压、间隔电流以及采样链路中断等信息，SV 产生告警表示保护及安全自动装置接收的 SV 报文出现异常，同时报出保护或安全自动装置异常	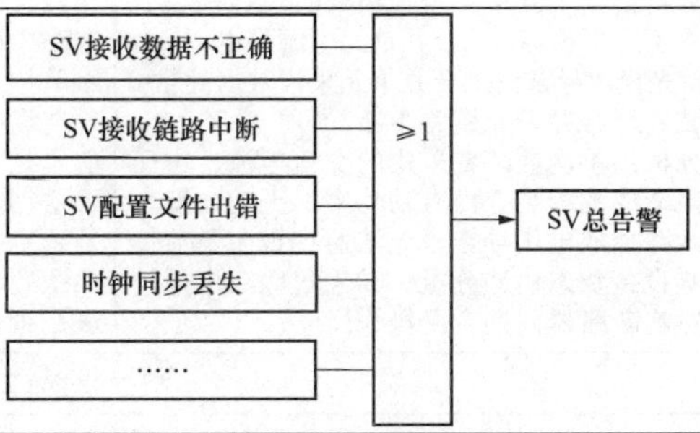
原因及风险分析	处置指导原则
原因分析：①合并单元采集模块、电源模块、CPU 等内部元件损坏。②合并单元电源失电。③合并单元发光模块异常。④合并单元采样数据异常。⑤保护装置至合并单元链路中断。 风险分析：①保护装置或安全自动装置采集的交流电压、电流不正确。②保护或安全自动装置采集的交流电压、电流不同步，影响距离保护正确动作。③保护或安全自动装置采集的交流电流、电压各相之间不同步，影响距离保护、零序保护、检修保护、差动保护正确动作。④线路、母线、主变压器等保护装置失去相关保护功能	监控处置原则：监控员根据此遥信异常信号，查看是否出现“SV 链路中断”等伴随信号，做出初步判断，汇报调度，通知相关运维单位且要求运维单位通知检修人员做好应急准备。 现场处置原则：①运维人员现场检查保护装置信号灯是否正常，信号是否能够复归；若不能复归，则逐级检查 SV 网的光纤插口是否松动，及时通知检修人员处理。②现场检修人员确认装置近期是否更换，软件是否升级，检查保护配置是否正确，若是装置软件配置出现问题，及时联系厂家处理。③现场检查检修连接片投退是否正确，若不正确，则及时通知检修人员处理。④若需要停用该套保护装置进行维修，按运行规程要求做好安全方法措施。⑤若不需要停用保护装置进行处理，则应查找组网光纤的问题或装置光口的问题，及时更换备用光纤或关口
保护装置 MMS 通信中断	
信息释义	信息原理
保护装置与站控层网络通信中断	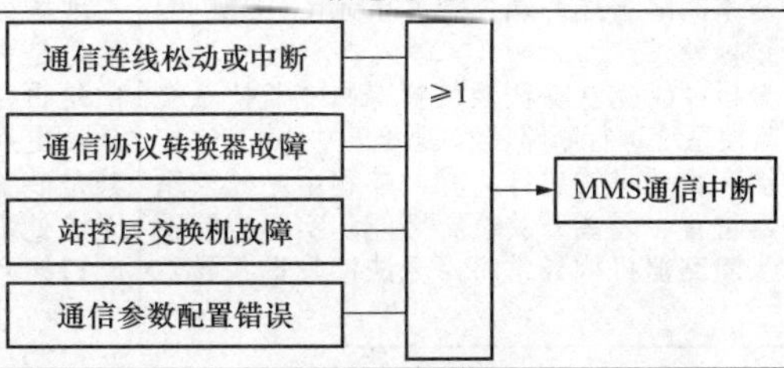
原因及风险分析	处置指导原则
原因分析：①保护装置内部通信参数设置错误。②保护装置通信插件故障。③通信连接线松动。④通信协议转换器故障。⑤站控层交换机故障。 风险分析：保护装置与站控层网络通信中断后，相关保护信息及动作信息无法上传监控后台及调控中心，使得保护装置失去监控，影响事故处理进度	监控处置原则：监控值班员应及时通知现场运维人员检查保护装置及通信回路运行情况，加强监视。 现场处置原则：①检查保护装置各信号指示灯，记录液晶面板显示内容。②检查与保护装置终端有 MMS 信息交互的相关保护装置、测控装置、监控后台系统的各信号指示灯及相应报文及告警。③如不能恢复，运维单位人员通知检修人员检查保护装置及其与站控层交换机的连接情况
测控装置 SV 总告警	
信息释义	信息原理
监视测控装置接收 SV 报文是否正常，主要接收本间隔合并单元传递的母线电压、线路抽取电压、间隔电流以及采样链路中断等信息，SV 产生告警表示测控装置接收的 SV 报文出现异常，同时报出测控装置异常	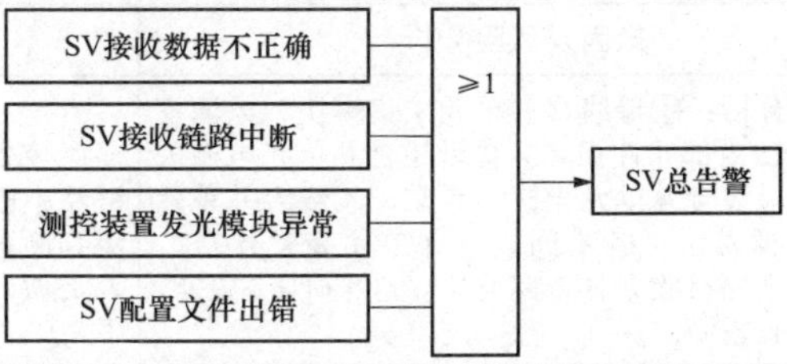

续表

原因及风险分析	处置指导原则
原因分析：①合并单元采集模块、电源模块、CPU等内部元件损坏。②合并单元电源失电。③合并单元发光模块异常。④合并单元采样数据异常。⑤保护装置至合并单元链路中断。 风险分析：①测控装置采集的交流电流、电压不正确，造成测控装置内有功功率、无功功率、电流、线路抽取电压异常，无法监视设备负荷情况，影响设备状态估计分析。②采集线路电压异常时，影响断路器同期合闸操作	监控处置原则：监控员根据此遥信异常信号，查看是否出现"SV链路中断"等伴随信号，做出初步判断，汇报调度，通知相关运维单位且要求运维单位通知检修人员做好应急准备。 现场处置原则：①运维人员现场检查测控装置信号灯是否正常，信号是否能够复归；若不能复归，则逐级检查SV网的光纤插口是否松动，及时通知检修人员处理。②现场检修人员确认装置近期是否更换，软件是否升级，检查保护配置是否正确，若是装置软件配置出现问题，及时联系厂家处理。③现场检查检修连接片投退是否正确，若不正确，则及时通知检修人员处理
测控装置GOOSE总告警	
信息释义	信息原理
监视测控装置接收GOOSE报文是否正常，主要接收本间隔智能装置终端传递的断路器位置、隔离开关位置、断路器机构异常（如 SF_6 气压低告警、闭锁、控制回路断线）等信息，GOOSE告警表示测控装置接收的GOOSE报文出现异常	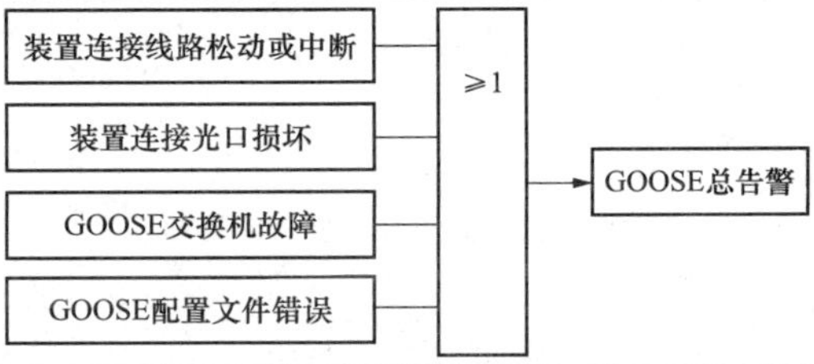
原因及风险分析	处置指导原则
原因分析：①测控与本间隔智能终端、合并单元之间GOOSE断链。②本间隔智能终端电源失电。③本间隔智能终端异常或闭锁。④本间隔智能终端发光保护模块异常。⑤测控装置异常。⑥测控装置与本间隔智能终端、合并单元GOOSE配置不一致报警。 风险分析：①无法在测控装置、站端监控系统和主站监控系统进行断路器和隔离开关操作。②作断路器需在就地机构进行。③站端和主站监控系统断路器位置、隔离开关位置可能和实际位置不一致。④断路器机构异常时，无法接收设备异常信号	监控处置原则：监控查看是否出现"GOOSE链路中断"等伴随信号，并做出初步判断，汇报调度，通知相关运维单位且要求运维单位通知检修人员做好应急准备。 现场处置原则：①运维人员现场检查测控装置信号灯是否正常，信号是否能够复归；若不能复归，则逐级检查GOOSE网的光纤插口是否松动，通知检修人员处理。②现场检修人员确认装置近期是否更换，软件是否升级，检查保护装置的GOOSE配置是否正确，若是装置软件配置出现问题，及时联系厂家处理。③若运维人员无法处理，检修人员需立即到现场查找组网光纤的问题或者装置光口的问题，及时更换备用光纤或光口
合并单元SV告警	
信息释义	信息原理
SV接收灯灭，监视合并单元接收的SV报文是否正常，主要接收母线合并单元发送的母线电压，SV产生告警表示保护及安全自动装置接收的SV报文出现异常，同时报合并单元异常	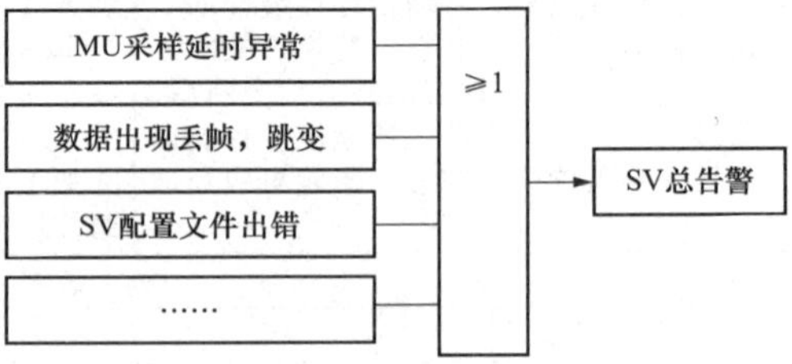
原因及风险分析	处置指导原则
原因分析：①母线合并单元采集模块、电源模块、CPU内部元件损坏。②母线合并单元电源失电。③母线合并单元光模块异常。④线合并单元采样数据异常。⑤本间隔合并单元装置异常。⑥光纤之路接收采样链路异常、光纤损坏、中断、光纤误码较高。	监控处置原则：监控员根据此遥信异常信号，查看是否出现"SV链路中断、SV检修不一致，SV采样异常"等伴随信号，做出初步判断，汇报调度，通知相关运维单位且要求运维单位通知检修人员做好应急准备。

续表

风险分析：①向保护装置发出的 SV 信息无效，保护采样不正确，可能导致保护误动或者拒动。②测控装置接收遥测数据不正常，无法实时有效监视设备负荷情况，影响检同期合闸操作。③保护装置失去需要电压值判断的相关保护功能。④电压切换功能异常	现场处置原则：①运维人员现场检查合并单元装置信号灯是否正常，信号是否能够复归；若不能复归，则逐级检查 SV 网的光纤插口是否松动，及时通知检修人员处理。②当后台发“SV 总告警”，应立刻检查相关保护装置采样，汇报调度并通知检修人员处理。③现场检修人员确认装置近期是否更换，软件是否升级，检查合并单元装置的配置文件是否正确，若是配置文件出现问题，及时联系厂家处理
合并单元 GOOSE 总告警	
信息释义	信息原理
监视合并单元接收的隔离开关位置、断路器位置，将切换后电压以通信方式传送给保护装置，同时报合并单位异常	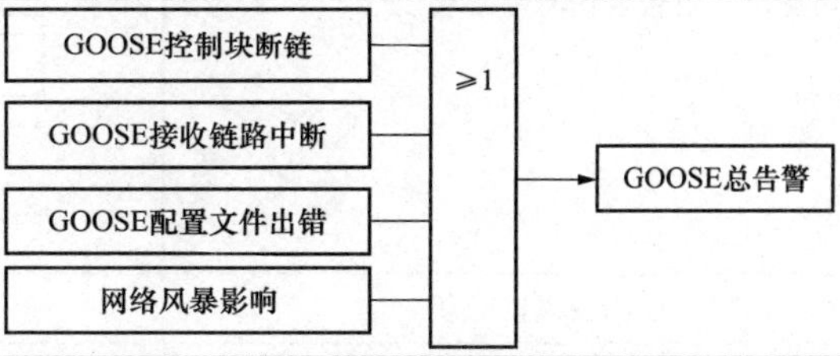
原因及风险分析	处置指导原则
原因分析：合并单元智能终端 GOOSE 链路中断或发送与接收不匹配。 风险分析：保护装置失去接收电压切换功能，造成保护装置失去需要电压值判断的相关保护功能	监控处置原则：监控查看是否出现“GOOSE 链路中断”等伴随信号，并做出初步判断，汇报调度，通知相关运维单位且要求运维单位通知检修人员做好应急准备。 现场处置原则：①运维人员现场检查保护装置信号灯是否正常，信号是否能够复归；若不能复归，则逐级检查 GOOSE 网的光纤插口是否松动，通知检修人员处理。②现场检修人员确认装置近期是否更换，软件是否升级，检查保护装置的 GOOSE 配置是否正确，若是装置软件配置出现问题，及时联系厂家处理
合并单元故障	
信息释义	信息原理
合并单元既要通过电缆与过程层常规设备连接，又要通过光缆与过程层母线 TV 合并单元、间隔层（保护装置、测控装置）设备连接，用来传输母线电压，间隔电流、线路抽取电压，并实现电压切换功能，此信号表示合并单元运行工况出现严重故障，装置闭锁所有功能，并伴随“运行”灯灭	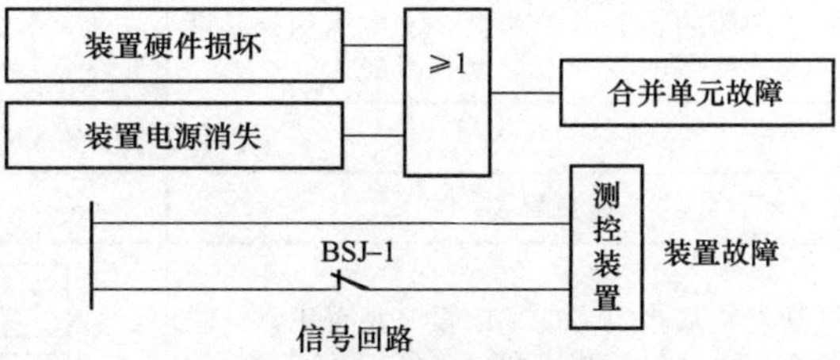
原因及风险分析	处置指导原则
原因分析：①合并单元装置版卡配置和具体工程的设计图不匹配导致合并单元无法正常工作。②定值超过整定范围，程序运行出现错误导致合并单元无法正常运行。③装置失电。 风险分析：①相应保护、测控装置、电能表等无法获得交流电流采样值。②断路器、线路、母线等保护装置失去相关保护功能	监控处置原则：监控值班员根据此遥信信息，汇报调度并通知相关运维单位，做好合并单元检修，对应保护与退出的事故预案且要求运维单位通知检修人员及时做好应急准备。 现场处置原则：①运维人员赶赴现场检查合并单元装置异常指示灯是否亮，查看相关装置报文，若查不出问题应及时与检修人员联系进行检查。②若是合并单元装置电源空气开关跳闸时，应检查合并单元外观有无异常、无异常异味后，经调度同意，应退出对应的保护装置出口软连接片后，将装置改停用状态后试送电源一次，如异常消失，将装置恢复运行状态，如异常未消失，汇报调度，通知检修人员处理。③若是合并单元硬件缺陷，如光口损坏，通知检修人员更换相应的硬件和进行其他处理。④双重化配置的合并单元，单套故障时，应按规程要求采取安全措施，同时向有关调度汇报，并通知检修人员处理。⑤双重化配置的合并单元双套均发生故障时，应立即向有关调度汇报，必要时可申请将相应间隔停电和退出相关保护，并及时通知检修人员处理

续表

合并单元异常	
信息释义	信息原理
表示合并单元运行工况出现异常，只退出部分装置功能，发出告警信号	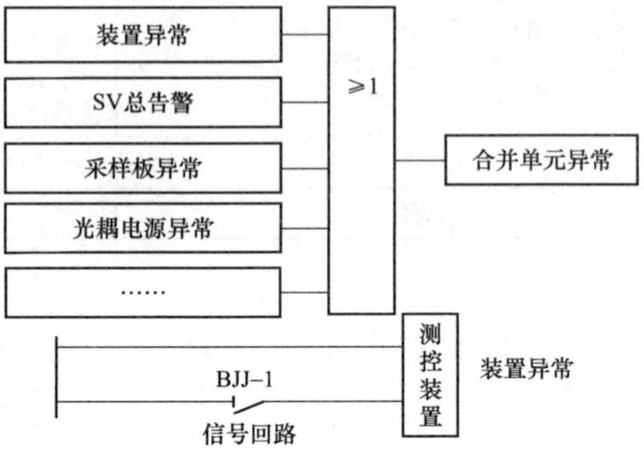
原因及风险分析	处置指导原则
原因分析：①装置自检报警。如装置异常、SV总告警、GPS对时信号未接入、开入电源丢失、采样板异常，光耦电源异常等等。②数据发送异常。③装置采样异常（包括TA开路、TV微断跳闸、TV断线、采样失步等）。④装置内部插件异常。⑤合并单元失步。⑥合并单元光纤链路异常。⑦合并单元配置出现错误。⑧合并单元接收电压异常。⑨合并单元始终丢失。⑩合并单元接收MU无效等。 风险分析：①向保护装置发出的SV信息无效，保护采用不正确，可能导致保护误动。②测控装置接收遥测数据不正常，无法实时监视设备负荷情况，影响检同期合闸操作。③保护装置失去需要电压值判断的相关保护功能。④电压切换功能异常。⑤计量用电能表电量受到损失	监控处置原则：监控值班员根据此遥信信及“装置对时异常、装置链路中断”等伴随信息，进行初步判断，立即汇报调度并通知相关运维单位，做好合并单元检修，对应保护与退出的事故预案且要求运维单位通知检修人员及时做好应急准备。 现场处置原则：①运维人员赶赴现场察看合并单元运行情况，检查接收链路是否中断，通知检修人员，根据情况停用对应保护进行处理。②当装置发外部时钟丢失、智能开入、开出插件故障、开入电源监视异常、GOOSE、SV告警等异常信号时，汇报调度，必要时申请退出该合并单元及相关保护，并做好安全措施，通知检修人员处理

智能终端装置GOOSE总告警	
信息释义	信息原理
监视智能终端接收GOOSE报文是否正常，主要接收母线差动保护跳本间隔、保护及安自装置跳合闸、主变压器保护跳闸、备自投装置跳合闸、测控装置遥控分合闸等信息，GOOSE告警表示智能终端接收GOOSE报文出现异常，同时报智能终端异常	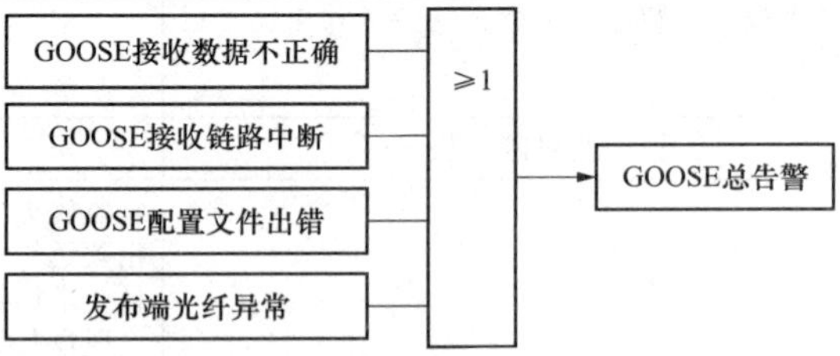
原因及风险分析	处置指导原则
原因分析：①智能终端与母线差动保护之间GOOSE断链、智能终端与保护及安全自动装置之间的GOOSE断链。②智能终端与主变压器保护之间的GOOSE断链。③智能终端与测控装置之间的GOOSE断链。④本间隔智能终端异常或闭锁母线差动保护、保护及安自装置、主变压器保护、测控装置之间的发光模块异常。⑤母线差动保护、保护及安自装置、主变压器保护、测控装置与本间隔智能终端GOOSE配置不一致。	监控处置原则：监控值班员发现此信号后，根据相关伴随信号，如相关测控、保护装置同时报“GOOSE链路中断”等伴随信号，应立即汇报调度并通知相关运行单位，制定该套智能终端停用时的事故预案且要求运维单位通知检修人员及时做好应急准备。 现场处置原则：①运维人员现场检查智能终端信号灯是否正常，信号是否能够复归；若不能复归，则逐级检查GOOSE网的光纤插口是否松动，通知检修人员处理。②现场检修人员确认装置近期是否更换，软件是否升级，检查保护装置的GOOSE配置是否正确，若是装置软件配置出现问题，及时联系厂家处理

续表

风险分析：①断路器跳合闸回路异常。②GPS 对时不准确。③光路接收异常，导致该光路数据丢失。④向保护、测控站端和主站无法实现远方断路器分合闸操作。⑤设备故障时，保护动作时断路器不能跳闸，造成事故扩大	
智能终端装置故障	
信息释义	信息原理
智能终端以硬连接与一次设备连接，用于采集断路器、隔离开关位置以及断路器本体各类异常在内的一次设备状态量信号，以网络与二次设备连接，实现站内设备对一次设备操控命令的执行、一次设备的信号采集、状态监测、故障诊断等功能。监视断路器智能终端是否正常运行，出现严重故障，装置闭锁所有功能，并伴随着“运行”灯灭	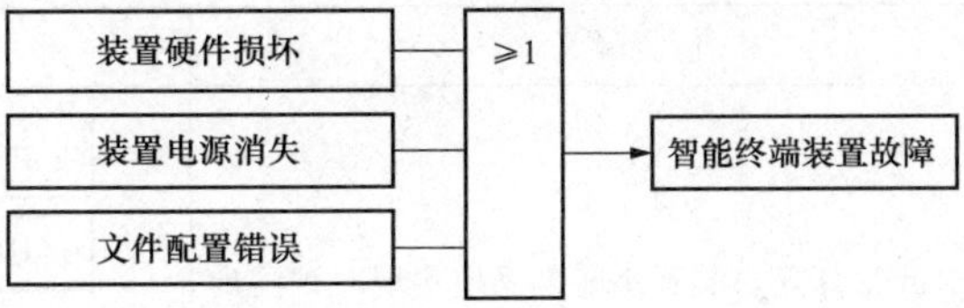
原因及风险分析	处置指导原则
原因分析：①智能终端装置板卡配置和具体工程的设计图纸不匹配导致无法正常运行。②定值超过整定范围，程序运行出现错误导致无法正常运行。③装置失电或闭锁。 风险分析：①智能终端（或测控装置）、站端和主站无法远方实现断路器分合闸操作。②设备故障时，保护动作时断路器不能跳闸，造成事故扩大	监控处置原则：监控值班员发现此信号后，根据相关伴随信号，如相关测控、保护装置故障或异常，相关链路中断等（保护确定一下）信息时，应立即汇报调度并通知相关运维单位，制定该套智能终端停用的事故预案且要求运维通知检修人员做好应急准备。 现场处置原则：①运维人员赶赴现场察看智能终端装置故障指示灯是否亮，查看硬件是否有烧毁现场和电源是否正常供电，当装置运行灯灭，发装置闭锁（故障）信号时，汇报调度和监控，申请退出该智能终端及相关保护，立即通知检修人员处理。②若是装置电源消失通知时，逐渐检查电源供应情况，尽快恢复电源；若为装置硬件故障和文件配置出错，除按运行规程要求处理外，立即通知检修人员处理。③双重化配置的智能终端，单套故障时，应按规程要求采取安全措施，同时向有关调度汇报，并通知检修人员处理。④双重化配置的智能终端双套均发生故障时，应立即向有关调度汇报，必要时可申请将相应间隔停电和退出相关保护，并及时通知检修人员处理。⑤单套配置的智能终端（如变压器本体智能终端、母线智能终端等）发生故障时，应按规程要求采取安全措施，通知检修人员处理，并向有关调度汇报
智能终端装置异常	
信息释义	信息原理
报警灯亮，监视断路器智能终端是否正常运行，只退出部分装置功能，发异常信号	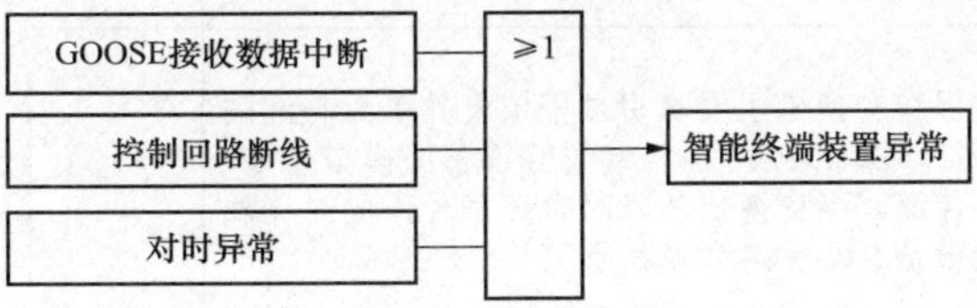
原因及风险分析	处置指导原则
原因分析：①装置自检报警。②GPS 对时信号未接入。③跳合闸回路异常。④开入板电源异常。⑤跳合闸 GOOSE 输入长期动作，信号长时间不返回。⑥内部插件损坏。⑦开入开出回路、光耦回路异常。⑧光纤链路异常，如光纤损坏、中断、光纤误码较高等。⑨智能终端电源异常。⑩其他装置自检异常的项目。	监控处置原则：监控值班员发现此信号后，根据相关伴随信号，如“GOOSE 链路中断或装置对时异常、控制回路断线”等伴随信号，应立即汇报调度并通知相关运行单位，制定该套智能终端停用时的事故预案且要求运维单位通知检修人员及时做好应急准备。

续表

风险分析：①断路器跳合闸回路异常。②GPS对时不准确。③光路接收异常，导致光数路数据丢失。向保护、测控装置发出的断路器信号、状态、故障等GOOSE信息无效；接收保护、测控等GOOSE信息无效，影响断路器正常分合闸	现场处置原则：①运维人员赶赴现场察看智能终端运行情况，检查GOOSE接收链路是否中断，检查智能终端检修和保护或测控装置检修连接片是否一致，检查隔离开关辅助触点状态与实际位置是否相符，及时通知检修人员处理，根据情况可向调度申请停用对应测控和保护进行处理。②当装置外部时钟丢失，智能开入、开出插件故障，开入电源监视异常，GOOSE告警等异常信号时，汇报调度，必要时申请退出该套智能终端及相关保护，按照规程做好安全措施，及时要求检修人员处理
装置对时异常	
信息释义	信息原理
对时异常灯亮，装置不能准确地实现时钟同步功能	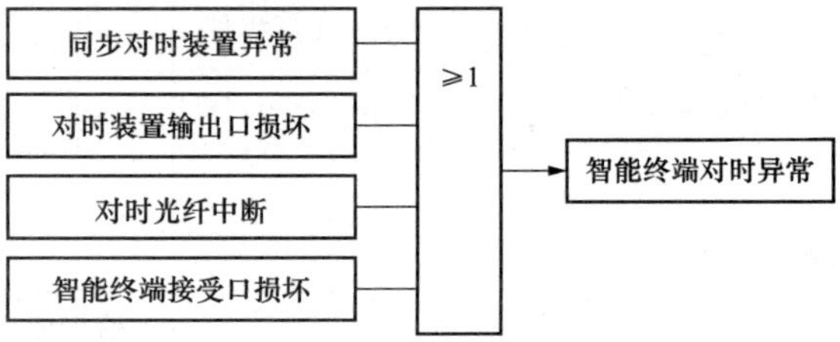
原因及风险分析	处置指导原则
原因分析：①GPS天线异常。②GPS时钟同步装置异常。③GPS时钟扩展装置异常。④GPS与设备之间链路异常。⑤合并单元、智能终端、保护及安自装置守时模块异常。⑥合并单元、智能终端、保护及安自装置对时模块异常。⑦装置板卡不匹配。⑧GPS光纤误码率较高 风险分析：对时功能失效，可能造成SV失步，可能造成保护误动或合并单元异常，发生事故时上送主站SOE误差较大，但一般由于合并单元具备一定的守时功能且算法上采用插值算法，该信号一般不直接闭锁保护	监控处置原则：监控员发现异常信号，通知相关运维单位到现场检查。当站内多个装置同时发对时异常信号时，则可以判断为同步对时装置发出异常，监控通知运维人员现场检查同步对时装置并及时通知检修人员进行处理。 现场处置原则：①若现场检查不为站内同步时钟装置异常，则查看设备与现场后台是否正常。若现场后台与设备均显示正常则是自动化主站监控系统出错，监控通知自动化相关人员进行核查处理；若是现场后台与设备均报对时异常信号，则现场排查原因，通知检修人员处理。②若同步对时装置正确，更换同步对时输出端口，若告警消失，则判断同步对时装置的输出端口损坏，更换输出模板或端口。③利用备用光纤、尾纤替换现有光纤、尾纤，若告警消失，则判断由于对时光纤损耗或由于光纤衰耗过大影响同步信号传输，更换光纤或纤芯。④利用仪器在接收端测量对时信号，如正常接收，则判断为智能终端的接收口损坏，更换智能终端的对时信号接收模块
SV交换机故障或异常	
信息释义	信息原理
过程层交换机主要负责过程层合并单元与间隔层保护、故障录波、测控装置等设备间模拟量SV报文传递。当交换机故障时报该信号，同时伴随多套设备SV断链异常信号	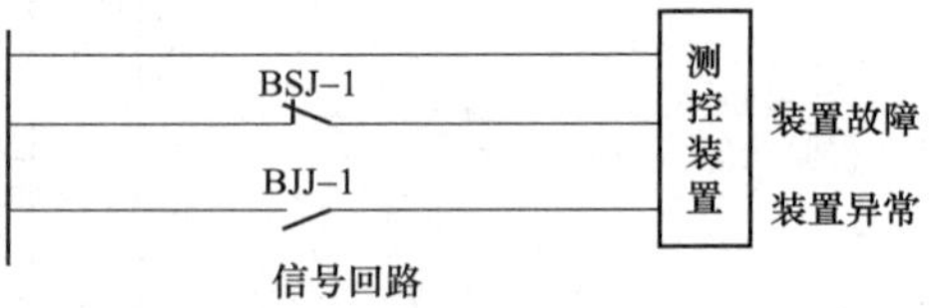
原因及风险分析	处置指导原则
原因分析：①交换机硬件故障主要指交换机电源、背板、模块、端口、线缆等部件的故障。②交换机的软件故障、系统错误、配置不当等。 风险分析：测控装置、故障录波、网络分析仪等装置无法接收合并单元发送的采样值信息；无法实时监控设备状态	监控处置原则：监控员发现此异常信号，根据相关伴随信号，如相关测控、保护装置同时报"SV链路中断"等伴随信号，数据不刷新，应立即汇报调度并通知相关运维单位，制定事故预案且要求运维单位通知检修人员及时做好应急操作。 现场处置原则：现场检查装置是否电源接触不良，电源指示灯是否点亮，空气开关是否跳闸，若是电源问题，可试送一次，若还不正常，通知检修人员处理

续表

GOOSE 交换机故障或异常	
信息释义	信息原理
过程层交换机主要负责过程层合并单元、智能终端与间隔层保护、测控装置等设备间开关量 GOOSE 报文传递。相应交换机异常报该信号，同时伴随多间隔 GOOSE 断链信号告警	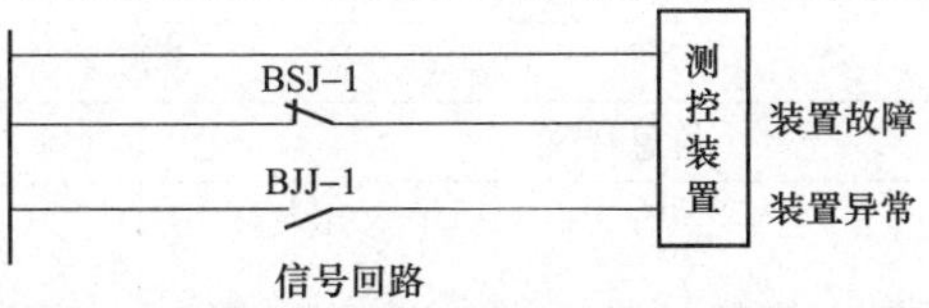
原因及风险分析	处置指导原则
原因分析：①交换机硬件故障，主要值交换机硬件故障主要指交换机电源、背板、模块、端口、线缆等部件的故障。②交换机的软件故障、系统错误、配置不当等。 风险分析：①220kV 及以上保护动作后无法启动母线失灵保护。②母线保护动作后无法对线路保护重合闸放电。③主变压器后备保护动作后无法对备自投放电。④测控装置无法接收智能终端发送的断路器位置等重要信息。⑤无法实时监控设备状态	监控处置原则：监控员发现此异常信号，根据相关伴随信号，如相关测控、保护装置同时报“GOOSE 链路中断”等伴随信号，数据不刷新，应立即汇报调度并通知相关运维单位，制定事故预案且要求运维单位通知检修人员及时做好应急操作。 现场处置原则：现场检查装置是否电源接触不良，电源指示灯是否点亮，空气开关是否跳闸，若是电源问题，可试送一次，若还不正常，通知检修人员处理

12.10　交直流系统

12.10.1　直流系统典型异常信号

直流系统典型异常信号见表 12-23。

表 12-23　　直流系统典型异常信号

直流接地	
信息释义	信息原理
当直流系统发生接地故障或绝缘水平低于设定值时，由直流绝缘监测装置发出该信号	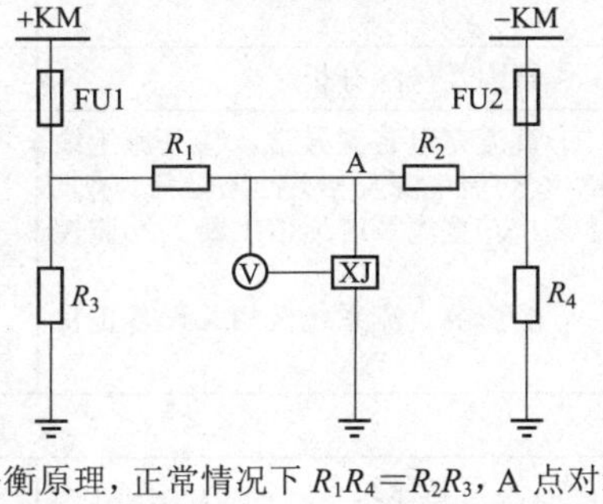根据电桥平衡原理，正常情况下 $R_1R_4=R_2R_3$，A 点对地点位为零，$R_1R_4\neq R_2R_3$，A 点对地电位不为零，信号继电器 XJ 带电，动合触点闭合，发出告警信号
原因及风险分析	处置指导原则
原因分析：①直流电源柜内直流母线或二次回路绝缘降低，直流母线直接接地。②在二次回路上工作时，造成直流馈线接地。③保护、自动装置元器件损坏，绝缘击穿。④端子箱、机构箱、隔离开关密封不严，造成端子排或接线柱受潮绝缘降低。⑤绝缘监测装置或直流监控装置故障误发信号。	监控处置原则：通知运维单位，加强运行监视。 现场处置原则：通过检查绝缘监测装置判断接地范围；根据现场运行规程进行查处和处理

续表

风险分析：若再有一点直流接地可能造成直流系统短路使熔丝熔断，造成直流失电或者使保护拒动或者误动	
直流系统母线电压异常	
信息释义	信息原理
直流系统母线电压欠电压，过电压等异常现象	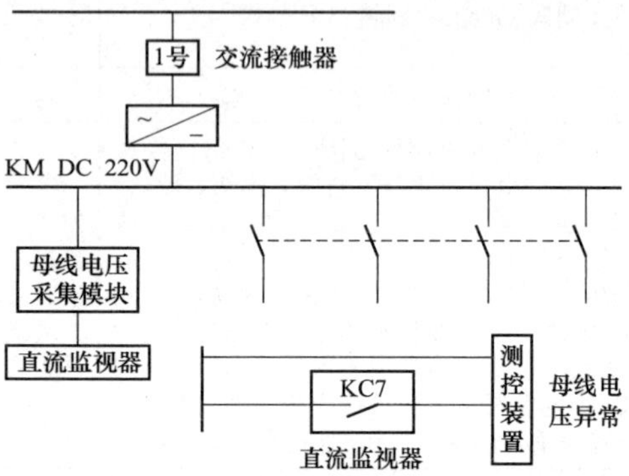
原因及风险分析	处置指导原则
原因分析：①直流系统母线电压欠电压，过电压等异常现场。②误发信号。 风险分析：影响直流系统运行	监控处置原则：结合遥测值综合分析判断，通知运行单位，加强运行监视。 现场处置原则：①检查直流母线表计及相关回路是否正常。②根据检查结果通知专业人员处理
直流系统异常	
信息释义	信息原理
直流系统设备及相关装置发生异常	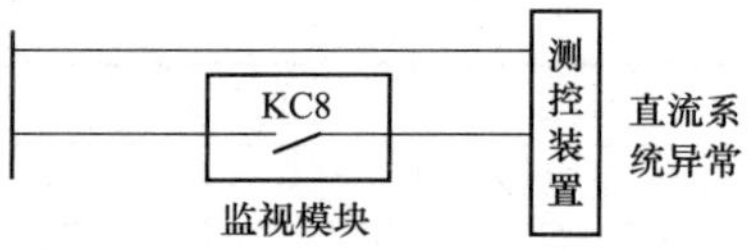
原因及风险分析	处置指导原则
原因分析：①直流充电装置异常。②直流绝缘监测装置异常。③交流电源及相关回路异常。④直流母线电压异常。⑤直流系统通信中断。⑥监控器故障。 风险分析：可能影响直流系统及相关设备正常工作	监控处置原则：通知运维单位，加强运行监视。 现场处置原则：①检查交流电源及相关回路是否正常。②检查直流母线电压是否正常。③检查直流充电装置、绝缘监测装置等直流设备是否正常。④及时恢复充电机正常运行，或采用备用充电机供电
直流系统故障	
信息释义	信息原理
当充电机监控器、高频模块故障时视为直流系统故障	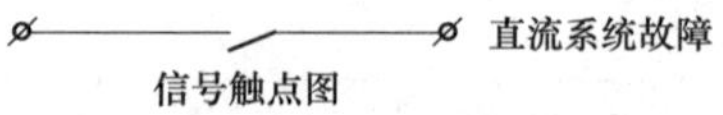
原因及风险分析	处置指导原则
原因分析：①充电机故障。②充电机交流电源故障。 风险分析：影响直流系统正常工作，需要调整直流系统运行方式	监控处置原则：通知运维单位，加强运行监视采取相应的措施：①与现场核对直流系统相关遥测值。②了解现场处置的基本情况和处置原则。③根据现场处理情况制定相应的监控措施。 现场处置原则：①检查交流电源、充电机相关设备是否正常。②及时调整直流系统运行方式。③将故障设备隔离，尽快恢复直流系统正常运行方式

12.10.2　交流系统典型异常信号

交流系统典型异常信号见表 12-24。

表 12-24　　　　**交流系统典型异常信号**

站用电电源异常	
信息释义	信息原理
站用电母线失压	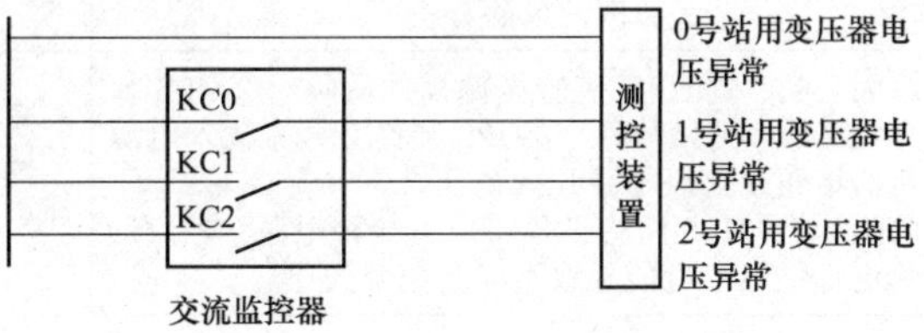
原因及风险分析	处置指导原则
原因分析：①站用变压器故障跳闸。②站用变压器高压侧无电。③站用电母线受总断路器跳闸。④站用电电压二次回路异常。 风险分析：造成站用电全部或部分消失	监控处置原则：通知运维单位，采取相应的措施：①了解现场处置的基本情况和处置原则。②加强对相关信号的监视。 现场处置原则：①检查站用变压器保护动作情况、现场检查站用变压器有无故障现象。②站用电全部或部分消失时，投入备用电源或站内迅速采取措施恢复全部站用电负荷的供电。③对主变压器风冷、直流系统的交流电压切换进行检查
站用电备自投动作	
信息释义	信息原理
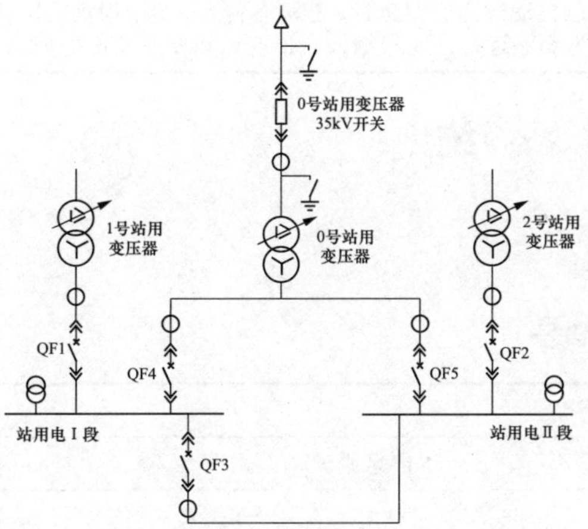 备自投装置保护动作（该接线为 500kV 变电站站用电接线）	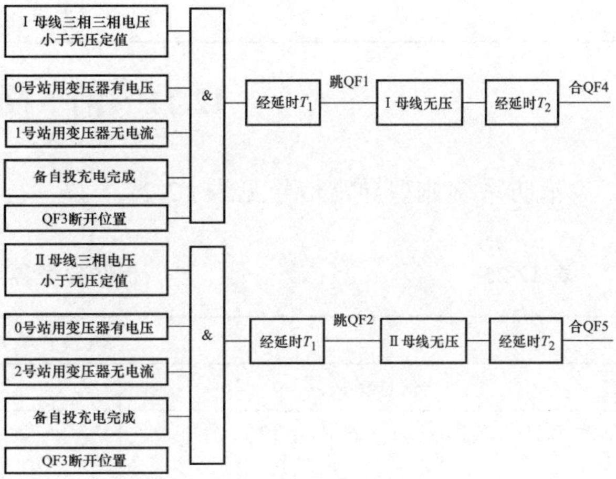
原因及风险分析	处置指导原则
原因分析：①站用电一段母线受总断路器跳闸，母线失电，另一段母线电压有电。②站用变压器保护动作跳闸。 风险分析：若自投成功，失电母线恢复运行，自投装置失灵会造成一段站用电母线失压	监控处置原则：现场检查，向调度和监控人员汇报，采取现场处置措施。 现场处置原则：①检查备自投动作原因。②若是保护回路故障的原因，安排处理。③如备自投失败，按现场规程规定处理

续表

交流逆变电源异常	
信息释义	信息原理
公用测控装置检测到 UPS 装置交流输入异常信号	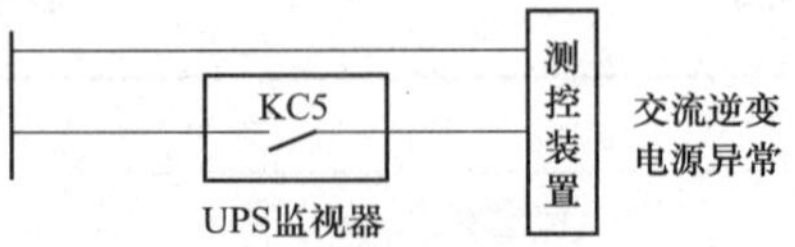
原因及风险分析	处置指导原则
原因分析：①UPS 装置电源插件故障。②UPS 装置交直流输入回路故障。③UPS 装置交直流输入电源熔断器熔断或上级电源开关跳开。 风险分析：UPS 所带设备将由另一种电源（交、直）对其进行供电，可能导致不间断电源失电	监控处置原则：通知运维单位。 现场处置原则：①检查 UPS 装置运行情况。②检查 UPS 板件，交流、直流电源熔断器或空气开关。③检查 UPS 装置交流、直流输入电源回路。④根据检查情况通知专业人员处理
交流逆变电压故障	
信息释义	信息原理
公用测控装置检测到 UPS 装置故障信号	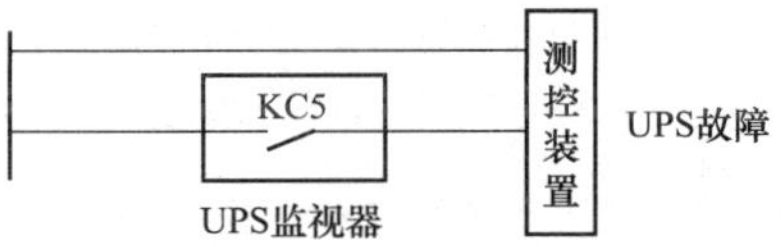
原因及风险分析	处置指导原则
原因分析：UPS 装置内部元件故障。 风险分析：可能影响 UPS 所带设备进行不间断供电	监控处置原则：通知运维单位。 现场处置原则：①检查交流、直流输入电源是否正常，交流输出电源是否正常。②检查 UPS 装置内部是否故障。③检查 UPS 是否已自动改为旁路运行，若没有转为旁路，根据实际情况手动改为旁路运行。④根据检查情况通知专业人员处理

12.11 消 防 系 统

消防系统典型异常信号见表 12-25。

表 12-25 **消防典型异常信号**

火灾告警装置异常	
信息释义	信息原理
火灾告警装置发生异常告警	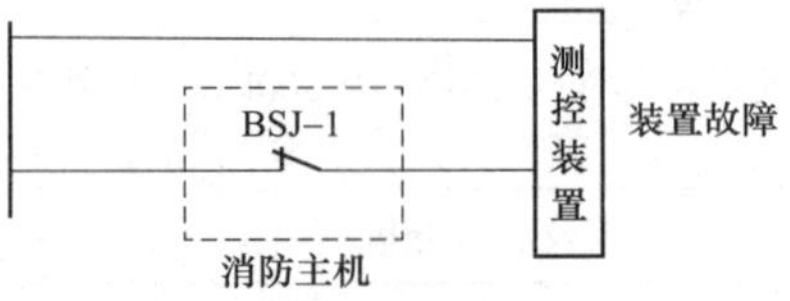
原因及风险分析	处置指导原则
原因分析：火灾告警装置故障。 风险分析：影响装置的正确告警	监控处置原则：通知运维单位。 调度处置原则：①运维人员按照相关缺陷处理流程进行检查。②不能自行处理时申请专业班组到站检查处缺

续表

消防火灾装置告警	
信息释义	信息原理
火灾告警装置发生告警	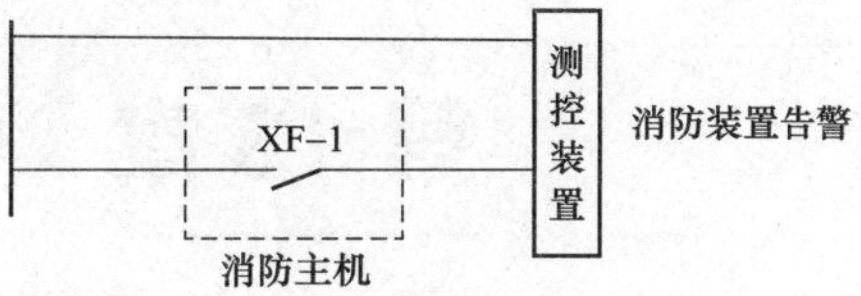
原因及风险分析	处置指导原则
原因分析：变电站起火或者告警装置误动。 风险分析：变电站可能起火	监控处置原则：通知运维单位，通过视频监视系统判断火灾影响，报调度。 运维处置原则：①运维人员立即检查对应设备是否确实着火，若确实发生火灾，立即汇报 119，并在确保人身安全的前提下，组织站内人员开展前期灭火工作。②若为装置异常，实际未发生火灾，运维人员按照相关缺陷处理流程进行检查。③不能自行处理时申请专业班组到站检查消缺

第 13 章　电网倒闸操作

13.1　倒闸操作概述

13.1.1　电气设备的状态

变电站电气设备有四种稳定的状态，即运行状态、热备用状态、冷备用状态和检修状态。

（1）电气设备的运行状态。电气设备运行状态是指设备的断路器、隔离开关都在合上位置，设备承受额定电压，并且电源端至受电端的电路接通；所有的继电保护及自动装置均在投入位置（调度有要求的除外）控制及操作回路正常。

（2）电气设备的热备用状态。电气设备热备用状态是指设备只有断路器断开，而隔离开关仍在合上位置，断路器一经合闸即可将设备投入运行。

（3）电气设备的冷备用状态。电气设备冷备用状态是指连接设备的断路器、隔离开关均处于断开位置，且连接设备的各侧均无安全措施，该设备各侧均未带电压的状态。

（4）电气设备的检修状态。电气设备检修状态是指连接设备的断路器、隔离开关均处于断开位置，且连接设备的各侧（含二次部分）均与带电设备隔离，且布置有必要的安全措施的状态（装设接地线或合上接地开关），其根据设备不同又可分为以下几种情况，见表13-1。

表 13-1　不同设备的检修状态

设备检修	检修状态含义
断路器检修	断路器及两侧隔离开关均在断开位置，断路器控制回路熔断器取下或断开自动空气开关，两侧装设接地线或合上接地开关，断路器连接到母线差动保护的电流互感器回路应拆开并短接
主变压器检修	变压器各侧断路器及两侧隔离开关均在断开位置，并在变压器各侧装设接地线或合上接地开关，断开变压器的相关辅助设备电源

续表

设备检修	检修状态含义
母线检修	母线上的所有断路器（含母线联络、分段）及隔离开关均在断开位置，该母线上的电压互感器及避雷器改为冷备用或检修状态，并在该母线上装设接地线或合上接地开关
线路检修	线路的断路器及两侧隔离开关都在断开位置，如有线路压变者应将其隔离开关拉开或取下高低压熔丝，线路接地开关在合上位置（或装设接地线）

13.1.2　倒闸操作的概念和任务

电气设备的倒闸操作是指将电气设备由一种状态转变到另一种状态所进行的一系列操作总称。电气设备倒闸操作可以通过就地操作、遥控操作、程序操作完成。

倒闸操作的任务是电网值班调度员下达的将一个电气设备单元由一种状态连续地转变为另一种状态的特定的操作内容，这种状态的转换有时只需要一个操作任务就可以完成，有时却需要多个操作任务来完成。

电气设备的倒闸操作，应根据调度管辖范围划分，实行分级管理。各级调度管辖的电气设备，其倒闸操作由调度员通过“操作指令”和“操作许可”两种方式进行，见表 13-2。

表 13-2　倒闸操作的两种操作方式

操作指令	单项或逐项操作指令	值班调度员向受令人发布的操作指令，有具体的逐项操作步骤和内容，要求受令人按照指令的操作步骤和内容逐项进行操作
	综合操作指令	值班调度员向受令人发布的不涉及其他厂站配合的综合操作任务的调度指令。其具体的逐项操作步骤和内容，以及安全措施，均由受令人自行按规程拟订
	口头操作指令	值班调度员在处理电力系统事故或异常情况时不经开票发布的调度指令
操作许可	值班调度员采用许可方式对直调范围的电气设备接线方式变更后的最终状态发布的倒闸操作命令，其具体的逐项操作步骤和内容，以及安全措施，均由受令人自行按规程拟订	

13.1.3　倒闸操作原则

1. 停送电操作原则

倒闸操作的基本原则是严禁带负荷拉、合隔离开关，不能带电合接地开关或带电装设接地线，制定的基本原则如下：

（1）停电操作原则。先断开断路器，然后拉开负荷侧隔离开关，再拉开电源侧隔离开关。

（2）送电操作原则。先合上电源侧隔离开关，然后合上负荷侧隔离开关，最后合上断路器。

2. 合环与解环操作

（1）合环操作时，应满足相位相同或偏差尽量小的条件。操作前应考虑合环点两侧的相角差和电压差，电压相角差一般不超过 20°，电压差一般允许在 20%以内，确保合环后各环节潮流的变化不超过继电保护、电网稳定和设备容量等方面的限额。对于比较复杂环网的合环操作应事先进行计算或试验。

（2）解环操作时，应先检查解环点的有功功率、无功功率潮流，确保解环后电网各部分电压在规定的范围内，各环节的潮流变化不超过继电保护、电网稳定和设备容量等方面的限额。

3. 远方操作原则

（1）在调控中心进行远方操作时，由值班调度员下达给监控值班员的操作指令，应通过调度电话录音方式下达。监控值班员在操作前后均应通知相关变电运维站（班）。在事故紧急处理情况下，操作前可不通知相关变电运维站（班），但操作后应及时告知相关变电运维站（班）。

（2）调控中心进行远方操作时，变电运维站（班）不得对该设备及其相关设备进行操作。

（3）监控值班员按流程进行远方操作。远方操作实行监护制度，一般情况由副值监控员操作，正值监控员监护，操作时必须严格执行唱票、复诵、监护、记录等制度。操作指令应使用包括变电站名称、设备名称、设备编号的三重命名。

（4）监控值班员在进行远方操作前应确认待操作设备是否具备远方操作条件，核对当时的运行方式与调度指令要求是否相符，检查监控系统上有无影响该间隔操作的一、二次异常信号，考虑操作过程中的危险点及预控措施。

（5）远方操作时，值班监控员应选择正确的操作设备，待监控系统返校信息核对无误后，方可执行远方操作。

（6）远方操作结束后，监控值班员应通过潮流、变位等各种遥信、遥测信号的变化来判断设备位置状态，判断时应有两个及以上的指示且所有指示已同时发生对应变化。若对设备状态有疑问，应通知变电运维人员核对设备运行状态。

（7）调控中心监控值班员在远方操作后，根据变电设备状态改变情况，在监控系统画面挂上对应标示牌。

（8）执行调度命令远方操作过程中，出现远方操作通信异常、远方操作失败、遥控对象变位有误或者电网发生事故或重大设备故障需紧急处理时，应立即停止远方操作，汇报发令调度。监控值班员应与变电运维人员核对现场运行方式、操作票执行情况以及操作过程发生的异常缺陷，将核对情况汇报发令调度，由发令调度决定后续操作方式。

（9）监控值班员为调整母线电压进行无功设备投切操作前应向运维人员确认是否可以投入运行，运维人员必须给出明确结论。操作过程中电网发生事故或重大设备故障需紧急处理时，为确保电能质量和电网安全，监控值班员可委托运维人员进行无功设备投切操作，但应告知委托原因。

（10）已确认具备远方操作条件的设备由于异常原因无法执行远方操作时，变电运维站（班）或自动化值班人员应立即汇报监控值班员，并联系检修单位尽快消缺。

（11）具备远方操作条件的设备，处于运行或热备用状态时，其方式选择断路器（遥控压板）必须置于"远方"（投入）位置。若因现场操作需要改变位置，在操作结束后应及时恢复。若因现场工作需要改变位置，应得到调控人员同意。工作期间变电运维人员应确保现场应急响应，工作结束后应及时恢复，并将状态变动情况及时告知监控人员。

4. 设备操作原则

（1）断路器操作。

1）断路器合闸前应检查继电保护是否已按规定投入，断路器合闸后应检查三相断路器位置、电流、有功功率、无功功率等遥信、遥测指示是否正常。当发现油断路器缺油、液压机构压力下降超过规定、空气断路器的压缩空气压力不足以及 SF_6 断路器气体压力下降超过规定时，应将该断路器改非自动，禁止用该断路器切断负荷电流，并尽快处理。

2）断路器改热备用前，必须检查继电保护已按规定投入。断路器合闸后，必须检查确认三相均已接通，断路器分闸后，必须检查确认三相均已断开。

3）交流母线为 3/2 接线方式的设备送电时，一般应先合母线侧断路器，后合中间断路器。停电时一般应先拉开中间断路器，后拉开母线侧断路器。

4）断路器操作时，若遥控失灵，按现场规定允许进行就地操作时，必须进行三相同时操作，不得进行分相操作。

5）当进行 500kV 或 220kV 断路器分合闸操作时，因机构失灵等原因造成三相断路器状态不一致时，应迅速进行处置，不得长时间非全相运行。

（2）隔离开关操作。允许用隔离开关进行下列操作：

1）在电网无接地时拉、合电压互感器。

2）在无雷击时拉、合避雷器。

3）拉、合 220kV 及以下母线的充电电流。

4）拉、合断路器或隔离开关的旁路电流。

5）拉、合 500kV 及以下 3/2 断路器接线方式的母线环流。

6）在没有接地故障时，拉、合变压器中性点接地开关。

7）拉、合充电（空载）低压电抗器。

（3）母线操作。

1）进行母线操作时应注意对母线差动保护的影响、各组母线电源与负荷分布是否合理（停用母线电压互感器时应考虑对继电保护、安全自动装置和表计等影响）以及对电网安全稳定的影响。

2）母线复役充电时，充电断路器必须有（反应各种故障的）速断保护；当充电母线故障跳闸时，应保持系统稳定。必要时先降低有关线路有功功率潮流。

3）用变压器向母线充电时，变压器中性点必须接地。

4）向母线充电时，应注意防止出现铁磁谐振或因母线三相对地电容不平衡而产生的过电压。

5）进行母线倒排操作应注意：

a．母线差动保护原则上不得停用，否则应做好相应保护方式调整。

b．母线联络断路器应改非自动（双母线分段接线则视实际运行方式而定）。

c．各组母线上电源与负荷分布的合理性。

d．一次接线与保护二次交直流回路是否对应。

e．一次接线与电压互感器二次负载是否对应。

f. 双母线中停用一组母线，在倒母线后，一般先拉开空载母线上电压互感器次级空气开关，再拉开母线联络断路器（注意谐振过电压）。

（4）变压器操作。

1）变压器并列运行的条件：

a．联结组标号相同。

b．电压比应相同，差值不得超过±0.5%。

c．阻抗电压值偏差小于 10%。

当上列条件不符合时，必须事先进行计算，在任何一台变压器都不会过负荷才可并列。

2）变压器投入运行时，应先合上电源侧断路器，后合上负荷侧断路器。停用时操作顺序相反。

3）对空载变压器充电时要求：

a．变压器必须有完备的继电保护，用小电源向变压器充电时，应该计算继电保护的灵敏度。

b．考虑变压器励磁涌流对继电保护的影响。

c．在充电变压器发生故障跳闸后，能保证系统稳定。

d．变压器充电时，应检查调整充电侧母线电压及变压器分接头位置，保证充电后各侧电压不超过规定值。

e．变压器可在带有低压电抗器情况下，从高压侧或中压侧充电或拉停，但此时应充分考虑对所在母线电压的影响。

f．变压器充电或拉停时，各侧中性点应保持接地。

（5）高压并联电抗器操作。投、停高压电抗器的操作，必须在 500kV 线路本侧或对侧线路接地的情况下进行，如无法接地可待线路停电冷备用 15min 后拉高压电抗器隔离开关。

（6）变压器低压侧电抗器、电容器操作。

1）在验明低压电抗器无故障的情况下，允许用低压电抗器隔离开关拉合空充电的低压电抗器，具体验明方法应在各厂（站）现场规程中规定。若低压电抗器检修后，无法确定低压电抗器有否故障的情况下，由现场提出，华东分中心安排方式进行充电。

2）投切低压电抗器，必须用断路器进行操作。

3）主变压器停役前，现场应将电容器自动投切装置停用，主变压器恢复运行后再将其投入运行。

4）由于系统需要的低压电抗器或电容器投切由华东分中心发令操作。系统正常方式下进行电压调整的低压电抗器或电容器的投切操作，对于采用操作许可制或集中监控的厂站由值班监控员、厂站运行值班人员及输变电设备运维人员根据电压曲线要求自行掌握；其他厂站则应向华东分中心提出申请，经华东分中心许可后进行操作，操作后向华东分中心汇报。

（7）变压器中性点阻抗（小电抗或小电阻）操作。经华东分中心确认主变压器中性点正常运行方式为经阻抗（小电抗或小电阻）接地的变电站，站内所有主变压器中性点接地方式原则上必须保持一致。

（8）变压器中性点隔直装置操作。变压器中性点隔直装置正常应为投入状态。值班监控员、变电站运行值班人员应对主变压器中性点隔直装置运行情况及变压器中性点直流电流进行实时监视，若变压器中性点隔直装置因故无法运行，或者变压器中性点直流电流影响主变压器正常运行或影响主变压器载流能力，值班监控员、变电站运行值班人员应及时汇报华东分中心，并确认变压器是否具备运行条件。若因变压器中性点接地方式变化导致变压器中性点隔直装置无法运行，应按变压器中性点隔直装置退出状态考虑电网运行方式安排。

13.1.4 倒闸操作流程

华东分中心直调且纳入浙江省调集中监控的变电站电气设备，其设备倒闸操作指令的发令方式分为“直接发令”与“监控转令”两种。直接发令指的是华东分中心直接向厂站发布电气设备倒闸操作指令；监控转令指的是省调监控向所控变电站转发华东分中心的电气设备倒闸操作指令。原则上，纳入监控的变电站内一、二次设备操作，华东分中心可采取监控转令方式发令。

1. 操作预令的接收、拟票、审核及转发

（1）纳入集中监控的变电站相关一、二次设备计划停、复役操作前，华东分中心调度员负责提前将预发操作票下发至监控，对电气操作票的正确性负责。监控员应与华东分中心调度员核对预发操作票，确认待操作设备状态，明确操作目的。

（2）操作预令中监控操作部分，监控员应按要求拟写监控操作票，并审核操作票正确，当值及过班值班监控员均应参与审票，对监控操作票的正确性负责。

（3）操作预令现场操作部分，由监控员转发至运维站（班），并与运维人员确认待操作设备状态，明确操作目的，核对操作预令票号、操作单位、操作内容等，对转发的正确性负责。运维人员以核对后的操作票为依据拟写现场操作票，对现场操作票的正确性负责。

2. 操作正令的接收、转发及执行

（1）监控员接受华东分中心操作正令后，必须复诵一遍，待华东分中心值班调度员复核无误并给出“发令时间”后，方可执行或转发操作正令。“发令时间”是华东分中心值班调度员正式发布操作正令的依据，值班监控员没有接到“发令时间”不得执行和转发操作正令。

（2）操作正令中监控操作部分，在满足远方操作的条件下，监控员实施远方操作，对操作的正确性和安全性负责。

（3）监控员执行远方操作前，应核对操作任务（目的）和设备状态，并通知运维人员。

（4）当远方操作无法执行时，监控员应将该项操作以口令形式发至变电站，由现场运维人员进行操作。

（5）对于华东分中心下发的操作正令中现场操作部分，由监控员转发至变电站，现场运维人员进行现场操作，现场运维人员对现场操作的正确性和安全性负责。

（6）监控员转发正令必须在其他当值监控员的监护下进行，监护人应认真监听和监护，发现错误或遗漏须立即提出更正。

（7）监控员转发正令时应先与受令站接令人互通单位、姓名，查验具有接令资格人员名单，其次与现场进行设备状态的核对，最后交代操作任务，使接令人员明白操作目的，杜绝盲目操作，然后才能开始转令。

（8）运维人员接受监控员转发的操作正令后必须复诵一遍，监控员复核无误后应给出“转发令时间”，运维人员应将“转发令时间”作为“发令时间”填入现场操作票。“转发令时间”是操作正令与操作预令的区分标志，也是监控员正式转发操作正令的依据，运维人员没有接到“转发令时间”不得进行操作。

（9）现场执行 500kV 主变压器或母线复役操作时，在用断路器对主变压器或母线充电前，运维人员向监控员申请；监控员接到现场申请后，向华东分中心汇报，取得值班调度员同意后再通知现场运维人员继续操作。

（10）现场运维人员完成操作后向监控员回令，汇报操作结果和操作结束时间，并共同确认相关设备无异常信号后，由监控员统一将该操作正令的操作结果及操作结束时间汇报华东分中心。

3. 倒闸操作中的异常及事故处理

现场倒闸操作时，变电站内与操作设备相关的一、二次设备发生异常或事故，由现场运维人员向华东分中心值班调度员和省调监控员汇报，由华东分中心调度员指挥异常及事故处理，并决定暂停、终止或者恢复操作。

倒闸操作流程如图 13-1 所示。

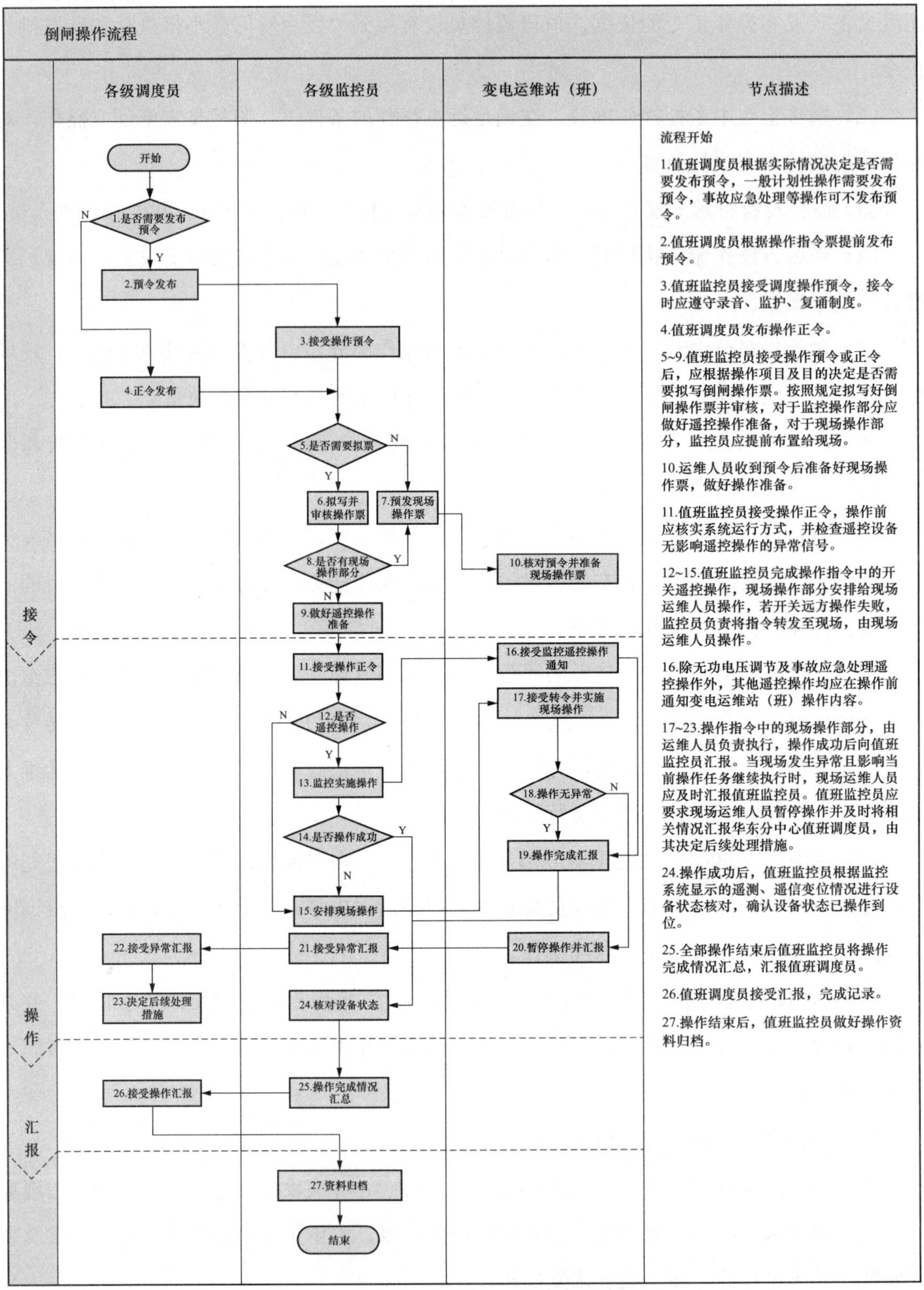

图 13-1　倒闸操作流程图

13.1.5　监控系统防误闭锁要求

（1）防误闭锁装置应实现“五防”功能：

1）防止误分、误合断路器。

2）防止带负荷拉、合隔离开关或手车触头。

3）防止带电挂（合）接地线（接地开关）。

4）防止带接地线（接地开关）合断路器（隔离开关）。

5）防止误入带电间隔。

（2）监控系统防误闭锁要求：

1）监控防误系统应具有完善的全站性防误闭锁功能。接入监控防误系统进行防误判别的断路器、隔离开关及接地开关等一次设备位置信号，宜采用动合、动断双位置触点接入。

2）应实现对受控站电气设备位置信号的实时采集，确保防误装置主机与现场设备状态一致，当这些功能发生故障时应发出告警信息。

3）应具有操作监护功能，以允许监护人员在操作员工作站上对操作实施监护。

4）应制定监控防误系统主机数据库和口令权限管理办法。

5）应满足对同一设备操作权的唯一性要求。

13.2　断路器远方操作

13.2.1　断路器常态化远方操作

断路器常态化远方操作可以充分发挥变电站实施无人值守集中监控的管理优势，提高电网运行管理效率，保障远方操作安全。

（1）断路器常态化远方操作原则上按站开展，同时具备以下条件：

1）完成断路器传动试验，具备断路器控分、控合功能，有同期合闸需求的断路器应同时具备同期合闸的功能。

2）断路器遥信变位采用双位置触点，即断路器动断触点与动合触点同时引入遥信值。

3）分相操动机构断路器至少有一项三相完整的断路器遥测信息，且各类操作（含充电、合解环）引起的遥测变化足以满足“双确认”的要求。

4）断路器操作涉及的继电保护及安全自动装置应具备自适应功能或者远方操作

条件。

（2）下列倒闸操作中，具备监控远方操作条件的断路器操作，原则上应由调控中心远方执行：

1）一次设备计划停送电操作。

2）故障停运线路远方试送操作。

3）无功设备投切及变压器有载调压开关操作。

4）负荷倒供、解合环等方式调整操作。

5）小电流接地系统查找接地时的线路试停操作。

6）其他按调度紧急处置措施要求的断路器操作。

（3）当遇有下列情况时，调控中心不允许对断路器进行远方操作：

1）断路器未通过遥控验收。

2）断路器正在进行检修。

3）集中监控功能（系统）异常影响断路器遥控操作。

4）一、二次设备出现影响断路器遥控操作的异常告警信息。

5）未经批准的断路器远方遥控传动试验。

6）不具备远方同期合闸操作条件的同期合闸。

7）运维单位明确断路器不具备远方操作条件。

（4）操作过程应严格执行监护复诵制度，遵循如下要求：

1）监护人明确操作设备，操作人点击操作设备所在变电站，进入间隔画面，监护人确认。

2）操作人将鼠标置于需操作设备图标上，读唱设备命名。

3）监护人核对设备命名相符后，发出“对”的确认信息。

4）操作人点击操作设备控制界面，输入用户名、密码以及设备唯一命名。监护人确认后输入监护人用户名、密码。

5）双方核对设备三重命名、操作状态、点击遥控预置，预置成功后，监护人唱票，操作人手指并复诵。

6）监护人发出“对，执行”命令后，操作人方可执行遥控操作。

7）双方核对监控后台上操作后提示信息、断路器变位、潮流、电压等变化全部正确并做好记录。

13.2.2　故障停运线路远方试送

故障停运线路远方试送是断路器常态化远方操作的重要内容之一，涉及调度员、监控员和变电运维人员，与以往业务模式存在一定的差别，结合工作实际开展故障停运线路远方试送是无人值守模式下，快速恢复供电一种手段。

1. 职责分工

故障停运线路远方试送过程中，调控中心和运维单位应严格履行岗位职责分工，尽快恢复线路运行。

（1）调控中心职责：

1）负责通知运维单位线路故障停运情况。

2）负责对线路故障情况进行初步分析判断，确定是否进行远方试送。

3）负责下达试送线路的调度指令。

4）负责执行线路远方试送操作。

（2）运维单位职责：

1）负责对故障线路相关一、二次设备进行现场检查，并汇报调控中心。

2）负责协助调控中心对线路故障情况进行分析判断。

3）负责向调控中心报备不具备远方操作条件的断路器。

2. 线路故障停运后的处置原则

线路故障停运后，调控中心应及时通知运维单位，运维单位应及时组织变电运维人员赴现场检查；在变电运维人员到达现场前，调控中心监控员（以下简称“监控员”）和运维单位人员应立即收集监控告警、故障录波、在线监测、工业视频等相关信息，对线路故障情况进行初步分析判断，并由监控员进行情况汇总。

故障停运线路远方试送操作原则上由调控中心执行。调控中心实施远方操作必须采取防误措施，严格执行模拟预演、唱票、复诵、监护、录音等要求，确保操作正确。当调控中心操作失败且变电运维站（班）具备远方操作条件时，可根据情况转由变电运维站（班）执行。

无论故障停运线路是否已经恢复运行，运维人员均应赶赴无人值守变电站现场进行检查。变电运维人员到达现场后，应立即通知调控中心，检查确认相关一次、二次设备运行状态，并及时汇报调控中心。若此时线路尚未恢复运行，应由现场运维人员确认具备试送条件后，方可进行远方试送操作，并由现场运维人员负责设备状态确认。

3. 对故障线路进行远方试送的条件

（1）线路主保护正确动作、信息清晰完整，且无母线差动、断路器失灵等保护动作。

（2）对于带高压电抗器、串补运行的线路，未出现反应高压电抗器、串补故障的告警信息。

（3）通过工业视频未发现故障线路间隔设备有明显漏油、冒烟、放电等现象。

（4）故障线路间隔一、二次设备不存在影响正常运行的异常告警信息。

（5）断路器远方操作到位判断条件满足两个非同样原理或非同源指示“双确认”。

（6）集中监控功能（系统）不存在影响远方操作的缺陷或异常信息。

4. 影响远方试送的异常典型告警信息

故障线路间隔影响远方试送的一、二次设备异常典型告警信息，见表 13-3。

表 13-3　　一、二次设备异常典型告警信息

设备信息类型		异常典型告警信息
断路器	SF_6 断路器	××断路器 SF_6 气压低闭锁
		××断路器 SF_6 气压低告警
	液压机构	××断路器油压低分合闸总闭锁
		××断路器油压低合闸闭锁
		××断路器油压低重合闸闭锁
		××断路器油压低告警
		××断路器 N_2 泄漏闭锁
		××断路器 N_2 泄漏告警
	气动机构	××断路器气压低分合闸总闭锁
		××断路器气压低合闸闭锁
		××断路器气压低重合闸闭锁
		××断路器气压低告警
	弹簧机构	××断路器弹簧未储能
	机构通用信号	××断路器本体三相不一致出口
		××断路器储能电动机故障
	控制回路	××断路器第一（二）组控制回路断线
		××断路器第一（二）组控制电源消失
		××断路器汇控柜交流电源消失
		××断路器汇控柜直流电源消失
		××断路器电动机打压超时
电流互感器		××电流互感器 SF_6 压力低告警

续表

设备信息类型	异常典型告警信息
GIS（HGIS）气室	××断路器气室 SF_6 气压低闭锁
	××断路器气室 SF_6 气压低告警
二次设备	××保护装置故障
	××保护装置异常
	××保护装置通信中断
	××保护 TV 断线
	××保护 TA 断线
	××保护装置通道异常
	××测控装置异常
	××测控装置通信中断
	××智能终端故障（智能变电站）
	××合并单元故障（智能变电站）

13.2.3　无功电压调节

各级调度机构按调管范围负责地区电网各级运行电压的监视、调整和控制，无功电压管理的基本原则是分层分区、就地平衡，应优先采用 AVC 自动控制。500kV 变电站的无功补偿设备主要用于 500kV 电网无功平衡和电压调整。

值班监控员应认真监视并按规定记录变电站母线运行电压，根据每季度电压控制曲线按逆调压的原则调投切电容器或电抗器组，在系统出现电压有偏离电压控制曲线趋势时，主动进行调节，使电压保持在正常监视范围内，在高压侧电压不超出设备允许范围且有一定裕度的前提下，尽量满足中、低压侧母线电压曲线。对节假日、迎峰度夏大负荷、特殊天气、电网特殊停电方式等特殊运行方式，应根据需要进行无功电压研究分析，制定专项电压控制预案，值班调度员和监控员严格按照专项控制预案进行监控。

当监控范围内变电站电压超过电压控制曲线且无调整手段时，应及时汇报上级值班调度员进行处理，汇报内容应为：

（1）电压越限的时间及持续时间，当前实际电压值。

（2）本厂、站的监控电压值和考核电压值。

（3）已经采取的手段，及无功补偿设备是否有缺陷。

（4）如有 AVC 的需要汇报 AVC 状态及动作情况。

汇报情况后，应做好调整方式而进行电气操作的准备，在接到调度操作命令后应立即进行操作，不得延误。

13.3 线路状态令许可操作

13.3.1 线路状态令

线路状态令指基于线路状态的指令操作模式，有别于基于500kV线路两侧多个开关进行的状态指令操作模式。线路的停复役操作各分为三步，即停役时：线路从运行改为热备用；线路从热备用改为冷备用；线路从冷备用改为线路检修。复役则反之。

13.3.2 线路状态令许可操作

线路状态令许可操作是指华东分中心采用许可方式向省调监控发布线路状态令，直接许可线路及线路相关设备操作至目标状态；省调监控收到华东分中心许可操作的线路状态令后，将指令进行分解并安排变电站现场实施操作。

线路状态令许可操作和线路状态令适用于两侧均纳入省调监控范围且未装设除线路隔离开关及线路高压电抗器以外其他附属设备的线路。新建或改造的线路应在纳入省调监控范围后，方可采用线路状态令许可操作。华东分中心仅对线路正常停、复役计划操作采用线路状态令许可操作，新设备启动、异常及事故处理原则上均不使用线路状态令许可操作。

1. 线路状态令许可操作布置操作票流程

（1）线路计划停、复役操作前，华东分中心调度员负责提前将线路状态令许可任务以预发操作票的形式下发至监控，对操作票的正确性负责。

（2）监控员应结合停役申请单和现场工作情况，与华东分中心调度员核对预发操作票，确认待操作设备起始状态、目标状态，明确操作目的，并按照《华东电网线路状态令许可操作典型操作任务》，拟写操作任务票。

（3）线路停复役操作任务票应按线路正常停、复役过程进行，即停役时：线路两侧应按照解环、拉停顺序先后从运行改为热备用，线路两侧都改为热备用后，再从热备用改为冷备用，线路两侧都改为冷备用后，再从冷备用改为线路检修；复役则反之。操作中两侧设备必须始终保持相邻或相同状态，不得跨状态操作。

（4）操作任务票中监控操作部分，监控员应按要求拟写监控操作票，并审核操作票正确，当值及过班值班监控员、调度员均应参与审票并签名，对监控操作票的正确性负责。

（5）操作任务票中现场操作部分，由监控员预发至运维站（班），并与运维人员确认待操作设备状态，明确操作目的，核对操作预令票号、操作单位、操作内容等，对操作任务票的正确性负责。运维人员以核对后的操作任务票为依据拟写现场操作票，对现场操作票的正确性负责。

2. 线路状态令许可操作发令操作流程

（1）监控员接受华东分中心线路状态令许可操作正令时，必须复诵一遍，待华东分中心值班调度员复核无误并给出“发令时间”后，方可根据之前编制的操作任务按顺序实施操作。“发令时间”是华东分中心值班调度员正式发布操作正令的依据，值班监控员没有接到“发令时间”不得进行操作。

（2）操作任务中监控操作部分，在满足远方操作的条件下，监控员按照操作任务顺序，逐项实施远方操作，对操作的正确性和安全性负责。

（3）监控员执行远方操作前，应核对操作任务（目的）和设备状态，并通知运维人员，对于跨月停役的线路，必要时运维人员应在设备停役前做好抄录电能表数据等准备工作。监控员在执行线路解环、充电操作前必须汇报省调主值调度员，并在操作票中做好汇报记录。

（4）操作任务中现场操作部分，由监控员按照操作任务顺序逐项发令至变电站，现场运维人员进行现场操作，现场运维人员对现场操作的正确性和安全性负责。

（5）监控员发令必须在其他当值监控员的监护下进行，监护人应认真监听和监护，发现错误或遗漏须立即提出更正。

（6）监控员发令时应先与受令站接令人互通单位、姓名，查验具有接令资格人员名单，其次与现场进行设备状态的核对，最后交代操作任务，使接令人员明白操作目的，杜绝盲目操作。

（7）运维人员接受监控员发布的操作正令后必须复诵一遍，监控员复核无误后应给出“发令时间”。“发令时间”是操作正令与操作预令的区分标志，也是监控员正式发布操作正令的依据，运维人员没有接到“发令时间”不得进行操作。

（8）现场运维人员完成操作后向监控员回令，汇报操作结果和操作结束时间，并共同确认相关设备无异常信号。监控员按照操作任务顺序继续发布下一项操作正令。

（9）待线路状态令许可操作正令涉及的操作任务全部操作完毕后，由监控员将该操作正令的操作结果及操作结束时间汇报华东分中心。

3. 涉及高压电抗器或者安全稳定控制装置的线路停复役操作

涉及高压电抗器的线路停役时，在线路改为冷备用 15min 或检修后，高压电抗器才可以改冷备用或检修；在线路改为冷备用或检修后，高压电抗器可以改为冷备用或检修，也可保持运行状态不变；复役时，线路在冷备用或检修状态时先复役高压电抗器，再复役线路。涉及安全稳定控制装置调整的500kV线路正常停、复役操作，原则上安全稳定控制装置操作由华东分中心另行发令。

4. 操作过程中的异常及事故处理

（1）监控员根据线路状态令许可进行远方操作时，若远方操作无法执行，监控员应将该项操作以口令形式发至变电站，由现场运维人员进行操作。

（2）运维人员根据线路状态令许可进行现场操作时，若现场操作无法执行，现场运维人员应暂停操作并及时汇报监控员。监控员接到现场运维人员操作异常汇报后，应及时将相关情况汇报华东分中心值班调度员，并同步汇报省调主值调度员，由华东分中心值班调度员决定后续处理措施。

（3）操作过程中，若变电站内发生与操作设备相关的异常或事故，现场运维人员应立即汇报华东分中心值班调度员和省调监控员，并尽快开展现场检查，由华东分中心调度员指挥事故及异常处理，并决定暂停、终止或者恢复操作。

13.3.3 典型操作任务票

甲站、乙站典型接线图如图13-2所示。

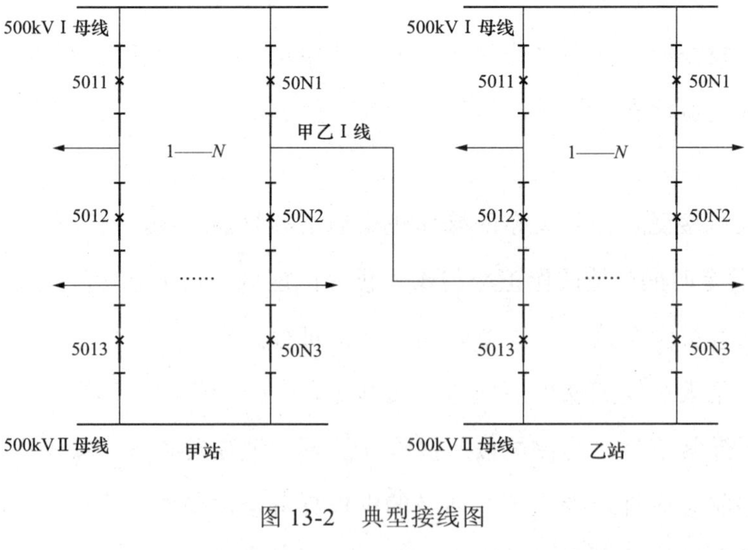

图13-2　典型接线图

1. 线路停役的典型操作

线路停役改热备用时，线路两侧对应的断路器均应改热备用，初始状态为热备用、冷备用或检修的断路器状态保持不变。线路停役改冷备用（或检修）时，除注明线路解环侧外，如对线路两侧断路器状态无特别说明，线路两侧对应的断路器均改为冷备用，初始状态为检修的断路器状态保持不变。

采用线路状态令许可操作和线路状态令的线路停役操作，其典型操作任务票分别见表13-4和表13-5。

表 13-4　　线路状态令许可操作典型停役操作任务票

地点	操作任务	备注
监控	许可：甲乙Ⅰ线从运行改为热备用［要求甲站侧解环，其中甲站侧××断路器改为冷备用（或检修），乙站侧××断路器改为冷备用（或检修）］	通知省（市）调度
监控	许可：甲乙Ⅰ线从运行改为冷备用（或检修）［要求甲站侧解环，其中甲站侧××断路器改为检修，乙站侧××断路器改为检修］	通知省（市）调度
监控	许可：甲乙Ⅰ线从热备用（或冷备用）改为冷备用（或检修）［其中甲站侧××断路器改为检修，乙站侧××断路器改为检修］	

表 13-5　　线路状态令典型停役操作任务票

地点	操作任务	备注
监控/甲站	甲乙Ⅰ线从运行改为热备用	解环 注意：正确选择解环点；注意串内结构
监控/乙站	甲乙Ⅰ线从运行改为热备用	
监控/乙站	甲乙Ⅰ线从热备用改为冷备用	
监控/甲站	甲乙Ⅰ线从热备用改为冷备用	
监控/甲站	甲乙Ⅰ线从冷备用改为线路检修（要求××断路器改为检修）	
监控/乙站	甲乙Ⅰ线从冷备用改为线路检修（要求××断路器改为检修）	

2. 线路复役的典型操作

线路复役时，除注明线路充电侧外，如无特别说明，具备复役条件的相关设备均复役，要求不复役的断路器状态保持原状态不变（包含线路充电、线路出串等特殊运行方式）。线路复役改冷备用时，如对线路两侧断路器状态无特别说明，线路两侧对应的断路器均应改为冷备用。线路复役改热备用时，如对线路两侧断路器状态无特别说明，线路对应的断路器均应改为热备用。线路复役改运行时，如对线路两侧断路器状态无特别说明，线路对应的断路器均应改为运行。

采用线路状态令许可操作和线路状态许可令的线路复役操作，其典型操作任务票分别见表13-6和表13-7。

表 13-6　　线路状态令许可操作典型复役操作任务票

地点	操　作　任　务	备注
监控	许可：甲乙Ⅰ线从检修（或冷备用）改为运行［要求甲站侧充电，其中甲站侧××断路器改为热备用（或冷备用或不复役），乙站侧××断路器改为热备用（或冷备用或不复役）］	通知省（市）调度
监控	许可：甲乙Ⅰ线从热备用改为运行［要求甲站侧充电，其中甲站侧××断路器改为热备用（或冷备用或不复役），乙站侧××断路器改为热备用（或冷备用或不复役）］	通知省（市）调度
监控	许可：甲乙Ⅰ线从检修（或冷备用）改为冷备用（或热备用）［其中甲站侧××断路器改为冷备用（或不复役），乙站侧××断路器改为冷备用（或不复役）］	

表 13-7　　线路状态令典型复役操作任务票

地点	操　作　任　务	备注
监控/乙站	甲乙Ⅰ线从线路检修改为冷备用（要求××断路器不复役）	
监控/甲站	甲乙Ⅰ线从线路检修改为冷备用（要求××断路器不复役）	
监控/甲站	甲乙Ⅰ线从冷备用改为热备用（要求××断路器不复役）	
监控/乙站	甲乙Ⅰ线从冷备用改为热备用（要求××断路器不复役）	
监控/乙站	甲乙Ⅰ线从热备用改为运行（要求××断路器不复役）	充电，通知省（市）调 注意：正确选择充电侧
监控/甲站	甲乙Ⅰ线从热备用改为运行（要求××断路器不复役）	合环

13.4　顺　控　操　作

13.4.1　概述

顺控是一种系列控制指令的处理方式，即按照一定时序及闭锁逻辑，自动逐条发出指令、逐条确认，直至执行完成全部控制指令。调控主站顺控操作是指由调控中心监控主机发出控制命令，按照预设的顺控操作票实现单间隔或跨间隔设备操作的过程。顺序控制每执行一步操作前自动进行各种控制和防误闭锁逻辑判断，以确定操作任务是否能够执行，并实时反馈操作过程信息。

目前智能变电站普遍具备了顺控操作功能，变电站端Ⅰ区数据通信网关机作为顺控操作服务端，和主站共同配合，可实现调控中心远方程序化操作功能。程序化操作票在变电站监控系统Ⅰ区存储、维护，主站端无需存储程序化操作票。

采用顺控操作的优点主要有：

（1）顺控操作由后台按照程序自动执行操作票的遥控操作和状态检查，逐项按操作票内容操作，操作速度快、效率高。

（2）顺控操作还可以与设备状态可视化系统紧密结合，进一步完善设备检查功能，在一定程度上节约了人力资源，解决了运维人员不足的问题。

（3）顺控操作可以减少甚至杜绝人为原因的误操作，在故障处置时可提高电网恢复时间。

13.4.2 基本功能要求

顺控基本功能要求如下：

（1）顺控功能应支持设备“运行”“热备用”“冷备用”三种状态转换。应支持分步控制和综合控制两种顺控模式。

（2）综合控制模式下，具备对调度操作指令解析功能，下发的预置指令包含原始调度操作指令；待验证操作预置返校信息后，可下发操作执行或撤销指令。

（3）顺控操作前应经过拓扑防误校核和监控告警信息校核，校核通过后方可进行顺控操作。

（4）顺控操作应有严格的过程管控，当前流程未结束或未通过时，应能自动闭锁下一操作流程。

（5）操作过程的每一个环节都需要对关键信息进行校验，包括操作对象、操作步骤等信息，当发现调度下令信息与变电站端反馈信息不一致时，应立即终止操作，并主动提示。

（6）宜存储从变电站调阅的顺控操作票，所有操作过程均需有详细记录，并可按时间、厂站、操作任务、操作员、设备等条件检索查询。

（7）下发的操作指令中应包含操作人、监护人等信息。

（8）操作过程中，应能够正确解析变电站上送的错误原因功能码，并主动提示。

（9）支持组合票顺控操作，单间隔顺控操作票按预定次序执行，如执行过程中发生错误，则整个组合票操作终止。

（10）宜支持常规远方操作与顺控操作相组合的操作方式。

（11）宜支持按设备、间隔、厂站等人工闭锁或解除顺控功能。

13.4.3 拓扑防误要求

顺控功能拓扑防误要求如下：

（1）能够根据调度综合操作令对顺控操作进行系统拓扑防误校核。

（2）能通过网络拓扑分析设备运行状态、设备间以及站与站的连接关系，根据拓扑防误要求归纳出顺控拓扑防误闭锁规则，不依赖于人工定义。

（3）应具备间隔防误闭锁功能，并能准确地识别站内、站间的防误闭锁关系，可从全网的角度来处理防误闭锁；设备闭锁状态下，禁止对设备进行顺控操作。

（4）应具备断路器操作的防误闭锁功能，包括合环提示、解环提示、负荷失电提示、负荷充电提示、带接地线合断路器提示、变压器各侧断路器操作提示、变压器中性点接地开关提示和3/2接线断路器操作顺序提示等。

（5）应具备设备挂牌状态校核功能，当设备挂有检修、接地或保电等标识牌时，应闭锁设备顺控操作。

（6）应具备线路设备对端接地状态校核功能，当对端设备处于接地状态时，应闭锁设备顺控操作。

13.4.4　对调控主站要求

调控主站端顺控功能总体技术要求如下：

（1）应遵循一体化的原则，基于现有调控系统基础平台的模型管理、数据采集与交换、人机界面、权限管理等功能模块，实现顺控功能。

（2）应部署在智能电网调度控制系统中，利用现有的电网模型数据及数据传输通道，通过调用变电站监控系统顺控功能模块实现调控机构远方一键顺控。

（3）应支持操作员工作站或通过系统网络延伸的远程终端发起顺控操作，具有规范的操作权限，具备身份认证和数字签名机制，操作过程应有记录。

13.4.5　对变电站监控系统要求

变电站监控系统顺控功能相关要求如下：

（1）应具备一键顺控功能，遵循DL/T 1708—2017《电力系统顺序控制技术规范》功能要求。

（2）支持调控主站顺控分步控制模式，根据下发的调度综合操作令，正确匹配操作票，配合完成顺控操作。上传的操作票宜满足主站可见、可确认条件。

（3）支持调控主站顺控综合控制模式。调度综合操作指令预置时，经身份认证、匹配操作票、模拟预演等过程验证通过后，返回预置成功，否则返回预置失败及原因；接收到调控主站下发的操作执行指令后，开始顺控操作。

（4）支持重复指令的容错处理，在顺控操作过程中，当接收到相同的指令时，如该指令未执行，则开始执行，否则返回执行结果。

（5）在操作过程中出现异常情况无法继续时，应将具体原因上送至调控主站。

（6）支持顺控操作票自动查验功能，收到主站查验指令后，按要求返回操作票查验结果。

（7）操作过程中，具备防误闭锁功能，应满足 DL/T 1404—2015 《变电站监控系统防止电气误操作技术规范》的相关要求。

（8）应能全站投入/退出调控中心远方顺控功能，应能实现主站顺控和单一设备遥控操作的相互闭锁。

（9）应能将监控系统顺控功能状态上送至调控主站。

第14章　事故案例

案例1：500kV××变电站5061断路器B相电流互感器故障

1. 故障前运行方式

××变电站500kV系统采用3/2接线，除第一串为HGIS设备外，其余均为AIS设备。故障前500kVⅠ母线、Ⅱ母线、2号主变压器、3号主变压器、××1线、××2线、××3线、××4线、××5线、××7线正常运行，××6线路充电状态。故障前变电站500kV系统一次主接线如图14-1所示（实心代表断路器合位）。

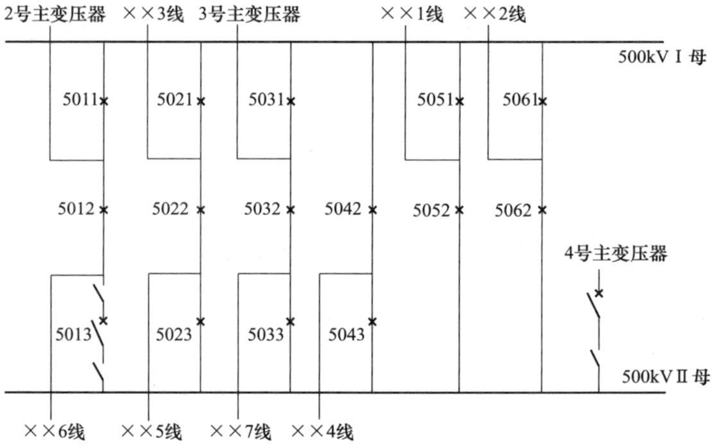

图14-1　××变电站500kV部分故障前运行方式

故障前变电站内正在进行500kV第一串HGIS设备改造后启动操作。21:11试验人员操作5012断路器对××6线进行三次投切试验，试验时××6线线路最大过电压为1.70（标幺值）。00:23运维人员合上2号主变压器/××6线5012断路器，对××6线充电。故障前现场无检修工作。

2. 故障报文信号及初步判断

00:27，D5000系统事故音响激活，监控告警窗推送故障报文，见表14-1。

表 14-1　　××变电站故障报文

时间	故障报文内容
00:27:07	××变电站 5021 断路器油压低重合闸闭锁　动作
00:27:07	××变电站 500kV Ⅰ母线第一套母线差动保护动作　动作
00:27:08	××变电站 500kV Ⅰ母线第二套母线差动保护动作　动作
00:27:09	××变电站 500kV Ⅰ母线第一套母线差动保护自保持继电器动作　动作
00:27:09	××变电站 500kV Ⅰ母线第二套母线差动保护自保持继电器动作　动作
00:27:10	××变电站/500kV 5021 断路器　分闸
00:27:10	××变电站 5011 断路器保护动作　动作
00:27:10	××变电站 500kV Ⅰ母线第二套母线差动保护动作　复归
00:27:10	××变电站 5021 断路器保护动作　动作
00:27:10	××变电站 5031 断路器保护动作　动作
00:27:10	××变电站 500kV Ⅰ母线第一套母线差动保护动作　复归
00:27:11	××变电站 5042 断路器保护动作　动作
00:27:11	××变电站/500kV 5042 断路器　B 相分闸
00:27:11	××变电站/500kV 5031 断路器　B 相分闸
00:27:12	××变电站 5062 断路器间隔事故信号　动作
00:27:12	××变电站 5031 断路器保护动作　复归
00:27:12	××变电站/500kV 5042 断路器　C 相分闸
00:27:12	××变电站 ××1 线第一套保护动作　动作
00:27:13	××变电站/500kV 5011 断路器　分闸
00:27:13	××变电站/500kV 5062 断路器　分闸
00:27:13	××变电站 5061 断路器重合闸闭锁　动作
00:27:13	××变电站 5021 断路器间隔事故信号　动作
00:27:14	××变电站 5021 断路器保护动作　复归
00:27:14	××变电站 ××1 线第二套保护动作　动作
00:27:14	××变电站 5042 断路器间隔事故信号　动作
00:27:14	××变电站 5031 断路器间隔事故信号　动作
00:27:14	××变电站 5051 断路器重合闸闭锁　动作
00:27:15	××变电站/500kV 5031 断路器　C 相分闸
00:27:15	××变电站 5042 断路器保护动作　复归
00:27:16	××变电站 5051 断路器间隔事故信号　动作
00:27:16	××变电站/500kV 5042 断路器　A 相分闸
00:27:17	××变电站 5011 断路器保护动作　复归

续表

时间	故障报文内容
00:27:17	××变电站 5061 断路器间隔事故信号 动作
00:27:17	××变电站/500kV 5031 断路器 A 相分闸
00:27:18	××变电站/500kV 5061 断路器 A 相分闸
00:27:21	××变电站/500kV 5061 断路器 B 相分闸
00:27:22	××变电站 ××1 线第一套保护动作 复归
00:27:22	××变电站/500kV 5051 断路器 分闸
00:27:22	××变电站/500kV 5061 断路器 C 相分闸
00:27:23	××变电站 ××1 线第二套保护动作 复归
00:27:25	××变电站 ××1 线第二套保护装置异常 动作
00:27:26	××变电站 ××1 线第一套保护装置异常 动作
00:27:45	××变电站 5021 断路器油压低重合闸闭锁 复归

由于现场告警信息传输延迟存在差异，事故情况下告警窗报文推送杂乱无序，当值监控员应第一时间对告警窗报文进行梳理判断，从中提取有效信息。整理上述告警报文可知，××变电站 500kV Ⅰ母线的两套母线差动保护动作并出口自保持，××2 线两套线路保护动作，××变电站 5011、5021、5031、5042、5051、5061、5062 断路器动作跳闸，500kV Ⅰ母线失电；另××2 线对侧两断路器均跳闸。检查事故后系统内无潮流越限情况。

调阅 D5000 系统××变电站主接线画面，将断路器动作情况与实际遥信进行比对，确认该站 500kV 故障后运行方式（如图 14-2 所示）。

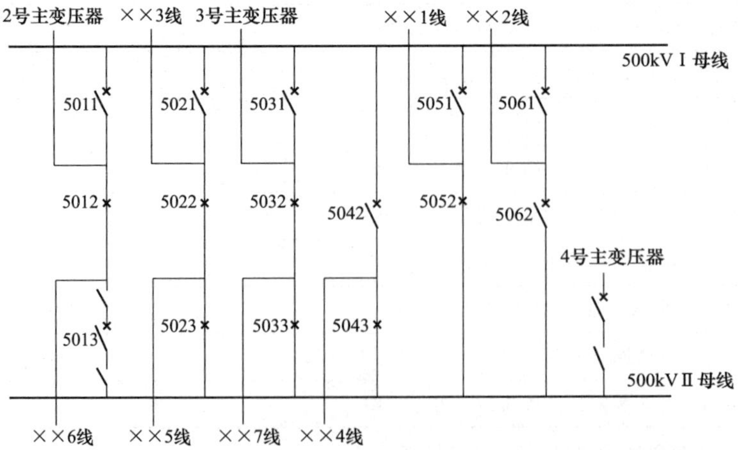

图 14-2 ××变电站 500kV 部分故障后运行方式

3. 故障详细检查情况

故障后监控员通过视频监控系统调阅现场画面，但夜间能见度低，画面中仅能模糊辨认一次设备现场有火光闪烁，无法辨认间隔名称标志牌，难以定位具体故障位置。监控员推测剧烈故障下设备可能发生燃烧或爆炸，立即电话联系运维值班人员，阐明设备现场情况严峻，要求加快应急响应速度，同时保证人身安全。

另一方面，依赖于保护信息系统技术支撑，当值监控员成功调取现场二次设备动作情况，通过梳理汇总保护动作信息，详细还原故障发展过程。

故障后二次设备动作情况整理如下：

××2 线第一套保护动作情况：启动时间 00:27:06.653；4ms 工频变化量阻抗动作，10ms 纵联差动保护动作，21ms 接地距离Ⅰ段动作；61ms 5061、5062 断路器 B 相跳开，77ms 5061、5062 断路器其余两相跳开。最大差动电流 16.0kA，最大故障电流 10.8kA，故障测距 0km，故障相为 B 相。

××2 线第二套保护动作情况：启动时间 00:27:06.648；14ms 工频变化量阻抗动作、纵联差动保护动作、接地距离Ⅰ段动作；68ms 5061、5062 断路器 B 相跳开，83ms 5061、5062 断路器其余两相跳开。最大差动电流 17.8kA，最大故障电流 11.8kA，故障测距 0km，故障相为 B 相。

500kV Ⅰ母线第一、二套保护动作情况：00:27:06.664 差动 B 相动作，18ms 保护三跳出口。

断路器保护动作情况：500kV Ⅰ母线第一、二套保护瞬时动作跳开 5011、5021、5031、5042、5051、5061 断路器三相；5021、5031、5042、5051、5061 断路器保护三相跟跳动作；5011 断路器保护故障电流未达到动作跟跳电流，5011 断路器保护未跟跳。

4. 故障分析判断

鉴于现场一次设备受损情况未知，无法准确定位故障位置，当值监控员在汇总梳理保护动作信息基础上开始进行故障分析判断。

故障发生后，××2 线线路保护及 500kV Ⅰ母线差动保护均第一时间启动并动作出口。保护动作时序显示线路主保护与母线差动保护动作几乎不存在时间差，据此可排除保护死区故障和各自保护范围内不同元件故障导致线路、母线差动保护相继动作的可能性。因此，应重点关注线路保护与母线差动保护是否存在保护范围重叠，保护重叠范围内有无元件发生故障。

××变电站运行规程显示，该站 500kV AIS 设备为单侧 TA 配置，其中 5061 断路器 TA 布置于靠 5062 断路器一侧，TA 次级中共有 5 组引入对应元件保护设备，从上到下依次为：5061 断路器保护次级、××2 线第一套线路保护次级、××2 线第二套线路保护次级、500kV Ⅰ母线第一套母线差动保护次级和 500kV Ⅰ母线第二套母线差动保护次级（如图 14-3 所示）。母线差动保护与线路保护范围确有重叠，若重叠范围内发生故障，保护动作行为将与本次故障类似。当值监控员联系现场运维值班力量，将上述判断转述现场人员，要求对 5061 断路器及电流互感器进行重点检查。

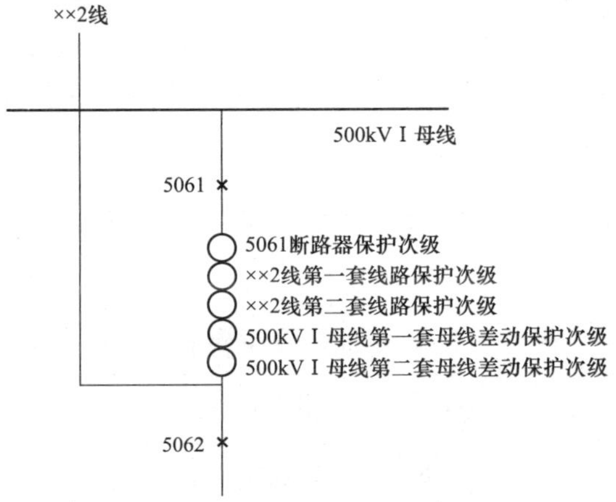

图 14-3　5061 断路器电流互感器次级布置

运维人员现场检查发现 5061 断路器 B 相电流互感器爆裂，电流互感器顶部及底部起火，器身整体落地，二次屏蔽罩开裂且绝缘烧毁，电流互感器瓷套及器身底部爆裂，多块碎片散落于通道两侧；同时爆炸碎片飞溅击中相邻间隔隔离开关绝缘子导致不同程度受损。5061 断路器 B 相电流互感器损毁情况如图 14-4 所示。

其余间隔一次设备检查未见异常，现场天气晴。

图 14-4　5061 断路器 B 相电流互感器损毁情况

5. 故障处置

在听取故障详细汇报后，上级调度开始着手隔离故障并恢复停电设备。

02:13 调度下令：5061、5062 断路器由热备用改为冷备用。

02:40 现场操作结束。

03:38 调度下令：5042 断路器从热备用改为运行（500kV Ⅰ母线充电）。

03:45 操作结束。

03:47 调度下令：5011、5021、5031、5051 断路器从热备用改为运行。

03:59 现场操作结束。

04:29 调度下令：××2 线从冷备用改为线路检修，5061 断路器从冷备用改为检修，5062 断路器从冷备用改为检修。

05:36 现场操作结束。

故障隔离后检修人员对故障电流互感器进行了解体分析，初步认定本次故障原因为 5061 断路器 B 相电流互感器耐受操作过电压的能力较差，在母线过电压的作用下发生局部放电，局部放电在运行电压下不能熄灭，形成放电通道，产生的大量气体致使电流互感器内部压力陡增，引发电流互感器冲顶，到达燃点的高温油气在遇到空气时起火燃烧，进而引发保护动作跳闸。

6. 总结点评

本次故障导致 500kV 母线与一回 500kV 线路保护动作，影响范围大，设备损毁情况严重，但故障时系统环网运行，站内接线方式可靠，故未造成负荷损失。

此外，本次故障发生于午夜，设备现场低能见度给监控员通过视频系统定位一次设备故障点造成极大困难。但监控员应用多元化技术支持手段，调阅并筛选二次设备动作信息，正确判断故障位置，进而指导现场一次设备检查工作。由此不难看出，各类技术支持手段的灵活运用在电网故障处置中起着至关重要的作用。

本次故障后，技术支持系统应考虑加强夜间红外视频监控技术推广应用，减少故障处置盲区，在应对恶劣天气条件下电网故障时做到准确、可靠。

案例 2：500kV××变电站 3 号主变压器 1 号低压电抗器断路器故障

1. 故障前运行方式

××变电站 500kV 采用 3/2 接线方式，三个完整串，四回出线；220kV 采用双母双分段接线方式，六回出线；站内两台主变压器，分别为 3 号、4 号主变压器；3 号主变压器 35kV 低压侧带两台低压电抗器、三台电容器，4 号主变压器 35kV 低压侧带两台低压电抗器、两台电容器；两台主变压器低压侧均无总断路器。故障前，500kV Ⅰ母线、Ⅱ母线及四回出线正常运行；220kV 正母线Ⅰ段、副母线Ⅰ段、正母线Ⅱ段、副母线Ⅱ段及六回出线正常运行；3、4 号主变压器及四台 35kV 低压电抗器正常运行，五台 35kV 电容器热备用状态；现场无检修、无操作、无设备异常信号，当天站区天气为晴。××变电站一次主接线如图 14-5 所示。

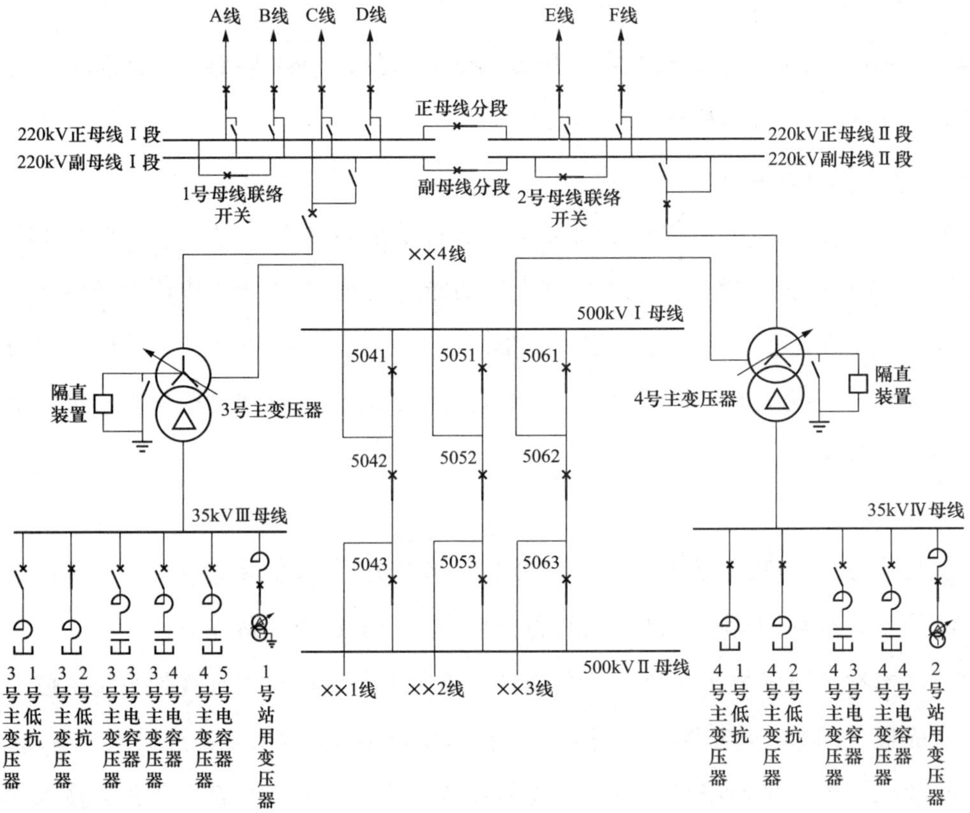

图 14-5　××变电站故障前运行方式

2. 故障报文信号及初步判断

12:11:49，D5000 系统事故音响激活，监控告警窗推送大量故障报文，具体内容见表 14-2。

表 14-2　　××变电站故障报文

时间	故障报文内容
12:11:00	××变电站 35kV 3 号主变压器 1 号低压电抗器 331 断路器　分闸

续表

时间	故障报文内容
12:11:49	××变电站 3号主变压器第二套后备保护 动作
12:11:49	××变电站 3号主变压器第二套低压侧过电流保护 动作
12:11:49	××变电站 5042断路器第一套保护 动作
12:11:49	××变电站 3号主变压器第一套后备保护 动作
12:11:49	××变电站 3号主变压器第一套低压侧过电流保护 动作
12:11:49	××变电站 3号主变压器中性点隔直装置电容投入 复归
12:11:49	××变电站 4号主变压器中性点隔直装置电容投入 复归
12:11:49	××变电站 5042断路器第一套保护 复归
12:11:49	××变电站 3号主变压器220kV侧间隔事故信号 动作
12:11:49	××变电站 3号主变压器220kV断路器 分闸
12:11:49	××变电站 3号主变压器第二套后备保护 复归
12:11:49	××变电站 3号主变压器第二套低压侧过电流保护动作 复归
12:11:49	××变电站 3号主变压器第一套后备保护动作 复归
12:11:49	××变电站 3号主变压器第一套低压侧过电流保护动作 复归
12:11:49	××变电站3号主变压器中性点隔直装置失电 动作
12:11:49	××变电站 500kV 5042断路器第二套保护动作 动作
12:11:49	××变电站 500kV 5041断路器 分闸
12:11:49	××变电站 500kV 5042断路器 分闸
12:11:49	××变电站 5042断路器间隔事故信号 动作
12:11:49	××变电站 5041断路器间隔事故信号 动作
12:11:50	××变电站 5041断路器第一套智能终端装置异常 动作
12:11:50	××变电站 5042断路器第一套智能终端装置异常 动作
12:11:51	××变电站 直流系统故障 动作
12:11:51	××变电站 3号主变压器1号低压电抗器断路器SF_6气压低告警 动作
12:11:51	××变电站 3号主变压器1号低压电抗器断路器SF_6气压低闭锁 动作
12:11:51	××变电站 3号主变压器1号低压电抗器断路器控制回路断线 动作
12:11:51	××变电站 3号主变压器1号低压电抗器断路器智能终端装置异常 动作
12:11:53	××变电站 3号主变压器本体智能终端装置故障 动作
12:11:53	××变电站 3号主变压器本体智能终端装置异常 动作
12:11:53	××变电站 3号主变压器本体测控装置异常 动作
12:11:58	××变电站 5042断路器第二套保护动作 复归
12:11:59	××变电站 3号主变压器第二套保护TV断线 动作
12:11:59	××变电站 3号主变压器第一套保护TV断线 动作

续表

时间	故障报文内容
12:12:00	××变电站 380V 0 号站用变压器 380V 侧分支一断路器　合闸
12:12:02	××变电站 直流系统故障　复归
12:12:06	××变电站 3 号主变压器中性点隔直装置电容投入　动作
12:12:11	××变电站 5041 断路器第一套智能终端装置异常　复归
12:12:11	××变电站 5042 断路器第一套智能终端装置异常　复归

由于推送的报文繁多且时序杂乱，当值监控员第一时间对告警窗报文进行梳理，从中提取有效信息进行分析判断。经过分析，监控员初步判断为××变电站 3 号主变压器 1 号低压电抗器 331 断路器故障，因 3 号主变压器低压侧无总断路器而无法切除故障，3 号主变压器第一套、第二套低压侧过电流保护动作，因此 3 号主变压器跳闸。

同时，当值监控员在 D5000 系统中切至××变电站主接线图画面，确认该变电站故障后运行方式，××变电站故障后运行方式如图 14-6 所示。经检查，事故后系统内无潮流越限情况发生。

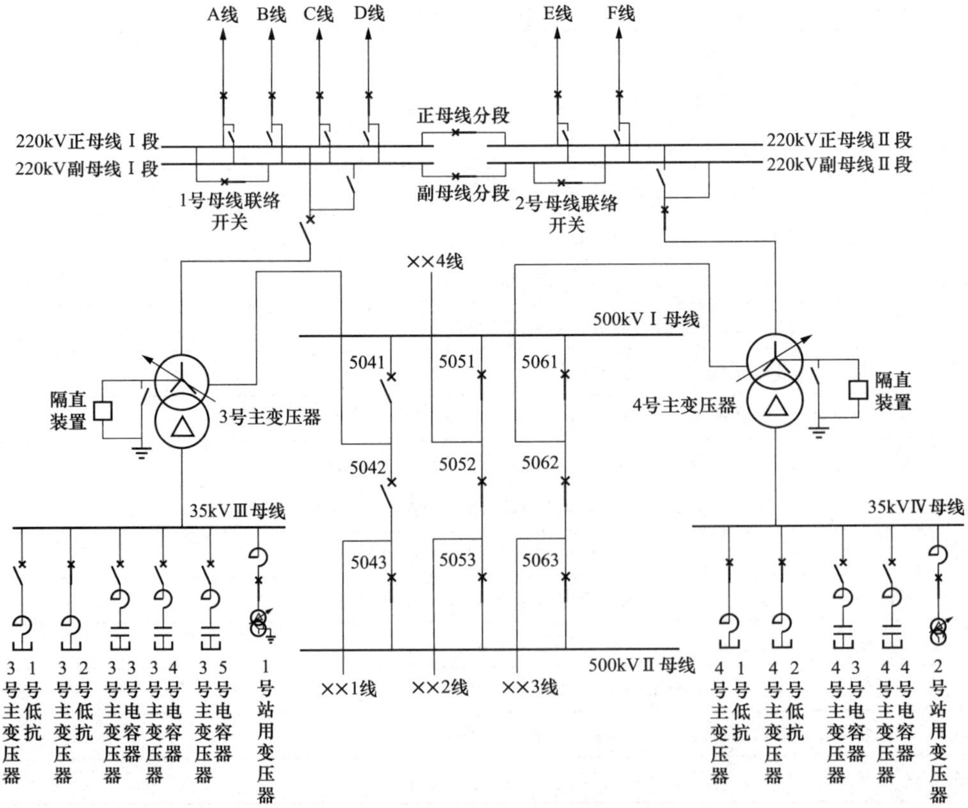

图 14-6　××变电站故障后运行方式

3. 故障详细检查情况

在经过初步分析判断后，当值监控员立即通过视频监控系统查看现场设备情况，发现 3 号主变压器 1 号低压电抗器间隔断路器、电流互感器已严重破裂损坏，周边设备受损情况因图像模糊无法看清（××变电站视频监控系统暂未安装高清摄像头），现场天气晴。当值监控员立即将发现的情况通过调度电话告知运维人员，阐明设备现场情况严峻，要求加快应急响应速度，并在保证自身人身安全前提下对故障及周边设备进行全面检查。

与此同时，当值监控员也调取到现场二次设备动作情况，故障后二次设备动作情况整理如下：

（1）3 号主变压器第一套后备保护：12:11:49.472 保护启动；998ms 低压侧过电流 2 时限低动作，动作相别 ABC，故障电流 8.172A（二次值）。

（2）3 号主变压器第二套后备保护：12:11:49.476 保护启动；1003ms 低压侧过电流 2 时限低动作，动作相别 ABC，故障电流 8.175A（二次值）。

（3）通过故障录波图，分析也可以得知 3 号主变压器 35kV 低压侧存在相间故障，如图 14-7 所示。

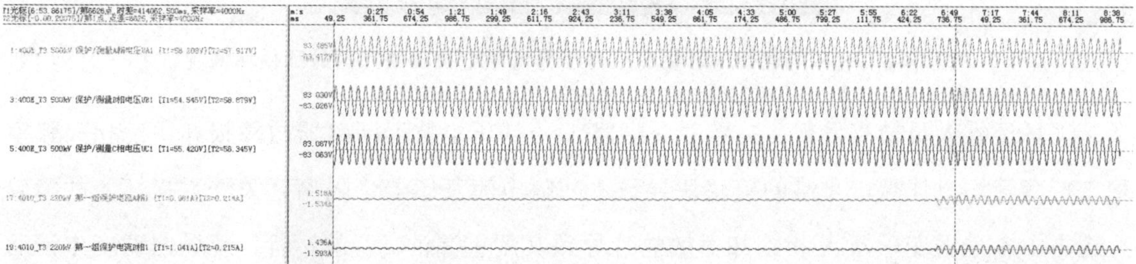

图 14-7　3 号主变压器故障录波图

4. 故障分析判断

通过上述的汇总梳理，得到了大量有效的信息，对印证初期判断和还原故障过程起到了重要作用。当值监控员经过缜密的分析，得到下面结论：××变电站3号主变压器1号低压电抗器正常调节电压时AVC控制其断路器进行分闸，在分闸过程中因未知原因使得断路器破裂损坏，因此引发三相短路故障，因故障不在低压电抗器保护范围内，故低压电抗器保护未动作。3号主变压器低压侧无总断路器，未配置低压侧母线保护，无法切除故障，因此3号主变压器第一、二套主变压器后备保护中低压侧过电流保护动作，跳开3号高压侧和中压侧断路器切除故障。

约20min后，现场运维人员向监控值班员汇报一次设备检查情况，并传来3号主变压器1号低压电抗器断路器损毁情况的照片，如图14-8所示。

图14-8 ××变电站3号主变压器1号低压电抗器断路器故障损坏情况

现场运维人员检查发现：3号主变压器1号低压电抗器断路器故障损坏，三相灭弧室和支持套管均已炸裂，飞溅的碎瓷块导致本间隔电流互感器、隔离开关严重损坏。故障碎片还击中4号主变压器A相冷却器散热片导致其严重漏油，影响运行，现场向调度申请后已紧急拉停4号主变压器。其余间隔一次设备则未见异常。

5. 故障处置

网调在听取详细检查汇报后，开始着手隔离故障设备：

（1）12:32网调发令将××变电站4号主变压器改为检修处理。13:01现场操作结束。

（2）13:02网调发令将××变电站3号主变压器、3号主变压器35kV母线、3号主变压器的低压电抗器电容器改为检修处理。14:29现场操作结束。

故障隔离后检修人员对故障断路器进行了解体分析，初步分析故障原因一是某相或几相断路器灭弧室运动轨迹出现故障，导致三相触头运动卡死，可能是双向运动机构的驱动销折断、卡死，或是双向运动机构内的拨叉严重变形；当灭弧室卡死后，由于分闸弹簧持续向下发力，导致输出轴拐臂接头和传动连杆被拉脱。二是由于拐臂接头、传动连杆的螺纹加工出现偏差，在断路器操作过程中，螺纹逐渐磨损，在本次分合闸过程中，两者最终完全拉脱；拐臂接头和传动连杆拉脱后，动触头系统停在中途位置，未完全分闸到位，导致断路器炸裂损坏。具体原因后续厂内进行进一步解体分析。

至此，本次故障告一段落。

6. 总结点评

本次故障处理得益于监控员应用多元化的技术支持手段，故障定位准确迅速。通过调阅筛选故障报文信息，对故障位置有了初步判断；通过视频监控系统查看故障设备和分析二次保护信息，使初步判断得到进一步确认。由此不难看出，监控员熟练地掌握各类技术支持手段，能进一步加快故障处理速度。如遇到火灾等恶劣情况，更能发挥其优势，也能确保现场运维人员的人身安全。

此外，本次故障处理结束后，应考虑加强高清视频监控技术推广应用，以保证在电网故障时能得到更加清晰、可靠的现场图像。

案例3：500kV××变电站5041断路器C相故障

1. 故障前运行方式

××变电站500kV系统采用3/2接线，故障前500kV八回出线（××1线、××2线、××3线、××4线、××5线、××6线、××7线、××8线）及Ⅰ、Ⅱ母运行，2号、3号、4号变压器并列运行，变电站500kV系统一次主接线图如图14-9所示（实心代表断路器合位）。故障前，××变电站无工作、无操作，无设备异常信号，故障当天站区天气晴。

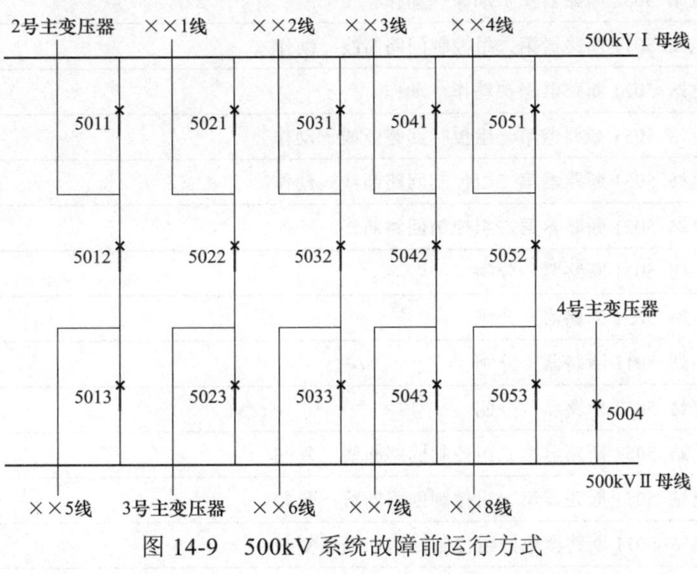

图14-9 500kV系统故障前运行方式

2. 故障报文信号及初步判断

13:11，D5000系统事故音响激活，监控告警窗推送大量故障报文，见表14-3。

表14-3　××变电站故障报文

时间	故障报文
13:11:15	××变电站 5041断路器 SF_6气压低告警　动作
13:11:16	××变电站 5041断路器第一组控制回路断线　动作
13:11:16	××变电站 5041断路器 SF_6气压低闭锁　动作
13:11:17	××变电站 5041断路器第二组控制回路断线　动作
13:11:17	××变电站 500kV Ⅰ母第一套母线差动保护动作　动作
13:11:18	××变电站 500kV Ⅰ母第二套母线差动保护动作　动作
13:11:19	××变电站 5041断路器油压低重合闸闭锁　动作
13:11:19	××变电站 500kV Ⅰ母第二套母线差动保护自保持继电器动作　动作
13:11:19	××变电站 500kV Ⅰ母第一套母线差动保护自保持继电器动作　动作
13:11:19	××变电站 5011断路器第一组控制回路断线　动作
13:11:19	××变电站 5031断路器第一组控制回路断线　动作
13:11:19	××变电站 5041断路器重合闸闭锁　动作
13:11:19	××变电站 500kV Ⅰ母第二套母线差动保护动作　复归
13:11:19	××变电站 5031断路器重合闸闭锁　动作
13:11:19	××变电站 500kV Ⅰ母第一套母线差动保护动作　复归
13:11:20	××变电站 5021断路器重合闸闭锁　动作
13:11:21	××变电站 5021断路器第一组控制回路断线　动作
13:11:21	××变电站 5031断路器第二组控制回路断线　动作
13:11:21	××变电站 5031断路器保护动作　动作
13:11:22	××变电站 5011断路器第二组控制回路断线　动作
13:11:22	××变电站 5021断路器保护动作　动作
13:11:22	××变电站 5051断路器第一组控制回路断线　动作
13:11:22	××变电站 5051断路器第二组控制回路断线　动作
13:11:22	××变电站 5021断路器第二组控制回路断线　动作
13:11:24	××变电站 5011断路器　分闸
13:11:24	××变电站 5051断路器　分闸
13:11:24	××变电站 5011断路器　分闸
13:11:25	××变电站 5031断路器　分闸
13:11:26	××变电站 5051断路器第二组控制回路断线　复归
13:11:26	××变电站 5051断路器第一组控制回路断线　复归
13:11:26	××变电站 5011断路器第二组控制回路断线　复归

续表

时间	故障报文
13:11:27	××变电站 5011 断路器第一组控制回路断线　复归
13:11:27	××变电站 5051 断路器间隔事故信号　动作
13:11:27	××变电站 5021 断路器　分闸
13:11:27	××变电站 5031 断路器　分闸
13:11:27	××变电站 5021 断路器第一组控制回路断线　复归
13:11:27	××变电站 5021 断路器第二组控制回路断线　复归
13:11:27	××变电站 5031 断路器第二组控制回路断线　复归
13:11:27	××变电站 5031 断路器第一组控制回路断线　复归
13:11:27	××变电站 5021 断路器间隔事故信号　动作
13:11:27	××变电站 5031 断路器间隔事故信号　动作
13:11:28	××变电站 5021 断路器保护动作　复归
13:11:28	××变电站 5031 断路器保护动作　复归

事故发生后综合智能告警窗推送大量告警信息，监控员对所有信息进行认真筛选，快速准确整理出××变电站本次故障相关一二次设备告警信息，××变电站 500kV Ⅰ母两套母线差动保护动作并出口自保持，××变电站 5011、5021、5031、5051 断路器动作跳开，5041 断路器显示为合位，500kV Ⅰ母仍带电。检查事故后系统内无潮流越限情况。

调阅 D5000 系统××变电站主接线画面，将断路器动作情况与实际遥信进行比对，确认该站 500kV 故障后运行方式，××变电站故障后运行方式如图 14-10 所示。

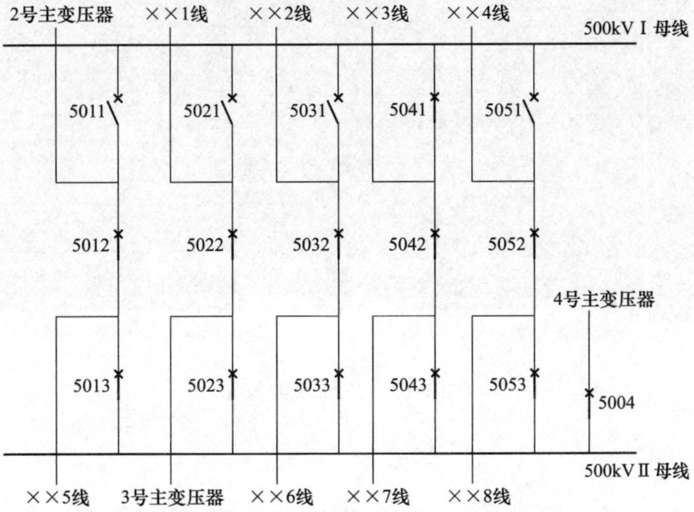

图 14-10　××变电站 500kV 部分故障后运行方式

3. 故障详细检查情况

故障后监控员通过详细梳理故障信息，根据 5041 断路器间隔内异常光字：SF_6 气压低告警、闭锁，第一组、第二组控制回路断线，500kV Ⅰ母两套母线差动保护动作后 5041 断路器仍在合位，初步怀疑故障点在该断路器间隔内。通过视频监控系统调阅 500kV Ⅰ母及对应边断路器画面，发现 5041 断路器间隔 C 相故障掉落，印证了初期判断，监控员立即将发现情况及时告知运维人员，要求现场运维人员注意人身安全，及时汇报设备检查情况。

由于 500kV 母线保护采用 ABB 公司 REB103 型母线保护，为非微机型保护，保护装置无相关波形。另变电站未配置母线故录，通过主变压器故录查看波形，显示为 C 相故障，如图 14-11 所示。

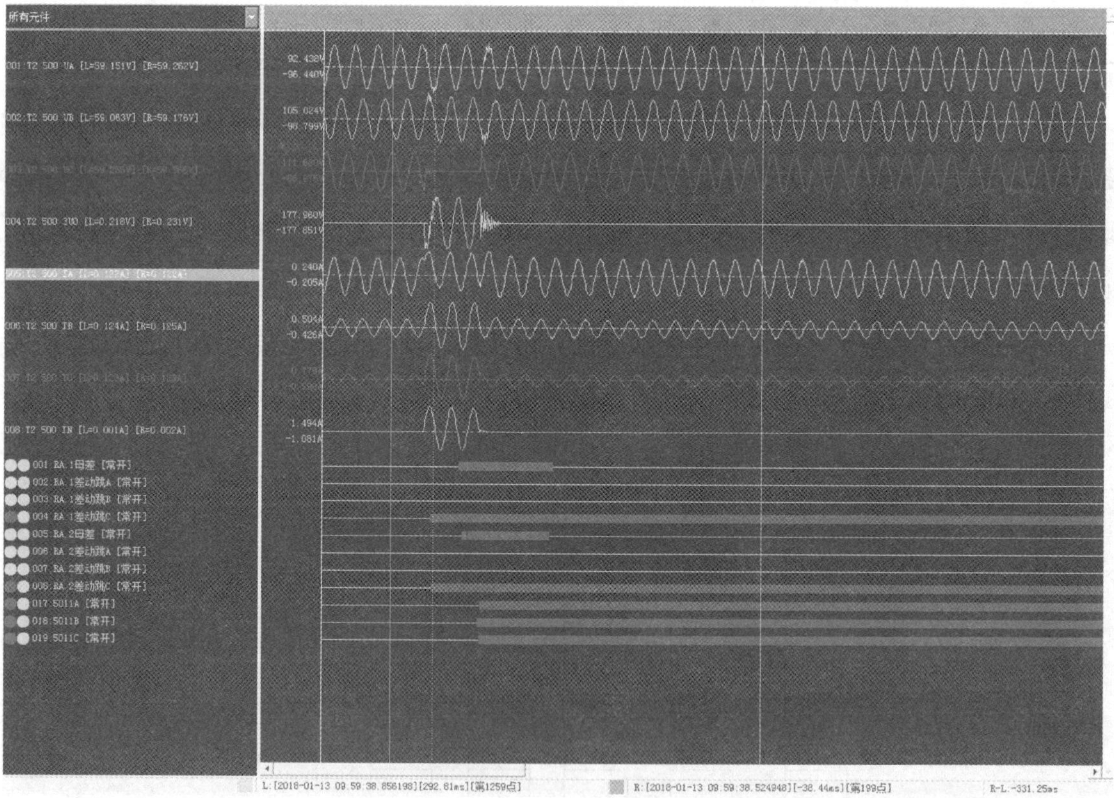

图 14-11 故障录波波形

4. 故障分析判断

查询××变电站运行规程，该站 500kV 断路器为单侧 TA 配置，其中 5041 断路器 TA 布置于靠 500kV Ⅱ母一侧，TA 次级中共有 6 组引入对应元件保护设备，从上到下依次为：

××3 线第一套线路保护次级、××3 线第二套线路保护次级、5041 断路器保护次级、500kV Ⅰ母第一套母线差动保护次级、500kV Ⅰ母第二套母线差动保护次级、5041 断路器测量次级，如图 14-12 所示。

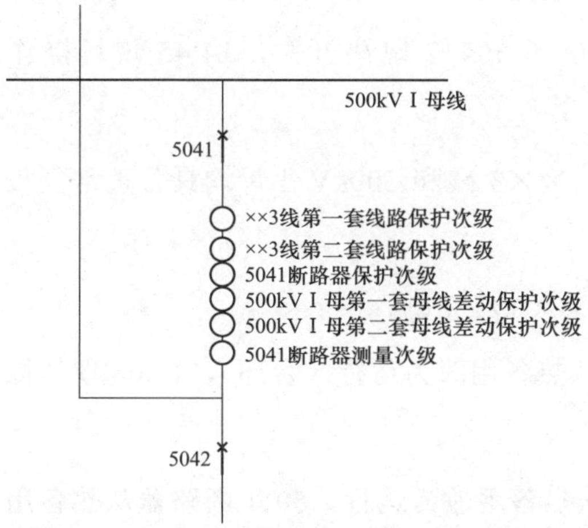

图 14-12　5041 断路器 TA 次级布置

本次故障发生后，500kV 线路保护没有启动及出口信息，500kV Ⅰ母母线差动保护第一时间启动并动作出口，双套保护动作时序正确，行为一致，跳开 5011、5021、5031、5051 断路器，判断故障范围为在母线差动保护范围但不在线路保护范围内，对照 TA 配置图初步锁定为断路器或者母线故障。若故障在母线上，则 500kV 母线差动动作跳开母线上所有断路器，而 5041 断路器未跳开则会启动断路器失灵保护，跳开 5042 断路器及 XX3 线对侧断路器，但对比故障后现场接线图发现断路器失灵保护并未启动，故排除此种可能，初步怀疑故障在断路器上。结合 5041 断路器 SF_6 气压低闭锁，断路器失灵和对应线路保护均未动作，故障后 5041 断路器遥信位置依然在合位，分析为 5041 断路器本体发生永久性故障，且非接地类瞬时故障。

约 20min 后，现场运维人员向监控员汇报一次设备检查情况，并传来 5041 断路器故障照片，如图 14-13 所示，5041 断路器 C 相靠Ⅱ母线侧灭弧室瓷套开裂，部分瓷套脱落，其余间隔一次设备检查未见异常，印证了当值监控员的判断。

图 14-13　5041 断路器 C 相瓷套损坏情况

5. 故障隔离处置

在听取故障一、二次详细检查汇报后，网调开始着手隔离故障并恢复停电设备。

14:13 网调先发令××变电站对端变电站，将××3 线解环。

14:23 网调下令：××变电站 5042 断路器改热备用。14:28 操作结束。

14:33 网调下令：拉开 50411 隔离开关、拉开 50412 隔离开关，14:45 现场操作结束。

14:47 ××变电站汇报 5041 断路器已隔离，××3 线和 500kV Ⅰ母均具备正常复役条件，5041 断路器要求改检修处理。

14:49 网调发令××变电站对端变电站，将××3 线充电。

15v01 网调下令：××变电站 5042 断路器从热备用改为运行（合环），15:06 现场操作结束。

15:08 网调下令：××变电站 5051 断路器从热备用改为运行，5011 断路器从热备用改为运行，5021 断路器从热备用改为运行，5031 断路器从热备用改为运行，15:30 操作结束。

15:32 网调下令：××变电站 5041 断路器从冷备用改为检修，15:55 操作结束。

故障隔离后检修人员结合现场检查情况及现场视频录像，初步分析故障原因可能是在寒冷天气下断路器瓷套与金具的连接部位强度下降，灭弧室及均压电容瓷套根部在导线拉力与设备自身重力的作用下受到较强的切力作用，灭弧室瓷套根部附近首先出现漏气现象，同时由于电流互感器侧灭弧室及均压电容在水平面上向均压电容侧发生倾斜；当断路器电流互感器侧灭弧室及均压电容瓷套根部（靠近支撑绝缘子侧）发生开裂后，瓷套在导线水平拉力的作用下发生在水平方向的旋转偏移，带动支撑绝缘子发生扭转与倾斜，导致绝缘拉杆在中段底部发生断裂，失去这一支撑后断路器的灭弧室与均压电容加速下坠并最终落地，断路器Ⅰ母侧隔离开关与断路器的连接导线在断路器均压环处断裂，导线在下落过程中对底座发生放电，造成单相接地，并最终导致母线差动保护动作。

6. 总结点评

由于本站建站时间较早，设备较为老旧，非微机型的母线差动保护无录波功能，母线也未单独配置故录，故障时无法直接调阅故障信息，对故障分析判断造成了一定困难，应考虑对同类型保护进行梳理，对非微机型保护逐步进行国产化保护改造，完善故障录波器配置。

本次断路器故障较为少见，故障根本原因为设备质量问题，后续应对同类型同批次断路器开展专项排查，及时制定整改措施，对不符合运行稳定要求的设备应及时安排检修处理，避免此类故障再次发生。

在整个故障处置过程中，监控员沉着冷静从大量无序的监控信息中筛选出保护动作信息，运用排除法，结合工业视频等技术支持手段，正确判出断故障位置，指导现场故障处置工作。

参 考 文 献

[1] 河南省电力公司技能培训中心组．电力调控中心监控员培训教材［M］．北京：中国电力出版社，2013.

[2] 刘宏新．变电站监控信息释义手册［M］．北京：中国电力出版社，2015.

[3] 国家电力调度控制中心．电网调控运行人员实用手册［M］．北京：中国电力出版社，2019.

[4] 国家电力调度控制中心．电网设备监控人员实用手册［M］．北京：中国电力出版社，2014.

[5] 国家电力调度控制中心．国家电网调控运行专业管理规定［M］．北京：中国电力出版社，2018.

[6] 安徽电力调度控制中心．电力设备监控运行培训手册［M］．北京：中国电力出版社，2018.

[7] 张全元．变电运行现场技术问答［M］．北京：中国电力出版社，2013.

[8] 朱松林，等．继电保护培训实用教程［M］．北京：中国电力出版社，2011.

[9] 国家电力调度控制中心．电力系统继电保护规定汇编［M］．北京：中国电力出版社，2019.

[10] 宁波调控中心调控员．智能变电站二次典型异常调控处理方案［M］．北京：中国电力出版社，2015.

[11] 国家电力调度中心．智能变电站继电保护技术问答［M］．北京：中国电力出版社，2018.

[12] 陈锡祥．地县级电网调度设备监控实用手册［M］．北京：中国电力出版社，2014.

[13] 国家电网公司人力资源部．国家电网公司生产技能人员职业能力培训专用教材电网调度自动化主站维护［M］．北京：中国电力出版社，2010.

[14] 孙宏斌，等．电力系统自动电压控制［M］．北京：科学出版社，2018.

[15] 于汀，郭瑞鹏．基于负荷预测的地区电网电压无功控制方案［J］．电力系统保护与控制，2012，12（40）．121-124.

[16] 黄新波．输电线路在线监测与故障诊断［M］．北京：中国电力出版社，2014.

[17] 高胜友，等．电力设备的在线监测与故障诊断［M］．北京：清华大学出版社，2018.

[18] 皮志勇，等．变电站设备监控告警信息分析［M］．北京：中国电力出版社，2018.

[19] 国网新疆电力有限公司电力调度控制中心．变电站监控告警信息处置实用手册［M］．北京：中国电力出版社，2018.

[20] 国家电网公司人力资源部．国家电网公司生产技能人员职业能力培训专用教材变电运行（500kV）［M］．北京：中国电力出版社，2010.

[21] 国网浙江省电力有限公司．浙江省电力系统调度控制管理规程［M］．北京：中国电力出版社，2018.

[22] 国网浙江省电力公司．500kV 变电站异常及事故案例分析［M］．北京：中国电力出版社，2017.